기계자동차계열

공무원 및 국가기술자격 대비

제 3 판

일반기계공학

이찬수 · 정중호 · 황성일 공저

B.C.Info

머리말

우리 인류는 손발만으로는 생활할 수 없고 각종 다양한 기계나 도구 및 장치를 사용함으로써 보다 윤택하고 안락한 생활을 누릴 수 있다. 이러한 생활에 필요한 각종 산업이 발전하기 위해서는 특히 기계공업의 발달이 가장 근간이 된다고 할 수 있다.

현대의 자동차 산업은 기계공업을 기반으로 전기·전자·화학·공업 등이 총망라된 종합기계산업이다. 국내외적으로도 자동차 산업은 규모 면에서도 가장 왕성한 성장을 하는 유망 산업이며, 소재 및 기술의 개발과 적용 속도가 매우 빠른 분야 중 하나이다. 그래서 저자는 다년간 교단에서 자격시험, 공무원시험에 응시하려는 학생들과 면담을 하면서 애로점을 감안하여 다음과 같이 본서를 구성하였다.

제1편에는 기계재료, 제2편에는 기계공작법, 제3편에는 기계요소설계, 제4편에는 유압기계, 제5편에는 기초재료역학을 실어 다음에 중점을 두고 본서를 출간하기로 결심하였다.

1. 짧은 시간 내에 관련 지식을 숙지할 수 있도록 각 장마다 요점정리를 하였다.
2. 각 장마다 이해를 돕기 위하여 연습문제를 수록하였다.
3. 연습문제는 한국산업인력공단 및 공무원 시험에 출제되었던 문제들을 엄선하고 철저히 분석·정리하여 실었다.

그럼에도 본서의 내용에 아직 미비한 점이 많으리라 사료되며, 잘못된 부분이나 부족한 점에 대해서는 계속 보완해 나갈 것이기에 독자 여러분들의 많은 관심과 지도편달을 바란다.

본서를 내면서 필자의 천학비재를 절감하지만 나름대로 최선을 다했으므로 본서가 힘들게 수험준비를 하는 많은 수험생들에게 가장 좋은 반려자가 될 것으로 확신한다.

끝으로 본서가 탄생하기까지 아낌없이 격려해 주신 정중호 교수님, 기아자동차(주)부산서비스센터 황성일 박사님, 복두출판사 송광헌 대표님, 김갑성 부장님, 졸고의 편집과 교정에 무던히 힘써주신 편집부 직원들께 지면으로나마 감사의 마음을 전하는 바이다.

이 찬 수 씀

차 례

PART 1

기계재료

기계재료란 각종 기계, 기구, 구조물, 생활용품 등을 만드는 데 사용되고 있는 금속재료와 비금속재료 등의 모든 재료를 총칭한다. 금속재료(金屬材料, metal materials)는 기계재료로 가장 많이 사용되는 중요한 재료이며, 다시 철강재료와 비철재료로 분류된다.

■ 기계재료의 선택

수많은 기계재료 중에서 만족하게 사용될 수 있는 가장 적합한 재료를 선택하기 위해서는 다음 몇 가지의 중요한 판단기준이 있다.

첫째, 쉽게 구할 수 있고, 가격이 저렴한 재료이어야 한다.
둘째, 가공이 용이한 재료이어야 한다.
셋째, 사용 환경에 대한 특성과 성질이 갖추어져야 한다.
넷째, 사용하면서 성능이 저하되지 않고 장기간 보존할 수 있는 것이어야 한다.

■ 학습 목표

기계를 배우는 학생이나 기계 기술자가 왜 기계재료 과목을 학습할 필요가 있는지 이유를 들면 다음과 같다.

① 재료의 제조와 개발
② 기계의 강도 및 기능 설계
③ 기계제작 및 재료 가공
④ 기계 기구의 재질적 평가와 신뢰성 보증

기계재료는 인류문명을 지탱하고 문화를 발전시키는 원동력이 되는 중요한 것이며, 또 기계에는 재료가 필요하고 새로운 재료는 더 좋은 기계를 만들 수 있게 하여 인간의 욕구를 충족시키면서 보다 편리한 생활을 영위할 수 있게 하므로 재료에 관한 지식을 갖추는 것은 공학도에게 필수적이다.

CHAPTER 01

기계재료

1. 금속과 합금의 특성

1-1 금속과 합금의 특성

금속은 상온에서 고체(수은 제외), 결정구조, 광택, 양도체, 가공변형, 비중이 1 이상(나트륨, 리듐 제외) 등과 같은 성질을 갖는 것이며, 이것 이외에는 비금속이다. 금속원소는 68종, 준금속원소는 7종, 비금속원소는 17종이다.

(1) 금속(순금속)의 특성

① 상온에서 고체이다(단, Hg(수은)은 제외).
② 가공이 용이하며 연성과 전성이 크다. [예] 철사, 철합판.
③ 금속 특유의 광택을 지니며 빛을 반사한다.
④ 전기전도율이 크다. 즉 양도체이다.
⑤ 비중, 강도, 경도가 크다.
⑥ 용융점이 높다(Fe : 1,538℃).
⑦ 주조성(유동성)이 나쁘다.

(2) 합금(alloy)의 특성

합금이란 C+Ni, Cr, Mo, Si, Mn 등을 1개 이상 첨가한 재료로서 기계적 성질을 향상시킨 특수강이다.
① 연성, 전성이 작다. 즉, 단단하다.
② 강도, 경도, 담금질 효과가 크다.
③ 열전도율, 전기전도율이 낮다.
④ 용융점이 낮다.

⑤ 주조성이 양호하다.
⑥ 내식성이 증가한다.
⑦ 색이 아름답다.

1-2 금속재료의 성질

(1) 물리적 성질

① 비중(S) : 어떤 물체의 무게와 이와 같은 부피의 물 4℃의 무게 비

- 4.5 이상 : 중금속 → Lr(이리듐) : 22.5로 가장 크다.
- 4.5 이하 : 경금속 → Li(리듐) : 0.53으로 가장 작다. Al, Mg, Ti, Be(베릴륨), Ca 등의 금속이 경금속에 속한다.
- 비중×체적(cm^3 : cc) = 중량(g)

Reference

☞ 다음 금속의 비중은 반드시 암기하자.

금속	비중	금속	비중	금속	비중
마그네슘(Mg)	1.7	바나듐(V)	6.1	니켈(Ni)	8.9
알루미늄(Al)	2.7	망간(Mn)	7.4	구리(Cu)	9.0
티탄(Ti)	4.51	순철(Fe)	7.89	납(Pb)	11.3

② 용융점 : 금속이 열에 의해 녹아서 액체가 되는 점

- 용융점이 가장 높은 금속 : W(3,410℃)
- 용융점이 가장 낮은 금속 : Hg(-38.8℃)

③ 비열(C) : 어떤 물질 1Kg을 1℃만큼 높이는 데 필요한 열량(Kcal/Kg℃)

④ 용해잠열 : 금속 1g을 용해하는 데 필요한 열량(cal)

⑤ 열팽창계수 : 물체가 1℃ 상승에 대한 증가하는 비율로, 텅스텐, 몰리브덴 등은 열팽창계수가 작다.

㉠ 선팽창계수 : 금속이 열을 가해 온도가 1℃ 올라감에 따라 길이가 늘어나는 비율

㉡ 부피 팽창계수 : 금속에 열을 가해 온도가 1℃ 올라감에 따라 부피가 늘어나는 비율을 말하고, 등방체인 경우 선팽창계수가 3배가 된다.

- 등방체 : 방향에 따라 물질의 물리적 성질이 달라지지 않는 성질이 등방성인데, 이 등방성을 가진 물체를 등방체라 한다.

⑥ 열전도율, 전기전도율

- 열전도율이 큰 순서 : Ag(은) 〉 Cu(구리) 〉 Pt(백금) 〉 Al(알루미늄)
- 전기전도율이 큰 순서 : Ag 〉 Cu 〉 Au(금) 〉 Al 〉 Mg 〉 Zn(아연) 〉 Ni(니켈) 〉 Fe 〉 Pb

⑦ 자성 : 자석으로 자화되는 성질

금속을 자석의 극에 가까이 했을 때 금속에 자석의 극과 반대의 극이 발생하여 서로 끌어당기는 것을 상자성체(常磁性體)라 하며, 그 작용이 특히 강한 것을 강자성체라 한다. 또한 같은 극이 생겨 서로 반발하는 것을 반자성체라 한다.

- 상자성체에 속하는 금속 : Al, Cr, Mn, Pt(백금) 등
- 강자성체에 속하는 금속 : Fe, Co, Ni 등
- 반자성체에 속하는 금속 : Cu, Ag, Hg, Au, Sb(안티몬), Bi(비스무스) 등

원소명	기호	비중	융점(℃)	원소명	기호	비중	융점(℃)
은	Ag	10.5	961	몰리브덴	Mo	10.2	2610
알루미늄	Al	2.7	660	나트륨	Na	0.97	98
금	Au	19.3	1063	니오브움	Nb	8.6	2468
붕소	B	2.3	2030	니켈	Ni	8.9	1453
베릴륨	Be	1.8	1277	인	P	1.8	44
비스무스	Bi	9.8	271	납	Pb	11.3	327
탄소	C	2.3	3727	백금	Pt	21.5	1769
칼슘	Ca	1.6	631	황	S	2.1	119
카드늄	Cd	8.7	321	안티몬	Sb	6.6	631
코발트	Co	8.9	1495	실리콘	Si	2.3	1410
크롬	Cr	7.2	1875	주석	Sn	7.3	232
동	Cu	9.0	1083	탄탈	Ta	16.6	2996
철	Fe	7.9	1530	티탄	Ti	4.5	1668
수은	Hg	13.6	-38.8	바나듐	V	6.1	1900
칼륨	K	0.9	64	텅스텐	W	19.3	3410
마그네슘	Mg	1.7	650	아연	Zn	7.1	420
망간	Mn	7.4	1245	지르코늄	Zr	6.5	1852

[주요 금속재료의 물리적 특성]

(2) 금속재료의 기계적 성질

① 인성(Toughness) : 충격에 대한 재료의 성질, 즉 질기고 강한 성질

② 연성(Ductility) : 탄성한계를 초과한 힘을 받고도 파괴되지 않고 가느다란 선으로 늘일 수 있는 성질

- 연성이 큰 순서 : Au 〉 Ag 〉 Al 〉 Cu 〉 Pt 〉 Pb 〉 Zn 〉 Fe 〉 Ni

③ 전성(Malleability) : 금속재료를 타격이나 압연 등의 작업에 의해 얇은 판으로 넓게 펼 수 있는 성질

- 전성이 큰 순서 : Au 〉 Ag 〉 Pt 〉 Al 〉 Fe 〉 Ni 〉 Cu 〉 Zn

④ 취성(Brittleness : 메짐) : 외력을 가했을 때 잘 부서지고 혹은 잘 깨지는 성질

⑤ 강도(Strength) : 재료에 외력을 가한 후 파괴되기까지의 최대 저항력(인장 및 압축, 전단강도)

⑥ 경도(Hardness) : 금속표면이 외력에 대한 저항력, 즉 재료의 기계적인 단단한 정도

⑦ 탄성(Elastic) : 가해진 외력을 제거하면 원형으로 돌아가는 성질

⑧ 소성(Plastic) : 금속에 외력을 가하여 변형되는 성질

⑨ 가소성 : 금속재료를 탄성한도 이상의 응력을 가하면 응력을 제거하여도 변형이 원래의 상태로 되돌아오지 않고 그 상태를 유지하는 성질

⑩ 가단성 : 단조, 압연, 인발 등에 의하여 변형시킬 수 있는 성질

⑪ 크리프(Creep) : 금속이 고온(500℃ 이상)에서 오랜 시간 정하중을 받으면 시간의 경과에 따라 서서히 그 변형이 증가하는 현상

⑫ 항복점(Yield Point) : 탄성한계 이상에서 하중을 증가시키지 않아도 시편이 늘어나는 현상, 즉 항복현상이 일어나는 점

⑬ 연신율(신율) : 재료에 하중을 가할 때에 처음길이와 늘어난 길이와의 비

⑭ 단면 수축률 : 물체의 잘라낸 면이 줄거나 오그라지는 비

⑮ 피로 : 어떤 재료가 적은 하중으로 반복되면 파괴되는 현상

(3) 화학적 성질

① 내열성

② 내식성(부식성)

(4) 제작상(가공상) 성질

① 주조성(유동성)
② 단조성(가공소성성)
③ 용접성(접합성)
④ 합금성
⑤ 절삭성

2. 금속의 결정구조

금속의 내부조직은 아래 그림과 같이 여러 개의 작은 결정입자가 모여서 전체 결정을 이루는 다결정체(多結晶體, polycrystal)이며, 이 하나하나의 조각결정을 결정립(結晶粒, crystal grain)이라 한다. 고체 상태의 금속이 규칙적으로 배열되어 있는 상태를 결정이라 하고, 금속재료를 현미경으로 조사해보면 무수한 알맹이 모양으로 구성되어 있는 것을 알 수 있는데, 이 알맹이가 결정립이다. 또한 공간격자라 함은 결정 내부를 말 하고, 격자상수는 단위세포 한모서리 길이로 금속의 결정구조를 표시한다.

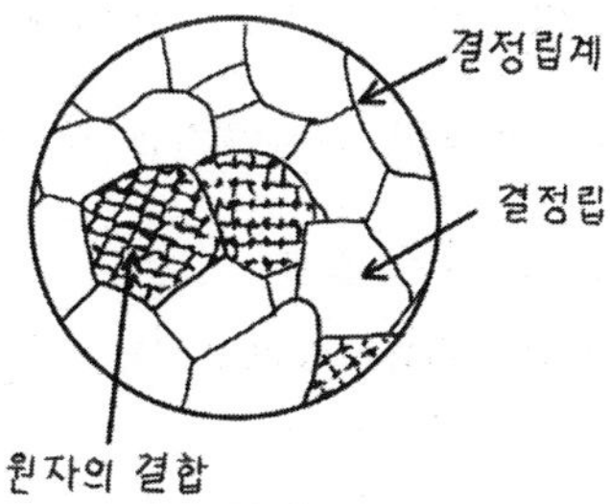

[다결정 조직]

2-1 체심입방격자(Body-Centered Cubic structure : BCC)

(가) (나) (다)
[체심입방격자의 구조]

① 특징 : 강도 경도가 크고, 용융점이 높다. 전성, 연성이 작다(나쁘다).
금속은 상온에서 체심입방격자의 결정구조로 되어 있다.
② 종류 : Ba(바륨), K(칼륨), Li(리듐), Mo(몰리브덴), Na(나트륨), Ta(탄타늄), W(텅스텐), V(바나늄) 등
③ 체심입방격자에서는 체대각선상의 3개의 원자가 서로 접하고 있으므로 단위격자의 대각선 길이는 원자간 거리의 2배가 된다. 따라서 최근접원자간 거리는 체대각선 길이의 1/2이며 격자상수 a라고 하면 ($\sqrt{3}$/2)a가 된다. 격자상수 a와 원자 반지름 R 사이에는 다음과 같은 관계가 있다. 즉, 격자상수 $(a) = \dfrac{4R}{\sqrt{3}}$ 이다.

예제 1.1 상온에서 $\alpha - Fe$은 원자반지름 R이 0.124nm의 원자들로 구성된 BCC 구조이다. 이 구조의 격자 상수 a를 구하라.

sol) $a = \dfrac{4R}{\sqrt{3}}$ 에서 $a = \dfrac{4R}{\sqrt{3}} = \dfrac{4(0.124\text{nm})}{\sqrt{3}} = 0.286\text{nm}$ 이다.

2-2 면심입방격자(Face-Centered Cubic lattice : FCC)

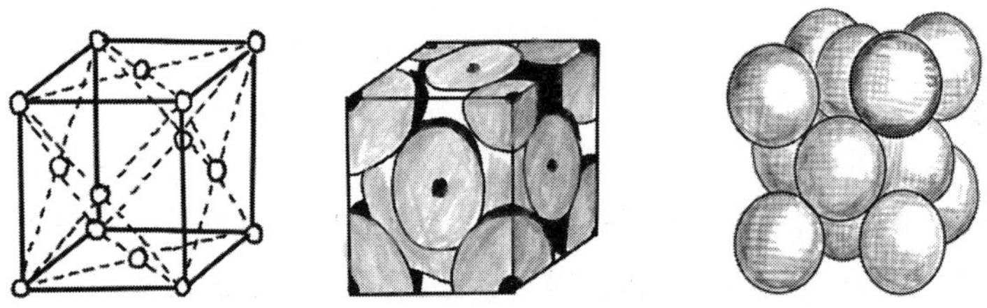

(가) (나) (다)

[면심입방격자의 구조]

이것은 위 그림과 같이 입방체의 각 모서리와 각 면의 중심에 1개씩의 원자가 배열된 결정구조이다. 이 단위격자에서는 면의 대각선상에 3개의 원자가 서로 접촉하고 있어 최근접원자간 거리는 단위격자의 면대각선의 1/2이므로 $(1/\sqrt{2})a$가 된다. 또한 격자상수와 원자반지름 사이의 관계는 $a = \dfrac{4R}{\sqrt{2}}$ 이다.

① 특징 : 강도, 경도가 떨어진다. 전성, 연성이 좋다.

② 종류 : 금(Au), 은(Ag), 백금(Pt), Al(알루미늄), Cu(구리), Ni(니켈), Pb(납) 등

2-3 조밀육방격자(Hexagonal Close-set Packing : HCP)

육각기둥의 상하면의 각 모서리와 그 중심에 1개씩의 원자가 있고, 6각 기둥을 구성하는 6개의 3각 기둥 중 1개씩 띄어서 3각 기둥의 중심에 1개의 원자가 배열된 격자를 말한다.

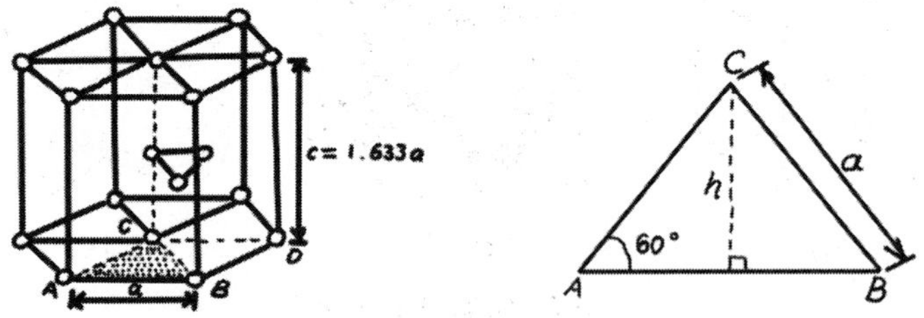

(가) (나)

[조밀육방격자의 구조]

① 특징 : 전성이 나쁘고 취성이 있다.

② 종류 : Be(베릴륨), Cd(카드뮴), Mg(마그네슘), Os(옥시륨), Zn(아연), Zr(지르코늄) 등

3. 금속의 변태(Transformation)

변태란 온도변화에 따라 相(상)이 액체, 기체, 고체로 변화는 현상, 즉 성질이 변화하는 현상이다.

3-1 동소변태(Allotropic transformation)

고체 내에서 원자배열이 변하는 현상, 즉 온도변화에 의해 금속과 결정격자가 다른 결정격자로 변하는 현상을 동소변태라 한다. Fe의 A_3 변태점이 912℃이고, A_4 변태점은 1,400℃이다.

3-2 자기변태(Magnetic transformation)

자장에 놓은 순철은 강자성이나 온도가 높아짐에 따라 서서히 자기(磁氣)의 강도가 약해지지만, 768℃ 부근에서는 급격히 자기의 크기에 변화를 일으켜 상자성으로 된다. 이와 같이 급격한 변태를 자기변태라 한다. 즉, 자기변태란 원자배열은 변화하지 않고 강도만 변하는 현상이다. Fe의 자기변태점(퀴리점)은 768℃이고, 자기변태점이 가장 높은 금속은 Co(코발트)로, 1,150℃이다.

- 변태점측정법 : 열분석법, 시차열분석법, 열팽창법, 자기분석법, 비열법, X선 분석법, 전기저항법 등

4. 금속가공의 재결정(Recrystallization)

재결정이란 가공으로 생긴 결정립들이 새로운 결정립들로 바뀌는 과정을 말한다.

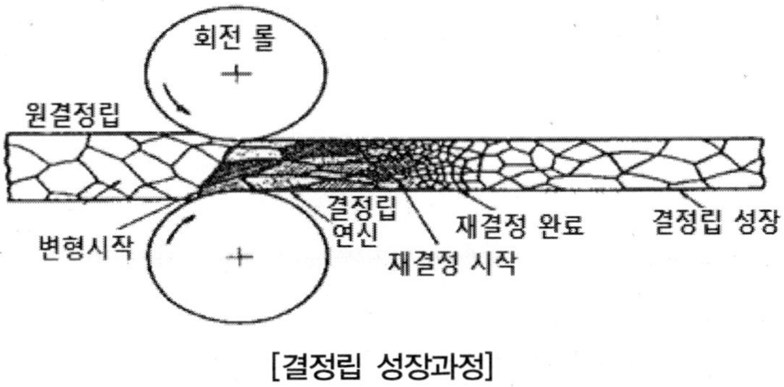

[결정립 성장과정]

① 재결정이 일어나는 온도 : 재결정 온도
② 재결정 온도가 가장 높은 금속 : W(텅스텐 : 1,200℃)이고, Ni(600℃) / Fe(450℃) / Cu, Au, Ag, Al 등은 150~200℃이다.

- 재결정온도가 높을수록 가공하기가 어렵고 가공도가 낮다.
- 재결정온도가 낮을수록 가공하기 쉽고 가공도가 높다.
- 가공도 = $\dfrac{A_0 - A_1}{A_0} \times 100(\%)$ 여기서, A_0 : 가공 전의 단면적, A_1: 가공 후의 단면적이다.

5. 금속의 소성변형

5-1 가공경화(변형경화/Strain경화)

재결정온도 이하에서 가공할수록 단단해지는 현상으로, 강도/경도는 증가하나 연신율(신율)/단면수축율/인성 등은 감소한다. ex) 철사를 반복해서 구부리면 결국 그곳이 단단해지면서 파단되는 현상을 말한다.

- 가공경화를 없애려면 풀림처리(연화부여) 또는 재결정온도 이상에서 가공할 것

5-2 냉간가공과 열간가공

냉간가공은 재결정온도 이하에서 가공하는 것이고, 열간가공은 재결정온도 이상에서 가공하는 것이다. 냉간가공과 열간가공의 기준이 되는 온도를 재결정온도라 한다.

(1) 냉간가공의 특징

① 가공면이 깨끗하다(즉, 치수가 정확하다).
② 경도, 강도가 증가한다.
③ 연신율(신율), 단면수축률, 인성 등은 감소한다.
④ 조직이 치밀(조밀)하다.

(2) 열간가공의 특징

① 재결정온도 이상에서 가공하기 때문에 가공이 쉽다.
② 거친 가공에 적합하다.
③ 표면이 가열되어 있으므로 산화로 인하여 정밀가공이 곤란하다.
④ 재질의 균일화가 이루어진다.

(3) 소성변형의 원리

① 슬립(Slip) : 금속에 인장 또는 압축을 가하면 원자가 원자 면을 따라 미끄럼 변형을 일으키는 것(즉, 원자가 어떤 방향으로 이동하는 것).
② 전위(Dislocation) : 외력이 작용할 때 불완전한 곳이나 결함이 있는 곳에서부터 이동이 생기는 것.
③ 쌍정(Twin) : 변형 전과 변형 후 일정한 각도만큼 회전하여 어떤 면을 경계로 하여 서로 대칭되는 현상.

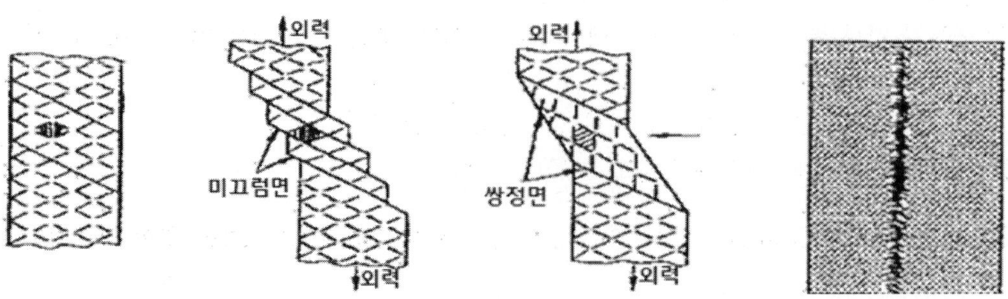

(가) 단결정 (나) 슬립에 의한 변형 (다) 쌍정에 의한 변형 (라)

[소성변형의 과정]

6. 시효경화(Age hardening)

가공 경화한 직후부터 금속이나 합금이 시간의 경과와 함께 그 기계적 성질이 변화되는 현상을 말한다. 즉, 시간이 경과할수록 어떤 재료가 단단해지는 현상을 말한다.

- 시효경화가 큰 금속 : 황동 및 두랄루민 등

Reference

☞ 황동(놋쇠) : 황동은 구리와 아연의 합금이고, 청동은 구리와 주석의 합금이다.
황동의 용도는 모조금(톰백), 불상 등이며, 청동의 용도는 gun 메탈이다.

☞ 두랄루민 : 알루미늄+구리+마그네슘+망간의 합금이다.

☞ 초두랄루민 : 두랄루민에 마그네슘이 1% 더 함유된 합금이다.

7. 인공시효(Artificial aging)

인공적으로 시효경화를 촉진시키는 것을 말하며, 100～200℃ 높여준다.

8. 시기균열

시간과 더불어 자연히 균열이 생기는 현상을 말한다.

연습문제

문제01 금속의 공통된 성질로 틀린 것은?

가. 열전도율이 크다.
나. 실온에서 고체이다(Hg는 예외).
다. 용융점, 비중이 낮고 경도가 비교적 크다.
라. 금속 특유의 광택을 가지고 있다.

문제02 금속재료의 물리적 성질이 아닌 것은?

가. 비중 나. 취성
다. 열전도율 라. 선팽창계수

문제03 다음 중 뜻이 틀린 것은?

가. 인성 : 질기고 강한 성질
나. 소성 : 프레스 가공 등의 난이를 나타내는 성질
다. 연성 : 가늘고 길게 늘어나는 성질
라. 취성 : 철사와 같이 늘어나기 쉬운 성질

문제04 금속이나 합금은 온도의 변화에 따라 내부 상태의 결정격자의 변화가 생기는데, 이것을 무엇이라 하는가?

가. 소성변형 나. 자기 변태
다. 동소변태 라. 격자변화

문제05 두랄루민과 같이 담금질한 후 오래 방치하거나 적당히 뜨임하면 경도가 오래 증가한다. 이러한 현상을 무엇이라 하는가?

가. 시효경화 나. 시즈닝
다. 질량효과 라. 담금질효과

문제06 냉간가공에서 가공할수록 재료가 단단해지는 현상을 무엇이라 하는가?

가. 시효경화 나. 표면경화
다. 냉간경화 라. 가공경화

문제07 금속의 결정격자가 불안전하거나 결함이 있을 때 외력에 의하여 원자이동이 생기는데 이 현상을 무엇이라 하는가?

가. 슬립 나. 트윈 다. 전위 라. 응력

문제08 두랄루민은 알루미늄에 무엇을 첨가한 합금인가?

가. 구리, 마그네슘, 주석
나. 구리, 마그네슘, 망간
다. 주석, 마그네슘, 철
라. 주석, 마그네슘, 아연

문제09 전기 전도도가 좋은 순으로 나열된 것은 어느 것인가?

가. Au 〉 Al 〉 Ag 나. Ag 〉 Al 〉 Cu
다. Au 〉 Ag 〉 Al 라. Ag 〉 Cu 〉 Al

문제10 금속재료를 소성 가공 시 열간가공과 냉간가공의 기준이 되는 온도는 다음 중 어느 것인가?

가. 변태온도 나. 단조온도
다. 담금질온도 라. 재결정온도

문제11 금속재료를 단조, 압연, 인발 등에 의하여 변형시킬 수 있는 성질을 무엇이라 하는가?

가. 가단성 나. 크리프
다. 피로 라. 탄성

문제12 다음 금속에서 경금속이 아닌 것은?

가. 리튬 나. 마그네슘
다. 알루미늄 라. 납

문제13 다음의 특징을 갖는 금속은?

- 비중이 4.5 정도이다.
- 단조 및 열간가공이 가능하다.
- 스테인리스강과 비슷한 내식성이 있다.

가. 니켈(Ni) 나. 구리(Cu)
다. 아연(Zn) 라. 티탄(Ti)

문제14 다음 기계재료 중 경금속에 속하는 것은?

가. 합금 주철 나. 황동
다. 규소강판 라. 알루미늄

문제15 다음 재결정에 관하여 틀리게 설명한 것은?

가. 가공도가 클수록(좋을수록) 재결정온도가 낮다.
나. 결정입자가 미세(조밀)할수록 재결정온도가 낮다.
다. 재결정과 동시에 약간의 성분변화가 일어난다.
라. 재결정을 일으키는 추진력은 냉간 가공 시 재료에 축적된 에너지이다.

문제16 다음 중 금속의 결정구조에 속하지 않는 것은?

가. 체심입방격자 나. 면심입방격자
다. 조밀육방격자 라. 중심결정격자

01	다	02	나	03	라	04	다	05	가	06	라
07	다	08	나	09	라	10	라	11	가	12	라
13	라	14	라	15	라	16	라				

CHAPTER 02

철강재료

1. 철강재료의 분류

1-1 순철

탄소 함유량이 0.02% 이하인 철로서, 강도와 경도는 낮으나 연성이 풍부하다. 전해철 또는 암코철을 순철이라 한다.

- 순철의 용도 : 전기재료(변압기 철심), 분말야금용
- 분말야금 : 금속이나 비금속의 분말을 성형하고 압력을 가하여 유용한 형태의 제품을 생산하는 것.

1-2 강(탄소강)

탄소 함유량이 0.02~2.11% 이하인 철로서 기계 구조물 재료, 즉 공업용 재료로 널리 사용된다.

① 아공석강 : 탄소 함유량이 0.02~0.8% 이하인 강
② 공석강 : 탄소 함유량이 0.8%인 강
③ 과공석강 : 탄소 함유량이 0.8%~2.11% 이하인 강

1-3 주철

탄소 함유량이 2.11~6.68% 이하인 철로서 재료 중에서 취성이 가장 크다. 주철의 용도는 주물재료로 많이 사용된다.

① 아공정주철 : 탄소 함유량이 2.11~4.3% 이하인 주철
② 공정주철 : 탄소 함유량이 4.3%인 주철
③ 과공정주철 : 탄소 함유량이 4.3~6.68% 이하인 주철

2. 순철(Pure iron)의 성질

2-1 성질

① 비중은 7.89이고, 용융점은 1,538℃이다.
② 유동성이나 열처리성이 떨어진다.
③ 항복점이나 인장강도가 낮다. 즉 부드럽다.
④ 충격값, 단면수축률, 인성이 크다.

2-2 순철의 변태

① 동소변태(A_3변태, A_4변태)
② 자기변태(A_2변태 : 퀴리점)
- 퀴리점(Curie point)이란 자성을 가지는 기준점을 말한다.

③ A_1변태점은 순철에는 없고 강에만 존재한다.

Reference

☞ 강의 변태점 온도 : A_0변태점 : 210℃, A_1변태점 : 723℃, A_2변태점 : 768℃, A_3변태점 : 912℃, A_4변태점 : 1,400℃

2-3 순철의 동소체

순철에는 α, γ, δ의 3개의 동소체가 있다.

- 동소체 : 동일한 원소로 되어 있으나 원자의 배열 또는 결합방식이 다른 원소. 즉, O_2와 O_3는 원자 수는 다르나 산소(O)라는 같은 원소로 이루어진 동소체다.

① α철 : 912℃ 미만의 철 → 체심입방격자(BCC)
② γ철 : 912℃ ~ 1,400℃ → 면심입방격자(FCC)
③ δ철 : 1,400℃ 이상의 철 → 체심입방격자(BCC)

3. 탄소강(강)

철(Fe)에 적은 양(0.02~2.11%)의 탄소(C)를 함유한 이원합금으로, 기계재료에 널리 사용되고 있다.

3-1 Fe-C 평형상태도

아래 그림과 같이 가로축을 Fe와 C의 2원 합금 조성으로 하고 세로축을 온도(℃)로 하였을 때, 각 조성의 비율에 따라 나타내는 합금의 변태점을 연결하여 만든 선도를 철-탄소계 평형 상태도라 한다. 즉, 탄소와 철의 함유량에 따른 조직을 표시한 것을 Fe-C Diagram이라 한다.

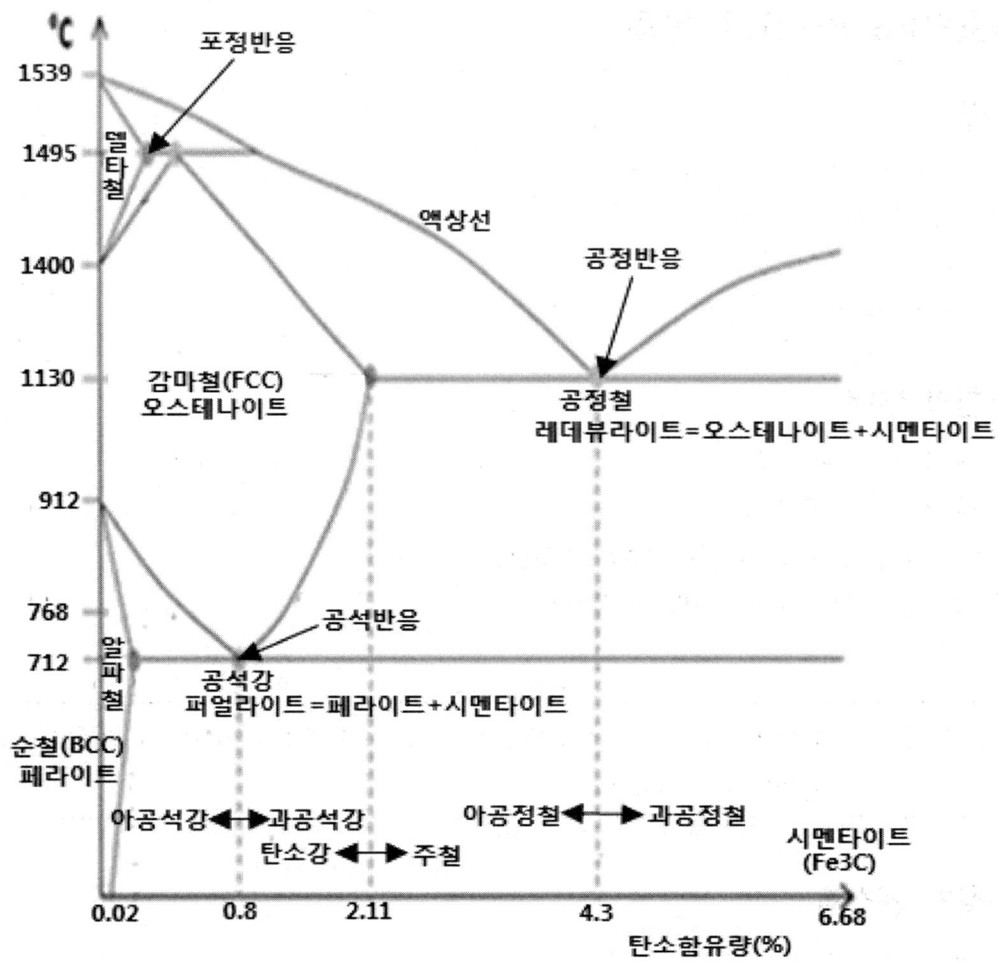

[Fe–C 평형 상태도]

3-2 Fe-C의 평형상태도에서 일어나는 반응

(1) 포정반응 : δ철 $\rightleftharpoons$ γ철+액체(용액)

- 포정반응 : 하나의 고체에 다른 융체가 작용하여 다른 고체를 형성하는 반응을 말하며 이때의 고체를 포정이라 한다(포정점 온도는 1,490℃, 탄소 함유량은 0.18%).

(2) 공정반응 : 액체 $\leftrightarrows$ γ철 $+ Fe_3C$

- 공정반응 : 2개의 금속이 기계적으로 혼합된 조직을 형성할 때를 공정이라 한다.
  (공정점 온도는 1,148℃, 탄소 함유량은 4.3%)

(3) 공석반응 : γ철 $\rightleftharpoons$ α철 $+ Fe_3C$

- 공석반응 : 2종 이상의 금속이 그대로 혼합물로 되어 있는 반응(공석점온도는 723℃, 탄소함유량은 0.8%)

3-3 조직학상의 표현

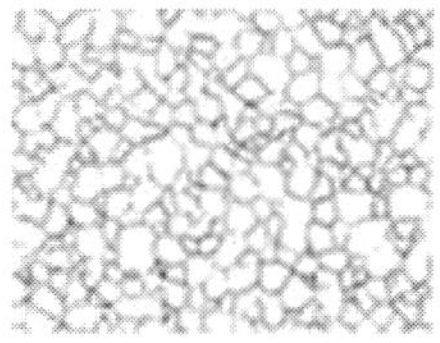

(가) 페라이트 조직

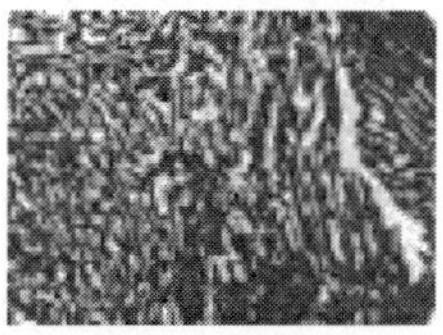

(나) 펄라이트 조직

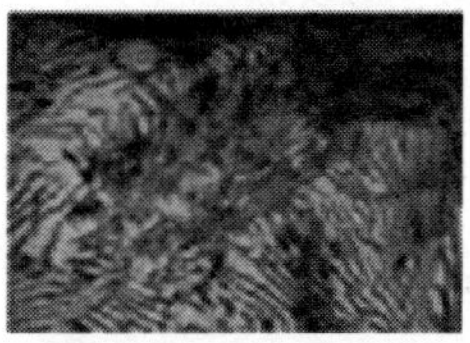

(다) 시멘타이트 조직

(라) 오스테나이트 조직

(마) 마텐자이트 조직

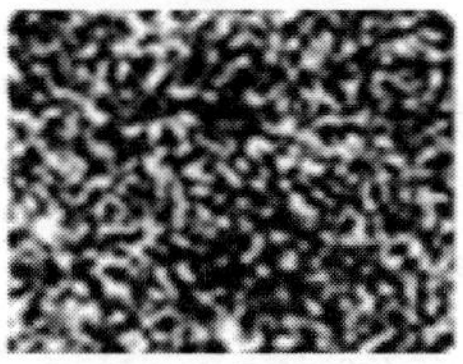

(바) 소르바이트 조직

[탄소강의 현미경 조직]

① α철(912℃ 미만의 철) : Ferrite 조직

② γ철(912℃ ~ 1,400℃ 미만의 철) : 탄소함유량이 최대 2.11% 고용된 Austenite 조직

③ 공석강 : Pearlite 조직(탄소함유량이 0.8%의 탄소강)

④ 아공석강 : Ferrite 조직 + Pearlite 조직

⑤ 과공석강 : Pearlite 조직 + Cementite 조직

- 탄소함유량이 6.68% 되는 점의 철을 Fe_3C(탄화철 : Cementite)

⑥ 공정주철 : Ledeburite 조직(탄소함유량이 4.3%인 주철이고, 생성 온도는 1,140℃)

- 레데뷰라이트 : 철-탄소 합금에 있어서 오스테나이트와 시멘타이트의 공정을 레데뷰라이트라고 한다.

⑦ 아공정 주철 : Austenite 조직 + Ledeburite 조직

⑧ 과공정 주철 : Ledeburite 조직 + Cementite 조직

3-3 탄소강의 변태점

① A_0(210℃) : Cementite의 자기변태점

② A_1(723℃) : 강에만 존재하고 순철에는 없다.

③ A_2변태점 : 순철은 768℃이고, 강은 770℃이다. A_2 변태점을 자기변태점(퀴리점)이라고도 한다.
768℃ 이상은 상자성체, 768℃ 이하는 강자성체이다.

④ A_3변태점(912℃) 순철의 동소 변태점

⑤ A_4변태점(1,400℃) 순철의 동소 변태점

- A_3점을 상승 또는 A_4점을 하강시키는 원소 : Cr(크롬), Mo(몰리브덴), W(텅스텐), V(바나듐) 등

3-4 탄소강의 표준조직과 결정구조

α철은 열처리를 할 수 없고 그 외는 불림에 의해 얻어지는 조직이다.

① α철 : $\alpha-$Ferrite 조직 : 체심입방격자(BCC)

② γ철 : Austenite 조직 : 면심입방격자(FCC)

③ δ철 : $\delta-$Ferrite 조직 : 체심입방격자(BCC)

④ Fe_3C(탄화철) : Cementite 조직 : 금속 간 화합물

⑤ α철 + Fe_3C : Pearlite 조직 : α철 + Fe_3C의 기계적 혼합

⑥ γ철 + Fe_3C : Ledeburite 조직 : γ철 + Fe_3C의 기계적 혼합

3-5 탄소강의 성질

(1) 물리적 성질

탄소함유량이 증가하면 비중, 열팽창계수, 열전도가 감소하고 비열, 전기저항, 항자력은 증가한다.

(2) 기계적 성질

① 탄소함유량 증가에 따라 강도, 경도는 증가하나, 연신율, 충격값, 인성, 단면수축률은 감소한다.

② 온도의 상승에 따라 강도, 경도는 감소하나, 연신율, 충격값, 인성, 단면수축률은 증가한다.

3-6 탄소강의 취성

(1) 청열취성

P(인)이 원인이며, 200~300℃ 온도에서 강에 청색의 산화막이 발생되는 취성으로서 이 온도에서 강의 강도는 크고 연신율이 대단히 작다.

(2) 적열취성(고온취성)

S(황) 또는 Cu(구리)가 원인이며, 고온(900~1,000℃)에서 여린 성질을 나타내는 취성이다.

(3) 상온취성

P(인)이 원인이 된다. 특히 강중에 Fe_3P(인화철)의 화합물로 인한 취성으로 주물의 자열균열을 일으키는 원인이 된다.

3-7 탄소강의 5대 원소 : C(탄소), Mn(망간), Si(규소), P(인), S(황)

① 탄소(C) : 가장 큰 영향을 미치고 강 중에 함유된 탄소는 전부 화합탄소로 재질이 단단하고 메지(취성)며 절삭이 어렵다.

② 망간(Mn) : 적열취성을 방지하고 고온가공에 용이하며, 즉 고온에서 강도, 경도, 인성이 크다. 담금질성을 높이고 내마멸성을 증대시킨다.

③ 규소(Si) : 강도, 경도, 탄성한계를 증가시키고 연신율, 충격값, 단면수축률은 감소 유동성(주조성)을 추진시키는 대표적인 원소이며 흑연화를 촉진시킨다.

④ 인(P) : 0.25% 이하를 함유하며 편석, 상온취성의 원인이 된다.
연신율을 감소하며 강도, 경도를 증가시키고 주조성 및 용접성을 향상시키는 원소이다. 또한 결정립을 조대화(거침)시키는 원소다.

⑤ 황(S) : 가장 유해한 원소이면서 적열취성의 원인이 되고, 고온가공성을 해치는 원소로 용접성(접합성), 유동성(주조성)을 해치나 절삭성을 향상시키는 원소이다.

⑥ 가스 : 산소는 적열취성을 일으키고, 질소는 강도와 경도를 증가, 수소는 hair crack(균열), 백점의 원인이 된다.

4. 철강의 제조법

4-1 제선법(제철법)

1용광로(高爐)에 철광석, 연료인 Cokes, 용제인 석회석 등을 일정한 반복 장입하고 용광로 하부의 열풍을 불어넣어 연소시키면 철광석이 녹아 환원되어 선철이 만들어진다. 석회석은 불순물을 제거하기 위해 사용한다.

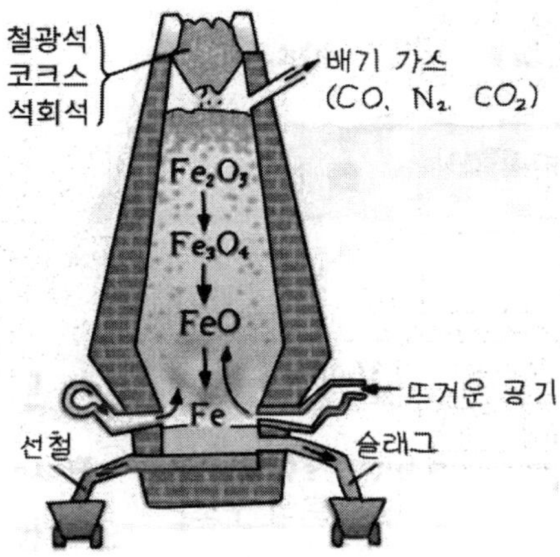

[선철의 제조방법]

※ 용광로의 크기 : 24시간 동안에 생산된 선철의 무게를 ton으로 표시(ton/24hr 또는 ton/day)

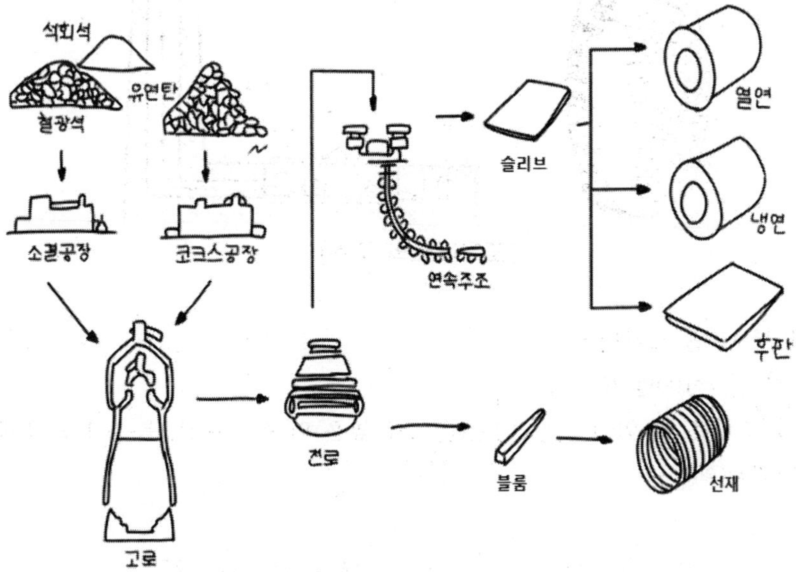

[제철 및 제강 과정]

4-2 제강법

선철 중에 다량의 불순물(C, Si P, S 등)을 제거하고 필요한 양의 성분이 되도록 정련하여 강을 만드는 법이다. 제선 과정은 산화철을 환원시키는 환원 제련이고 제강 과정은 선철 중의 불순물을 산화제거하는 산화정련과정이다.

- 정련 : 불순물을 산화하여 순도가 높은 금속을 만드는 작업

① 용선로(Cupola) : 강판 원통 내부에 내화벽돌을 쌓은 것으로서 제작이 용이하고 구조가 간단하다. 일반적으로 주철을 용해시키는 데 쓰이는 대표적인 용해로이다.

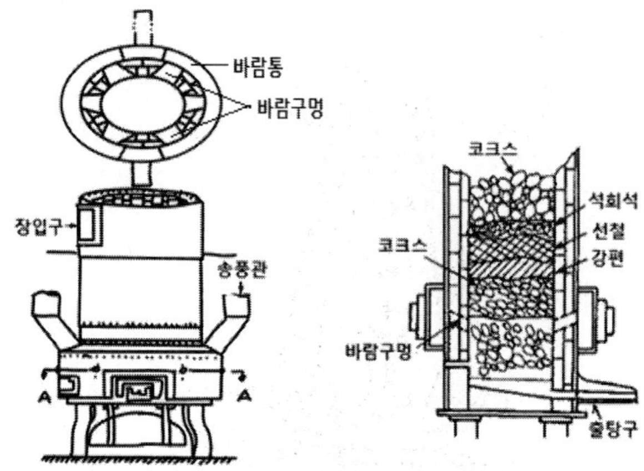

[용선로의 구조]

※ 크기(규격) : 1시간에 용해할 수 있는 쇳물의 무게를 ton으로 표시(ton/hr)

② 도가니로(Crucible) : 합금강을 용해할 때 주로 사용한다.

※ 크기 : 1회에 용해할 수 있는 구리(Cu)의 중량을 번호로 표시한다.

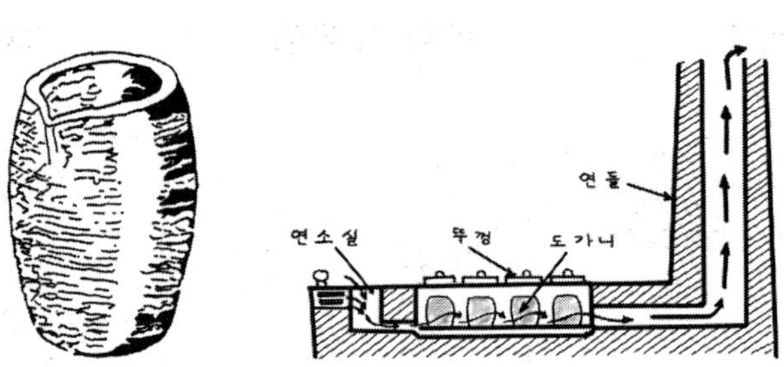

[도가니로의 구조]

- 구리 1kg 용해 시 : 1번 도가니
- 구리 100kg 용해 시 : 100번 도가니

③ 전기로 : 온도를 조절할 수 있어 가장 양질(순도가 높은)의 특수주철, 특수강을 용해하는 로이다.

※ 크기 : 1회 용해량(ton/회)

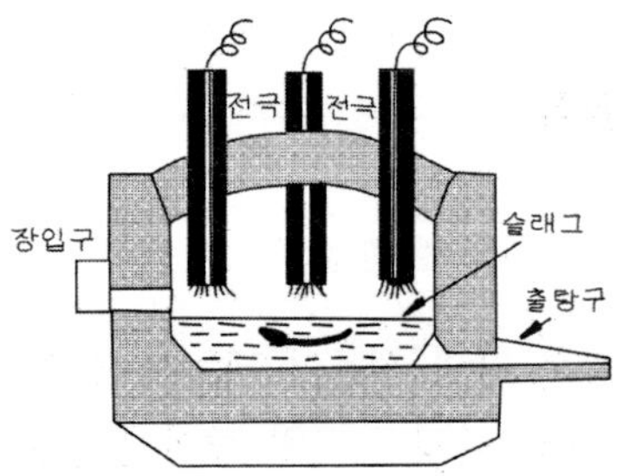

[전기로의 구조]

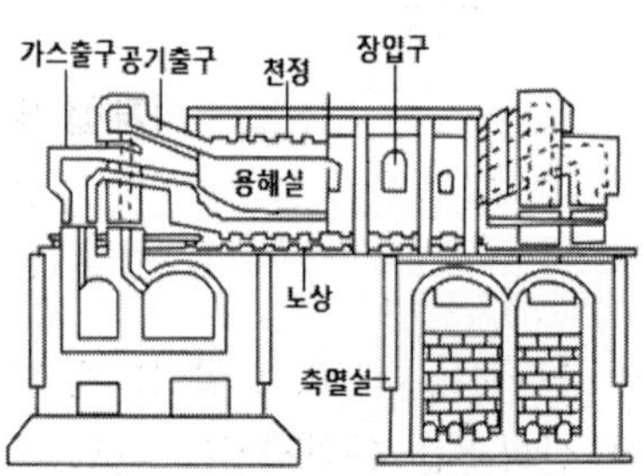

[평로의 구조]

④ 평로 : 바닥이 넓은 축열실(蓄熱室 : 연소가스 열량을 회수하여 연소용 공기의 예열을 이용)반사로이고, 선철 또는 고철을 용해하여 재활용할 수 있는 로이다.

※ 크기 : 1회 용해량(ton/회)

⑤ 반사로 : 로의 천장과 옆벽으로부터 반사열을 이용하여 금속을 용해 정련하고, 용해온도가 낮은 구리, 황동, 청동 등 비철금속을 용해하는 로이다.

※ 크기 : 1회 용해량(ton/회)

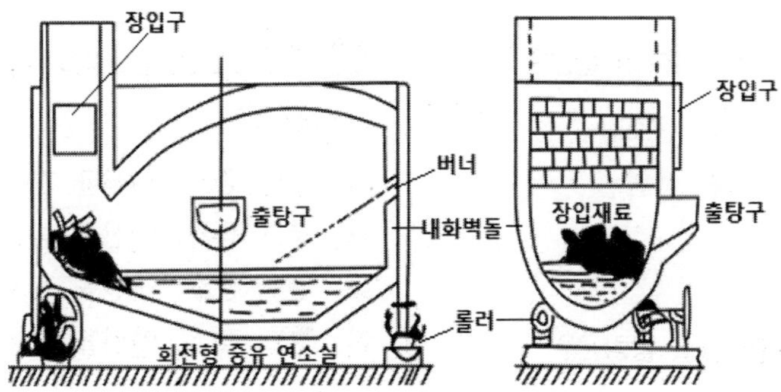

[반사로의 구조]

5. 강괴(Steel ingot)

(1) 림드강(Rimmed steel)

평로나 전로에서 정련된 용강을 Fe-Mn(페로망간)으로 가볍게 탈산시킨 강, 즉 불완전 탈산강으로 탄소 함유량이 0.3% 이하인 일반적인 탄소강이다. [용도] 용접봉의 선재, 파이프

(2) 킬드강(Killed steel)

페로실리콘(Fe-Si), 알루미늄(Al) 등의 강력 탈산제를 첨가하여 탈산시킨 강, 즉 완전 탈산강으로 진전강이라고도 부른다. [용도] 압연재료, 구조용 강 사용

(3) 세미킬드강(Semi-Killed steel)

탈산 정도가 림드강과 킬드강의 중간에 있는 강 저탄소강, 저규소강이며, 망간은 0.8% 함유한 강이다.

(4) 캡드강(Capped steel)

림드강을 변형시킨 것이다.

● 탈산(Deoxidation) : 용융상태로 있는 금속으로부터 그 금속 안에 녹아있는 과잉산소를 감소 또는 제거하는 것으로, 산소 농도가 적당치 않으면 강괴 또는 강재에 결함이 생기므로 탈산은 필수적이다. 탈산을 하기 위해 첨가한 물질을 탈산제라 한다.

● 탈산제(탄소와 친화력이 강한 금속) : 페로망간, 페로실리콘, 알루미늄 등을 많이 사용하나 용강 속의 탄소와 산소를 결합시켜 일산화탄소(CO)를 생성시키는 탈산 방법도 이용한다.

● 제철용으로 사용되는 철광석에는 자철광, 적철광, 갈철광, 능철광이 있다. 철광석은 철분이 50% 이상이어야 하며, 불순물이 적은 것이 사용된다. 특히 인과 황은 절대로 0.1%를 초과해서는 안 된다.

연습문제

문제01 탄소함유량이 0.02% 이하인 철은?

가. 순철　　나. 탄소강
다. 주철　　라. 선철

문제02 회주철의 일반적인 탄소 함량은?

가. 2~4%　　나. 1~1.5%
다. 1.5~2%　　라. 3.0~3.6%

문제03 다음 중 Fe-C의 평형상태도에서 일어나는 3개의 반응에 속하지 않는 것은?

가. 편석반응　　나. 포정반응
다. 공정반응　　라. 공석반응

문제04 탄소강에 관한 설명으로 옳지 않은 것은?

가. 탄소량이 증가하면 비중도 증가한다.
나. 탄소강의 탄성율은 온도의 증가에 따라 감소한다.
다. 탄소강은 200~300℃에서 청열 취성(메짐)이 발생한다.
라. 아공석강 영역에서 탄소량이 증가하면 경도는 증가하나, 연신율은 감소한다.

문제05 탄소강에 함유된 5대 원소는?

가. C, Si, Mn, P, S　　나. C, Si, P, Mn, Ni
다. Si, C, Ni, Cr, Mo　　라. P, Si, S, As, Ca

문제06 강에서 탄소량이 많아지면 어떤 현상이 일어나는가?

가. 경도 증가, 연신율 감소, 비중 감소
나. 경도 증가, 연신율 증가, 비중 증가
다. 경도 감소, 연신율 증가, 비중 감소
라. 경도 감소, 연신율 감소, 비중 증가

문제07 주철에 함유된 원소 중에서 가장 유해한 원소이며, 흑연화의 방해, 유동성 저하, 재질 경화 등 영향을 끼치는 것은?

가. 황(S)　　나. 규소(Si)
다. 망간(Mn)　　라. 탄소(C)

문제08 다음 중 절삭성을 좋게 하는 원소는?

가. Zn　　나. Sn　　다. S　　라. Pt

문제09 다음 중 강의 상온취성의 원인이 되는 것은?

가. P　　나. S　　다. Si　　라. Ni

문제10 다음의 불순물이 탄소강 중에 존재하여 경도, 탄성한계, 인장력 및 입자크기를 증가시키며 신율, 충격치 등을 감소시키는 원소는?

가. P　　나. Si　　다. Mn　　라. Mo

문제11 순철의 동소변태점과 자기 변태점은?

가. $A_3 = 520°C$, $A_4 = 910°C$, $A_2 = 768°C$
나. $A_3 = 910°C$, $A_4 = 293°C$, $A_2 = 520°C$

다. $A_3 = 910°C$, $A_4 = 1400°C$, $A_2 = 768°C$
라. $A_3 = 1400°C$, $A_4 = 1250°C$, $A_2 = 920°C$

문제12 탄화철(Fe_3C)로서 침상 또는 회백조직을 형성하여 탄소강이나 주철 중에 혼합되어 있고 브리넬 경도가 800 정도로 여린 성질을 갖는 조직은?

가. 페라이트　　나. 오스테나이트
다. 펄라이트　　라. 시멘타이트

문제13 γ–Fe에 탄소가 최대 2.11% 고용된 γ고용체로 면심입방격자 결정구조를 가지고 있으며, A1 변태점 이상에서 주로 존재하는 철강의 기본조직은?

가. 시멘타이트　　나. 페라이트
다. 펄라이트　　라. 오스테나이트

문제14 일반적으로 탄소강은 200~300℃에서 인장강도 및 경도가 크고 연신율과 단면 수축율은 가장 작게 된다. 이와 같은 현상을 무엇이라고 하는가?

가. 적열취성　　나. 청열취성
다. 저온취성　　라. 고온취성

문제15 철광석에서 코크스와 용제인 석회석을 장입한 후 환원시켜 제조하는 것은?

가. 선철　　나. 순철
다. 강철　　라. 주철

문제16 평로 또는 전로에서 정련된 용강을 페로실리콘 (Fe–Si), 알루미늄(Al) 등으로 완전 탈산시킨 강으로서 진전강이라고도 부르는 강은?

가. 탄소강　　나. 킬드강
다. 림드강　　라. 세미킬드강

문제17 강괴(Ingot)에서 탈산재료로 사용되지 <u>않는</u> 것은?

가. 페로망간　　나. 페로실리콘
다. 페로니켈　　라. 알루미늄

문제18 용량을 매시간당 용해할 수 있는 무게로 표시하는 로(爐)는?

가. 용선로　　나. 용광로
다. 도가니로　　라. 반사로

문제19 비철금속을 용해하는 로는?

가. 용선로　　나. 도가니로
다. 평로　　라. 반사로

문제20 다음 중 큐폴라의 규격에 해당하는 것은?

가. 매시간당 용해되는 철의 무게
나. 24시간당 용해되는 철의 무게
다. 1회에 용해할 수 있는 철의 무게
라. 1회 용해하는 데 사용된 코크스의 무게

문제21 바닥이 넓은 축열실 반사로를 사용하여 선철을 용해, 정련하는 제강법은?

가. 용광로　　나. 전기로
다. 전로　　라. 평로

문제22 제련 방법에 따른 동의 종류 가운데 순도가 가장 높은 것은?

가. 전기동　　나. 정련동
다. 탈산동　　라. 무산소동

---

01 가	02 라	03 가	04 가	05 가	06 가
07 가	08 다	09 가	10 나	11 다	12 라
13 라	14 나	15 가	16 나	17 다	18 가
19 라	20 가	21 라	22 가		

CHAPTER 03

강의 열처리 (Heat treatment of steel)

1. 일반 열처리

금속을 적당한 온도로 가열 후 적당한 속도로 냉각시켜 확산 또는 변태에 의해 조직을 조성, 내부응력을 제거하여 목적하는 성질 및 상태를 얻기 위해 하는 작업방법을 말한다. 열처리의 종류로는 계단열처리, 항온열처리, 연속 냉각열처리, 표면 경화 열처리 등이 있다. 열처리 지배요인은 다음과 같다.

① 열처리 온도 구간(A_1, A_2, A_3, A_4 변태점)

② 일정 온도에서 유지하는 시간

③ 냉각속도

④ 냉각능(냉각성능)

1-1 담금질(Quenching : 소입)

강을 Austenite(γ철)조직을 물이나 기름(유중)에서 급냉하여 Martensite 조직을 얻는 열처리이며 재질을 경화시키는 목적이다. 즉 강도와 경도를 증가시킨다.

(1) 담금질 온도

① 아공석강일 때 : A_3 변태점보다 30~50℃ 높게 가열하여 급냉시킨다.

② 과공석강일 때 : A_1 변태점보다 30~50℃ 높게 가열하여 급냉시킨다.

③ ①과 ②를 묶어서 A_{321} 변태점보다 30~50℃ 높게 가열하여 급냉시킨다.

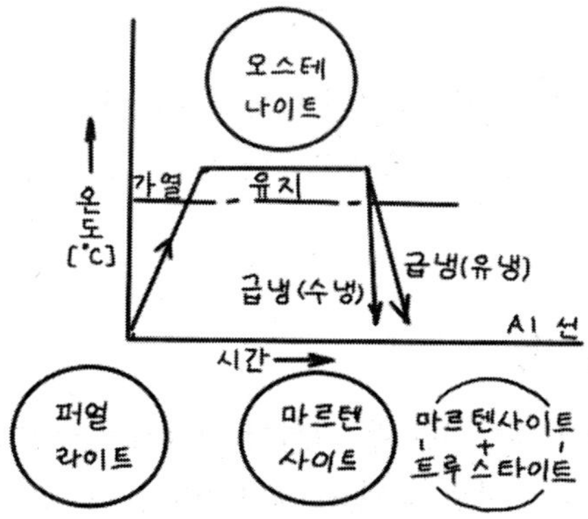

[담금질 조직과 온도범위]

(2) 담금질 액(냉각액)

① 소금물 : 냉각속도가 가장 빠름. 즉, 냉각효과가 가장 크다.

② 보통물 : 처음에는 냉각능이 우수하나 온도상승에 따라 냉각능이 저하

③ 기름 : 처음 냉각능이 약간 떨어지나 온도가 상승함에 따라 냉각능이 상승

- 냉각능이 좋은 순서 : NaOH(수산화나트륨 10%) 〉 NaCl(염화나트륨 10%) 〉 H_2O

(3) 담금질로 얻을 수 있는 조직

① Austenite : 고탄소강을 수냉했을 때 나타나는 조직이며 고온조직을 상온에서 유지시킨 것

② Martensite : Austenite 조직을 급냉(수냉) 시 나타나는 조직으로 탄소강 중에 가장 불안정한 조직

③ Troostite : Martensite보다 냉각속도를 느리게 했을 때 나타나는 조직

④ Sorbite : Troostite보다 냉각속도를 느리게 했을 때 나타나는 조직

Reference

☞ 담금질 조직에서 경도가 큰 순서
마텐자이트 〉 트루스타이트 〉 소르바이트 〉 오스테나이트

(4) 질량효과(Mass effect)

담금질 시 재료의 두께에 따라 내부 또는 외부에 냉각속도의 차이가 생긴다. 즉, 두께가 두꺼운 소재를 가열 후 급랭시킬 때 두께가 두꺼운 소재의 외부는 Martensite 조직이고, 내부는 잔류 Austenite 조직이 된다. 두께가 얇은 소재는 가열 후 급냉시키면 재료 전체가 즉시 Martensite 조직으로 변한다. 이 경도 차이를 질량효과라 한다.

- 질량효과는 소재가 두꺼울수록 크다(얇은 소재는 가열 후 급냉 시 소재 전부 Martensite 조직이다).
- 질량효과가 작다는 것은 열처리가 잘 된다는 것이다. 즉 충분히 담금질이 되는 것을 의미한다.
- 질량효과가 큰 재료 : 탄소강
- 질량효과를 줄이려면 : 특수강(Cr, Mo, Mn, Ni) 첨가한다.

(5) 경화능(Hardenability)

담금질성이라고도 하며 오스테나이트 영역으로부터 담금질했을 때 생기는 경화 깊이나 경도 분포를 결정해 주는 성질로 정의된다. 강의 경화능은 강의 조성 / 오스테나이트의 결정립의 크기 / 담금질 전의 강의 조직 등에 따라 달라진다.

1-2 뜨임(Tempering : 소려)

담금질된 강을 A_1 변태점 이하에서 재가열한 후 서서히 냉각시켜 담금질로 인한 취성을 제거하고 강도와 경도를 떨어뜨려 강인성을 증가시키고 내부 응력을 제거시키기 위한 열처리 방법을 말한다.

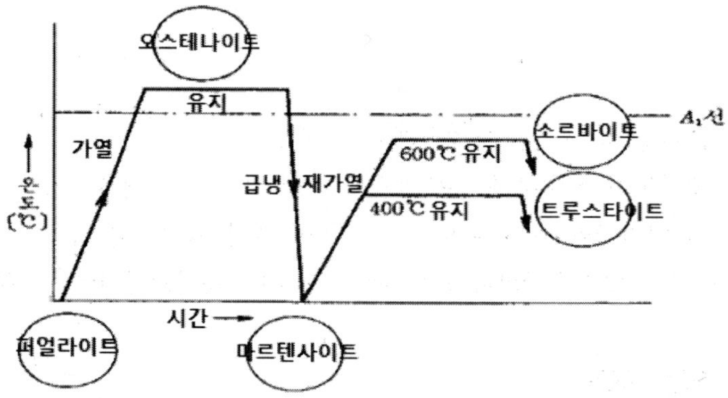

[뜨임 열처리 과정]

(1) 저온뜨임(150~250℃)

경도를 감소시키지 않고 내부응력을 제거하고자 할 때 열처리하는 방법이다.

(2) 고온뜨임(550~650℃)

구조용강을 소르바이트 조직으로 바꾸어 강인한 재질을 만들기 위하여 500℃ 부근에서 뜨임하는 것으로, 인성을 증가시키고자 할 때 열처리하는 방법이다.

(3) 강의 열처리(담금질하여 뜨임 할 때) 시 현미경 조직의 변화 순서

오스테나이트(austenite) → 마텐자이트(martensite) → 트루스타이트(troostite) → 소르바이트(Sorbite)

1-3 풀림(Annealing : 소둔)

재결정온도 이상으로 가열한 후 가공전의 연한 상태로 만드는 열처리 방법으로, 내부응력을 제거하고 재료를 연화(부드럽게)시키는 데 목적이 있고, 노속에서 서서히 냉각시킨다. 풀림 열처리의 목적은 다음과 같다.

① 주조, 단조, 기계가공으로 생긴 내부응력 제거
② 열처리로 인하여 경화된 재료의 연화
③ 금속 결정입자의 균질화, 미세화
④ 가공 또는 공작에서 경화된 재료의 연화

(1) 저온풀림

A_1 변태점 이하(500~600℃ 부근)에서 실시하고 응력제거 풀림, 프로세스 풀림, 구상화 풀림, 재결정 풀림이 있다. 황동을 냉간 가공하여 재결정온도 이하의 낮은 온도로 풀림하면 가공 상태보다 오히려 경화되는 현상을 저온풀림경화라 한다.

(2) 고온풀림

A_{321} 변태점 이상에서 실시하고 완전풀림(일반적인 풀림), 확산풀림, 항온풀림, 구상화 풀림이 있다.

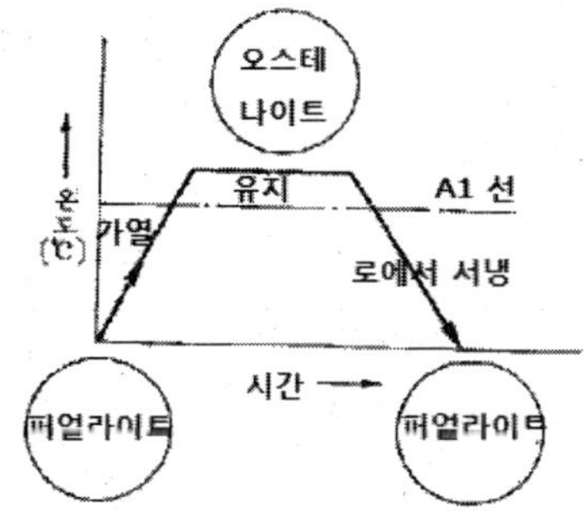

[풀림 열처리 과정(압연재)]

1-4 불림(Normalizing : 소준)

담금질한 강을 A_3 변태점이나, Acm 변태점보다 30~50℃ 높게 가열한 후 공냉시키는 열처리 방법으로써 내부응력을 제거하여 조직을 균질화(표준화)하는 것이 목적인 열처리이다.

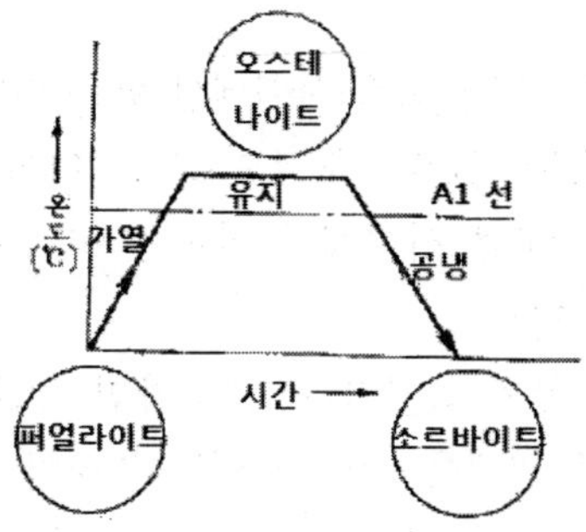

[불림 열처리 과정]

1-5 Sub-Zero(심냉) 처리

담금질 후 계속 0℃ 이하(약 -80℃ : 드라이아이스나 액체질소)의 온도까지 냉각시켜 잔류 오스테나이트를 마텐자이트로 변태시켜서 시효변형을 방지하기 위한 목적으로 하는 열처리이다. 치수의 정확성을 요하는 게이지나 베어링 등을 만들 때 적용한다.

1-6 자경성(기경성)

특수원소(Cr, Ni, Mn, Mo, W)를 첨가하여 가열한 후 공랭을 하여도 자연히 경화되는 성질로, 담금질 효과를 얻는 현상이다.

2. 항온(Temperature Constant) 열처리

변태점 이상으로 가열한 강을 일반 열처리와 같이 연속적으로 냉각하지 않고 염욕 중에 담금질하여 그 온도로 일정한 시간동안 항온을 유지하였다가 냉각을 시키는 열처리, 즉 항온 변태곡선(S곡선 : C곡선 : TTT 곡선)을 이용한 열처리 방법으로서 Bainite 조직을 얻을 수 있다.

- T.T.T 곡선 : (Time Temperature Transformation : 시간, 온도, 변태 곡선)
- Bainite 조직 : 담금질과 뜨임을 동시에 할 수 있는 열처리 조직을 말한다.

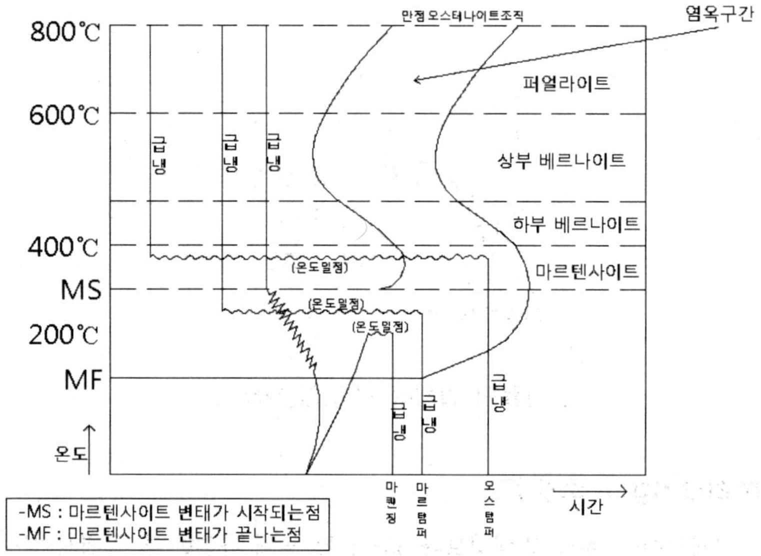

[항온 열처리 방법]

항온 열처리의 종류는 다음과 같다.

① Austemper(오스템퍼링) : S곡선에서 코와 Ms점 사이에서 항온 변태를 시킨 후 열처리하여 하부 Bainite 조직을 얻고 점성이 큰 Bainite 조직을 얻는다. 특징으로는 뜨임이 필요 없고 담금 균열과 변형이 없다.

② Martemper(마르템퍼링) : Ms점과 Mf점 사이에서 항온변태를 시킨 후 열처리하여 얻는 조직으로서 Martensite와 Bainite의 혼합 조직이다.

③ Marguenching : S곡선 코 아래서 항온 열처리 후 뜨임하면 담금 균열과 변형이 적어 복잡한 부품의 담금질에 사용된다. 즉, 마텐자이트 변태를 시키는 열처리 방법이다.

④ Isothermal tempering(항온 뜨임) : Ms점(약 250℃) 부근의 염욕에 넣어 항온 유지시켜 2차 Bainite가 생기도록 하는 열처리로서, 이렇게 얻어진 고속도강 조직은 보통 뜨임으로 얻는 것보다 경도가 떨어지나 인성이 크고 절삭성이 좋다.

3. 표면 경화 열처리

기계의 축(Shaft) 및 Gear 등은 강도, 인성 및 접속부의 내마멸성이 요구된다. 일반적으로 담금질을 하면 경도는 크게 되지만 메지게 되어 충격값이 감소하므로 표면경도만 크게 할 필요가 있을 때 사용하는 방법을 표면 경화법이라 한다.

3-1 화학적 표면 경화법

3-1-1 침탄법 : 표면에 탄소를 침투

탄소함유량이 0.2% 이하의 저탄소강을 고탄소강으로 만들고 싶다면 저탄소강 표면에 탄소(0.6~0.9%)를 입힌(0.5~2mm 정도) 후 가열(900~950℃)한 다음 물에 급냉을 시키면 고탄소강이 된다.

(1) 고체 침탄법

침탄제인 목탄, 코크스, 골탄 등을 침탄촉진제(탄산바륨, 탄산나트륨)와 함께 6:4의 비율로 배합하여 침탄로 중에서 900~950℃로 가열하여 4~6시간 유지한 후 소재 표면에 0.5~2mm의 침탄층을 얻는다.

(2) 액체 침탄법(청화법 : 시안화법)

침탄제인 청화소다(NaCN), 시안화칼륨(KCN) 등을 침탄 촉진제와 함께 상자에 넣고 550℃ 이상 가열하여 용액을 만들어 이 용액을 750~900℃로 가열한 후 용액 중의 강재를 침적시키면 탄소와 질소를 동시에 확산 침투시킨다.

(3) 가스(기체) 침탄법

침탄제인 메탄가스, 프로판가스 등의 로에 넣고 NH_3(암모니아) 1~6% 혼합 가열하면 침탄과 질화가 동시에 일어난다.

- 침탄량을 증가시키는 원소 : Cr, Ni, Mo 등
- 침탄량을 감소시키는 원소 : C, V, W, Si 등
- Case hardening : '침탄 후 담금질하라'라는 뜻이다.

3-1-2 질화법(Nitriding)

소재를 NH_3 중에서 500~550℃로 20~100시간 가열하면 발생기의 N와 H로 분해되고 N가 강의 표면에 부착하여 0.5mm 정도의 질화층을 만든다. 질화처리의 목적은 다음과 같다(침탄법과 비교).

① 열처리가 필요 없다.
② 변형이 적다.
③ 내마모성이 우수하고, 피로한도가 향상된다.
④ 경화층이 얇다.
⑤ 침탄보다는 경도가 크다.
⑥ 질화처리 후 담금질할 필요가 없다.
⑦ 고온 가열해도 경도는 낮아지지 않는다. 즉, 고온강도, 내열성, 내식성이 우수하다.
⑧ 질화 후 수정이 불가능하다.

3-2 금속 침투법에 의한 표면 경화법 : 고온 중에 산화 방지 목적

(1) 크로마이징(Chromizing) : 강의 표면에 Cr 침투 처리

0.2% 이하의 저 탄소강을 침투제인 크롬 분말(Al_2O_3를 20~25% 첨가) 속에 파묻고 환원성 또는 중성 분위기 중에서 1,000~1,400℃로 가열한다. 크롬 침투층은 대단히 단단하고 내마모성이 우수하므로 다이스, 게이지, 절삭공구 등에 사용된다.

(2) 칼로라이징(Calorizing) : 강의 표면에 Al 침투 처리

경화시키고자 하는 강 부품을 Al 분말 49%, Al_2O_3 분말 49%, 염화암모늄(NH_4Cl) 2%의 혼합 분말 속에 넣고 이 용기를 로 내에 넣어 950~1,050℃로 가열한다. 이후 3~15시간 동안 두면 0.2~0.5mm의 침투층을 얻는다. 내식성이 우수하여 침탄상자, 흡열관, 가스발생 장치 부품 등 고온에서 사용되는 기계, 기구의 부품에 사용된다.

(3) 실리콘라이징(Siliconizing) : 강의 표면에 Si 침투 처리

강철 부품을 규소 분말, Fe-Si, SiC 등의 혼합물 속에 넣고 회전로 또는 침탄로에서 950~1,050℃에서 2~4시간 처리하면 0.5~1.0mm의 규소 침투층을 얻는다.

(4) 보로나이징(Boronizing) : 강의 표면에 B(붕소) 침투 처리

강재를 900℃의 전류밀도 10A/m^2 이상의 보론화된 침투 확산층(0.15mm)을 얻는다. 보론화된 층은 경도가 아주 높다.

(5) 세라라이징(Sheradizing) : 강의 표면에 Zn(아연) 침투 처리

아연의 분말 속에 제품을 넣고 300~420℃로 1~5시간 가열하여 0.015mm의 경화층을 얻는다.

3-3 물리적 표면 경화법

(1) 고주파 경화법 : 짧은 시간에 표면을 고주파로 경화시키는 방법

금속 표면에 코일을 감고 고주파 전류로 표면만 고온으로 가열 후 급냉시키는 방법으로 고주파 유도 가열 경화법이라고도 한다. 특징은 다음과 같다.

① 제품의 가열 냉각이 쉽고 연속 작업이 가능하다.
② 값이 싸고 경제적이다.
③ 가열시간이 짧아 산화 및 탈탄의 염려가 없다.

(2) 화염 경화법(Flame hardening)

산소-아세틸렌 불꽃을 이용하여 강의 표면에 급가열 후 열이 중심부로 전달하기 전에 급랭시키는 방법으로, 기어잇면, 크랭크축, 주축, 동력전달용 체인 등에 많이 이용된다. 특징은 다음과 같다.

① 물품의 크기 형상에 구애받지 않는다.
② 국부 담금질이 가능하다.
③ 담금질 변형이 적다.
④ 설비비가 싸다.
⑤ 가열온도 측정 및 화염조절이 어렵다.

(3) 쇼트 피닝(Shot peening)

재료의 표면에 강이나 주철의 작은 입자(0.5~1mm)들을 고속으로 분사시켜 가공경화에 의하여 표면층의 경도를 높이는 방법으로, 두꺼운 재료는 균열의 원인이 되므로 효과가 없다. 자동차용 코일 스프링과 판스프링 가공에 쓰인다.

(4) 하드 페이싱(Hard facing)

재료의 표면에 stellite(Co-Cr-W합금)나 경합금 등의 특수금속을 융착시켜 표면 경화층을 만드는 것이다.

4. 강의 산화와 탈탄

4-1 산화

열처리 가열 중에 철강이 공기 중의 산소 또는 산화성 연소가스와 작용하여 산화절을 만드는 현상으로, 산화에 의해 생긴 검고 단단한 피막을 스케일이라고 한다. 산화 방지법으로는 로 내의 분위기를 진공, 환원성, 중성 분위기로 한다. 또한 비교적 저온, 단시간이라면 도료를 한다.

4-2 탈탄

강을 고온으로 가열하여 열처리할 때 또는 고온 가공을 하기 위하여 장시간 가열하면 산화가 생기고 산화막이 형성된다. 이때 강 중의 탄소도 산화되어 CO_3, CO_2 가스가 되어 제거되는데, 이것을 탈탄이라 한다.

(1) 탈탄에 의한 결함

① 기계적 강도 저하 및 열 피로가 생기기 쉽다.
② 표면의 변형, 균열의 원인이 된다.

(2) 탈탄의 방지

① 분위기 있는 가스 속에서의 가열하고 또는 진공 가열한다.
② 고온, 장시간 가열을 피한다.
③ 도료, 금속 도금, 피복을 한다.

5. 강의 산화 피막의 제거

(1) 스케일을 제거하는 가장 간단한 방법은 산세(酸洗)이다.
이 방법은 산화된 강을 50~60℃의 15~20% 염산 수용액 및 3~10% 황산 수용액에 넣어 세척하는 방법이다.
(2) 산화된 강의 표면을 청소하는 방법
① 샌드 블라스팅(Sand blasting) : 압축공기에 의해서 노즐로부터 모래를 산화된 강의 표면에 분사시켜주는 방법이다.
② 쇼트 피닝(Shot peening) : 소형 강구를 산화된 강의 표면에 분사시켜주는 방법이다.

연습문제

문제01 탄소강의 표준조직이란?

가. 담금질(Quenching)로 얻는 조직을 말한다.
나. 뜨임(Tempering)으로 얻는 조직을 말한다.
다. 불림(Normalizing)으로 얻는 조직을 말한다.
라. 서브제로(Sub-zero)처리로 얻는 조직을 말한다.

문제02 내부응력을 제거하고 인성을 개선하기 위한 열처리 방법은?

가. 풀림　　나. 뜨임
다. 텅스텐　　라. 불림

문제03 강의 열처리(담금질하여 뜨임할 때) 시 현미경 조직의 변화는?

가. 마텐자이트(martensite) → 오스테나이트(austenite) → 트루스타이트(troostite) → 소르바이트(Sorbite)
나. 오스테나이트(austenite) → 마텐자이트(martensite) → 트루스타이트(troostite) → 소르바이트(Sorbite)
다. 마텐자이트(martensite) → 트루스타이트(troostite) → 소르바이트(Sorbite) → 오스테나이트(austenite)
라. 마텐자이트(martensite) → 소르바이트(Sorbite) → 트루스타이트(troostite) → 오스테나이트(austenite)

문제04 강의 담금질 작업 중에서 냉각효과가 가장 큰 냉각제는 어느 것인가?

가. 소금물　　나. 비눗물
다. 보통물　　라. 기름

문제05 금속을 가열한 다음 급속히 냉각시켜 재질을 경화시키는 열처리 방법은?

가. 풀림　　나. 뜨임
다. 담금질　　라. 불림

문제06 아공석강에서는 A3점에서 40~60℃ 높은 범위에서 가열하여 노속에서 서냉시키는 방법으로 주로 가공 경화된 재료를 연화시키거나 내부응력 제거 및 불순물 방출 등을 할 수 있는 열처리 방법은?

가. 풀림　　나. 뜨임　　다. 담금질　　라. 불림

문제07 심랭처리(서브제로)에 대한 다음 설명 중 옳은 것은?

가. 뜨임 처리하기 전에 온도를 영하 5℃까지 냉각한 후에 페라이트 조직을 분해시키는 처리
나. 담금질 후 풀림을 하기 전에 얼마동안 0℃ 이하에 두었다가 풀림 처리하는 것
다. 풀림 처리를 한 후 온도를 영하 30℃까지 냉각시켜 잔류 응력을 제거시키는 열처리
라. 담금질 후 계속 0℃ 이하의 온도까지 냉각시켜 잔류 오스테나이트를 마텐자이트로 변태시켜서 시효변형을 방지하기 위한 목적의 열처리

문제08 다음 중 강의 담금질 조직이 <u>아닌</u> 것은?

가. 마텐자이트　　나. 트루스타이트
다. 레데뷰라이트　　라. 소르바이트

문제09 담금질 조직 중 경도가 가장 높은 것은?

가. 펄라이트　　나. 마텐자이트
다. 소르바이트　　라. 트루스타이트

문제10 Time–Temperature–Transformation curve (T.T.T 곡선)과 관계가 있는 곡선은?

가. Fe3-C곡선　　나. 항온변태곡선
다. 인장곡선　　라. 탄성곡선

문제11 강의 항온 열처리에서만 나타날 수 있는 조직은?

가. 오스테나이트(austenite)
나. 베이나이트(Bainite)
다. 소르바이트(Sorbite)
라. 트루스타이트(troostite)

문제12 다음에서 화학적 표면 경화법에 속하지 않는 것은?

가. 질화법　　나. 침탄법
다. 청화법　　라. 화염 경화법

문제13 표면 경화법에서 침탄법과 질화법의 설명 중 질화법인 것은?

가. 경화시키기 위해서 열처리를 한다.
나. 경화에 의해 변형이 상대적으로 크다.
다. 경화층이 얇고 경도는 침탄한 것보다 크다.
라. 고온에서 가열하면 경도가 낮아진다.

문제14 기어의 잇면, 크랭크축, 캠, 스핀들, 펌프, 축, 동력전달용 체인 등의 표면경화법으로 가장 적합한 것은?

가. 질화법　　나. 가스침탄법
다. 화염경화법　　라. 청화법

문제15 침탄과 동시에 질화도 되므로 침탄질화법 또는 청화법이라고 하는 열처리 법은?

가. 고체 침탄법　　나. 액체 침탄법
다. 가스 침탄법　　라. 전해 경화법

문제16 강의 표면에 알루미늄(Al)을 침투시켜 내식성을 증가시키는 침투법은?

가. 크로마이징(Chromizing)
나. 칼로라이징(Calorizing)
다. 보론나이징(Boronizing)
라. 실리콘나이징(Siliconizing)

문제17 차량용 스프링, 기어 등의 반복하중을 받고 수명을 연장시키기 위한 방법으로 이용되고 있는 가공방법은 어느 것인가?

가. 액체호닝　　나. 쇼트 피닝
다. 호닝　　라. 래핑

문제18 쇼트 피닝(Shot Peening)에 관한 설명으로 틀린 것은?

가. 쇼트라는 작은 덩어리를 가공 틀에 분사한다.
나. 피닝 효과는 열응력을 향상시킨다.
다. 자동차용 코일 또는 판스프링 가공에 쓰인다.
라. 두께가 큰 재료는 효과가 적고, 균열의 원인이 될 수 있다.

01 다	02 나	03 나	04 가	05 다	06 가
07 라	08 다	09 나	10 나	11 나	12 라
13 다	14 다	15 나	16 나	17 나	18 나

CHAPTER 04

특수강(합금강)

1. 특수강의 목적

탄소강(강)에 한 가지 이상의 원소(Ni, Cr, Mo, W, Ti 등)를 첨가하여 기계적 성질을 향상시킨 강을 특수강이라 하며, 목적은 아래와 같다.

① 기계적, 물리적, 화학적 성질의 개선(향상)
② 소성가공 개량
③ 결정입도의 성장 방지
④ 내식성, 내마멸성 향상
⑤ 고온에서 기계적 성질의 저하 방지
⑥ 용접성(접합성), 담금질성 향상
⑦ 전기적, 자기적 성질의 변화

2. 특수강에 미치는 원소

① Ni : 강인성, 내식성, 내산성을 향상시키는 금속이다.
② Cr : 강도, 경도, 내식성, 내열성, 내마모성을 향상시키고 담금질성(Hardenability)을 개선시키며, 페라이트 조직을 강화시킨다.
③ Mn : S에 의한 취성(메짐)을 방지하고 적은 양일 때는 Cr과 같이 작용하고, 함유량의 증가에 따라 내마멸성이 증가한다.
④ Mo : 담금질 깊이가 깊고, 크리프저항, 내식성, 강인성을 증가시키며 질량효과를 감소, 뜨임 취성(메짐)을 방지한다.
⑤ W : 고온에서 인장강도, 경도, 내마멸성을 증가한다.

⑥ Cu : 석출경화성, 내산화성을 증가한다.
⑦ Si : 전기적, 자기적 성질을 개선시키고, 탄성한계를 증가시킨다.
⑧ Co : 고온경도, 고온인장강도가 증가하고 단독으로 사용하지 않는다.
⑨ Ti : 탄화물(양성원소와의 화합물)을 만들기 쉽다.
⑩ V : 경화성이 증가하고, Cr과 W이 있어야 효력이 발생한다.

3. 특수강의 종류

3-1 구조용 특수강

(1) 강인강(인성을 증가시킨 강)

인장강도, 탄성한계, 충격값, 연신율, 가공성, 내식성 등을 향상시키기 위해 Cr, Ni, Mo, Mn 등의 원소를 첨가시킨 강. [용도] 크랭크 축, 기어, 볼트의 재료에 이용된다.

① Ni(니켈)강 : Ni을 1.2~5.2% 첨가한 강으로서, 강도, 내식성 증가
② Cr(크롬)강 : 0.28~0.48%C 함유한 탄소강에 Cr(0.9~1.2%)를 첨가한 강으로서, 경도를 증가시킨다.
③ Ni-Cr강(SNC) : 가장 널리 사용하는 강이자 점성을 크게 한 강으로서, 담금질성이 극히 좋다. 고온에서 강도가 크고, 열간가공이 쉽다. 550~580℃에서 뜨임 메짐이 발생한다.
- 뜨임 메짐 방지책 : Mo, V, W을 첨가하나 Mo가 가장 적합하다.

④ Ni-Cr-Mo강(SNCM) : Ni-Cr강의 담금 취성을 개선하기 위하여 Mo을 5~0.3% 첨가한 강으로서 가장 우수한 구조용 강이며 담금질성을 향상시키고, 내열성을 증가시킨다.
⑤ Cr-Mo강(SCM) : Cr강에 0.15~0.3%의 Mo를 첨가한 강으로서 담금질이 쉽고, 용접성이 좋다. 고온, 고압에 강하다.
⑥ Si-Cr강 : 담금질 변형이 쉽고 1,000℃까지 내열성이 있어 내연기관 밸브로 사용된다.
⑦ Mn강 : a) 저 망간강(Ducol강 : Pearlite 망간강)
망간 함유량이 1~2% 함유, 구조용 강재(철도, 교량, 조선, 건축)에 사용된다.
b) 고 망간강(Hardfield강 : Austenite 망간강) : 내충격성 향상, 내마모성 향상
Mn 함유량이 10~14% 함유, 기차레일의 교차점, 분쇄기롤러, 광산기계에 사용된다.

(2) 표면 경화강

침탄강과 질화강이 있다.

(3) 스프링 강(SPS)

탄성한도, 피로한도, 크리프저항, 반복하중, 항복점 등을 높이며, 대표적인 강으로서는 Si-Mn강이 있으며, Si는 탄성한도를 증가시키고, Mn은 탈탄을 방지한다.

(4) 쾌삭강(절삭력을 향상시킨 강)

고속 절삭에 적합한 강으로 S, Mn 등을 탄소강에 소량 첨가한 강이다. 종류로는 황 쾌삭강, 납 쾌삭강, 흑연 쾌삭강, 인 쾌삭강 등이 있다.

3-2 공구용 특수강

공구강의 구비조건으로서는 다음과 같다.

① 고온경도가 클 것.
② 내마멸성, 강인성이 클 것.
③ 열처리가 쉬울 것.
④ 제조, 구입, 취급이 용이할 것.
⑤ 가격이 저렴하고, 마찰계수는 작아야 할 것.

(1) 탄소공구강(STC)

탄소공구강은 0.9~1.5%의 탄소를 함유한 고탄소강이며, 담금질하여 경도와 강도, 강성을 크게 하여 줄, 쇠톱, 정, 펀치의 재질로 사용된다. 그러나 날 끝의 온도가 200℃ 부근에 달하면 템퍼링(Tempering) 효과를 가지게 되어 경도가 저하되므로 사용이 불가능하다.

- STC1 : 1.3~1.5% 탄소 함유
- STC2 : 1.1~1.3% 탄소 함유
- STC3 : 1~1.1% 탄소 함유
- STC4 : 0.9~1% 탄소 함유

(2) 합금공구강(STS)

탄소공구강의 결점을 보완한 강이다. 탄소공구강+Cr, W, Ni, V, Co, Mo, Mn 등의 원소를 첨가하고, 탄소공구강보다 담금질효과, 절삭성이 좋고 내마멸성과 고온경도를 향상시킨다. 450℃까지 경도를 유지시킨다.

(3) 고속도강(SKH)

일명 하이스(HSS)라고도 하며 절삭공구로 사용한다.

① 표준형 : 0.8%C+W(18%)-Cr(4%)-V(1%) : 18-4-1형 고속도강이라 부른다.
② 열처리 방법(W은 전도율이 낮아 개선하기 위해 열처리를 한다)

가. 예열 : 800~900℃ 예열(풀림)한 후
나. 담금질 : 1,260~1,300℃ 급가열한 후 경화(1차 경화 : 2분)
다. 뜨임 : 550~580℃에서 2차 경화(20~30분)

(4) 주조경질합금(상품명 : Stellite)

주조작업에서 성형한 것을 연삭으로 다듬질하여 그대로 사용하는 공구강으로서, 주성분은 W-Co-Cr-C이며 열처리가 불필요한 합금강이다.

(5) 소결초경합금(분말야금합금)

초경합금의 기본성분은 탄화텅스텐(WC)이며, 여기에 티탄(Ti), 탄탈(Ta) 등의 탄화물 분말을 Co 또는 Ni 분말과 혼합하여 프레스로 성형한 후 약 1,400℃ 이상의 고온에서 소결(Sintering)한 것이다. [용도] 절삭공구, 인발다이스 재료로 사용된다.

- [상품명] 영국 : 미디아, 독일 : 비디아, 미국 : 카볼로이, 일본 : 탕갈로이

(6) 서멧(Cermets)

소결초경합금과 동일한 소결합금이지만 탄화물(TiC)을 주성분으로 한 것으로 서멧이 있다. 이것은 TiC를 Ni합금(Ni-Mo, Ni-Mo-Cr)을 결합제로 하여 1,350~1,450℃ 정도로 소결한 것이며, 고온경도, 내용착성, 내산화성이 초경합금보다 우수하나 초경합금보다 취성이 크다.

(7) 피복 초경합금

피복초경공구는 초경합금을 모재로 하여 그 표면에 TiC, TiCN, TiCN, Al_2O_3 등의 세라믹스를 2~15μm의 두께로 피복한 것으로, 인성이 우수한 초경합금과 내마모성, 내열성이 우수한 세라믹스를 조합시킴으로써 종래의 초경공구 성능을 비약적으로 향상시킨 획기적인 재료이다.

(8) 세라믹 공구(Ceramic tool)

알루미아(Al_2O_3)를 주성분으로 하여 소결시킨 일종의 도기로서, 내열성, 내마모성, 고온경도가 크나 충격에는 약하다. [용도] 고온절삭, 고속정밀가공에 주로 사용하는 재료이다.

(9) 다이아몬드(Diamond) 공구

다이아몬드 공구는 절삭가공하기에 곤란한 연성 재료의 고정도 표면 다듬질과 같은 특수한 목적에 사용된다.

(10) CBN 공구(Cubic Boron Nitride tool)

다이아몬드 다음 가는 경도를 지닌 CBN의 미소분말을 초고온, 고압(2,000℃, 7만 기압)으로 소결한 공구로서, 최근에 많이 사용하고 있는 소재이다. CBN은 초경합금이나 세라믹보다도 고경도, 고열전도율, 저열팽창율의 장점을 갖고 있으며, 다이아몬드 공구와 달리 공기 중에서도 안정된 물질로서 철과 반응성이 작으므로 고온으로 되는 철계 금속의 절삭에는 이상적인 특성을 갖고 있다.

3-3 특수 용도용 특수강

(1) 스테인리스강(Stainless steel)

탄소공구강+Ni 또는 Cr을 다량 첨가한 강이다. 산화되지 않는 강으로서 Cr강과 Cr-Ni강이 있다. 스테인리스강의 금속조직상 분류는 다음과 같다.

① Ferrite계 Stainless steel(Cr계 스테인리스강) : 상자성체
② Martansite계(마텐자이트계) : Cr계 스테인리스강 : 상자성체
③ Austenite계(Cr-Ni계 스테인리스강) : 18-8형 스테인리스강 : 비자성체

(2) 내열강

고온에서 기계적, 화학적 성질을 향상시키는 강이고, 내열을 증가시키는 합금원소는 Cr, Si 등이 있다.

(3) 자석강

자기전류, 항자력이 우수한 강이고 W, Co, Cr을 함유한 강이다.

- KS(자석강) : 단조에 의해 성형하고, 950℃ 정도에서 유냉한 상태로 사용한다.
  [용도] 발전기, 전기계기, 온도계, 오실로그래프에 사용된다.

(4) 규소강

탄소 0.08%+Si 4.5% 이하 함유한 강으로서 발전기 전동기의 철심재료, 변압기의 재료로 사용된다.

(5) 게이지 강

각종 정밀 계측기 및 정밀부품으로 사용되는 강으로 0.85%의 탄소 함유량과 0.5~3.6% 크롬 함유, 0.5~3% 텅스텐 함유, 0.9~1.45%의 망간을 함유한 합금강이다.

(6) 베어링 강

고 탄소강에서 0.90~1.6%의 크롬을 첨가시켜 강도, 경도 및 탄성한도를 높이고 피로한도를 크게 하여 내열성이 우수하게 만든 합금강이다.

(7) 불변강(Invariable : 고Ni강)의 종류

온도가 변하여도 선팽창계수, 탄성율이 변하지 않는 강이다. 탄소강의 선팽창계수 : 12×10^{-6} 정도이다.

① Invar(인바) : Fe+Ni(36%) 함유하고, 선팽창계수는 1.2×10^{-6}으로 선팽창계수가 적고, 내식성이 우수하다.
[용도] 줄자, 표준자, 시계의 추, 온도조절용 바이메탈 등에 이용된다.

② Elinvar(엘린바) : Fe+Ni(36%)+Cr(12%) 함유하고, 선팽창계수는 8×10^{-6}이고 탄성계수(탄성율)가 거의 불변이다.
[용도] 시계스프링, 정밀계측의 부품, 지진계 등에 이용된다.

③ Platinite(플래티나이트) : Fe+Ni(44~48%) 함유하고 선팽창계수가 유리나 백금과 비슷하다.
[용도] 전구나 진공관의 도입선에 이용된다.

④ Super invar(초인바 : 초불변강) : Fe+Ni(29~40%) 첨가한 다음에 Co(5%)를 첨가한 강으로, Fe+Ni+Co의 합금이며 인바보다 선팽창계수가 적다.
초인바의 선팽창 계수 : 0.1×10^{-6}

⑤ Coelinvar(코엘린바) : Fe+Ni(36%)+Cr(12%)+Co 소량 첨가한 합금강이다.
[용도] 스프링, 태엽, 기상관측용 재료 등에 이용된다.

⑥ 퍼멀로이(고니켈강) : Fe+Ni(75~80%) 함유한 강으로서 투자율이 크다. [용도] 해저터널의 장하코일용

3-4 강재기호와 명칭

① SM : 기계구조용 압연강재(기계구조용 탄소강)
② SB : 일반구조용 압연강재
③ SKH : 고속도강
④ SPS : 스프링강
⑤ STD : 다이스강
⑥ STS : 합금공구강(STS 00)
⑦ SK : 자석강
⑧ STC : 탄소공구강
⑨ STS : 스테인리스강(STS 000)

연습문제

문제01 탄소강에 하나 또는 여러 종류의 합금 원소를 첨가하여 여러 가지 목적에 적합하도록 성질을 개선한 강을 무엇이라 하는가?

가. 과공석강　　나. 고탄소강
다. 합금강　　라. 중금속

문제02 담금질성(Hardenability)을 개선시키고 페라이트 조직을 강화할 목적으로 첨가하는 합금 원소는?

가. Cr　　나. Mn　　다. Mo　　라. Ni

문제03 바이트의 재질 중 표준형 고속도강의 합금 성분은?

가. Cr(4%)+W(1%)+V(18%)
나. W(18%)+Cr(4%)+V(1%)
다. V(18%)+Cr(4%)+W(1%)
라. Cr(4%)+V(18%)+W(1%)

문제04 탄화텅스텐, 티탄, 탄탈 등의 작은 분말을 코발트 분말과 혼합하여 프레스로 성형한 뒤 고온에서 소결한 것으로 고온, 고속절삭에 있어서도 높은 경도를 유지하는 절삭공구는?

가. 고속도강 공구
나. 세라믹 공구
다. 스텔라이트 공구
라. 초경합금 공구

문제05 18–8 스테인리스강에서 18–8은 어떤 원소를 기준으로 하고 있는가?

가. Cr(18%)+Ni(8%)
나. Ni(18%)+Cr(8%)
다. Cr(18%)+Mo(8%)
라. Ni(18%)+Mo(8%)

문제06 다음 중 합금공구강에 가해진 원소로서 가장 적합하지 <u>않은</u> 것은?

가. Al　　나. W　　다. Cr　　라. V

문제07 다음 재료 중 수중에서의 내식성이 가장 좋은 것은?

가. 일반 구조용 압연강재　　나. 열간 압연강재
다. 기계 구조용 압연강재　　라. 스테인리스강

문제08 고속도강이 갖추어야 할 성질 중에서 가장 중요한 것은?

가. 고온경도　　나. 충격치
다. 인장강도　　라. 인성

문제09 다음 중 불변강의 종류가 <u>아닌</u> 것은?

가. 인바　　나. 엘린바
다. 매시큘러　　라. 코엘린바

문제10 다음 중 주조한 상태로 담금질하지 않아도 경도, 내마모성, 고온저항이 큰 주조경질 합금은 어느 것인가?

가. 비디아(Widia)
나. 스텔라이트(Stellite)
다. 탕갈로이(Tungalloy)
라. 카볼로이(Carboloy)

문제11 고탄소강을 공구강으로 사용하는 이유로 가장 적합한 것은?

가. 경도를 필요로 하기 때문에
나. 전성을 필요로 하기 때문에
다. 인성을 필요로 하기 때문에
라. 충격에 견디어야 하기 때문에

문제12 다음 중 톱날이나 줄 재료로는 보통 어떤 것이 사용되는가?

가. 세라믹　　나. 고탄소강
다. 초경합금　　라. 특수합금강

문제13 다음 자석강 중 단조에 의해서 성형시킬 수 있고 950℃에서 유냉한 상태로 사용하며, 발전기, 전기계기, 온도계, 오실로그래프 등에 쓰이는 자석강의 종류는?

가. MK자석강　　나. 석출형자석강
다. KS자석강　　라. MT자석강

문제14 탭, 다이스, 쇠톱날, 정 등의 용도인 탄소공구강 STC3 종의 탄소함유량으로 가장 적당한 것은?

가. 0.2~0.3%　　나. 0.45~0.6%
다. 1.0~1.1%　　라. 1.8~2.3%

문제15 다음 특수목적용강 중 절삭 공구용 특수강인 것은?

가. Ni-Cr강　　나. 불변강
다. 내열강　　라. 고속도강

문제16 기계구조용으로 많이 사용되는 KS 재료기호 SM35C의 설명으로 가장 적합한 것은?

가. 최저 인장강도 35kgf/mm^{2}인 기계 구조용 탄소강
나. 최대 인장강도 35kgf/cm^{2}인 기계 구조용 탄소강
다. 탄소 함유량이 약 0.35% 정도인 기계 구조용 탄소강
라. 탄소 함유량이 약 35% 정도인 기계 구조용 탄소강

01	다	02	가	03	나	04	라	05	가	06	가
07	라	08	가	09	다	10	나	11	가	12	나
13	다	14	다	15	라	16	다				

CHAPTER 05

주철(Cast iron)

1. 주철의 특성

(1) 주철의 정의

조직상 주철은 탄소 함유량이 2.11~6.68%이며, 일반적으로 탄소 함유량이 2.5~4.5%인 것을 주철이라 한다.

(2) 주철의 용도

충격에는 약하나 주조성이 좋고 값이 싸므로 공작기계의 베드, 프레임, 기계구조물의 몸체, 내연기관의 실린더 등에 이용되고 있다. 산성에는 약하지만 알칼리성에는 강하다.

(3) 주철의 장점

① 용융점이 낮아 유동성(주조성)이 좋다.
② 마찰저항 및 절삭성이 좋다. 즉, 소성가공은 못하고 기계가공(절삭가공)은 쉽다.
③ 압축강도가 크고 내마멸성이 우수하다.
④ 녹 발생이 적고 값이 저렴하다.

(4) 주철의 단점

① 인장강도, 휨(굽힘)강도, 충격값, 가단성, 연성, 전성이 적다.
② 취성이 있어 가공(단조/담금질)하기가 어렵다.
③ 용접성은 불량하다.

2. 주철의 조직

Ferrite, Pearlite, 흑연(Graphite)으로 구성되어 있고 주철 중에 탄소의 형상은 유리탄소(흑연), 화합탄소(Fe3C)로 구성되어 있다.

- 유리탄소 : Si양이 많고 냉각속도가 느릴 때 생성 → 회주철(연한 주철)
  회주철은 Ferrite+Pearlite의 조직으로 흑연이 편상으로 존재
- 화합탄소 : Mn이 많고 냉각속도가 빠를 때 생성 → 백주철(단단한 주철)
  백주철은 Cementite(Fe_3C)+Pearlite의 조직으로 흑연이 구상으로 존재

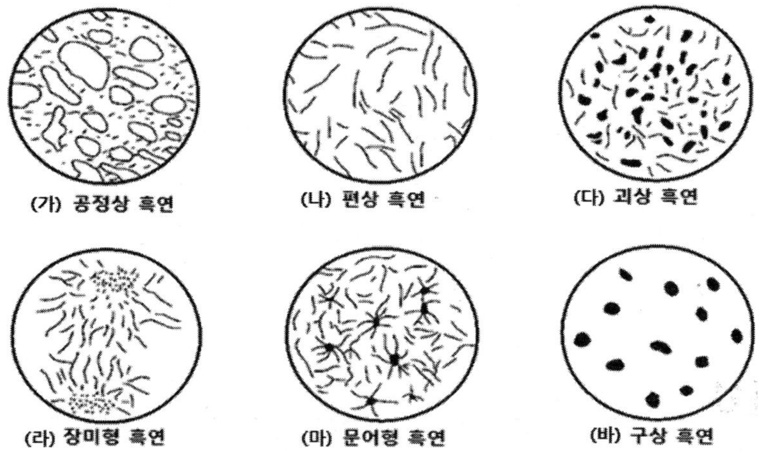

[주철의 흑연 형상과 모형도]

2-1 마우러 조직도(Maurer diagram)

탄소(C)와 Si(규소)량에 따른 조직관계를 마우러 조직도라 한다.

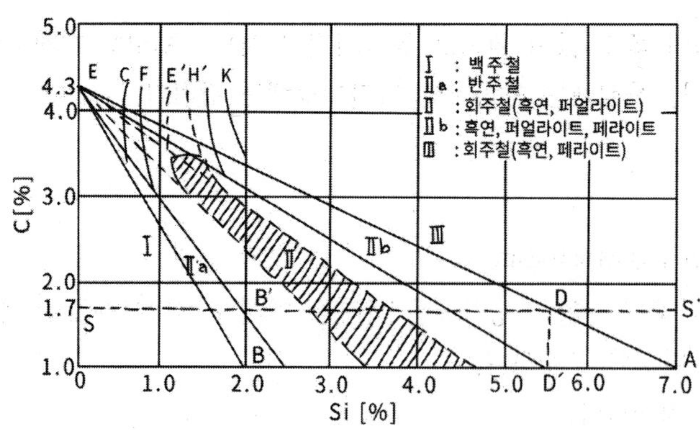

[마우러 조직도]

Ⅰ : 백주철 → 화합탄소(Fe_3C)로 존재
Ⅱ : 회주철(펄라이트주철) → 유리탄소(흑연)
(유리탄소 : 화합해 있지 않고 단체(單體)로서 존재하는 탄소의 총칭)
Ⅲ : 연회주철(페라이트 주철)
Ⅰa : Ⅰ와 Ⅱ의 중간주철
Ⅱb : Ⅱ와 Ⅲ의 중간주철

2-2 주철에 미치는 원소의 영향

① 탄소(C) : 탄소 함유량이 증가와 더불어 용융점이 저하되고 주조성(유동성)이 좋아진다.
② 규소(Si) : 가장 강력한 흑연 촉진제이며, 조직상 C를 첨가하는 것과 같은 효과가 있고 응고, 수축이 적어 주조하기 쉽다.
- 흑연화 촉진제 : Si, Ni, Al, Ti, Co, P
- 흑연화 방지제 : Mo, S, Cr, Mn, V, W

③ 망간(Mn) : 경도, 강도 증가, 내열성이 증대된다.
④ 인(P) : 쇳물의 유동성을 향상시키나 절삭성을 저해시킨다. 주물의 수축을 적게 하지만 양이 많으면 단단해져 균열이 생기기 쉽다.
⑤ 황(S) : 절삭성을 향상시키나 유동성을 저해시키고 기공이 생성된다. 취성을 증가시키고 강도를 저하시킨다.

2-3 주철의 성장(Growth of cast iron)

A_1변태점(600℃ 이상)의 온도로 가열, 냉각을 반복하면 부피가 팽창하여 변형, 균열이 발생함으로써 강도나 수명이 짧아지는 현상을 주철의 성장이라 한다.

3. 주철의 종류

(1) 보통주철

편상흑연+Ferrite로 구성되어 있고, 인장강도가 10～20kgf/mm^2 정도 된다.

(2) 고급주철

Pearlite조직으로 구성되어 있고, 인장강도는 25kgf/mm^2 정도 된다.
- 제조법 : 란쯔법, 에멜법, 피보와르스키법, 미한법, 코오살리법 등이 있다.

(3) 합금주철

주철의 5대 원소 이외의 원소 즉, 니켈, 크롬, 몰리브덴, 알루미늄, 티탄 등을 첨가하여 보통주철에서 얻을 수 없는 우수한 기계적 성질, 내마모성, 내산성, 내부식성, 내열성 등이 있는 주철이다.

(4) 회주철

진동에너지 흡수력이 좋아 기어덮개, 피아노 프레임, 내연기관 실린더, 실린더 헤드, 공작기계 베드 등에 사용되는 재료이다. 주철 중 탄소의 일부가 유리되어 흑연화되어 있는 주철, 즉 유리탄소와 탄화철이 혼재하고 있는 주철이고, 인장강도가 가장 낮다.

(5) 칠드(Chilled)주철

주조할 때 주형에 접한 표면을 급랭시켜 표면은 시멘타이트(백선화 : 백주철)가 되게 하고, 내부는 서서히 냉각시켜 펄라이트(회주철 : 연한주철)가 되게 한 주철이다. 즉, 백주철을 풀림 열처리하여 만든 주철이다.
- 칠드주철의 용도 : 기차바퀴, 분쇄기 롤 등

(6) 구상흑연 주철

보통주철(편상흑연+Ferrite)을 Mg, Ce, Ca을 첨가하여 용융시켜 만든 주철이다. 흑연이 구상으로 된 주철로서, 주철 중 기계적 성질이 가장 우수하고 인장강도가 가장 높다.

① 영국 상품명 : 구상흑연 주철
② 일본 상품명 : 노듈러 주철
③ 미국 상품명 : 덕타일 주철

(7) 가단주철

주철의 결점인 여리고 약한 인성을 개선하기 위하여 먼저 백주철을 만들고 이것을 장시간 열처리(풀림)하여 탄소상태를 분해 또는 소실시켜 인성 또는 연성을 증가시킨 주철, 즉 백주철을 풀림 열처리하여 인성을 증가시킨 주철이다. 종류로는

① 백심가단주철 : 백주철을 철광석, Mill Scale(압연작업에서 나온 산화 표피)과 함께 풀림상자에 넣고 약 950~1,000℃에서 40~100시간으로 가열한 후 서냉하여 시멘타이트를 탈탄시켜 가단성을 부여한 주철이다. 탈탄이 주목적이다.
② 흑심가단주철 : 저탄소, 저규소의 백주철을 풀림하여 풀림상자 속에서 열처리하여 Fe_3C를 분해시켜 흑연을 입상으로 석출시킨 주철이다. 흑연화가 주목적이다.
③ 용도 : 철판이음, 관 이음쇠, 자동차 부품, 기어, 밸브, 공구류, 농기구 등에 사용된다.

● 구상흑연 주철과 가단주철의 공통점 : 인성이 크고, 연성이 매우 좋다.

Reference

☞ 가단이란?
가단이란 단조의 의미가 아니라 보통 주철보다 타격을 하거나 구부려도 즉시 파손되지 않는 성질을 의미한다.

☞ 주철의 성장이란?
A_1 변태점(600℃ 이상)의 온도로 가열, 냉각을 반복하면 부피가 팽창하여 변형, 균열이 발생하여 강도나 수명이 짧아지는 현상이다.

☞ 주철에서 페이딩 현상이란?
구상화 처리 후 용탕상태로 방치하면 흑연구상화의 효과가 소실되어 편상 흑연주철로 복귀되는 현상이다.

☞ 주철에서 접종이란?
접종이란 Fe-Si 또는 Ca-Si 등을 첨가해서 흑연핵의 생성을 촉진시키는 방법을 말한다.

4. 주강

주조할 수 있는 강, 즉 탄소 함유량이 1.7% 이하인 철을 주강이라 하고, 전기로에서 만든다. 인성과 강도를 요하는 부품에 사용한다.

4-1 주강의 특징(주철과 비교)

① 주철로 할 수 없는 복잡하고 큰 부품을 대량생산할 때 사용된다.

② 용융점 온도(1,600℃)가 높아 주철보다 주조하기가 어렵다.
③ 기계적 성질이 우수하다.
④ 용접성이 좋다. 즉, 용접에 의해 보수가 용이하다.

4-2 Mn 주강의 종류

① 저망간강(Ducol강 : 펄라이트 망간강) : 탄소 함유량이 0.2~1.0%, Mn(1~2%) 함유하고 주조용 강재(조선, 차량, 축, 교량) 등에 이용된다.
② 고망간강(Hardfield steel : 스테라이트 망간강) : Mn 함유량이 10~14% 함유하고, 용도는 기차레일의 교차점, 분쇄기 롤러, 광산기계 등에 사용된다.

연습문제

문제01 다음 중 충격 및 인장강도는 약하나 압축강도는 크므로 공작기계의 베드, 프레임, 기계 구조물의 몸체 등에 가장 적합한 재질은?

가. 합금공구강　　나. 탄소강
다. 고속도강　　라. 주철

문제02 주철은 탄소함유량이 몇 %인가?

가. 0.02% 이하　　나. 0.02~2.11% 이하
다. 2.11~6.68% 이하　　라. 6.68% 이상

문제03 주철의 성질에 대한 설명 중 틀린 것은?

가. 압축강도가 크다.
나. 절삭성이 우수하다.
다. 융점이 낮고 유동성이 양호하다.
라. 단련, 담금질, 뜨임이 가능하다.

문제04 보통주철과 고급주철에서 보통주철에 대한 설명으로 틀린 것은?

가. 보통주철의 탄소 함유량은 3.2~3.8% 정도이다.
나. 보통주철은 인장강도 $25kgf/mm^2$ 이상인 회주철이다.
다. 주철은 강에 비해 인장강도는 약하나 압축강도가 크다.
라. 기계 구조물의 몸체 등에 많이 사용한다.

문제05 마우러 조직도란?

가. 탄소(C)와 Si(규소)량에 따른 조직관계
나. 탄소(C)와 S(황)량에 따른 조직관계
다. 탄소(C)와 P(인)량에 따른 조직관계
라. 탄소(C)와 Mn(망간)량에 따른 조직관계

문제06 주철에 관한 설명으로 옳지 않은 것은?

가. 주철은 인장강도보다 압축강도가 크다.
나. 표면을 백선화한 주철을 칠드주철이라고 한다.
다. 합금주철을 열처리하여 단조한 주철을 가단주철이라 한다.
라. 구상흑연주철을 노듈러주철 또는 덕타일주철이라고 한다.

문제07 보통 주철의 일반적인 특성을 설명한 것으로 올바른 것은?

가. 담금질 효과를 잘 받는다.
나. 연신율이 강에 비해서 매우 크다.
다. 탄소 함유량이 0.03~1.7% 정도이다.
라. 절삭가공이 가능하나 용접성이 불량하다.

문제08 주철에 함유된 원소 중에서 가장 유해한 원소이며, 흑연화의 방해, 유동성 저하, 재질 경화 등 영향을 끼치는 것은?

가. 탄소(C)　　나. 규소(Si)
다. 망간(Mn)　　라. 황(S)

문제09 주조할 때 주형에 접한 표면을 급랭시켜 표면은 시멘타이트가 되게 하고, 내부는 서서히 냉각시켜 펄라이트가 되게 한 주철은?

가. 백주철　　나. 회주철
다. 칠드주철　　라. 가단주철

문제10 내연기관 실린더, 실린더 헤드 등에 사용되는 재료로서 주철 중 탄소의 일부가 유리되어 흑연화 되어 있는 것을 무엇이라 하는가?

가. 회주철 나. 백주철
다. 반주철 라. 가단주철

문제11 주철 조직에 유리탄소와 탄화철(Fe_3C)가 혼재하고 있으며, 주조와 절삭이 쉬워 일반 가공기계의 베드용으로 사용되는 보통 주철은?

가. 회주철 나. 백주철
다. 반주철 라. 페라이트 주철

문제12 칠드주철에 관한 설명으로 옳지 <u>않은</u> 것은?

가. 칠드층을 만들기 위해 Si가 많은 재료를 사용한다.
나. 압연용 롤러와 기차의 바퀴 등에 사용되며 내마모성이 큰 주물이다.
다. 백선화된 부분은 시멘타이트가 형성되어 강도가 크고 취성이 있다.
라. 내부는 인성이 있는 회주철로서 취약하지 않아 잘 파손되지 않는다.

문제13 주철의 결점인 여리고 약한 인성을 개선하기 위하여 먼저 백주철을 만들고 이것을 장시간 열처리하여 탄소상태를 분해 또는 소실시켜 인성 또는 연성을 증가시킨 주철은?

가. 회주철 나. 칠드주철
다. 합금주철 라. 가단주철

문제14 다음 [보기]에서 설명하는 주철은 무엇인가?

[보기] 주조 시 주형에 냉금을 삽입하여 주물 표면을 급냉시킴으로써 백선화하고 경도를 증가시킨 내마모성 주철이다. 백선화 부분은 취성이 있으나 내부는 강하고 인성이 있는 회주철로서 전체 주물은 취약하지 않다. 냉경부에 접촉시키는 금형의 두께는 주물 두께의 1/3~1/2 정도로 한다.

가. 가단주철 나. 칠드주철
다. 구상흑연주철 라. 미하나이트 주철

문제15 회주철을 650~950℃에서 가열과 냉각을 반복하면 그 속의 화합탄소가 흑연화함에 따라 부피가 커져 균열과 변형의 원인이 되는 것은?

가. 구상흑연화 나. 주철의 성장
다. 주물의 시즈닝 라. 주철의 페이딩

문제16 구상흑연주철에서 흑연을 구상으로 만드는 데 사용하는 원소는?

가. Ni 나. Si 다. Mg 라. Mn

문제17 구상흑연주철과 가단주철의 공통점은 어느 것인가?

가. 보통주철에 비해 인성, 연성이 매우 크다.
나. 보통주철에 비해 매우 여리고 취약하다
다. 구상흑연주철이나 가단주철은 접종에 의해 제조된 주철이다.
라. 구상흑연주철은 특수 주철이고 가단주철은 보통 주철이다.

문제18 다음 특수주철 중 인장강도가 가장 큰 것은?

가. 구상흑연주철 나. 칠드주철
다. 편상흑연주철 라. 가단주철

문제19 Hardfield steel이란?

가. 고니켈강　　나. 고크롬강
다. 저망간강　　라. 고망간강

01	라	02	다	03	라	04	나	05	가	06	다
07	라	08	라	09	다	10	가	11	가	12	가
13	라	14	나	15	나	16	다	17	가	18	가
19	라										

CHAPTER 06

비철금속 및 비금속 재료

1. 구리와 그 합금

1-1 구리의 성질

① 비중이 9.0이고, 용융점은 1,083℃이고, 변태점이 없다.
② 전연성이 좋아 가공하기가 쉽다.
③ 표면에 생기는 $CuCO_3$(탄화구리), $Cu(OH)_2$가 얇은 보호피막으로 내식성이 좋다.
④ 열 및 전기의 양도체이고 비자성체이다.
- 전기전도도가 높은 순서 : Ag 〉 Cu 〉 Au 〉 Al 〉 Mg 〉 Zn 〉 Ni 〉 Fe 〉 Pb

⑤ 아름다운 광택을 지닌다.

1-2 용도

① 전기용품
② 기름, 가스도관

1-3 구리합금의 종류

1-3-1 황동(Brass)

황동을 놋쇠라 하며, Cu+Zn 합금이다.

(1) 황동의 성질

① Zn이 40%일 때 : 인장강도 최대
② Zn이 30%일 때 : 연신율이 최대

③ 자연균열 : 냉간가공을 한 황동이 저장 중에 자연히 균열이 생기는 현상이다. 방지책은 도금, 도색, 풀림 열처리하여 저장한다.

④ 탈아연 현상 : 황동이 바닷물에서 아연이 용해되어 부식 또는 침식이 되는 현상으로, 염소(Cl)를 함유한 물을 쓰는 수관에서 일어난다. 방지책으로는 아연판을 도선으로 연결하면 된다.

⑤ 고온 탈아연 현상 : 고온에서 아연이 증발하여 탈출하는 현상

(2) 황동의 종류

① 톰백(Tombac) : Cu(85%)+Zn(5~20%) 함유하고 황금색을 띠며, 전연성이 우수하고 강도는 낮다. 냉간가공이 쉽다. [용도] 모조금(불상, 액세서리, 금박단추, 화폐, 메달)

② 7 · 3황동(Cartridge brass) : Cu(70%) + Zn(30%) 함유하고 연신율이 최대이다.
[용도] 탄피, 전기소켓, 자동차방열기, 연료 파이프

- 에드머럴티(Admiralty)황동 : 7 · 3황동 + Sn(1%) 함유 → 탈아연으로 부식방지
- Nickel silver(양은 : 양백 : 백동) : 7 · 3황동 + Ni(10 ~ 20%) 함유

[용도] 식기, 가구 장식용

③ 6 · 4황동(Muntz metal) : Cu(60%) + Zn(40%) 함유되고, 인장강도가 최대이다.
[용도] 기계재료

- 네이벌(Naval)황동 : 6 · 4황동 + Sn(1%) 함유 → 탈아연으로 부식방지
- Delta metal : 6 · 4황동 + Fe(1~2%) 함유
- Manganin : 6 · 4황동 + Mn(10~15%) 함유
- 쾌삭(Free cutting)황동 : 6 · 4황동 + Pb(1.5~3%) 함유

1-3-2 청동(Bronze)

Cu + Sn합금으로 무기, 불상, 종, 미술공예품 등에 많이 사용된다.

(1) 청동의 성질

① Sn 4% 이하일 때 연신율이 최대

② Sn 10~20%일 때 인장강도가 최대

③ 해수에 강한 저항력을 가지나 산과 알칼리에는 약하다.

(2) 청동의 종류

① 청동주물(Bronze castings : BrC)

- 포금(Gun metal) : Cu + Sn(8~12%) + Zn(1~2%) 함유한 구리합금으로 해수에 침식되지 않고, 주물은 수압, 증기압에 잘 견디어 밸브 및 선박용 재료에 널리 사용된다.
- 애드머럴티 포금(Admiralty gun metal) : Cu + Sn(10%) + Zn(2%)합금으로서 포금의 주조성과 절삭성을 개량한 것이다.

② 인청동 : P로 탈산시켜 P의 함유량이 0.03~0.5%인 청동으로서, 내식성, 내마모성이 우수하며, 고탄성을 이용하는 판, 선 및 스프링의 재료로 사용이 가능한 동합금이다.

③ Al청동

- Cu + Al(8%) : 연신율이 최대
- Cu + Al(10%) : 인장강도가 최대

(3) 베어링 합금

① Kelmet합금 : Cu(70%) + Pb(30%)합금으로 구리(동)계 베어링 합금 인장강도가 높고, 열전도율이 크다.
[용도] 고속 고하중의 베어링용(자동차, 항공기용 엔진 베어링)
② Babbit metal(White Metal)합금 : Sn(주석) + Sb(안티몬) + Zn(아연) + Cu : 주석계 베어링 합금이다.
③ Oilless bearing(함유 베어링)
[특징] Cu + Sn + 흑연 분말을 소결시킨 베어링
윤활유 보급에 곤란한 곳에 사용되며 고속, 고하중에는 부적당하다.
용도로는 식품기계, 인쇄기계, 가전제품에 사용된다.

2. 알루미늄(Al)과 그 합금

2-1 Al의 특징

원료로 사용되는 광석을 보크사이트라고 한다.
① 비중이 2.7, 용융점이 660℃, 변태점이 없다.
② 지구상에서 Si 다음으로 많이 존재한다.
③ 열 및 전기의 양도체이다.
④ 주조성이 좋고, 전연성이 풍부하다.
⑤ 상온, 고온 가공에 용이하다.
⑥ 표면에 산화알루미늄(Al_2O_3) 얇은 보호 피막이 형성되어 있어 내식성이 우수하다.

2-2 용도

드로잉 재료(인발 재료), 다이캐스팅 재료, 자동차 구조용 재료, 전기재료 등에 쓰인다.

2-3 Al합금의 열처리 종류

① 용체화 처리 : 금속재료를 석출 경화시키기 위한 열처리
② 시효경화 : 시간의 경과에 따라 합금의 성질이 변화하는 것
③ 풀림처리 : 잔류응력을 제거하여 재질을 연하게 하는 열처리 방법

2-4 Al합금의 종류

(1) 주조용(주물용) Al합금

① 라우탈(Lautal) : Al-Cu-Si의 합금. Cu는 절삭성을 향상시키고, Si는 주조성을 향상시킨다.
- 주조균열이 적기 때문에 두께가 얇은 주물의 주조와 금형주조에 적합

② 실루민(Silumin) : Al-Si계 합금으로 알팩스라고도 한다. 주조성(유동성)은 좋으나 절삭성이 좋지 않다는 특징이 있다.
- 실루민의 개량처리 : 실루민은 주조 시 냉각속도가 느릴 때 기계적 성질이 좋지 않으므로 금속나트륨, 플루오르화나트륨, 수산화나트륨, 알칼리염류 등을 첨가하여 기계적 성질을 개선한 것

(2) 가공용(내식용) Al합금

① 하이드로날륨(마그날륨) : Al-Mg계 합금으로서 내식성이 가장 우수하다.
② 두랄루민(Duralumin) : Al-Cu-Mg-Mn계 합금으로 시효경화성 Al합금이다.
[용도] 항공기 몸체, 자동차 부품
③ 초두랄루민(Super-duralumin) : 두랄루민에 Mg(1% 더 많이 첨가)을 첨가한 합금이다.
④ 초초두랄루민(Extra super duralumin) : Al-Zn-Mg-Cu-Cr-Mn합금이고, 인장강도 50Kg/mm^2 이상이다.
⑤ 알민(Almin) : Al-Mn계 합금
⑥ 알드레이(Aldrey) : Al-Mg-Si계 합금
⑦ 알클래드(Alclad) : 내식성을 향상시키기 위해 두랄루민에 Al을 피복한 것

(3) 내열성 Al합금

① Y-합금 : Al-Cu(4%)-Ni(2%)-Mg(1.5%),
② Low-Ex합금 : Al-Si(12～14%)-Cu(1%)-Mg(1%)-Ni(2～2.5%)
③ 코비탈륨(Cobitalium) : Y-합금의 일종으로 Ti와 Cu를 0.2% 정도 첨가한 것

3. 니켈(Ni)과 그 합금

3-1 니켈의 성질

① 비중이 8.9이고, 용융점은 1,455℃이다.
② 열전도성, 내식성, 전연성이 좋다.
③ 질산에는 약하나, 산에는 강하고 또한 알칼리에 대한 저항이 크다.
④ 상온에서 강자성체이지만, 360℃ 이상에서는 자성을 잃는다.

3-2 니켈합금의 종류

(1) Ni–Cu계 합금

① 콘스탄탄(Constantan) : Cu+Ni(40 ~ 50%) 함유하고, 전기저항이 크고 온도계수가 작아 열전쌍(열기전력을 얻는 장치로 고온 측정)으로 많이 사용한다. 서로 다른 금속(구리-콘스탄탄)을 접속하고 접속점에 열을 가하면 열기전력이 발생하여 전류가 흐르는 현상을 제어백 효과라 한다.

※ 열전쌍(열전대) 재료

- Cu-콘스탄탄 : 600℃까지 측정
- Fe-콘스탄탄 : 800℃까지 측정
- 크로멜-알루멜 : 1,200℃까지 측정
- 백금-백금-로듐 : 1,600℃까지 측정

② 베네딕트 : Cu + Ni(15%) [용도] 급수 가열기용
③ 백동 : Cu + Ni(20%) [용도] 100원짜리 동전
④ 모넬메탈(Monel metal) : Cu + Ni(65~70%) 함유하고, 내식성, 내열성, 내마모성, 연신율이 크다.
[용도] 증기 밸브

(2) Ni-Cr계 합금(고온에 사용되는 내열부품용)

① 니크롬(Nichrome) : Ni(50 ~ 90%)-Cr(11～33%)-Fe(0 ~ 25%)
② 인코넬(Inconel) : Ni-Cr(15%)-Fe(6~7%)-Ti(2.5%)-Al(1% 이하)
③ 크로멜(Chromel) : Cr(10%)와 Ni-Al계 합금
④ 알루멜(Alumel) : Al(30%)와 Ni-Al계 합금

(3) Ni-Fe계 합금(고Ni강) : 온도가 변하여도 선팽창계수, 탄성율이 변하지 않는 강

- 탄소강의 선팽창계수 : 12×10^{-6}

① Invar(인바) : Fe + Ni(36%) 함유하고, 선팽창계수는 1.2×10^{-6}이고 선팽창계수가 적고, 내식성이 우수하다.
[용도] 줄자, 표준자, 시계의 추, 온도조절용 바이메탈 등에 이용된다.
② Elinvar(엘린바) : Fe+Ni(36%)+Cr(12%) 함유하고, 선팽창계수는 8×10^{-6}이고 탄성계수(탄성율)가 거의 불변이다.
[용도] 시계스프링, 정밀계측의 부품, 지진계 등에 이용된다.
③ Platinite(플레이티나이트) : Fe+Ni(44～48%) 함유하고 선팽창계수가 유리나 백금과 비슷하다.
[용도] 전구나 진공관의 도입선에 이용된다.
④ Super invar(초인바 : 초불변강) : Fe+Ni(29～40%) 첨가한 다음에 Co(5%)를 첨가한 강이며, Fe+Ni+Co의 합금으로서 인바보다 선팽창계수가 적다. 초인바의 선팽창 계수: 0.1×10^{-6}이다.
⑤ Coelinvar(코엘린바) : Fe+Ni(36%)+Cr(12%)+Co 소량 첨가한 합금강이다.
[용도] 스프링, 태엽, 기상관측용 재료 등에 이용된다.
⑥ 퍼멀로이(고니켈강) : Fe+Ni(75～80%) 함유한 강으로서 투자율이 크다. [용도] 해저터널의 장하코일용

4. 마그네슘(Mg)과 그 합금

(1) 성질

① 비중 1.74(실용금속 중에 비중이 가장 작다).
② 산류, 염류에는 침식되나 알칼리에는 강하다.

(2) 용도

항공기, 배, 자동차, 전기재료에 사용

(3) Mg합금의 종류

① 다우메탈(Dow metal) : Mg-Al합금으로 내연기관의 피스톤에 사용된다.
② 일렉트론(Electron) : Mg-Al-Zn합금

5. 기타 합금

5-1 티탄(Ti)과 그 합금

티탄을 적당하게 첨가하면 강한 탈산제이면서 흑연화 촉진제로 사용되지만, 많은 양을 첨가하면 흑연화를 방지하는 금속이다. 합금주철에 0.3% 이하의 소량을 첨가하는 원소이다. 티탄은 내열성, 내식성이 좋으며 비중이 4.5이고, 용융점은 1,730℃이다.

5-2 주석(Sn)과 그 합금

용융점이 327℃이고 독성이 없는 금속으로 의약품, 식품 포장용으로 사용된다. 중요한 용도로는 주석도금 철판, 구리합금, 베어링 합금, 활자합금, 땜납, 프레스용 강판, 각종 완구, 부엌용품, 캔 치약 튜브 등이 있다.

5-3 납(Pb)과 그 합금

비중이 11.3, 용융점이 327℃이다.

(1) 종류

① 연납(Soft solder) : Pb+Sn

② 경납(Hard solder) : 450℃ 이상의 융점을 가지는 납으로 은납, 황동납, 양은납, 백금납이 있다.

※ 활자합금(Type metal)의 구비조건

- 용융점이 낮을 것
- 주조성이 좋아 요철이 주조면에 잘 나타날 것
- 어느 정도의 압축강도, 내마멸성을 가질 것
- 값이 저렴할 것

③ 용도 : 자동차 축전지 극판, 수도관, 케이블 피복 등

5-4 아연(Zn)과 그 합금

용융점이 419.46℃이고 가공성이 좋고 냉간가공도 가능하여 건전지 재료나 인쇄용 판재로 사용된다.

(1) 아연합금의 종류

① 다이캐스트용 합금 : Zn+Al+Mg+Cu의 합금으로 자동차 부품, 전기기기, 광학기기, 사무용품 등 널리 사용

② 아연-알루미늄계 합금 : Al함유량을 증가시키면 강인성이 큰 주물을 얻을 수 있다.

③ 아연-알루미늄-구리계 합금 : 다이캐스트용 합금보다 경도와 강도를 증가한 합금

(2) 양철판

철판에 아연도금

(3) 함석판

철판에 주석도금

5-5 귀금속과 그 합금

은, 금, 백금, 팔라듐, 이리듐, 오스뮴, 로지움, 루테늄 등이 있으며 Au를 제외하고는 순금속보다 합금으로 사용한다. 귀금속은 특유의 내식성, 내마멸성을 이용한 것으로 화폐, 장식품, 치과재료, 외과재료, 화학기구, 전극, 전기접점, 다이스, 노즐 등의 재료로 용도가 매우 많다.

- 24금 : 순금이 100%다.

6. 비금속 재료

6-1 세라믹(Ceramics)

세라믹은 도자기, 유리, 시멘트 등과 같은 비금속무기재료를 의미하며, 주로 고온에서 소결 처리하여 얻는다.

(1) 세라믹의 특성

① 주성분 : 알루미나(Al_2O_3)를 1,600℃ 이상에서 소결시켜 성형한 공구재료이다.
② 내열, 고온경도, 내마모성이 크다.
③ 충격에는 약하다.
④ 1,200℃까지는 경도 변화가 없다.
⑤ 구성인선이 생기지 않는다.
⑥ 절삭속도가 300m/min 정도이다.

(2) 세라믹의 종류

세라믹 소재는 Si(실리콘), Al(알루미늄), Ti(티타늄), Zr(지르코늄) 등과 같은 금속 원소가 산소, 탄소, 질소 등과 결합하여 만든 산화물, 탄화물, 질화물로 이루어진다. 자동차에 사용되는 압전소자센서에 이용된다.

6-2 윤활유(Lubricant)

(1) 기능 또는 역할

① 마찰부분의 윤활작용
② 밀봉(밀폐)작용
③ 청정작용
④ 냉각작용(마찰부분의 열 제거)
⑤ 응력(Stress)분산 작용

(2) 윤활유의 구비조건

① 유막형성이 잘 되어야 한다.
② 점도가 적당해야 한다.
③ 인화점 및 발화점이 높아야 한다. 즉, 불에 강해야 한다.
④ 마모, 마찰저항을 감소시켜야 한다.
⑤ 마찰부분의 열을 제거해야 한다.

6-3 내화물(고열작업에 사용하는 물질)

① 내화벽돌 : 마그네시아가 주성분이며 마그네시아 벽돌이라고도 한다.
② 내화 모르타르
- 내화도 : 제게르콘(Segercone)의 번호로 표시하고 제게르콘 26번 이상의 것은 내화물로 사용가능

6-4 접착제 : 열경화수지 이용

6-5 단열재 : 800℃ 이상에서 사용

6-6 보온재 : 유기질과 같이 150℃ 이하에서 사용

6-7 절삭유(Cutting oil)

① 알칼리성 수용액 : 물+소량의 알칼리 → 연삭용
② 유화유 : 광물성 윤활유+비눗물로서 냉각작용, 윤활작용이 좋아 일반절삭용에 많이 사용한다.
③ 광물성 윤활유 : 경유, 기계류, 스핀들유는 윤활작용이 있으나 냉각작용은 좋지 않아 가벼운 절삭에 쓰인다.
④ 동 · 식물유 : 올리브유, 채종유, 대두유, 우각유 등은 냉각작용이 적고, 윤활 작용은 대단히 크므로 아름다운 다듬질 면을 얻으려고 할 때 사용한다.

6-8 플라스틱(Plastic)

플라스틱은 가볍고 단단하며 녹이 슬지 않고 우수한 절연성을 지니고 있기 때문에 생활용품, 전기재료 등에 많이 사용된다. 플라스틱은 열가소성 수지와 열경화성 수지의 2종류로 크게 나눌 수 있다.
① 열가소성 수지 : 가열하여 성형한 후 냉각시키면 경화한다. 이 수지는 재가열하면 녹아서 원상태로 되며, 새로운 모양으로 다시 성형할 수 있다. 종류로는 폴리에틸렌 수지, 폴리프로필렌 수지, 염화비닐 수지, 폴리아미드수지, 폴리카보네이트 수지, 아크릴 수지, 아크릴니트릴 브타티엔 스티렌 수지 등이 있다.
② 열경화성 수지 : 이 수지는 가열하면 경화하고, 재용융하여도 다른 모양으로 다시 성형할 수 없다. 따라서 이 수지는 재생할 수 없다. 종류로는 페놀수지, 멜라민 수지, 에폭시 수지, 요소 수지 등이 있다.

7. 신소재 합금

7-1 형상기억합금(Shape memory alloy : 모양을 기억하는 합금)

어떤 형상을 기억하여 여러 가지 형태로 변형시켜도 적당한 온도로 가열하면 다시 변형 전의 형상으로 되돌아오는 성질을 가진 합금이다.
① 종류 : 니티놀(니켈+티타늄), 구리+아연+알루미늄, 철계형상기억합금
② 용도 : 냉방용 에어컨의 온도조절장치, 안경테, 커피메이커, 치과조정와이어, 항공기의 유압배관용 파이프, 자동차 방열기의 온도조절 밸브와 냉각팬 클러치 등

7-2 초전도합금(Super conduction)

극저온의 임계온도 이하에서 전기저항이 '0'이 되는 초전도현상을 나타낸 합금이다. 자기영상공명장치(MRI), 1억도 플라스마를 강력한 자기장에 가두어 공중에 부양하여 에너지로 사용하고, 마이스너효과로 자기부양 열차 제작에 이용한다.

7-3 Fine Ceramics

흙이나 모래 등의 무기물을 이용하여 가마에서 높은 온도로 가열하여 만든 제품을 말한다.

(1) 종류

① 천연원료 : 도자기, 유리, 시멘트, 타일 등
② 합성원료 : 전기, 전자, 열, 광, 핵에너지 등

(2) 특징

① 내마멸성이 크다.
② 내식성, 내열성이 우수하다.
③ 충격, 저항에는 약하다.

(3) 용도

특수타일, 인공 뼈, 자동차 엔진에 사용

7-4 복합재료

두 가지 이상의 재료를 혼합한 재료로서 우수한 성질을 부여하기 위해서 만든 재료를 말한다.

(1) 특징

① 가볍고 높은 강도를 가질 수 있다.
② 이방성 재료이다.
● 이방성이란 물체의 팽창율, 열전도율, 굴절율, 따위의 물리적 성질이 방향에 따라 다른 성질을 말한다.
③ 단일 재료로서는 얻을 수 없는 기능을 가진다.

(2) 용도

우주항공용 부품, 고급 스포츠 용품, 경량화를 위한 자동차

(3) 종류

유리섬유강화 플라스틱(FRP), 섬유강화 금속(FRM) 등

7-5 그래핀(Graphene)

탄소원자가 평면구조로 이루어진 '꿈의 나노 물질'로, 두께가 원자단위로 얇고(0.2nm = $\frac{2}{100억}$ m) 가벼우며 투명하다. 또 강철보다 200배 강하고 전기전도성이 구리보다 100배 우수하며, 전기전도율이 다이아몬드의 2배 우수하다. 비행기, 자동차, 건축자재, 전투복, 방탄복, 기능성 의복, 의료 분야, 터치패널, 플렉시블 디스플레이, 태양전지, 초박형 스피커, 초고속 충전기, 해수담수화 필터 등에 널리 이용된다.

7-6 유전체

강유전체의 성질을 이용하여 외부 전기장이 없어도 유전분극상태로 유지되는 성질로서, 압전소자, 메모리 소자 등에 이용된다.

연습문제

문제01 다음 중 황동(Brass)의 주성분은?

가. 주석(Sn)+아연(Zn)　　나. 주석(Sn)+납(Pb)
다. 구리(Cu)+주석(Sn)　　라. 구리(Cu)+아연(Zn)

문제02 네이벌 황동(Naval brass)의 설명이다. 관계가 있는 것은?

가. 6:4 황동에 Sn을 함유한 것
나. 7:4 황동에 Sn을 함유한 것
다. 판, 봉, 파이프 등 항공용 기계에 사용
라. 알브랙(Albrac)이라고도 한다.

문제03 내식성, 내마모성이 우수하며, 고탄성을 이용하는 판, 선 및 스프링의 재료로 사용이 가능한 동합금인 것은?

가. 6 · 4황동　　나. 인청동
다. 배빗메탈　　라. 두랄루민

문제04 다음 황동합금에 속하지 <u>않는</u> 것은?

가. 델타메탈(Delta metal)
나. 문쯔메탈(Muntz metal)
다. 톰백(Tombac)
라. 포금(Gun metal)

문제05 델타메탈은 무엇의 합금인가?

가. 7-3황동과 Sn　　나. 7-3황동과 Al
다. 6-4황동과 Fe　　라. 6-4황동과 Mn

문제06 다음 금속의 합금 중 시효경화를 일으킬 수 있는 합금은?

가. 동합금　　나. 알루미늄 합금
다. 마그네슘 합금　　라. 니켈 합금

문제07 양은(German silver)이라고 하는 것은 다음 중에서 어느 금속의 합금인가?

가. Cu-Ni계 합금　　나. Fe-Ni계 합금
다. Cu-Zn-Ni계 합금　　라. Cu-Ni-Mn계 합금

문제08 다음 중 내식용(가공용) Al합금이 <u>아닌</u> 것은?

가. 하이드로날륨(Hydronalium)
나. 실루민(Silumin)
다. 알드레이(Aldrey)
라. 알클래드(Alclad)

문제09 다음 중 내열성 알루미늄 합금이 <u>아닌</u> 것은?

가. Y-합금　　나. 로우-엑스 합금
다. 마그날륨　　라. 코비탈륨

문제10 Al-Cu-Mg-Mn 합금으로 시효경화성이 있으며 특히 무게를 중요시하는 항공기나 자동차 등의 재료에 많이 쓰이는 합금은?

가. 실루민　　나. 라우탈
다. 두랄루민　　라. 알민

문제11 자동차나 항공기엔진, 즉 고속 고부하용 엔진에 적합한 베어링은?

가. 켈밋 메탈　　나. 화이트 메탈
다. 배빗 메탈　　라. 델타 메탈

문제12 다음에서 베어링 합금이 아닌 것은?

가. 합금 메탈　　나. 배빗메탈
다. 켈밋 메탈　　라. 화이트 메탈

문제13 켈밋(Kelmet)은 베어링용 합금으로 많이 사용된다. 성분은 구리(Cu)에 무엇을 첨가한 합금인가?

가. Zn(아연)　　나. Sn(주석)
다. Pb(납)　　라. Sb(안티몬)

문제14 광물 섬유이며 내열성 및 마찰계수 등이 좋아 클러치 및 브레이크 라이닝, 개스켓 재료로 사용되는 것은?

가. 석면　　나. 켈밋
다. 와니스　　라. 테프론

문제15 40~50% 정도의 Ni를 함유한 니켈-구리 계열의 합금이며, 전기저항이 크고 온도 계수가 작아 전기 저항선이나 열전대용으로 많이 사용하는 것은?

가. 니크롬　　나. 콘스탄탄
다. 플래티나이트　　라. 엘린바

문제16 내화벽돌 재료는?

가. 샤모트　　나. 규석
다. 고알루미나　　라. 마그네시아

문제17 비금속재료 중 하나인 합성수지의 일반적인 특징으로 틀린 것은?

가. 열에 약하다.
나. 투명한 것이 많고 착색이 용이하다.
다. 가공성이 좋고 성형이 간단하다.
라. 전기전도성이 좋다.

문제18 다음 중 열경화성 수지에 속하지 않는 것은?

가. 페놀수지　　나. 멜라민수지
다. 에폭시수지　　라. 폴리에틸렌수지

문제19 페놀계 수지로 페놀, 크레졸 등과 포르말린을 반응시켜 제조하는 것이며 전기절연체, 전화기, 베어링 재료, 기어 재료 등에 사용되는 수지로 가장 적합한 것은?

가. 멜라민 수지　　나. 카보런덤
다. 실리콘 수지　　라. 베이클라이트

문제20 윤활유의 구비조건이다. 틀린 것은?

가. 점도가 적당할 것
나. 절삭저항을 감소시킬 것
다. 인화점 및 발화점이 낮을 것
라. 유막형성이 잘 될 것

문제21 순도가 높은 미세한 분말형태의 알루미나, 탄화규소 등을 가압 소결한 재료로 반도체 직접회로, 내열제, 절삭공구 등 산업용 소재로 사용되는 신소재는?

가. 섬유강화 복합재료　　나. 형상 기억 합금
다. 초전도 합금　　라. 파인 세라믹

문제22 금속 재료가 일정한 온도 영역과 변형속도의 영역에서 유리질처럼 늘어나는 특수한 현상은?

가. 형상기억　　나. 초소성
다. 초탄성　　라. 초취성

문제23 세라믹에 대한 설명 중 잘못된 것은?

가. 고온경도는 1,200℃까지 변화가 없다.
나. 금속 가공 시 구성인선이 생기지 않는다.
다. 보통강의 절삭속도는 300m/min 정도이다.
라. 주성분은 Cr_2O_3이다.

문제24 다음 중 세라믹의 종류에 해당하지 않는 것은?

가. 산화물계　　나. 황화물계
다. 탄화물계　　라. 질화물계

01	라	02	가	03	나	04	라	05	다	06	나
07	다	08	나	09	다	10	다	11	가	12	가
13	다	14	가	15	나	16	라	17	라	18	라
19	라	20	다	21	라	22	나	23	라	24	나

CHAPTER 07

재료시험

금속재료 시험은 재료의 기계적, 물리적, 화학적 성질을 시험하는 것으로, 파괴시험과 비파괴시험이 있다. 파괴시험에는 정적시험과 동적시험이 있다.

정적시험에는 인장시험, 압축시험, 굽힘시험, 비틀림시험, 전단강도시험, Creep시험, 경도시험, 굴곡시험 등이 있다. 동적시험에는 충격시험, 피로시험 등이 있다.

비파괴시험에는 자기탐상법, 초음파시험법, 방사선(X선, γ선)시험법, 육안(외관)시험법, 침투상법(형광침투상시험, 액체침투상시험) 등이 있다.

1. 파괴시험(기계적 시험)

1-1 인장시험

아래 그림과 같이 시험편에 축 방향으로 당기는 힘을 작용시켜 파괴되기까지의 변형과 주어진 힘을 측정하여 항복점, 인장강도, 연신율, 단면수축율, 응력, 비례한도, 탄성한도, 탄성계수, 응력-변형곡선을 구하는 시험이다.

※ 인장시편의 조건

- 표점거리 : G = 50mm $\ell = 4\sqrt{A_0}$
- 평행부의 길이 : P = 약 60mm
- 지름 : D = 14mm
- 국부 반지름 : R = 15mm 이상

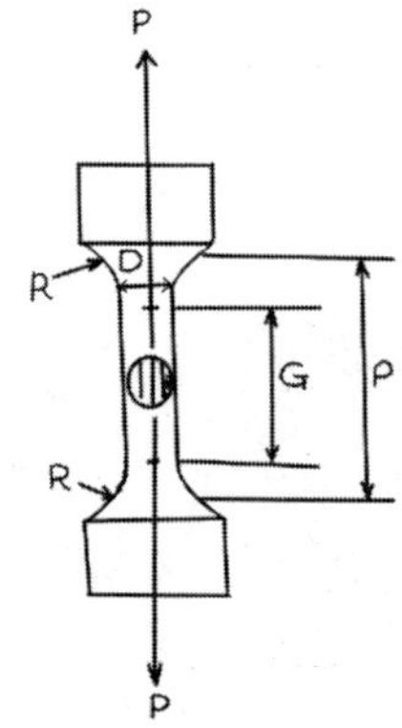

[인장시험편]

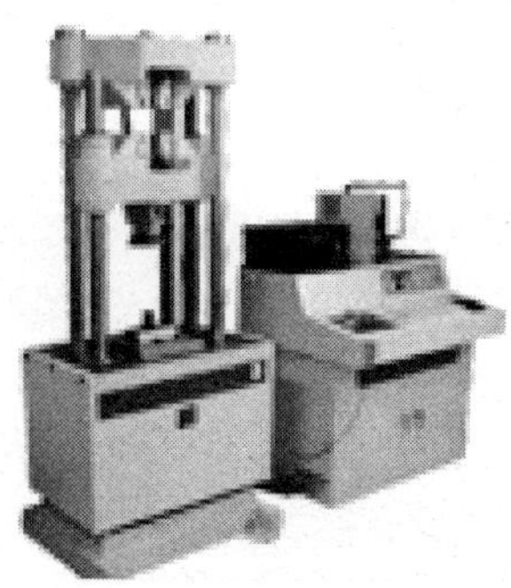

[인장시험 기기]

Reference

☞ 응력(Stress) : 어떤 물체에 하중이 작용하면 그 재료의 내부에는 이에 저항하는 힘이 생겨 균형을 이루는데 이 저항력을 응력이라 한다. 즉, 응력(σ)= $\frac{하중}{단면적}$(kgf/mm^2)으로 표시한다.

☞ 동하중의 종류

① 반복하중 : 일정한 방향에 연속하여 반복되는 하중이다(엘리베이터).

② 교번하중 : 하중의 크기와 방향이 바뀌는 하중이다(회전하는 축).

③ 충격하중 : 순간적으로 갑자기 격렬하게 작용하는 하중으로 안전율을 가장 크게 정해야 하는 하중이다.

④ 집중하중 : 재료의 한 점(방향)에 집중하여 작용하는 하중이다.

⑤ 분포하중 : 재료의 어느 범위 안에 분포(방향)되어 작용하는 하중이다.

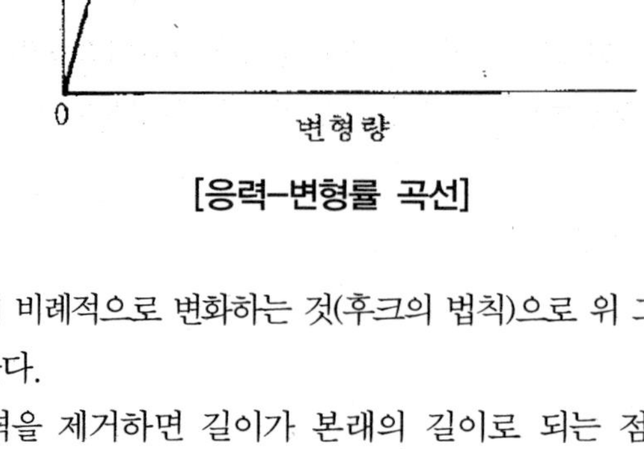

[응력-변형률 곡선]

① 비례한도 : 응력과 연신율이 비례적으로 변화하는 것(후크의 법칙)으로 위 그림의 P점에 해당한다. P점에서는 탄성계수는 응력과 비례한다.

② 탄성한계점 : 작용된 응력을 제거하면 길이가 본래의 길이로 되는 점

③ 탄성한도 : 점 E의 하중을 시험편의 원단면적으로 나눈 값

④ 세로탄성계수(영률 : P) : P점 이하에서 성립

탄성한도 내에서 변형하는 물체의 변형량 δ는 힘 P와 길이 L에 비례하고 단면적 A에 반비례한다. 이는

1676년 Robert Hooke(영국)의 실험에 의해 증명된 것으로 이를 식으로 표시하면 $\delta = \dfrac{PL}{AE}$ 이다.

E는 재료의 비례한도를 초과하지 않는 범위 내에서 각각의 재료에 따라 정해지는 상수로서 이를 종탄성계수 (E) 또는 Young계수라고 한다.

⑤ 항복점(Y) : 하중을 증가시키지 않아도 시험편이 늘어나는 점, 즉 탄성한계점 이상에서 영구변형을 일으키는 점이다. 상항복점 : Y1점, 하항복점 : Y2점이다.

⑥ 항복강도(내력) : Y점의 하중을 시험편의 원단면적으로 나눈 값

⑦ 인장강도 : 점M(극한강도)에 해당되는 최대하중(P_{max})을 시험편의 원단면적(A_0)으로 나눈 값

$$\sigma_t = \frac{P_{\max}}{A_0} (\text{kgf/mm}^2)$$

⑧ 파괴강도 : Z점(파단점) 하중을 시험편의 원단면적으로 나눈 값

⑨ 연신율 : 시험후의 늘어난 길이 ℓ와 시험전의 표점거리 ℓ_0와의 차이를 ℓ_0로 나눈 값을 %로 표시한 것

$$\epsilon = \frac{\ell - \ell_0}{\ell_0} \times 100(\%)$$

⑩ 단면수축율(ϕ) : 시험편의 절단부의 단면적 Amm^{2}와 시험전 시편의 단면적 A_0mm^{2}와의 차이를 A_0으로 나눈 값을 %로 표시한 것

$$\phi = \frac{A_0 - A}{A_0} \times 100 = \frac{\dfrac{\pi d_0^2}{4} - \dfrac{\pi d^2}{4}}{\dfrac{\pi d_0^2}{4}} = \frac{d_0^2 - d^2}{d_0^2} \times 100(\%)$$

1-2 포와송의 비(ν : nu)

재료를 인장시험 시 가로변형률($\dfrac{\text{가로변형량}(\delta)}{\text{원지름}(d)}$)과 세로변형률($\dfrac{\text{세로변형량}(\lambda)}{\text{원래의 길이}(\ell)}$)은 상호 비례하는 성질이 있다. 이 가로 변형률과 세로 변형률과의 비는 탄성한도 내에서는 일정하다. 이것을 포와송의 비(ν)라고 한다.

$\nu = \dfrac{\text{가로 변형률}(\epsilon')}{\text{세로 변형률}(\epsilon)} = \dfrac{1}{m} \le 0.5$ 여기서, m : 포와송의 수. 즉, 포와송 수는 포와송 비의 역수다.

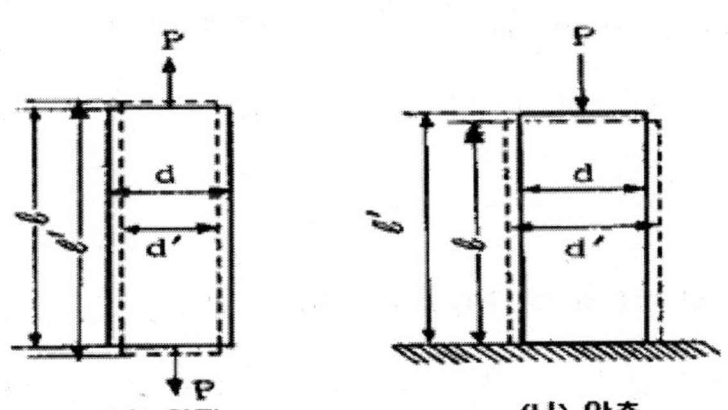

[재료의 인장과 압축 시 변형]

예제 지름 2cm, 길이 4m인 봉이 축 인장력 400kgf를 받아 지름이 0.001mm 줄어들고 길이는 1.05mm 늘어났다. 이 재료의 포와송 수 m은 얼마인가?

[풀이] ① 포와송 비

$$= \frac{\text{가로(횡)변형률}}{\text{세로(종)변형률}} = \frac{\frac{\text{가로변형량}}{\text{원지름}}}{\frac{\text{세로변형량}}{\text{원래의 길이}}} = \frac{\text{원래의 길이} \times \text{가로변형량}}{\text{원지름} \times \text{세로변형량}} = \frac{4000 \times 0.001}{20 \times 1.05} = \frac{4}{21}$$

② 포와송 수 $= \frac{1}{m} = \frac{4}{21} \quad \therefore m = \frac{21}{4} = 5.25$

1-3 안전율(S)

$$S = \frac{\text{영구변형을 갖는 모든응력}}{\text{탄성한도 이내의 모든응력}} = \frac{\text{극한강도}}{\text{허용응력}} = \frac{\text{피로 한도}}{\text{허용응력}} \qquad \therefore \text{허용응력} = \frac{\text{극한강도}}{\text{안전율}}$$

영구변형을 갖는 모든 응력은 항복점 강도, 극한강도, 파괴강도이고, 탄성한도 이내의 모든 응력은 비례한도, 사용응력, 허용응력이다. 즉 탄성한도 > 허용응력 ≧ 사용응력이다. 따라서 사용응력은 허용응력보다 작은 값이어야 한다.

예제 최대 인장력 2,000N을 받을 수 있는 단면적 20mm^{2}인 특수강의 안전율이 4일 때, 허용인장응력은 몇 MPa인가?

[풀이] 최대인장응력 $= \frac{\text{하중}}{\text{단면적}} = \frac{2000N}{20mm^2} = 100N/mm^2$

$\therefore$ 허용인장응력 $= \frac{\text{극한강도}}{\text{안전율}} = \frac{100}{4} = 25$

1-4 강도시험

(1) 압축강도 시험

이 시험은 주로 주철, 베어링 합금, 벽돌, 콘크리트, 목재, 타일, 플라스틱, 경질고무 등에 적용된다.

압축강도(σ_c) $= \frac{P}{A_0}$kgf/mm^2, 압축률(ϵ) $= \frac{h-h'}{h}$, 단면변화률(ϕ) $= \frac{A-A_0}{A_0}$

(여기서, P : 작용하중, A_0 : 원단면적, h : 압축전 높이, h' : 압축후 높이, A : 변형단면)

(2) 굽힘강도 시험

단순보의 중앙에 집중하중이 작용할 때 최대굽힘응력(σ_{max})은?

$\sigma_{max} = \frac{Pl^3}{48EI}$kgf/mm^2, θ(굽힘각) $= \frac{Pl}{16EI}$ 여기서, P : 하중, E : 탄성계수, I : 단면계수, l : 길이

(3) 전단강도 시험($T = \tau \times Zp$)

비틀림에서 생기는 전단응력(τ) $= \frac{16T}{\pi d^3}$ 여기서, T : 비틀림모멘트, d : 축의 지름

1-5 경도시험

(1) 브리넬 경도시험(Brinell hardness test)

일정한 지름 Dmm의 강구를 일정한 하중 Pkgf으로 시험편 표면에 압입한 다음 하중을 제거한 후에 볼(강구)의 자국의 표면적 Amm^2로 하중을 나눈 값, 즉 $Hb = \frac{P}{A} = \frac{P}{\pi Dt}$ (kgf/mm^2)으로 나타낸다.

[브리넬 경도시험기]

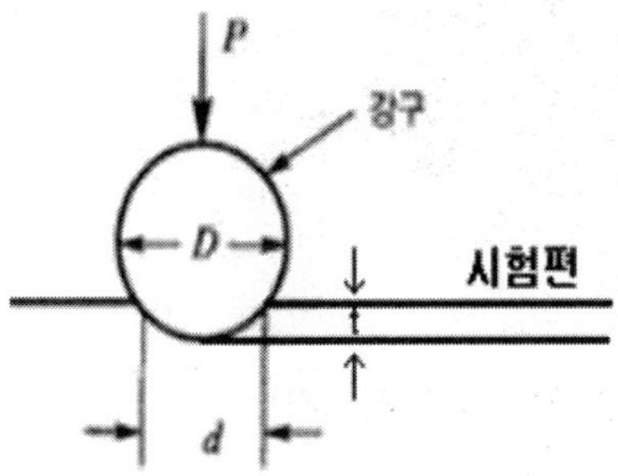

[브리넬 경도 압입 형상]

(2) 로크웰 경도시험(Rockwell hardness test)

일정한 처음하중(10kgf)을 작용시키고 이것에 하중을 증가하여 시험하중(강구 100kgf, 다이아몬드 압입자 150kgf)으로 만들었을 때, 처음하중과 시험하중으로 인하여 생긴 자국의 길이차로 나타낸 경도시험 방법이다.

① B스케일 : 시험편의 표면에 지름 1.588mm($\frac{1''}{16}$)의 강구를 압입하는 경우로 연한 재료 경도시험에 사용

HRB = 130-500h 단, h = 압입깊이

② C스케일 : 시험편의 표면에 꼭지각 120°인 원뿔형 다이아몬드를 사용하여 굵은 재료의 경도시험에 사용

HRC = 100-500h 단, h = 압입깊이

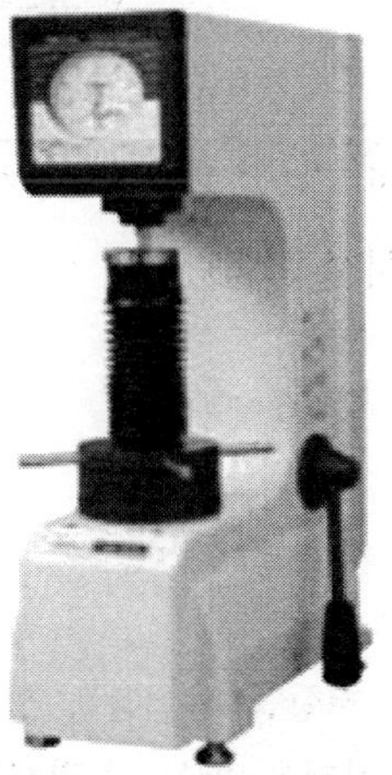

[로크웰 경도시험기]

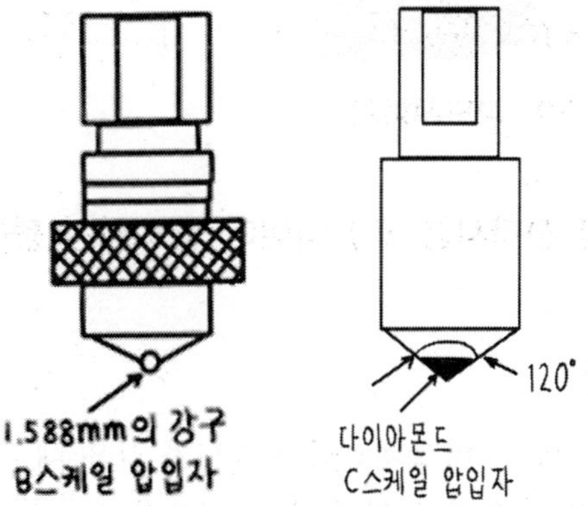

[압입자 스케일]

(3) 비커즈 경도시험(Vickers hardness test)

압입체로 대면각 136°의 다이아몬드 피라미드를 사용하여 시험편에 작용하는 하중(Pkgf)을 자국의 표면적 Amm^{2}로 나눈 값으로 재료의 굵기 정도에 따라 1~120kgf 사이의 하중을 시험할 수 있어 매우 단단한 강철, 정밀가공 부품, 얇은 판(침탄층, 질화층, 탈탄층) 등을 시험하는 데 사용된다.

$$Hv = \frac{1.85P}{d^2}(\text{kgf/mm}^2)$$

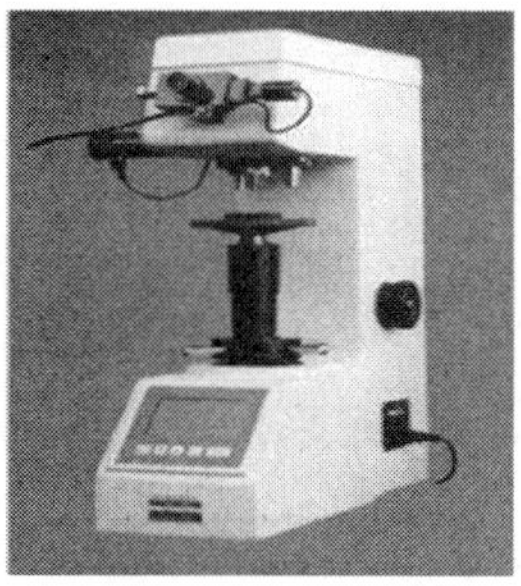

[비커즈 경도시험기]

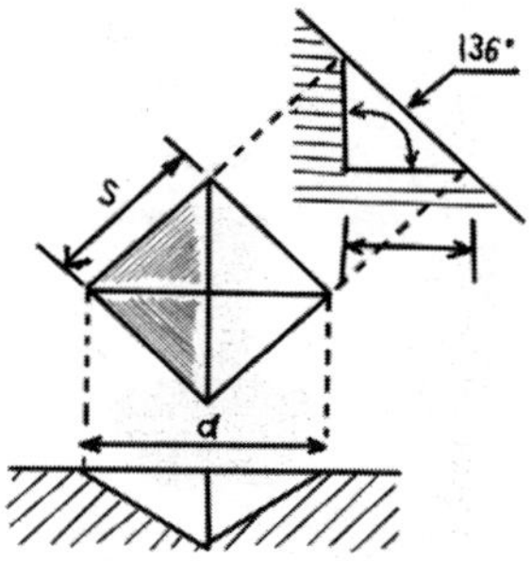

[비커즈 경도 압입 형상]

(4) 쇼어 경도시험(Shore hardness test)

작은 다이아몬드를 선단에 고정시킨 낙하체를 일정한 높이 h_0에서 시험편 위에 낙하시켰을 때 반발하여 올라간 높이 h로 표시한다. 또한 압입체를 사용하지 않고 낙하체를 이용한 반발 경도시험이다.

$Hs = \frac{10000}{65} \times \frac{h}{h_0}(\text{kgf/mm}^2)$ 여기서, h_0 : 낙하높이(mm), h : 반발높이(mm)

[쇼어 경도시험기]

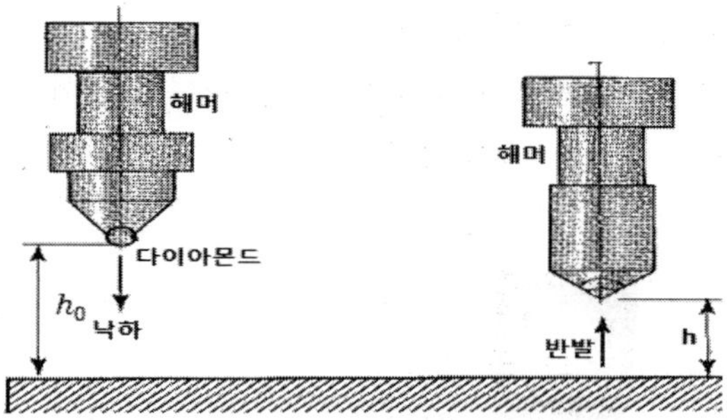

[쇼어시험 방법]

(5) 굵힘시험, (6) 전자시험, (7) 마이어 경도시험 등이 있다.

1-6 동적시험

인장시험과 경도시험은 비교적 하중과 속도가 작을 때 내면에 대한 저항을 시험하는 정적시험이며, 급격한 하중이 작용할 경우 충격적인 힘에 대한 재료의 성질을 파악하기 어려울 때는 충격시험을 한다.

(1) 충격시험(Impact test)

충격시험은 인성과 취성(메짐)을 알기 위하여 하는 시험법으로, 사르피형과 아이조드형이 있다.

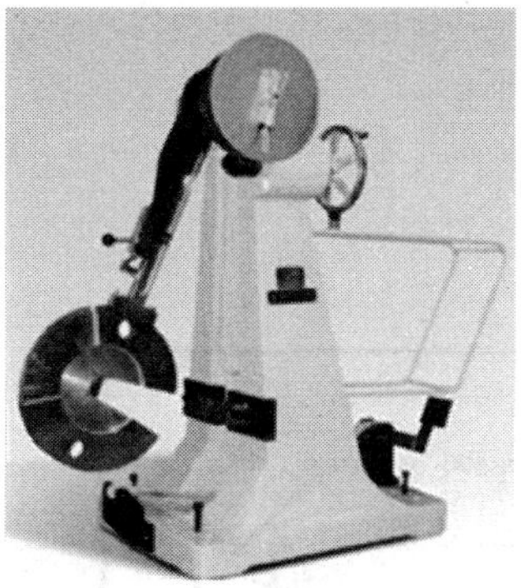

[충격시험기]

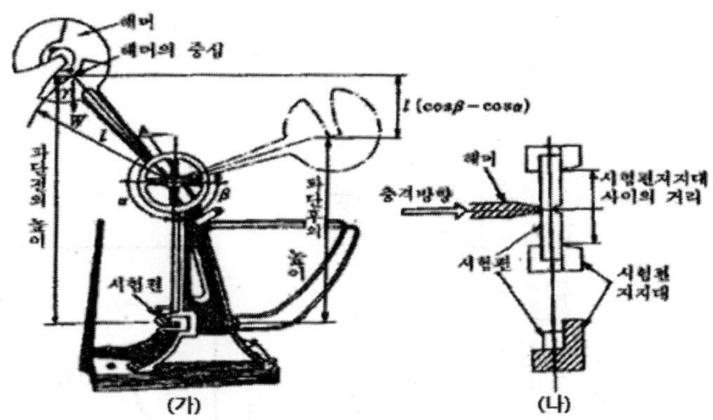

[충격시험 방법]

① 사르피형 : 시험편을 단순보의 상태에서 시험하는 것

- 충격값 $= \dfrac{E}{A}$ (kgf · m/cm²) 여기서, A : 놋치부의 단면적(cm²), E : 시편을 절단하는 데 흡수된 에너지

② 아이조드형 : 시험편을 외팔보(내다지보), 돌출보 상태에서 시험하는 것으로 파괴(충격)에너지로 표시한다.

- 충격 에너지$(E) = Wl(\cos\beta - \cos\alpha)$kgf · mm 여기서, W : 해머의 중량(kgf), l : 회전축의 중심으로부터 해머의 중심까지의 거리(mm), α : 해머의 충격 전 각도, β : 해머의 충격 후 각도

(2) 피로시험(Fatigue test)

피로한도를 구하는 시험으로 결과는 반복으로 가하는 하중(응력)을 S, 반복횟수를 N으로 하여 S-N곡선으로 표시한 시험법으로 반복횟수는 $10^7 \sim 10^8$이다. 하중을 반복으로 가하여도 파괴되지 않는 상태에는 곡선이 수평으로 되는데 이때의 하중을 그 재료의 피로한도라고 한다. 피스톤, 접합봉, 크랭크축 등의 변동을 받는 재료의 선택에 중요한 요소이다.

[피로시험기]

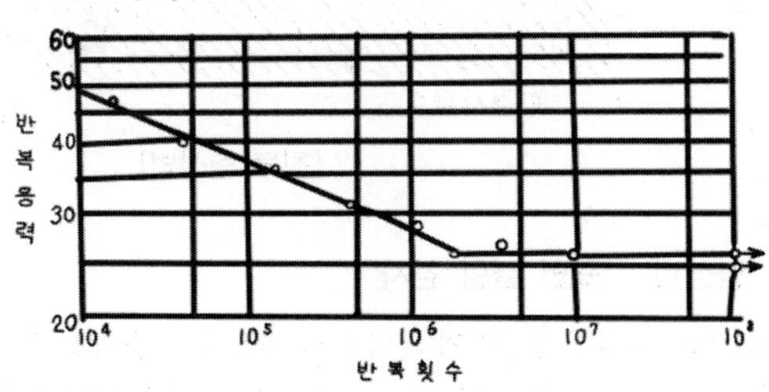

[S–N 곡선]

(3) Creep시험(천이, 정상, 균열의 3단계)

상온상태에서 강에 탄성한도 이하의 하중이 장시간 작용하여도 변형이 일어나지 않지만 고온에서는 탄성한도보다 낮은 하중이 작용하여 장시간 경과시키면 서서히 변형이 증가가 일어난다. 이러한 현상을 크리프라고 한다. 크리프는 고온 하에서 사용되는 재료에 요구되는 중요한 성질이다. 따라서 크리프시험은 시간, 온도(고온), 응력의 관계를 나타낸 시험법이다.

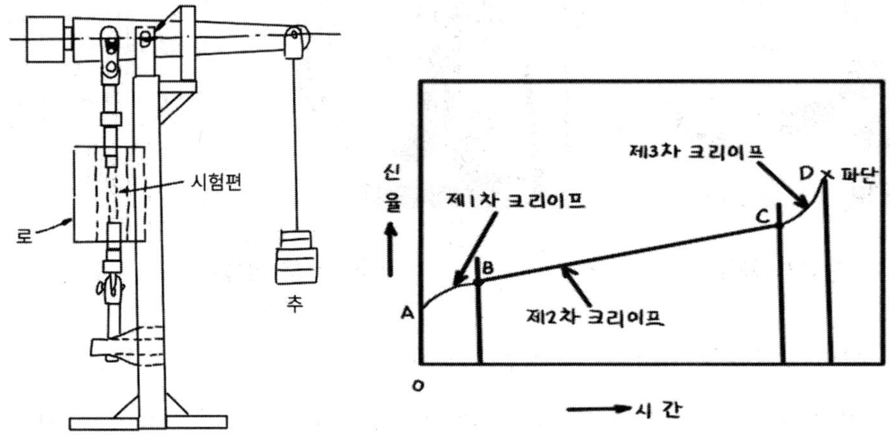

[크리프시험기]

2. 비파괴 시험

비파괴 시험에는 자기분말 탐상법, 초음파시험법, 방사선(X선, γ선)시험법, 육안(외관)시험법, 침투상법 등이 있다.

(1) 침투상법(형광침투상시험, 액체침투상시험) : 표면 결함 검사

용접부의 미소한 균열이나 작은 구멍 등을 신속하고 용이하게 검출하는 방법으로 철, 비철재료 및 비자성 재료에도 널리 이용되며, 형광물질을 기름에 녹인 것을 표면에 칠하는 검사방법이다.

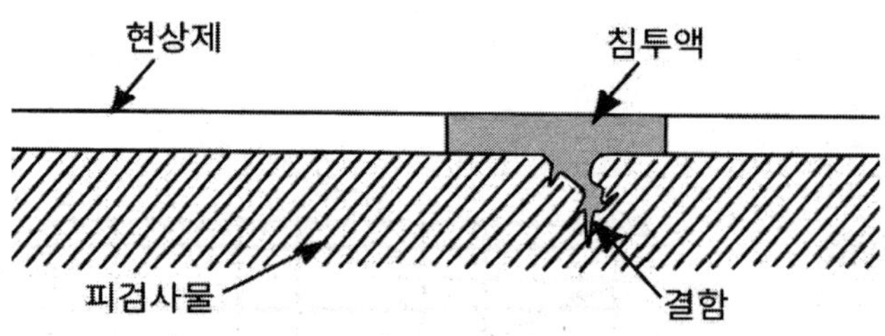

[침투 탐상법]

(2) 자기분말 탐상법 : 표면 결함 검사

용접부에 직류 또는 교류를 통과시켜 자력을 형성한 후 자분(철분가루)을 뿌려주면 자분이 밀집되어 육안으로 용접부 결함을 검출하는 방법이다. 자분이 모이는 형상을 보고 결함부위의 위치, 크기, 형태, 범위 등을 검사할 수 있고 표면의 결함 또는 표면과 연결되지 않는 내부 2~3mm 정도까지 가능하다.

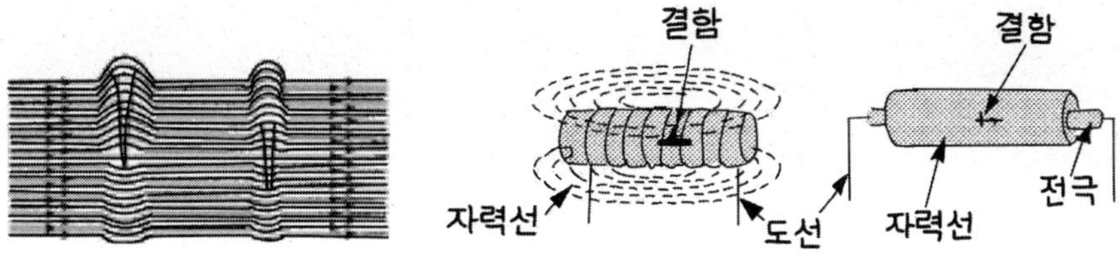

[자기분말 탐상법]

(3) 초음파 탐상법 : 내부 결함 검사

극히 짧은 시간의 초음파를 재료 속에 투과하여 결함으로부터 되돌아온 음파를 감지하여 검사하는 방법이다.

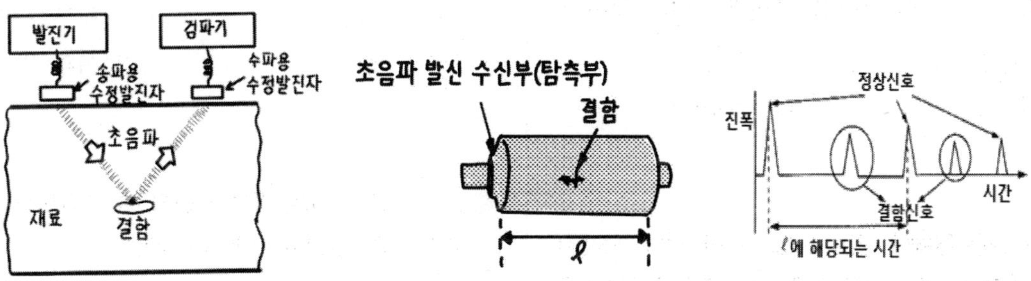

[초음파 탐상법]

(4) 방사선 투과법 : 내부 결함 검사

인체에 X선을 투과시켜 흉부질환 등을 검사하는 것도 방사선검사이지만, 공업재료인 경우는 이보다 훨씬 높은 에너지의 X선 또는 γ선 등 투과력이 강한 방사선을 사용해서 투과시험을 한다. 결함이 있는 부위와 건전한 부위와는 방사선의 투과력이 다른 점을 이용해서 투과 방사선을 형광판에 영상시키거나 또는 필름에 감광시켜 촬영함으로써 결함의 크기와 분포 등을 알 수 있다. 용접부의 비파괴검사 방법 중 가장 일반적이며, 용도의 제한이 가장 적은 검사법이다.

3. 금속조직 검사법

(1) 현미경 조직 검사법

시험편 절단면을 연마하여 연마면을 다시 화학적 또는 전해적으로 부식시켜 반사현미경으로 검사하는 방법으로 이때 철강용 부식제는 피크린산 5%의 알코올 용액과 니켈합금 부식제는 질산, 초산용액을 사용한다.

(2) 매크로 부식법

10배 이내의 확대경 또는 육안으로 직접 관찰하여 금속조직을 시험하는 방법이다.

(3) 설퍼 프린트법

강철이나 주철 중에 존재하는 유황의 분포상태를 검출하는 데 사용하는 검사법, 즉 황의 편석을 검사하는 방법으로서 고스트라인(유황선)이 검출된다.

연습문제

문제01 물체의 외부로부터 가해지는 하중을 작용방향에 따른 분류와 작용시간에 따른 분류로 구분할 때, 다음 중 작용시간에 따른 분류에 속하는 하중은?

가. 압축하중　　나. 인장하중
다. 충격하중　　라. 굽힘하중

문제02 같은 물체에 같은 조건으로 하중을 작용시킬 때 발생되는 응력은 충격하중 때가 정하중 때의 응력의 몇 배가 되는가?

가. 2배　　나. 1/2배
다. 3배　　라. 1/3배

문제03 같은 재료에서도 하중의 상태에 따라 안전율을 정해야 하는데 다음 중 안전율을 가장 크게 정해야 하는 하중은?

가. 충격하중　　나. 반복하중
다. 교번하중　　라. 정하중

문제04 탄소강의 응력-변형 곡선에서 항복점은?

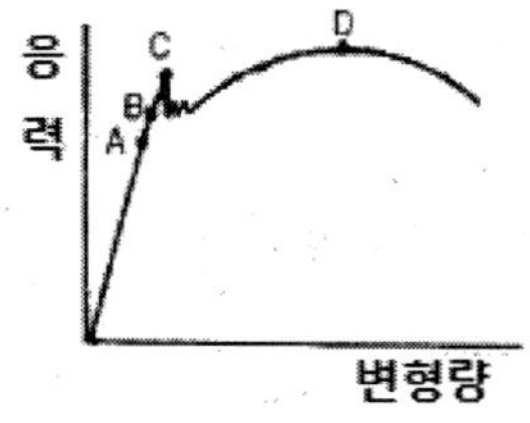

가. A　　나. B　　다. C　　라. D

문제05 비례한도 내에서 응력과 변형률이 정비례한다는 것은 다음 중 어느 법칙인가?

가. 오일러의 법칙　　나. 변형률의 법칙
다. 훅의 법칙　　라. 모어의 법칙

문제06 연강재료를 인장시험할 때, 비례한도 내에서 응력(P)과 변형율(ϵ)과의 관계는?

가. $P \propto \epsilon$　　나. $P \propto \epsilon^2$
다. $P \propto \frac{1}{\epsilon}$　　라. $P \propto \frac{1}{\epsilon^2}$

문제07 비례한도 내에서 인장시험을 할 때 늘어난 길이 $\triangle L$에 관한 공식으로 옳은 것은? (단, E는 재료의 세로탄성계수, P는 인장하중, L은 시험편의 초기 길이, A는 시험편의 초기 단면적이다.)

가. $\triangle L = \frac{PA}{LE}$　　나. $\triangle L = \frac{LE}{PA}$
다. $\triangle L = \frac{PL}{AE}$　　라. $\triangle L = \frac{AE}{PL}$

문제08 재료의 성질을 나타내는 세로탄성계수(영률 : E)의 단위가 맞는 것은?

가. N　　나. N/cm^2　　다. N · m　　라. N/cm

문제09 응력과 변형률에 관련된 설명 중 바른 것은?

가. 탄성한계 내에서 변형률과 응력은 반비례한다.
나. 포와송 비는 세로변형률과 가로변형률의 곱으로 표시한다.
다. 응력은 단위 부피당 내력의 크기를 말한다.
라. 변형률은 응력이 작용하여 발생한 변형량과 변형 전 상태량과의 비를 말한다.

문제10 변형률에 대한 설명으로 맞는 것은?

가. 세로변형률과 가로변형률 사이에는 아무 관계가 없다.
나. 세로변형률과 전단변형률만 관계있다.
다. 가로변형률과 전단변형률만 관계있다.
라. 가로변형률과 세로변형률과의 비를 포와송의 비라고 한다.

문제11 인장시험편을 만들 때 고려하지 않아도 되는 사항은?

가. 시험편의 무게　　나. 표점거리
다. 평형부의 길이　　라. 평형부의 단면적

문제12 다음 중 인장시험으로 알 수 없는 것은?

가. 변형률　　나. 인장강도
다. 항복점　　라. 충격값

문제13 시험편 절단부와 단면적이 $14mm^2$이고, 시험전 시험편의 단면적이 $20mm^2$일 때 단면수축률은 얼마 정도인가?

가. 50%　　나. 40%
다. 30%　　라. 20%

문제14 인장시험에서 시험전 표점거리 56mm의 시험편을 사용하여 시험한 후 절단된 표점거리를 측정하였더니 68mm이었다. 이 실험편의 연신율은?

가. 약 12%　　나. 약 18%
다. 약 21%　　라. 약 34%

문제15 재료의 성질 중에서 포와송의 비를 바르게 표시한 것은?

가. $\frac{\text{세로변형률}}{\text{가로변형률}}$　　나. $\frac{\text{가로변형률}}{\text{세로변형률}}$
다. $\frac{\text{세로변형률}}{\text{전단변형률}}$　　라. $\frac{\text{전단변형률}}{\text{세로변형률}}$

문제16 완성 가공된 제품의 경도시험을 하려고 한다. 경도시험 후 자국이 남는 것을 되도록 적게 하려면, 어떤 방법이 가장 적절한가?

가. 브리넬 경도　　나. 비커스 경도
다. 로크웰 경도　　라. 쇼어경도

문제17 충격시험은 주로 재료의 어떤 성질을 조사하기 위한 시험인가?

가. 인성과 메짐　　나. 전성과 연성
다. 경도와 강도　　라. 비중과 연신율

문제18 500℃ 이상의 고온에서 장시간 사용하는 연강재료의 안전계수를 구할 때의 기초 강도는?

가. 항복점　　나. 극한강도
다. 크리프한도　　라. 허용응력

문제19 반복하중을 가하여 재료의 경도를 평가하는 시험방법은 다음 중 어느 것인가?

가. 충격시험　　나. 인장시험
다. 굽힘시험　　라. 피로시험

문제20 다음 중 파괴시험법은?

가. X-선 시험법　　나. 초음파 탐상법
다. 피로 시험법　　라. 형광 탐사법

문제21 용접부의 비파괴검사 방법 중 가장 일반적이며, 용도의 제한이 가장 적은 것은?

가. 초음파 검사법　　나. 방사선 투과법
다. 자기 탐상법　　라. 도료 침투법

문제22 용접부의 미소한 균열이나 작은 구멍 등을 신속하고 용이하게 검출하는 방법으로 철, 비철재료 및 비자성 재료에도 널리 이용되며, 형광물질을 기름에 녹인 것을 표면에 칠하는 검사방법은?

가. 와류 탐상검사　　나. 외관 검사
다. 자분탐상 검사　　라. 침투 탐상검사

문제23 용접부의 검사법 중 시험편 내에 있는 결함에서 반사되어 오는 반응을 시간적 연관성이 있는 오실로스코프에 받아 기록하는 방법은?

가. 형광검사　　나. 자력결함검사
다. 초음파검사　　라. 방사선검사

문제24 정밀 기기를 사용하지 않고도 금속의 광범위한 성질을 육안으로 검사하는 방법은 어느 것인가?

가. 매크로시험　　나. X선 검사법
다. 형광 검사법　　라. 자력 검사법

01	다	02	가	03	가	04	다	05	다	06	가
07	다	08	나	09	라	10	라	11	가	12	라
13	다	14	다	15	나	16	라	17	가	18	다
19	라	20	다	21	나	22	라	23	다	24	가

PART 2

기계공작법

기계공작법(Manufacturing Process)이란 재료를 가공 및 성형하여 유용한 기계, 기구, 장치 등을 제작 또는 제조하는 기술을 논하는 학문이다. 기계공작에 사용되는 재료는 주로 금속재료이고, 이외에 목재, 고무, 플라스틱, 등 각종 비금속재료도 사용된다.

기계제작에 사용되는 재료는 제작과정에 따라 적당한 가공방법을 선택하게 되며, 절삭가공과 비절삭가공 방법이 있다. 아래 표는 기계공작법의 분류를 나타낸 것이다.

- **기계공작법**
  - 비절삭가공
    - 주조
      - ① 목형
      - ② 주형
      - ③ 주조
      - ④ 특수주조
      - ⑤ 플라스틱 몰딩(Plastic Moulding)
    - 소성가공
      - ① 단조
      - ② 압연
      - ③ 프레스 가공(Pressing)
      - ④ 인발(drawing)
      - ⑤ 압출(extrustion)
      - ⑥ 판금가공
    - 용접
      - ① 단접(forge welding)
      - ② 납땜(soldering)
      - ③ 전기저항 용접
        - 스폿(점) 용접
        - 심 용접
        - 프로젝션 용접
        - 업셋 용접, 플래시 용접
      - ④ 전기 아크 용접
      - ⑤ 가스 용접
      - ⑥ 특수 용접
        - 불활성 가스 아크 용접
        - 서브머지드 아크 용접
        - 테르밋 용접. etc.
    - 특수비절삭가공
      - ① 전조
      - ② 전해 연마
      - ③ 방전가공
      - ④ 초음파 가공
      - ⑤ 버니싱(burnishing)
  - 절삭가공
    - 절삭공구가공
      - 공구고정
        - ① 선삭(turning)
        - ② 평삭(planing)
        - ③ 형삭(shaping)
        - ④ 브로칭(broaching)
        - ⑤ 줄 작업(filling)
      - 공구회전
        - ① 밀링(milling)
        - ② 드릴링(drilling)
        - ③ 보링(boring)
        - ④ 호빙(hobbing)
        - ⑤ 소잉(sawing)
    - 연삭공구가공
      - 고정입자
        - ① 연삭(grinding)
        - ② 호닝(honing)
        - ③ 수퍼 피니싱(superfinishing)
        - ④ 버핑(buffing)
        - ⑤ 샌더링(sandering)
      - 분말입자
        - ① 래핑(lapping)
        - ② 액체 호닝(liquid boning)
        - ③ 배럴가공(barrel working)

[기계공작법의 분류]

CHAPTER 01

주조(Casting)

주조란 금속을 녹여서 필요한 모양의 주형(틀)에 주입하고 그 속을 냉각 또는 응고시켜 필요한 모양의 제품을 만드는 과정을 말하며, 주조 작업으로 만들어진 제품을 주물이라 한다. 주물의 제조공정과정은 주조방안결정 → 모형제작 → 주형(틀)제작 → 용융 및 주입 → 제품완성 → 다듬질(표면처리)의 과정을 거치게 된다.

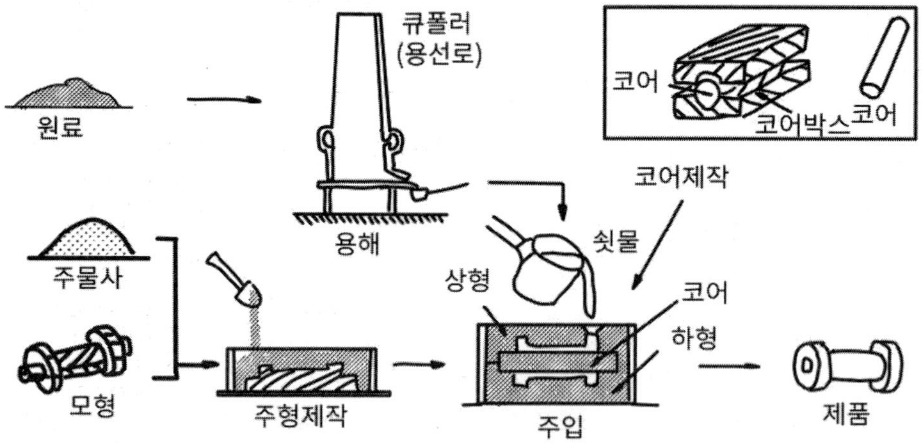

[주조 공정]

■ **주조법의 장점**

① 동일모형을 사용하므로 형상치수가 동일한 제품을 만들 수 있다.
② 복잡한 형상의 제품을 용이하게 제작이 가능하다.
③ 제품의 크기 또는 무게의 제한을 받지 않고 제작이 용이하다.
④ 소성가공, 기계가공 및 용접 등의 작업으로 곤란한 기계재료를 용이하게 제품으로 만들 수 있다.
⑤ 대량생산 시 제품생산비가 적다.

■ 주조법의 단점

① 기계재료를 용융하여 응고시켜 제작하므로 결정조직이 거칠어서 기계적 성질이 떨어진다.
② 제품의 재질 또는 성질이 균일한 것은 얻기가 곤란하다. 예를 들어 기공, 편석, 내부응력에 의한 변형 등이다.
③ 제품표면이 거칠고 응고 시 수축량이 주조상황에 따라 다소 차이가 있어 정확한 치수의 제작이 어렵다.
④ 제품의 수량이 적을 때 제품생산 단가가 높아진다. 따라서 내부 및 표면결함이 없고 우수한 치수정밀도와 강성을 갖춘 주물제품을 제작하기 위해서는 다음 요소에 대한 이해가 필요하다.
(1) 용융금속의 유동성
(2) 주형소재의 선택과 주형의 설계
(3) 용융금속의 응고 및 냉각에 관련된 열전달현상
(4) 응고금속의 수축 및 변형
(5) 주형재료와 주물재료 간의 화학반응

1. 모형

모형은 주조될 제품의 원형으로 주형의 공간(Cavity)을 만들기 위해서 사용된다. 모형의 재료에는 목재, 금속, 합성수지, 석고, 시멘트, 왁스 등이 있으며 모형의 재료로 목재가 널리 사용되고 있다.

1-1 목재의 구비조건

① 변형이 적고 재질이 균일할 것
② 가공이 쉽고 내구성이 클 것
③ 염가이고 구입이 쉬울 것

1-2 목재의 수축방지 조건

① 양재(好)를 선택할 것
② 장년기의 수목을 동절기에 벌채할 것
③ 건조재를 선택할 것(목재에는 수분이 30~40% 함유)
④ 많은 목편을 조합해서 만들 것(변형 방지)
⑤ 적당한 도장(니스)을 할 것(변형 방지 또는 병충해 방지)

※ 목재의 수축방향
- 연륜(나이테)방향 〉 연수(수간의 직각)방향 〉 섬유(수간, 줄기, 길이)방향
- 연륜방향(5 ~ 15%), 연수방향(2.5 ~ 5%), 섬유방향(0.1 ~ 0.4%)의 순서대로 수축된다.

1-3 목재의 건조법

① 자연건조법 : 야적법, 가옥적법 등
② 인공건조법 : 침재법(물속 약 10일), 훈재법(화열), 자재법(찜), 증재법(증기), 전기 건조법, 진공 건조법 등

1-4 목재의 제재방법

① 곧은결 제재 : 나이테 전면에서 가로방향이며 가공 면이 아름답고 목형제작에 가장 적합하다.
② 무늬결 제재 : 나이테 전면에서 세로방향이며 곡면가공에 적합하다.
③ 옹이결 제재 : 나이테가 한 곳에 집중된 것으로, 특수 장식에 쓰인다.

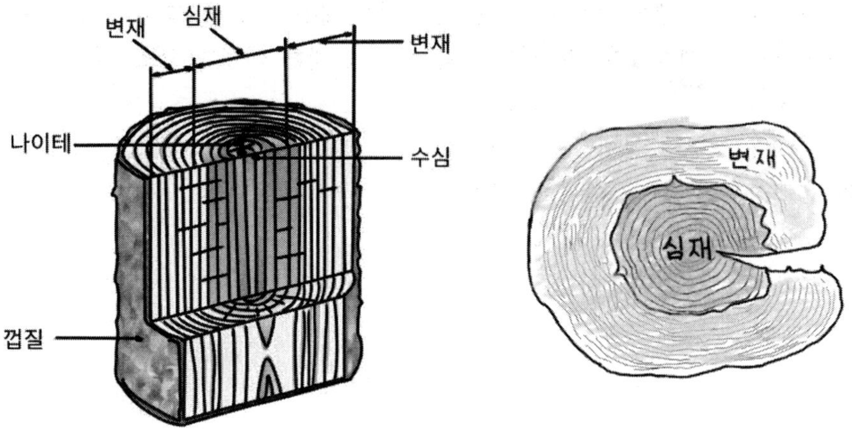

[목재의 구조]

1-5 목재의 방부법

① 도포법 : 목재의 표면에 크레졸로 뿌리는 방법
② 침투법 : 염화수은(승홍), 황산구리(유산동) 등의 수용액 또는 크레졸유에 모재를 침지하여 흡수시키는 방법
③ 자비법 : 방부재를 끓여서 부분적으로 흡수시키는 방법
④ 충진법 : 목재에 구멍을 파서 방부제를 주입하는 방법

1-6 목형 제작할 시 유의사항

(1) 수축여유(Shrinkage allowance)

주물자는 수축여유를 고려하여 수축량만큼 크게 만든 자로서 주물자의 실제길이는 1,008mm를 1,000mm의 눈금으로 제작하여 사용한다. 현도란 실물을 축소 또는 확대하여 만든 도면이며, 주물자를 이용하여 만든다.
① 주철의 수축 여유 : 1m당 8mm 정도
② 황동과 청동의 수축여유 : 1m당 15mm 정도
③ 알루미늄과 주강의 수축여유 : 1m당 20mm 정도로 준다.

(2) 가공여유

가공 시 수축을 고려하여 절삭치수 감소량만큼 크게 만드는 것

(3) 목형구배

구배여유 또는 기울기여유라고도 한다. 목형구배는 목형을 주형에서 뽑을 때 주형이 파손되는 것을 방지하기 위하여 목형 측면을 경사지게 한다. 길이 1m에 대해 6~10mm 정도의 여유를 둔 것.

(4) 코어 프린트(Core print)

코어를 주형 내부에서 지지하기 위하여 목형에 덧붙인 돌기 부분이다. 이는 속이 빈 주물 제작 시 사용되고, 현도에만 기입하고 제작 도면에는 표시하지 않는다. 코어 프린트를 두는 이유는 코어 위치 결정, 쇳물에 부었을 때 부력에 의해 코어가 뜨는 것을 방지, 쇳물 주입 시 코어에 발생하는 가스 배출을 하기 위해서다.

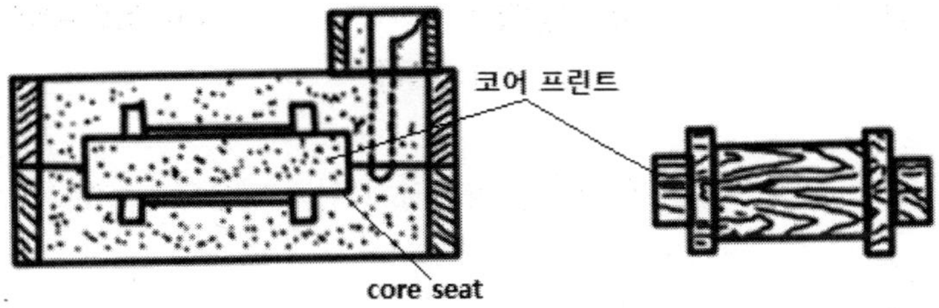

[코어 프린트]

(5) 라운딩(Rounding)

쇳물이 응고할 때 주형 직각 방향에 수산정이 발달하게 된다. 즉 수산정이라는 결정립을 방지하기 위하여 모서리 부분을 둥글게 한 것을 라운딩이라 한다. 라운딩 후에는 내부 응력을 제거해야 한다.

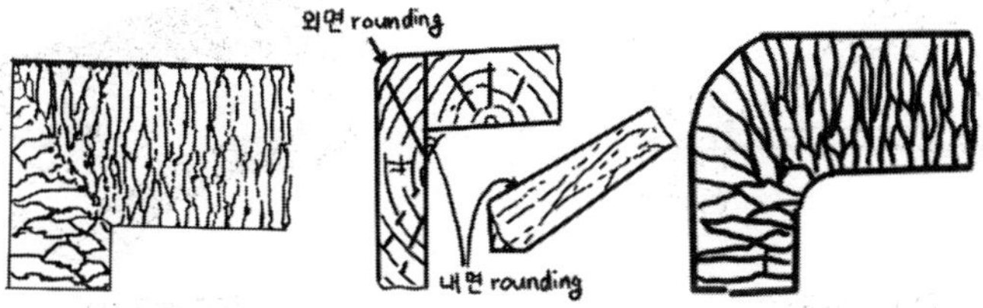

[라운딩 방법]

주) 내측 라운딩을 필렛(fillet : 못살)이라 한다.

(6) 덧붙임(Stop-Off)

두께가 균일하지 못하거나 형상이 복잡한 주물에 대한 주형이 응고할 때 변형을 방지하기 위해 사용된다.

[덧붙임]

1-7 목형의 종류

(1) 현형

현형은 제품과 동일한 형상으로 이 현형의 크기는 제품의 크기+수축여유+가공여유를 고려해서 만든다. 현형의 종류로는 간단한 주물을 제작 시 사용하는 단체목형과, 일반 복잡한 주물을 제작 시 사용되는 분할목형이 있다. 이 분할목형은 2개 또는 그 이상으로 나누고 다우얼핀으로 접합한다. 상수도관 밸브 등 아주 복잡한 주물을 제작할 때 사용되는 조립목형도 있다.

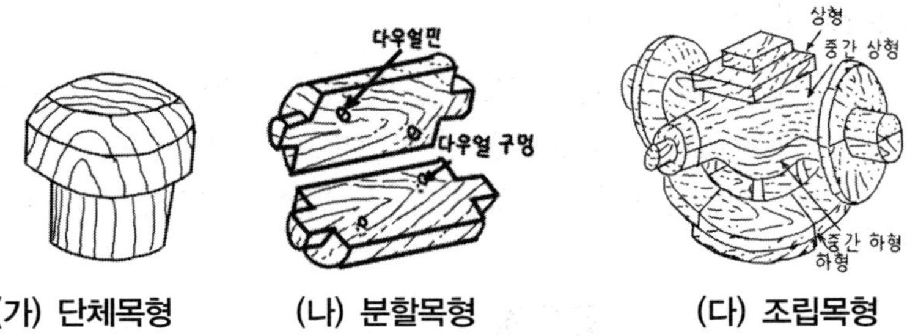

[현형의 종류]

특히, 분할목형과 조립목형은 하중에 의해 변형을 방지하기 위해 다우얼/소켓/도브테일 등을 사용한다.

(2) 부분목형(부분형)

대형 대칭 또는 일부분이 연속적인 주물을 제작 시 사용되고, 반복적으로 되어 있다. 대형기어, 톱니바퀴, 프로펠러 등을 제작 시 시용된다.

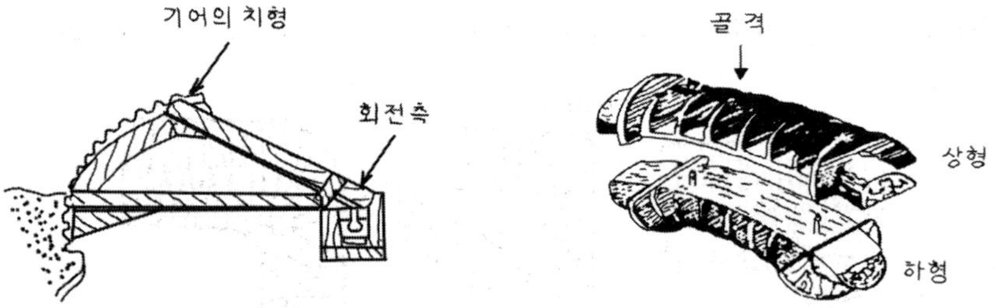

[부분목형] [골격목형]

(3) 골격목형(골격형)

대형이고 제작 개수가 적은 주물에서는 재료와 제작비를 절약하기 위하여 골격만 목재로 만들고, 그 골격 사이를 점토 등으로 메워(충진) 현형을 만들어 사용한다.

(4) 회전목형(회전형)

회전체로 된 물체를 제작 시 이용되는 목형으로 풀리 및 단차 등을 제작 시 사용된다.

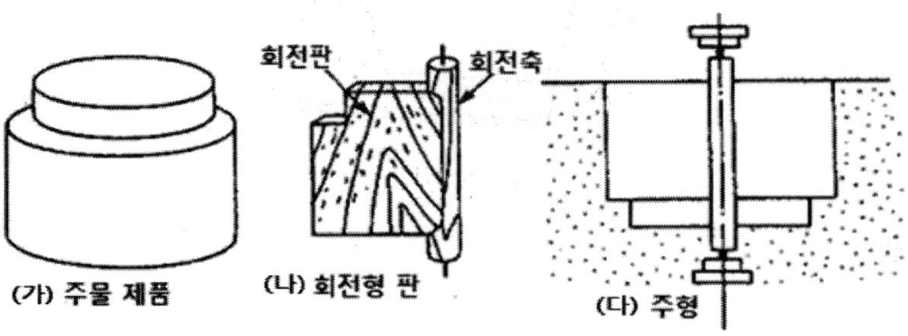

[회전목형]

(5) 고르개 목형(긁기형)

안내판을 따라 모래를 고르게 해서 주형을 제작하고 가늘고 긴 굽은 파이프 제작 시 사용된다.

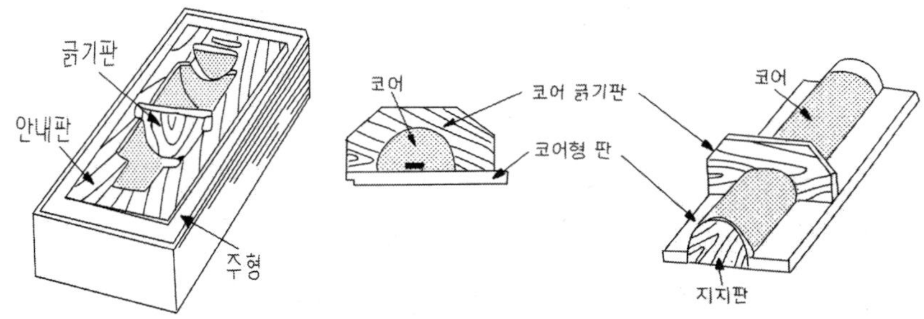

[고르개 목형]

(6) 코어 목형(코어형)

주물 제품에 중공(Hollow) 부분 또는 오목(Concave) 부분이 있을 때 사용되는 목형이다.

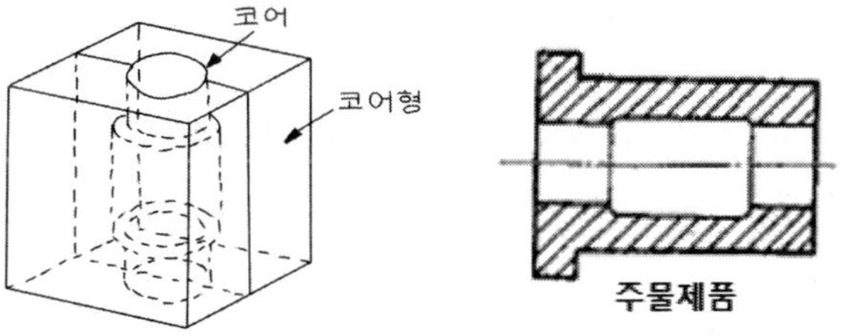

[코어 목형]

(7) 매치플레이트(Match Plate)

소형제품을 대량 생산할 때 사용된다.

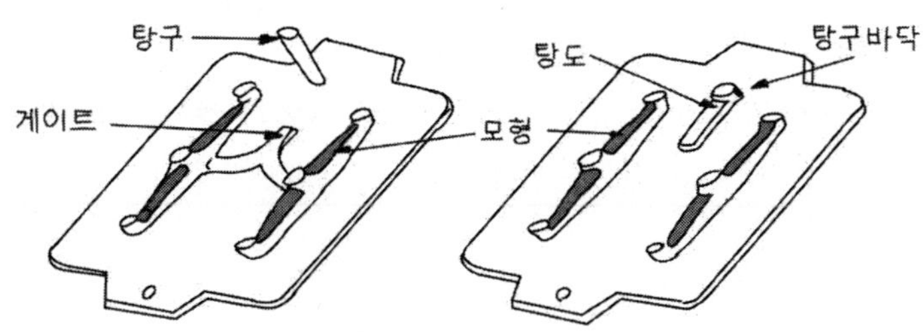

[정반형 매치플레이트]

1-8 주물 금속의 중량 계산식

$$Wm = \frac{Wp}{Sp}(1-3\phi)Sm = \frac{Wp}{Sp}\cdot Sm$$

여기서, Wm 및 Sm : 주물의 중량 및 주물의 비중

Wp 및 Sp : 목형의 중량 및 목형의 비중

3ϕ : 주물의 체적에 대한 수축률은 길이 방향의 3배다.

2. 주형

주형은 용융금속을 주입하여 그 주형 내의 공간 형태로 응고시켜 주물제품을 제작하는 형틀이다. 비철금속의 주조에는 금형을 사용하고 주물사가 주형의 주재료일 경우에는 주형이라 한다. 주물사란 주형(틀)을 구성하는 모래의 총칭이다.

2-1 주물사의 구비조건

① 성형성 : 제작이 용이할 것
② 내열성 : 열에 견딜 것
③ 통기성 : Gas, 공기 발생 시 배출이 용이할 것
④ 보온성 : 유동성이 적으려면 쇳물이 천천히 식어야 한다. 그래서 열전도가 낮아 냉각이 쉽게 안 될 것
⑤ 내화성 : 화학반응이 쉽게 일어나지 않을 것
⑥ 내압성 : 고압에 견딜 것
⑦ 신축성 : 주입된 다음 쇳물의 응고, 수축에 대한 신축성이 있을 것
⑧ 복용성 : 재사용성이 있고 제조, 취급이 용이할 것
⑨ 경제성 : 가격이 저렴할 것

2-2 주물사의 종류

① 주성분 : 규사(SiO_2)이고, 석영, 장석, 운모, 점토 등이 있다.
- 주철용 주물사의 성분 : 산사(Green Sand), 건조사(Dry Sand)
- 주강용 주물사의 성분 : 규사와 점결제로 배합한다.

② 점결제 : 천연산의 담황색 흙덩이를 불에 구우면 백색의 내화벽이 되는 내화점토와 인장강도, 내화성, 통기도가 좋은 벤토나이트가 있다.
③ 주물사의 입도 : 메시(Mesh)로 표시하고, 1mesh란 1inch 길이의 정사각형 내에 있는 구멍수(체눈수). 즉 100mesh이면 가로와 세로 1inch 정사각형의 구멍 수가 100개이다.

2-3 주물사의 시험

① 내열성 시험 : 제게르콘과 같이 삼각뿔로 만들고 고온에 두어 연화 굴곡 온도를 제게르콘으로 측정한다.
② 성형성 시험 : 강도와 경도를 압축시험으로 한다.
③ 통기도 시험 : 주형 안에서 발생된 가스나 증기를 외부로 배출시키는 정도로서 일정압력의 공기가 흐르는 속도로 나타낸다.

2-4 주형제작법

① 바닥주형법 : 주물공장 바닥을 이용하여 만드는 방법이다.
② 혼성주형법 : 아래쪽은 공장바닥, 위쪽은 주물 상자를 이용한 주조방법으로, 대형주물 제작 시 사용된다.
③ 조립주형법 : 주물 상자를 두 개 이상을 이용하여 만드는 방법으로, 제품이 가장 정밀하므로 가장 많이 사용된다.

2-5 주형의 각부 명칭

① 탕구계 : 주형에 쇳물을 주입하기 위하여 만든 통로로, 쇳물받이(주입컵) → 탕구 → 탕도 → 주입구(게이트)의 순서로 구성된다.

② 피더(덧쇠물 : 압탕구) : 주형 내에서 쇳물이 응고 시 쇳물 부족으로 인한 쇳물을 보충하는 역할을 하고, 주형 내의 쇳물에 압력을 주며 또한 주형 내의 불순물과 용제의 일부를 밖으로 내보내고, 주형 내의 공기를 제거하여 주입량을 알 수 있는 기능을 한다.

③ 라이저 : 쇳물에 압력을 가하여 주형 내의 가스 및 불순물을 배출하는 역할 및 쇳물을 관찰할 수 있다.

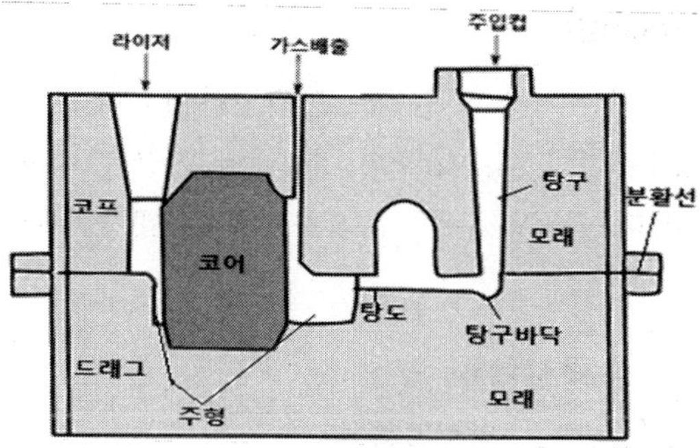

[주형의 각부 명칭]

2-6 통기도(K) 계산식

$$K = \frac{V \cdot h}{Apt} (\mathrm{cm/min})$$

여기서, V : 시험편을 통과한 공기량(cm^3 = cc), h : 시험편의 높이(cm), A : 시험편의 단면적(cm^2)
p : 시험편의 높이(cm), A : 시험편의 단면적(cm^2), t : 통과 시간(min)

2-7 압상력(P : 부력)

$$P = \gamma V = \gamma Ah = SAh$$

여기서, S : 주입금속의 비중, A : 주물을 위에서 본 면적, h : 주물의 뒷면에서 주입구 표면까지의 거리

● 중추(Weight : 부력을 방지하기 위해 눌러주는 것)의 무게는 압상력의 3배이다.

2-8 주물의 결함

① 수축공 : 주형 내에서 쇳물(용융금속)의 수축으로 인해 쇳물 부족으로 생기는 구멍
[방지법] 덧쇳물(피더 : 압탕)을 붙여 쇳물 부족을 보충한다. 쇳물 아궁이를 크게 한다. 냉각쇠(냉각판)을 설치한다.

② 기공(기포) : Gas 배출이 불충분할 때 발생
[방지법] 통기성을 좋게 한다. 주입온도를 적당하게 한다. 주형 내의 수분을 적게 한다. 쇳물 아궁이를 크게 한다.

③ 균열 : 온도차, 두께차로 인하여 주물에 금이 생기는 것
[방지법] 온도차를 적게 할 것. 주물을 급냉시키지 말 것. 주물의 두께차를 갑자기 변화시키지 말 것. 주형에 각이 진 부분을 둥글게 라운딩할 것.

④ 편석 : 불순물이 결함부로 석출되어 굳어지고, 비중차로 층이 생기는 현상을 편석이라 부른다.

3. 특수 주조법

(1) 칠드 주조법(Chillde casting)

이 주조법은 냉경주조법 또는 냉강주조법이라고도 하며, 주철을 금형에 의해 급냉시켜 표면은 칠드층(백주철 : 단단한 주철), 내부는 서서히 냉각시켜 회주철(연한 주철) 제조법이다. 사형과 금형을 동시에 사용한다.
[용도] 압연롤러, 베벨기어 등

(2) 다이캐스팅 주조법(Die casting)

이 주조법은 용융금속을 대기압 이상(고압)의 압력으로 압입하여 주조하는 방법으로서 두께가 얇은 주물품 및 대량생산에 적합하고, 저 용융금속인 Al, Zn, Sn, Pb, Mg 합금을 사용한다.
[용도] 자동차 부품, 전기기기, 라디오 · TV 부품, 통신기기용품, 계량기 등

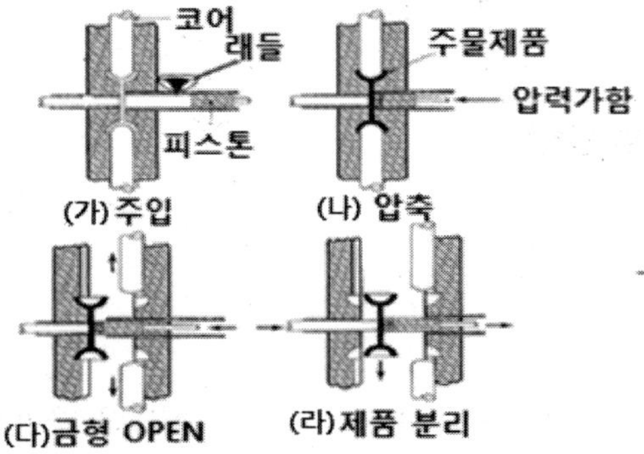

[다이캐스팅 주조방법]

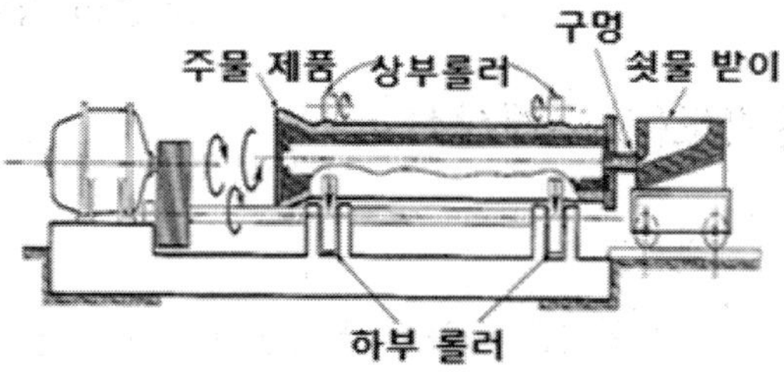

[원심 주조법]

(3) 원심 주조법(Centrifugal casting)

고속(300~3,000RPM)으로 회전하는 원통 내에 용탕을 넣고 주형을 회전하여 주형 내면에 압착, 응고하여 주물을 주조하는 방법이다. 특징은 조직이 치밀하고 기포발생이 없으며, 코어가 필요 없고 대칭형 또는 비대칭형 제품을 만들 수 있다. [용도] 중공주물(실린더 라이너, 주철관, 피스톤링, 수도관, 파이프 등)

(4) 인베스트먼트 주조법(Investment casting : lost wax casting)

왁스나 플라스틱과 같은 열에 녹는 재료로 모형을 만든다. 여러 개의 모형과 게이팅시스템을 조립하여 나무 형태로 만들고 이를 양끝이 뚫린 스테인리스 스틸 원통 속에 넣는다. 알루미나, 실리카, 집섬(Gypsum), 지르코늄 실리게이트 등의 내화제가 첨가된 적당한 결합제의 슬러리를 모형 위에 붓고 진동을 가하여 공기방울을 제거한다.

내화제가 적당히 응고된 후 원통용기를 오븐에 넣고 서서히 가열하면 내화제는 더욱 단단해지고 모형은 녹아 흘러내리거나 기화되어 주형 공동부가 형성된다. 이렇게 완성된 주형은 650~1,000℃까지 가열되고 여기에 용탕이 부어진다. 녹일 수 있는 거의 모든 종류의 합금은 적당한 내화제의 선택과 알맞은 주형온도의 조절을 통해 인베스트먼트 주조가 가능하다. 터빈날개, 제트노즐 등의 치수정확도와 표면정도가 우수한 미세부품을 주조 가능하며, 피팅라인이 없다. 하지만 제작비가 비싸다.

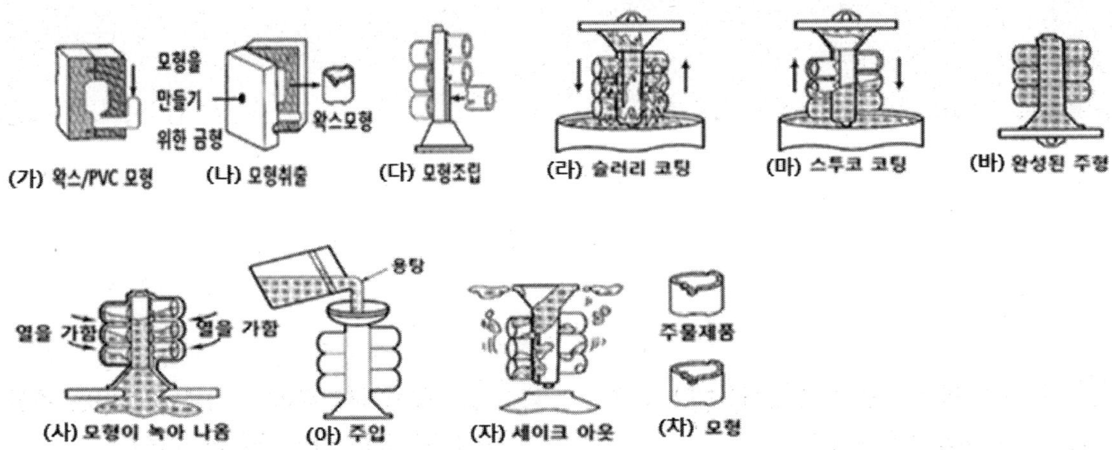

[인베스트먼트 주조과정]

(5) 셀 몰딩 주조법(Shell moulding casting)

열경화성수지 또는 합성수지 분말을 이용한 주조법으로서 조개껍질 모양의 셀 형의 주형을 만들어 이 형에 쇳물을 주입하여 주물을 만드는 방법이다. 좌우대칭, 소형제품을 제작하는 데 용이하고, 대량생산 시 표면이 아름답고 정밀도가 높다.

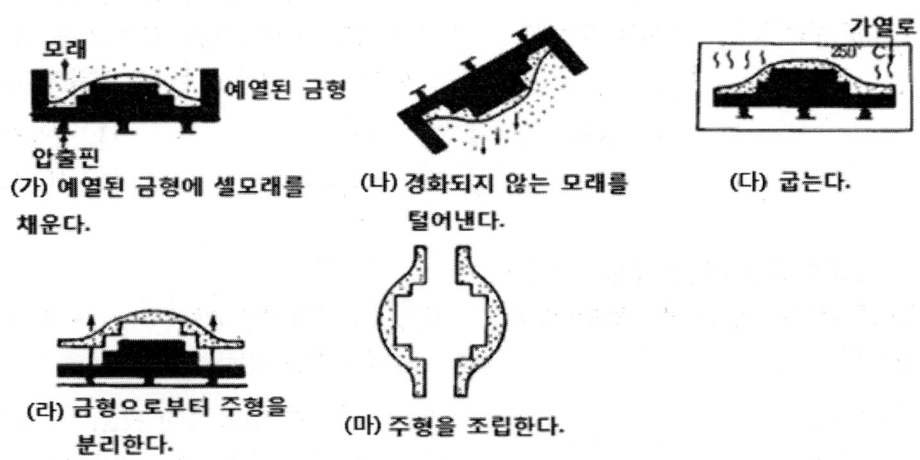

[셀 몰딩 주조법]

(6) CO_2 주형법

규사+규산나트륨으로 혼합한 주물사로 주형을 만들고 공작기계 베드나 산업용 대형기계를 주조할 때 주형으로 사용되고 있고, 작고 긴 Core 제작에 적합하다.

(7) 진공 주조법

가스 배출을 충분히 하기 위해 진공 중에 주조하는 방법으로서 고급재질이 요구되는 강의 주조에 사용된다. 베어링강, 공구강, 스테인리스강 등을 만들 때 이용된다.

연습문제

문제01 주조형 목형(원형)을 실물치수보다 크게 만드는 가장 중요한 이유는?

가. 수축 여유와 가공 여유를 고려하기 때문이다.
나. 코어를 넣어야 하기 때문이다.
다. 잔형을 덧붙임하여야 하기 때문이다.
라. 주형의 치수가 크기 때문이다.

문제02 목형의 제작 시 주형에서 목형을 쉽게 빼내기 위한 기울기를 주는 것을 무엇이라 하는가?

가. 수축 여유　　나. 기공 여유
다. 목형 구배　　라. 코어 프린트

문제03 속이 빈 모형의 목형(木型)을 주형 내부에서 지지할 수 있도록 목형에 덧붙여 만든 돌출부를 무엇이라고 하는가?

가. 라운딩(rounding)
나. 덧붙임(stop off)
다. 코어 프린트(core print)
라. 목형 기울기(draft taper)

문제04 벨트 풀리와 같은 원형모양의 주형 제작에 편리한 주형법은?

가. 혼성 주형법　　나. 조립 주형법
다. 고르게 주형법　　라. 회전 주형법

문제05 목형에서 코어(core)를 사용하는 주물의 특징 설명으로 가장 적합한 것은?

가. 속이 빈 주물
나. 크기가 작은 주물
다. 크기가 큰 주물
라. 외형이 복잡한 주물

문제06 주조품 제조 시 사용되는 모형 중 제품의 수량이 적고, 형상이 대형인 경우 그 형상의 골격을 목재로 만들어 그 사이를 점토로 메워 제작하는 모형은?

가. 현형　　나. 부분모형
다. 골조모형　　라. 회전모형

문제07 주물에서 압탕구(Feeder)의 주요 역할 중 관계가 적은 것은?

가. 응고 시 수축으로 인한 쇳물의 부족을 보충한다.
나. 주형 내의 불순물과 용재를 밖으로 배출한다.
다. 주형 내의 균열이 생기는 것을 방지한다.
라. 주형 내의 쇳물에 압력을 준다.

문제08 주형을 만드는 데 사용하는 주물사 구비조건이 <u>아닌</u> 것은?

가. 가스 및 공기가 잘 빠지지 않을 것
나. 반복 사용에 따른 형상 변화가 거의 없을 것
다. 내열성이 크고 화학적인 변화가 생기지 않을 것
라. 주형 제작이 용이하고 쇳물의 압력에 견딜 수 있는 강도를 갖출 것

문제09 주물의 결함에 속하지 않는 것은?

가. 수축공　나. 기공　다. 압탕　라. 편석

문제10 주물에서 기공(blow hole)의 유무를 검사하기 위한 비파괴 시험 방법에 속하지 않는 것은?

가. 자기 탐상법　나. 현미경 탐상법
다. 초음파 탐상법　라. 방사선 탐상법

문제11 특수주조법으로 금형 속에 용융금속을 주입하여 주조하는 것으로 대량생산에 적합하고 제품이 정밀한 것은?

가. 셀 몰드법　나. 원심 주조법
다. 다이캐스팅　라. 인베스트먼트법

문제12 정밀 주조법의 일종으로 정밀한 금형에 용융금속을 대기압 이상의 고압, 고속으로 주입하여 주물을 얻는 방법으로 Al합금, Zn합금, Cu합금, Mg합금, Sn합금 등에 주로 사용되는 주조법은?

가. 원심주조법　나. 다이캐스팅
다. 셀 몰드법　라. 연속주조법

문제13 다이캐스팅을 이용한 제품 생산의 설명으로 틀린 것은?

가. 단면이 얇은 주물의 주조가 가능하다.
나. 균일한 제품의 연속 주조가 불가능하다.
다. 마그네슘, 알루미늄 합금의 대량 생산용으로 적합하다.
라. 정밀도가 좋아서 제품의 표면이 양호하고 후가공이 적다.

문제14 제작하려는 주물과 동일한 모형을 왁스 또는 파라핀으로 만들어 주형재에 매몰하고 주형을 가열 경화시키며 모형을 유출하여 주형을 완성하므로 정밀한 주조를 할 수 있는 것은?

가. 인베스트먼트법　나. 셀몰딩법
다. 다이캐스팅법　라. 이산화탄소법

문제15 비중이 0.4인 적송으로 목형을 만들었을 때의 무게가 2.5kg이다. 이때 주물의 무게는 얼마인가? (단, 주철의 비중은 7.2이다.)

가. 200kg　나. 70kg　다. 50kg　라. 45kg

[해설] $주중 = \frac{목중}{목비} \times 주비 = \frac{2.5}{0.4} \times 7.2 = 45\text{kg}$

01 가	02 다	03 다	04 라	05 가	06 다
07 다	08 가	09 다	10 나	11 다	12 나
13 나	14 가	15 라			

CHAPTER 02

소성가공 (Plastic Working)

1. 소성가공의 개요

재료에 어느 한계의 외력을 가하여 변형한 후 외력을 제거하면 원형으로 돌아간다. 이때 원형으로 돌아가는 성질을 탄성, 그 변형을 탄성변형이라 하며, 그 물체를 탄성체라 한다.

외력을 어느 정도 이상으로 크게 하면 재료가 항복(降伏 : Yield)하여 외력을 제거하여도 완전히 원형으로 돌아가지 않고 영구변형으로 남아있는 성질, 즉 재료를 파괴시키지 않고 영구히 변형시킬 수 있는 성질을 소성이라 하고, 그 변형을 소성변형이라 한다. 이와 같은 재료의 소성을 이용하여 가공하는 것을 소성가공이라 하며, 칩(Chip)을 생성하지 않는 주조, 용접에 이어 비절삭가공의 일종이다.

1-1 소성가공에 이용되는 성질

① 가단성(Forgeability) : 단조, 압연, 인발 등에 의하여 깨지지 않고 변형시킬 수 있는 성질

② 연성(Ductility) : 가느다란 선으로 늘일 수 있는 성질

- 연성이 큰 순서 : Au 〉 Ag 〉 Al 〉 Cu 〉 Pt 〉 Pb 〉 Zn 〉 Fe 〉 Ni

③ 전성(Malleability) : 얇은 판으로 넓게 펼 수 있는 성질

- 전성이 큰 순서 : Au 〉 Ag 〉 Pt 〉 Al 〉 Fe 〉 Ni 〉 Cu 〉 Zn

④ 가소성(Plasticity) : 재료에 탄성한도 이상의 힘을 가하면 힘을 제거하여도 변형이 원상태로 되돌아오지 않는 성질

1-2 소성가공의 목적

① 금속재료를 소요 목적의 형태로 변형한다.

② 금속재료의 조대(粗大)한 결정입자(結晶粒子)를 균일하고 미세하게 하여 재질을 개선한다.

1-3 주조법과 비교한 소성가공의 장단점

(1) 장점

① 강도 및 경도가 증가한다.
② 가공면이 깨끗하다(즉, 치수가 정확하다).
③ 주조는 대량 생산에 비효과적이지만, 소성가공은 균일한 제품의 대량 생산에 적합하다.
④ 가공이 능률적이다.

(2) 단점

① 크고 복잡한 형상의 제품가공이 곤란하다.

2. 소성가공의 종류

2-1 압연(Rolling)가공

압연가공은 소성변형이 비교적 잘 되는 금속 재료를 상온 또는 고온에서 회전하는 롤 사이에 통과시켜 여러 가지의 판재, 형재, 관재 등의 소재를 만드는 가공법이다. 압연가공은 열간압연과 냉간압연으로 구분한다.

[압연가공법]

2-1-1 열간압연

금속재료의 재결정온도 이상에서 압연하는 것을 열간압연이라 한다. 열간압연은 치수가 큰 재료를 압연할 때 많이 사용되는 것으로, 주조 조직도 개선할 수 있고 기계적 성질도 향상시킬 수 있으며, 또한 변형이 잘 되어 가공에 소요되는 동력도 적게 드는 장점을 가지고 있다.

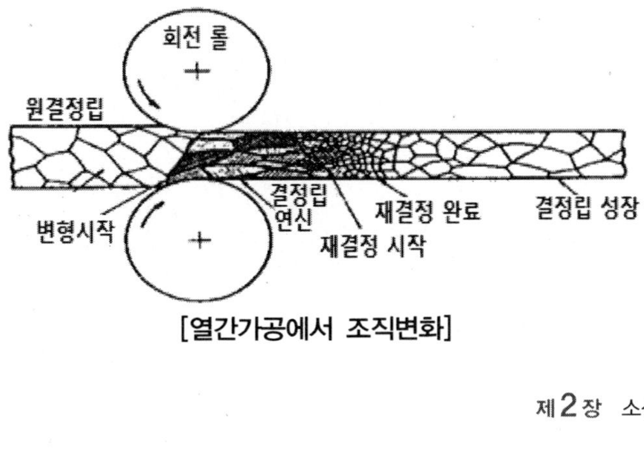

[열간가공에서 조직변화]

열간가공은 위 그림과 같이 압연과정에서 늘어난 결정립이 바로 회복되어 재결정이 이루어져 결정립이 조대화되므로 계속해서 압연을 할 수 있다.

2-1-2 냉간압연

금속재료의 재결정온도 이하에서 압연하는 것을 냉간압연이라 한다. 열간압연에서는 이방성(Anisotropy)이 거의 없으나, 냉간 압연판은 이방성을 나타내므로 주의해야 한다.

〈특징〉 강도, 경도가 증가되고, 연신율(신율), 단면 수축율, 인성은 감소된다. 또한 조직이 치밀(균일)하고 가공 면이 깨끗하다.

2-1-3 압연의 종류

(1) 분괴압연(Blooming)

중간재(가로와 세로의 단면을 가공)를 만드는 압연가공으로 Bloom(정사각형), Slab, Sheet Bar, Billet(직사각형 판재) 등을 만드는 압연을 분괴압연이라고 한다.

(2) 판재압연

분괴압연 후 박판(3mm 이하의 판재)이나 후판(6mm 이상의 판재) 등을 만드는 압연을 말한다.

(3) 형재압연(형강압연)

봉재, 평재, 형재(L형, I형, T형, Z형 등), 레일 등을 재조하는 압연을 말한다.

2-1-4 압연롤러의 구성

표면은 단단하고 내부는 연한 재료인 칠드 롤러를 사용한다. Webbler, Neck, Body로 구성하고 있다.

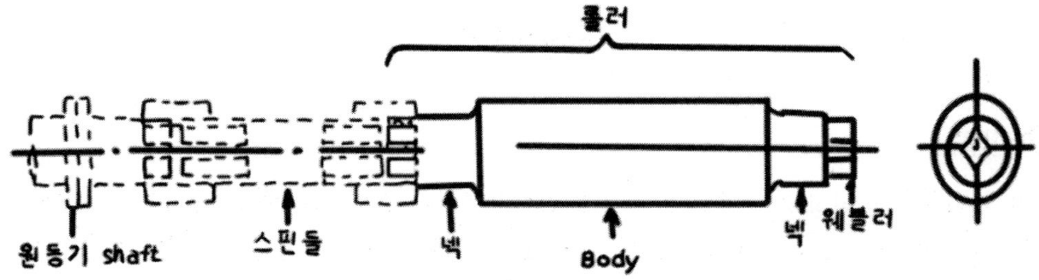

[압연롤러의 구성]

2-1-5 압연공정

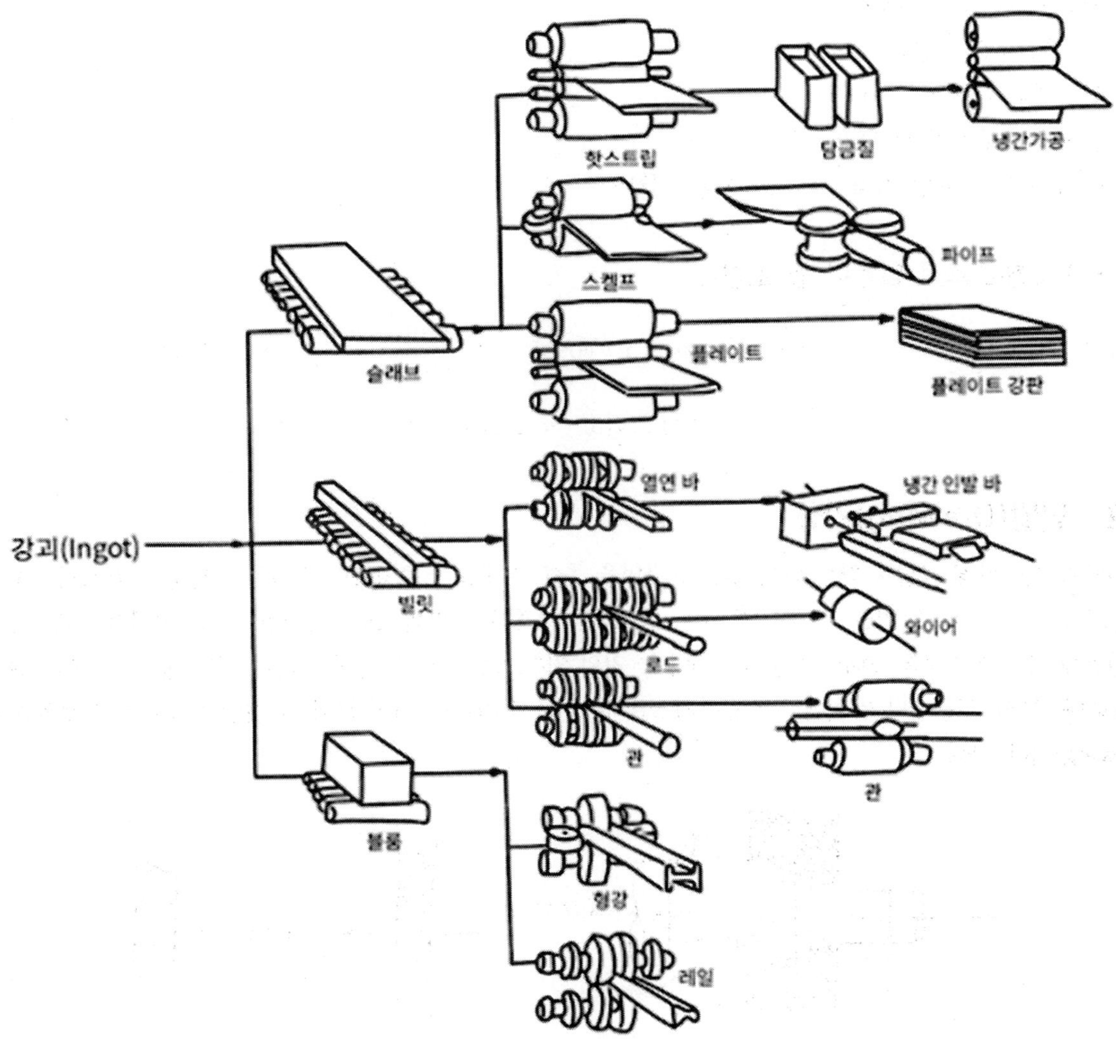

[압연공정]

(1) 압연의 계산식

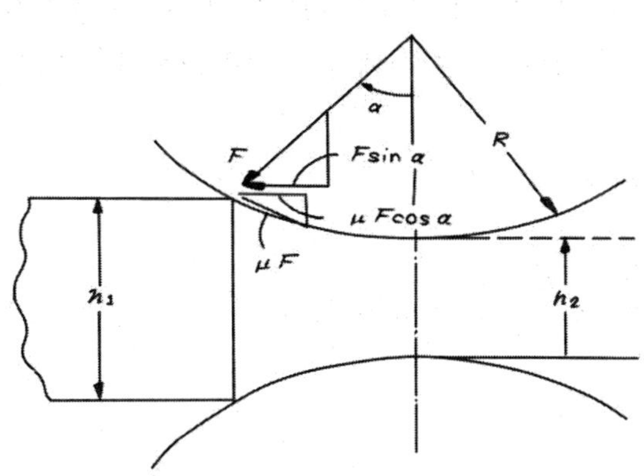

① 압하량 $= h_1 - h_2$

② 압하율 $= \dfrac{h_1 - h_2}{h_1} \times 100(\%)$

(2) 압하율을 크게 하려면

① 지름이 큰 롤을 사용한다.
② 롤 회전수를 늦춘다.
③ 압연재를 뒤에서 밀어준다.
④ 압연재의 온도를 높여준다.
⑤ 롤러 축에 평행인 홈을 롤러 표면에 만든다.

(3) 자립조건(스스로 압연이 될 조건)

마찰각이 접촉각보다 커야 한다. $F\sin\alpha \leq uF\cos\alpha$, $u \geq \frac{\sin\alpha}{\cos\alpha}$, $\frac{\sin\alpha}{\cos\alpha} = \tan\alpha$이므로

$$\therefore \text{ 자립조건은 } u \geq \tan\alpha$$

2-2 인발(Drawing)가공

인발가공은 아래 그림과 같이 다이(Die)의 구멍을 통해 소재를 드로잉하여 공작물의 단면을 감소시켜 다이 구멍의 모양과 같은 단면을 가지는 봉, 관, 선 등을 제조하는 방법으로 드로잉(Drawing)이라고도 한다.

인발에서는 큰 소재를 그대로 사용하는 경우는 거의 없고, 압출이나 압연에 의하여 어느 정도 가공된 소재를 사용한다. 특히, 압출이나 압연에서 가공하기 어려운 지름이 작은 와이어(선재)의 인발을 와이어 드로잉(Wire Drawing)이라 한다.

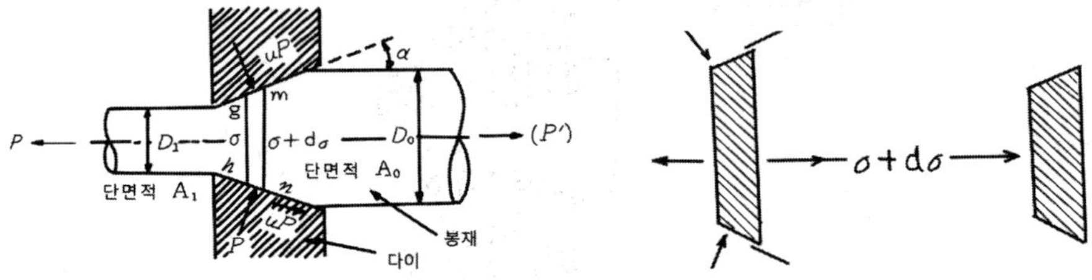

[인발가공법]

위 그림에서 P는 끌어당기는 힘, 즉 인발역이고, P'는 인발시 반대 방향으로 작용하는 힘, 즉 역장력(후발장력)이라 한다. 이 역장력이 증가하면 인발력이 커진다. 다이의 재료는 초경합금이나 다이스강으로 한다. 다이 각부 명칭은 도입부(벨)-안내부(어프로치)-정형부(베어링)-여유부(릴리프)라고 한다.

(1) 단면수축율(단면감소율) : ϕ

$$\phi = \frac{A_0 - A_1}{A_0} = \frac{\frac{\pi}{4}d_0^2 - \frac{\pi}{4}{d_1}^2}{\frac{\pi}{4}{d_0}^2} = \frac{d_0^2 - {d_1}^2}{{d_0}^2} \times 100(\%)$$

(2) 가공도

$$\text{가공도} = \frac{A_1}{A_0} = \frac{\frac{\pi}{4}{d_1}^2}{\frac{\pi}{4}{d_0}^2} = \frac{{d_1}^2}{{d_0}^2} \times 100(\%)$$

(3) 인발력에 미치는 인자

① 다이마찰 ② 윤활 ③ 다이각 ④ 인발속도 ⑤ 단면감소율 ⑥ 인발재료 ⑦ 역장력(후발장력 : 반발력) 등

(4) 인발가공 재료

알루미늄, 강, 동 등의 연한 금속을 재료로 사용한다.

(5) 인발력(P)

① 인발력$(P) = \dfrac{p\pi(d_0^2 - d_1^2)}{4}$ p : 단위면적당 축소시키는 데 필요한 힘

② 인발력에 의해 재료가 끊어지지 않을 조건

$$P \leqq \frac{\sigma \cdot \pi d_1^2}{4}$$

2-3 단조(Forging) 가공

금속재료를 적당한 온도로 가열해서 충격력을 가하여 단련하는 것을 단조라 한다. 즉, 재료를 재결정온도 이상으로 가열하여 기계나 해머로 두들겨서 성형하는 가공법이다.

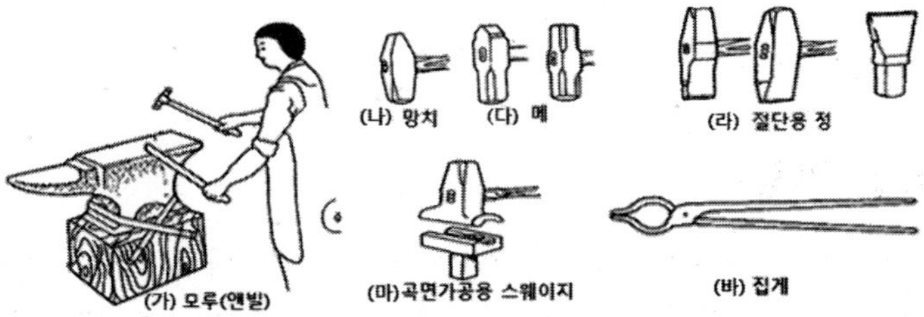

[단조용 주요공구]

2-3-1 단조온도

단조온도가 낮으면 조직이 미세화되고, 내부 응력이 발생하여 국부적으로 취성이 발생한다. 또한 단조온도가 높으면 조직이 거칠게(조대화)된다. 결국 단조온도는 재결정온도 근처로 하는 것이 좋다.

① 강의 최고 단조온도는 1,250℃, 즉 단조를 시작하는 온도

② 강의 단조 완료온도는 800℃, 즉 이 온도 이하는 단조작업 금지

2-3-2 단조의 종류

(1) 자유단조

금형을 사용하지 않고 해머를 사용하는 단조방법이다. 자유단조에는 절단, 늘리기, 굽히기, 구멍 뚫기, 단짓기, 업-셋팅 등이 있다.

- Up-Setting : 어떤 소재를 축 방향으로 압축을 가해서 길이를 작게 하고 단면을 크게 하는 단조작업이다.

(2) 형단조

가열된 소재를 금형(Press 이용)에 의해 성형하는 것으로서, 소형이고 치수가 정확하며, 대량생산에 적합하고 가격이 저렴한 특징이 있다. 주철은 단조되지 않는다.

2-3-3 단조재의 가열온도에 의한 분류

(1) 냉간단조

① 콜드헤딩(Cold Heading) : 볼트나 리벳머리 모양을 성형하는 가공법
② 코이닝(Coining : 압인) : 상 · 하형에 관계없이 요철을 가지며 두께 변화가 있는 제품을 가공할 때의 가공법
③ 스웨이징(Swaging) : 테이퍼제작 또는 파이프 지름을 축소시키는 가공법

(2) 열간단조 : 해머단조, 업셋단조, 프레스단조, 롤단조 등

2-3-4 단조계산식

① 해머의 효율$(\eta) = \dfrac{m_2}{m_1 + m_2}$

여기서, m_1 : 해머의 질량, m_2 : 타격받는 부분의 전체질량

② 해머의 타격 에너지(운동에너지)$= \dfrac{Wv^2}{2g} \times \eta$

여기서, W: 해머의 중량, η: 해머의 효율

v : 해머의 타격속도, g : 중력가속도

2-4 압출(Extruding) 가공

재료를 실린더 모양의 컨테이너(상자)에 넣고 한쪽에서 Ram으로 압력을 가하여 가공하는 방법으로 램과 소재가 같은 방향인 것을 직접압출(전방압출)이라 하고, 램과 소재의 방향이 반대 방향인 것을 간접압출(역식압출 : 후방압출)이라 한다. 압출가공의 다른 방법으로는 치약 튜브와 같이 속이 빈 용기, 짧은 컨테이너를 만드는 데 흔히 사용되는 충격압출(Impact Extrusion) 방법이 있다.

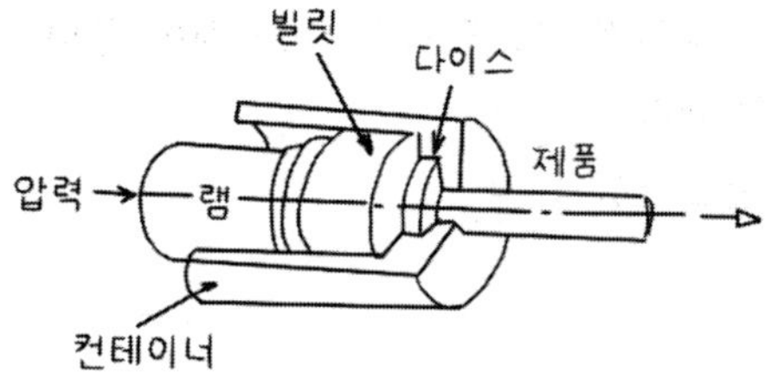

[전방압출법]

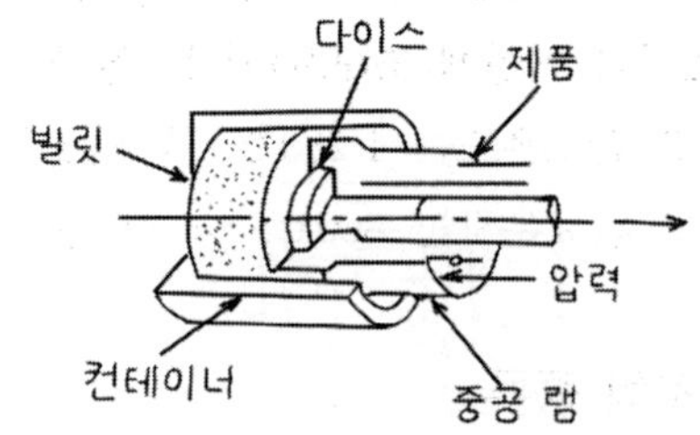

[후방압출법]

2-5 전조(Form Rolling) 가공

다이(Die)나 롤(Roll)과 같은 성형공구를 회전 또는 직선 운동시키면서 그 사이에 일반적인 원형소재를 밀어 넣어 국부 또는 전체에 성형하는 소성 가공법을 전조라고 한다. 전조로 가공되는 부품에는 기어, 나사, 볼, 세레이션 등을 가공할 수 있으며, 강도를 필요로 하는 나사의 골이나 이 뿌리부분이 가공경화현상으로 강해질 뿐만 아니라 내부조직이 파괴되지 않고 치밀하여 강도, 충격, 피로 등에 강하고 칩(Chip)을 내지 않아 재료가 절약되며 가공시간이 짧아지므로 균일한 제품의 대량생산에 적합하다.

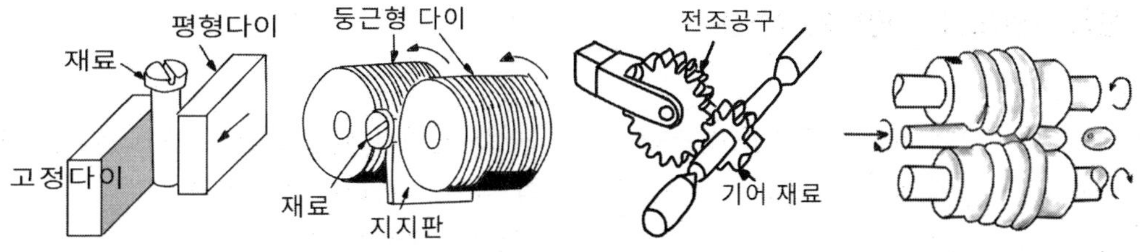

[전조가공법의 종류]

2-6 프레스(Press) 가공

프레스 가공은 펀치(Punch)와 다이(Die) 사이에 소재를 넣고 외력을 가하여 소성 변형시켜 가공하는 방법으로 널리 사용되고 있다. 프레스 가공이 널리 이용되는 이유는 제품 제작을 할 때 정확한 치수의 제품과 가공 시간의 단축 및 대량 생산에 적합하기 때문이다. 즉, 판과 같은 재료를 절단하거나 굽혀서 제품을 만드는 가공법으로서 전단가공, 압축가공, 성형가공, 굽힘가공 등이 있다. 또한 전단가공 시 동력감소를 위해 shear angle(전단각)을 1~4°, 틈새는 판두께의 1/10~1/20로 둔다.

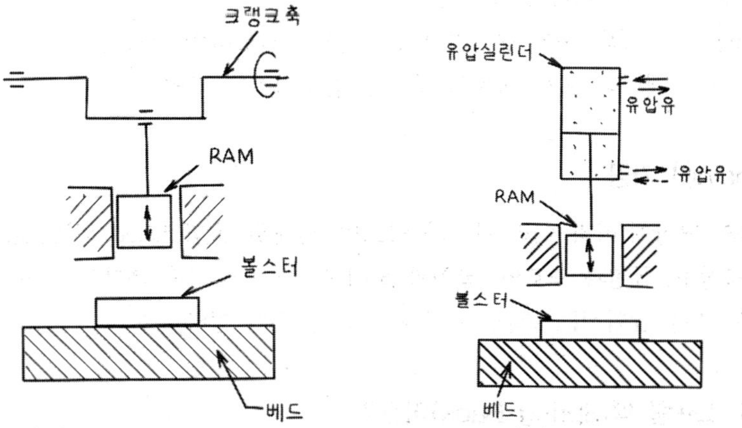

(가) 크랭크 프레스 (나) 유압 프레스

[프레스 기기 종류]

2-6-1 전단가공

① 펀칭 또는 피어싱(punching 또는 piercing) : 남는 쪽이 제품이 되고 떨어진 쪽이 폐품을 말한다.

- 펀치가 둥글 때 전단응력$(\tau) = \dfrac{P}{A} = \dfrac{P}{\pi dt}$ 여기서, P : 펀칭력 (kgf), d : 강판의 지름, t : 강판의 두께
- 펀치가 사각일 때 전단응력$(\tau) = \dfrac{P}{4At}$

② 블랭킹(blanking) : 남는 쪽이 폐품이 되고 떨어진 쪽이 제품을 말한다.

주) 블랙킹(blacking) : 표면을 깨끗하게 또는 경도를 높이기 위해 석탄 또는 흑연을 칠하는 작업

③ 분단(parting) : 크기 차이가 없는 전단, 반대로 크기 차이가 있는 전단작업을 shearing이다.

④ 노칭(notching) : 재료의 일부를 끊어 내는 작업, 즉 측면 따내기 작업

⑤ 트리밍(trimming) : 거친 둥근 부분을 다듬질(깨끗하게)하는 작업

⑥ 세이빙(shaving) : 가공된 제품(뽑기나 구멍 뚫기를 한 제품)의 각이 진 부분을 약간 깎아 다듬질하는 작업

⑦ 슬릿팅(slitting) : 좁고 길게 자르는 작업

2-6-2 성형가공(모양을 만드는 작업)

① 드로잉 : 인발가공
② 스피닝 : 선반 주축에 제품을 고정하고 스틱 또는 롤러를 눌러서 원형과 같은 얇은 제품을 만드는 것
③ 비딩(beading) : 소재의 두께 변화가 없는 선 모양의 돌기를 롤러로 성형가공법
④ 시밍(seaming) : 소재를 구부려 두 장의 소재를 연결하는 성형가공법
⑤ 컬링(curling) : 원통 용기의 끝부분을 말아 테두리를 둥글게 하는 작업
⑥ 벌징 : 고무나 기름을 사용하여 화병과 같이 입구보다 중앙부분이 굵은 원통용기를 만드는 드로잉 가공법
⑦ 마폼법 : 강재에 다이 대신에 고무를 사용하여 펀치를 고무 속에 밀어 넣어 판을 오므리기 성형을 하는 방법
⑧ 하이드로폼법 : 다이로 금속을 사용하지 않고 액체(수압)를 넣어 사용하여 가공하는 법

2-6-3 압축가공(압축하여 모양을 만드는 작업)

① 코이닝(coining : 압인) : 상·하형이 서로 관계없이 요철을 가지며 두께 변화가 있는 제품을 만들 때 작업하는 법 [ex] 주화, 메달, 장식품 등
② 엠보싱(embossing) : 소재의 두께 변화가 없는 제품을 압축하여 제품을 얻는 가공법
③ 스웨이징(swaging) : 테이퍼 또는 재료의 두께를 감소시키는 작업

2-6-4 굽힘(Bending) 가공

굽힘 가공은 부품의 형상에 따라 여러 가지가 있으며, 단순한 굽힘만으로 되는 것, 단순 굽힘을 조합한 것, 또는 굽힘과 압축성형, 굽힘과 드로잉, 굽힘과 노칭 등 다른 공정과 복합하여 이루어지는 굽힘 가공이 점차 많아지고 있다. 또한 굽힘에는 V굽힘, U굽힘, L굽힘 등이 있다.

(1) 굽힘 가공에서 스프링 백(Spring Back)이란?

굽힘 가공을 할 때 굽힘 힘을 제거하면 재료의 탄성 때문에 변형부분이 원상태로 되돌아가는 현상을 말한다.

(2) 스프링 백량을 많게 하려면

① 탄성한계, 강도, 경도가 높아야 된다(Fe > Cu).
② 구부림 각도가 작아야 된다.
③ 굽힘 반지름이 커야 된다.
● 최소 굽힘 반지름이란 균열이 생기지 않고 굽힐 수 있는 안쪽의 최소 반지름이다.
④ 두께가 얇아야 한다.
⑤ 탄성계수가 작아야 한다.

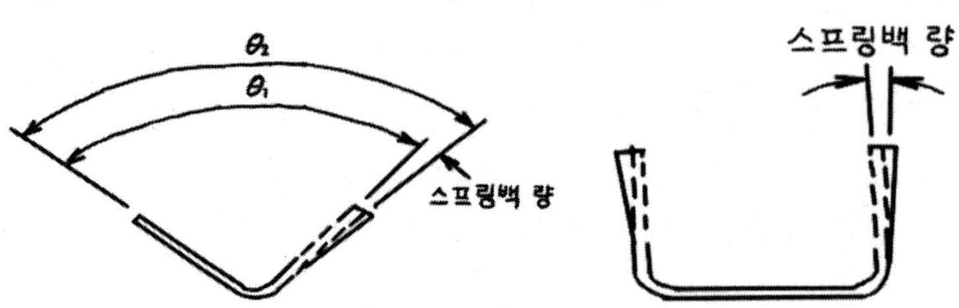

[스프링 백량]

2-7 판금가공(Sheet metal working)

판재를 사용하여 각종 용기, 장식품 등을 만드는 가공법. 즉, 판재를 굽히거나 절단해 여러 가지 형상을 만드는 가공법을 판금가공이라 한다.

2-8 제관가공

관(Pipe)을 제작하는 가공법으로, 특히 이음매 없는 강관(Seamless Pipe)을 제작하는 방법을 천공법(穿孔法)이라 한다. 천공법의 종류로는 맨네스맨법(가장 널리 사용), 충격압출법, 에르하르트법, Stifel법 등이 있다.

연습문제

문제01 소성가공의 장점으로 볼 수 없는 것은?

가. 모양이 복잡한 재료에 적합하다.
나. 재료의 손실 량을 적게 한다.
다. 수리가 용이하다.
라. 가공시간을 짧게 할 수 있다.

문제02 금속의 기계적 성질에서 소성가공에 이용되는 성질이 아닌 것은?

가. 가단성　　나. 전성
다. 연성　　라. 재결정

문제03 금속의 가공도와 재결정온도와의 관계는 어떠한가?

가. 가공도가 크면 재결정온도가 낮다.
나. 가공도가 크면 재결정온도가 높다.
다. 가공도와 재결정온도는 서로 무관하다.
라. 가공도는 재결정온도 제곱에 비례한다.

문제04 다음에서 소성가공에 속하지 않는 것은?

가. 압출　나. 압연　다. 주조　라. 판금가공

문제05 재료를 열간 또는 냉간 가공하기 위하여 회전하는 롤러 사이를 통과시켜 예정된 두께, 폭 또는 직경으로 가공하는 소성가공법은?

가. 주조가공　　나. 압연가공
다. 판금가공　　라. 단조가공

문제06 다이 또는 롤러를 사용하여 재료를 회전시키면서 압력을 가하여 제품을 만드는 가공방법으로 나사의 가공에 적합한 것은?

가. 압출가공법　　나. 압연가공법
다. 전조가공법　　라. 단조가공법

문제07 소성가공의 하나인 압출가공에 대한 설명이다. 거리가 먼 것은?

가. 속이 빈 용기를 만드는 데는 충격압출이 적합하다.
나. 압출에 의한 표면 결함은 소재온도와 가공속도를 늦춤으로써 방지할 수 있다.
다. 단면의 형태가 다양한 직선, 곡선제품의 생산이 가능하다.
라. 납 파이프나 건전지 케이스를 생산하는 데 적합하다.

문제08 인발 작업에서 지름 15mm의 철사를 인발하여 지름 13mm로 하였을 때 가공도 및 단면 수축율은?

가. 가공도는 약 24.8%, 단면수축율은 약 75.1%
나. 가공도는 약 75.1%, 단면수축율은 약 24.9%
다. 가공도는 약 24.8%, 단면수축율은 약 50.3%
라. 가공도는 약 24.8%, 단면수축율은 약 85.1%

문제09 다음 중 냉간 단조에 속하지 않는 것은?

가. 콜드헤딩　　나. 코이닝
다. 스웨이징　　라. 업셋단조

문제10 소재를 고온으로 가열하여 앤빌 위에 놓고 해머로 타격을 가하거나 2개의 다이 사이에 소재를 넣고 압력을 가하여 필요한 형상의 제품을 만드는 소성가공 방법은?

가. 압연 나. 단조 다. 주조 라. 인발

문제11 금속의 소성가공에서 단조가공의 주목적으로 가장 적합한 것은?

가. 결정핵성장과 내부응력이완
나. 변태와 대량생산
다. 조직의 재결정과 가공경화
라. 재료조직의 개선과 성형

문제12 단조온도에 대한 설명 중 틀린 것은?

가. 단조가공 완료 온도는 재결정온도 근처로 하는 것이 좋다.
나. 단조 완료 온도가 재결정온도 이상이면 결정이 미세화된다.
다. 단조온도를 최고 단조온도보다 높게 하면 산화가 심하다.
라. 단조온도가 낮으면 가공경화가 된다.

문제13 단조작업에서 Up-Setting이란?

가. 단면을 크게 하고 길이를 짧게 한다.
나. 구멍을 뚫거나 넓히든지 한다.
다. 단면을 작게 하고 길이를 길게 한다.
라. 얇게 늘린다.

문제14 단조해머의 효율(η)의 식은? (단, m_1: 해머의 질량, m_2: 단조물 및 엔빌 등의 타격 받는 부분의 전체질량)

가. $\frac{m_2}{m_1+m_2}$ 나. $\frac{1}{m_1+m_2}$

다. $\frac{m_1}{m_2+m_1}$ 라. $\frac{m_1}{m_1+m_2}$

문제15 다음에서 프레스 가공의 종류가 아닌 것은?

가. 압출가공 나. 압인가공
다. 굽힘가공 라. 전단가공

문제16 프레스 가공에서 다음 각각의 설명 중 틀린 것은?

가. 블랭킹의 경우는 다이 구멍을 소요의 치수 형상으로 다듬는다.
나. 판재에서 잘라낸 쪽은 폐품이 되고 구멍이 뚫리고 남는 쪽이 제품이 되는 것을 블랭킹이라 한다.
다. 펀칭의 경우는 펀치 쪽을 소요의 치수 형상으로 다듬는다.
라. 전단하중을 적게 하기 위하여 2개의 공구 면을 경사시키는데 이 경사각을 시어(Sear)각이라 한다.

문제17 테이퍼 구멍을 가진 다이에 재료를 잡아 당겨 통과시켜 가공제품이 다이 구멍의 최소단면 형상 치수를 갖게 하는 가공법은?

가. 전조가공 나. 절단가공
다. 인발가공 라. 프레스 가공

문제18 프레스 전단작업에서 다이와 펀치를 사용하여 펀칭가공으로 필요한 모양과 크기의 제품을 따내는 가공법은?

가. 블랭킹(Blanking)
나. 구멍따기(Piercing)
다. 굽힘가공(Bending)
라. 딥 드로잉(Deep Drawing)

문제19 판재를 굽힘가공 시 탄성의 영향으로 굽힘각의 정밀도가 나지 않는 경우 가장 큰 이유는?

가. 가공 경화　　나. 스프링 백
다. 시효 경화　　라. 이송 굽힘

문제20 스프링 백 현상은 어느 작업 시 가장 많이 발생하는가?

가. 용접　나. 절삭　다. 프레스　라. 열처리

문제21 스프링 백(Spring Back)의 양을 결정하는 사항으로 옳지 않은 것은?

가. 경도와 탄성이 높은 재료일수록 크다.
나. 구부림 반지름이 같을 때 두께가 두꺼울수록 크다.
다. 같은 두께의 판재에서는 구부림 각도가 작을수록 크다.
라. 같은 두께의 판재에서는 반지름이 클수록 크다.

문제22 두께 3mm인 연강 판에 지름 30mm의 구멍을 편칭할 때 편칭력은 최소 약 몇 kgf 이상이어야 하나? (단, 연강 판의 전단 파괴강도는 $25kgf/mm^2$ 이다.)

가. 4526　나. 5360　다. 7070　라. 6580

[해설] $\tau = \frac{P}{\pi dt}$ 여기서, τ : 전단응력, P : 펀칭력(kgf), d : 강판의 지름, t : 강판의 두께

문제23 판금가공이란 어떤 작업인가?

가. 판재를 굽히거나 절단해 여러 가지 형상을 만드는 가공
나. 깎아서 여러 가지 형상을 만드는 가공
다. 판재를 수공으로만 여러 가지 형상을 만드는 가공
라. 판재를 깎거나 붙여서 여러 가지 형상을 만드는 가공

문제24 판금 작업에서 판재에 펀칭하여 불필요한 부분을 잘라버리고 남는 것이 제품이 되는 작업은?

가. 블랭킹　나. 펀칭　다. 전단　라. 트리밍

01 가	02 라	03 가	04 다	05 나	06 다
07 다	08 나	09 라	10 나	11 라	12 나
13 가	14 가	15 가	16 나	17 다	18 가
19 나	20 다	21 나	22 다	23 가	24 나

CHAPTER 03

용접가공 (Welding Working)

금속을 접합하는 방법은 기계적 접합과 야금적 접합으로 분류할 수 있다. 기계적 접합은 두 개의 금속을 볼트, 리벳, 키 및 핀 등으로 반영구적으로 결합하는 방법이며, 야금적 접합은 고체 상태에 있는 두 개의 금속재료를 열이나 압력 또는 열과 압력을 동시에 가해서 서로 접합시키는 방법으로 이를 용접이라 한다. 즉, 용접이란 접합할 금속을 서로 충분히 접근시켜 원자 간의 인력으로 결합시키는 방법이다.

최초의 용접법으로는 두 개의 연철 조각을 1,000℃ 이상의 온도로 달구어 망치로 두드려서 접합시켰다. 이 용접법을 단접이라고 한다.

1. 용접의 장 · 단점(리벳이음과 비교한 장 · 단점)

(1) 장점

① 자재가 절약된다.
② 이음 효율이 좋다.
③ 기밀성 수밀성이 향상된다.
④ 공정수가 감소하여 제작비가 저렴하고 판 두께에 관계없이 결합이 가능하다.
⑤ 제품 수명과 성능이 향상된다.

(2) 단점

① 열의 의해 변형이나 잔류응력이 있다. 따라서 용접 후 변형을 방지하기 위해서 가접을 하고, 또한 용접 후 용접부위를 두드리는 피닝(Peening)을 하고, 재료를 풀림 열처리하는 방법도 있다.
② 품질 검사가 곤란하다.
③ 응력이 집중되기 쉽고 노치(Notch)부 등에서 균열이 발생된다.
④ 용접사의 기술과 성의에 따라 용접부의 성질이 좌우된다.

2. 용접의 종류

(1) 융접 : 가스용접, 아크 용접, 테르밋 용접(금속 반응열을 이용한 용접) 등

(2) 압접 : 전기저항 용접, 가스압접, 단접 등

(3) 납땜

① 연납 땜(Soft Solder) : Pb+Sn의 합금이 사용되고 용제가 송진을 사용. 450℃ 이하에서 용접하는 납땜이다.

② 경납 땜(Hard Solder) : 은납, 황동납, 백금납, 양은납, 알루미늄납 등이 있으며, 450℃ 이상에서 용접하는 납땜이다.

3. 각종 용접법

3-1 가스용접

산소와 아세틸렌가스와의 혼합가스를 토치의 노즐에서 분출, 연소시켜서 고온(약 3,000℃)의 가스 불꽃으로 모재와 용접봉을 녹여 용접을 한다. 아세틸렌(C_2H_2)발생지에서 물의 온도가 60℃ 이상이면 폭발 위험이 따르고, 혼합비가 산소 : 아세틸렌 = 85 : 15이면 폭발한다.

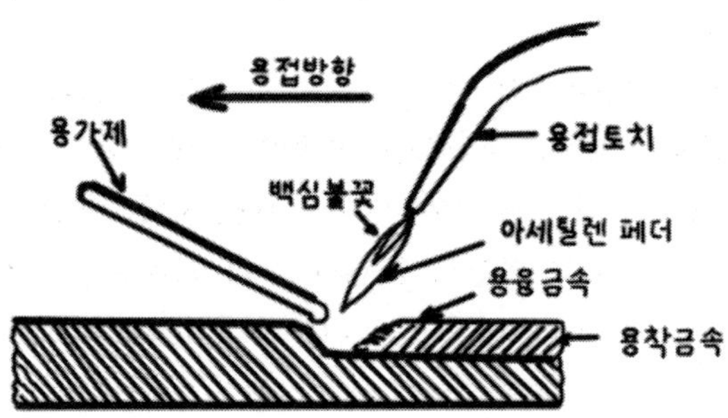

[산소-아세틸렌 가스용접]

(1) 아세틸렌(C_2H_2) 발생기(가스 발생기)

물과 카바이트의 반응 방법에 따라서 투입식, 주수식, 침지식 등이 있다.

① 투입식 : 다량의 물속에 카바이트를 투입하는 방법

② 주수식 : 카바이트에 물을 떨어뜨리는 방법

③ 침지식 : 카바이트를 바구니와 같은 것에 담그고 물에 담그는 방법

(2) 토치 운봉법

① 전진법 : 토치를 우에서 좌로 이동하는 용접방법으로서 박판에 좋고 열 이용률이 적다. 단점으로는 용접변형이 크고, 냉각속도가 빠르며 산화 정도가 심하고 비드 모양이 부드럽다. 5mm 이하의 박판에 사용한다.

② 후퇴법 : 전진법과 반대, 5mm 이상의 판재에 사용한다.

(3) 불꽃의 구성

불꽃은 불꽃심(백심), 속불꽃(내염), 겉불꽃(외염)으로 나누어지며 실제 백심불꽃 끝 2~3mm에서 용접이 이루어진다.

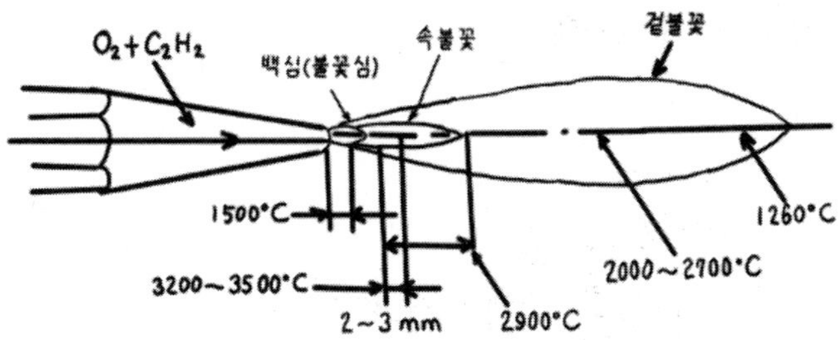

[산소-아세틸렌 불꽃의 구성]

(4) 불꽃 종류에 따른 용접 모재 선택

① 표준불꽃 : 산소 = 아세틸렌 → 일반용접, 연강용접

$C_2H_2 + 2\frac{1}{2}O_2 = 2CO_2 + H_2O$

② 산화불꽃 : 산소 〉 아세틸렌 → 황동

③ 탄화불꽃 : 산소 〈 아세틸렌 → 스테인리스강, 니켈강

(5) 팁의 능력(규격)

① 프랑스식 : 1시간 동안 표준불꽃으로 용접할 경우 아세틸렌의 소비량을 ℓ로 표시한다.

[예] 100번, 200번, 300번이면 100ℓ, 200ℓ, 300ℓ인 것을 의미한다.

② 독일식 : 연강판의 용접을 기준으로 하여 용접할 판 두께로 표시한다.

[예] 1번, 2번, 3번이면 연강판의 두께가 1mm, 2mm, 3mm에 사용되는 팁을 의미한다.

(6) 가스용접의 장점

① 전기가 불필요하다.

② 응용범위가 넓다.

③ 박판용접에 적합하다.

④ 열 조절이 자유롭다.

⑤ 유해 광선 발생률이 적다.

(7) 가스용접의 단점

① 열 손실이 크다.

② 변형이 많이 생긴다.

③ 고압가스로 인해 폭발 화재의 위험이 있다.

(8) 가스 절단 금속

① 절단이 잘 되는 금속 : 연강, 순철, 주강 등

② 절단이 약간 곤란한 금속 : 경강, 합금강, 고속도강 등

③ 절단이 어느 정도 곤란한 금속 : 주철 등

④ 절단이 안 되는 금속 : 구리, 황동, 청동, 알루미늄, 납, 주석, 아연 등 주로 구리 합금인 경우

(9) 산소-아세틸렌가스 용접 시 주의사항

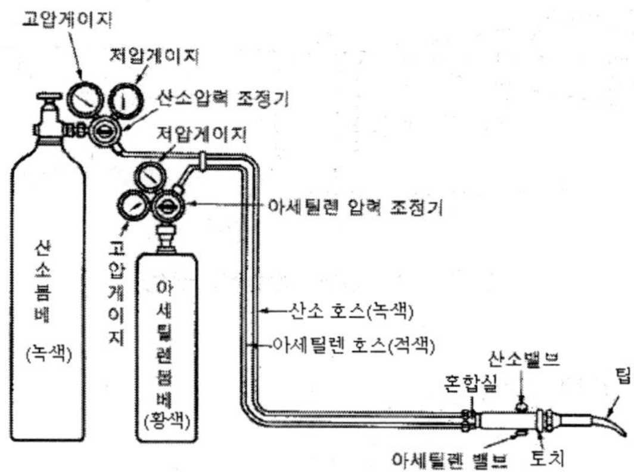

[산소-아세틸렌가스 용접기]

① 산소용기 보관 온도는 40℃ 이하로 한다.
② 아세틸렌 밸브를 먼저 열고 점화한 후 산소밸브를 연다(토치 점화는 라이터, 성냥불로 직접 점화하지 않고 마찰식 라이터를 사용한다).
③ 작업 중 역화가 일어나면 빨리 산소밸브를 먼저 잠근다.
④ 아세틸렌 사용압력은 1기압이며 1.5기압 이상이면 폭발 위험성이 있다.
⑤ 산소통 메인 밸브가 얼었을 때 40℃ 이하의 물로 녹여야 한다.
⑥ 산소는 산소병에 35℃에서 150기압으로 충전한다.
⑦ 토치는 작업대 위에 놓고 기름이나 그리스가 묻지 않도록 한다.
⑧ 아세틸렌 용접장치를 사용하여 용접 또는 절단할 때는 아세틸렌 발생기로부터 5m 이내, 발생기실로부터 3m 이내의 장소에서는 흡연 등의 불꽃이 발생하는 행위를 금지하여야 한다.

3-2 전기 Arc 용접

아크 용접은 모재와 전극봉 사이에서 아크를 발생시켜 전기 에너지를 열에너지로 바꾸어 그 열을 이용하여 두 개 이상의 금속편을 하나로 접합하는 방법이다. 아크 용접에서 입열이란 용접부에 외부에서 주어지는 열량을 말한다.

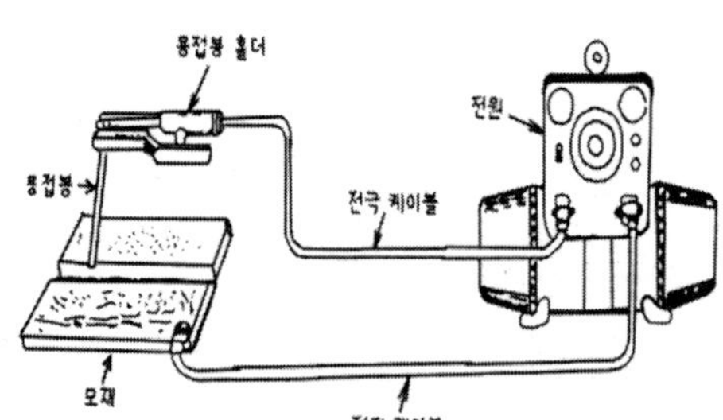

[피복 아크 용접 회로]

(1) 아크 용접에서 정극성(DCSP)의 특징

정극성은 모재에 (+)극, 용접봉에 (-)극을 연결하여 용접하는 방법으로 후판 용접에 적합하다. 다음과 같은 특징이 있다.

① 일반적으로 널리 이용되는 용접방법이다.
② 모재의 용입이 깊다.
③ 비드 폭이 좁다.
④ 봉의 녹음이 느리다.

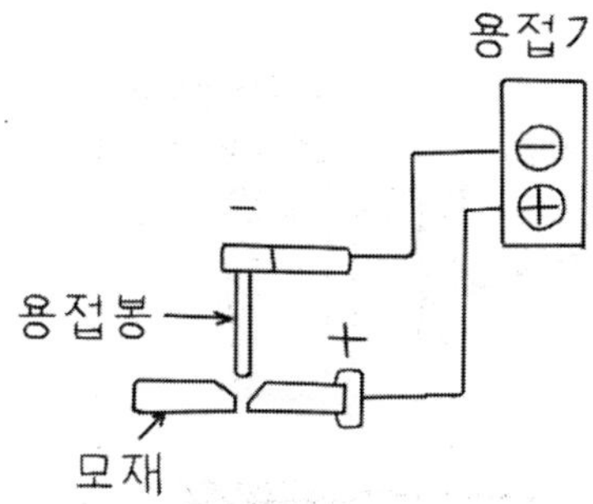

[정극성]

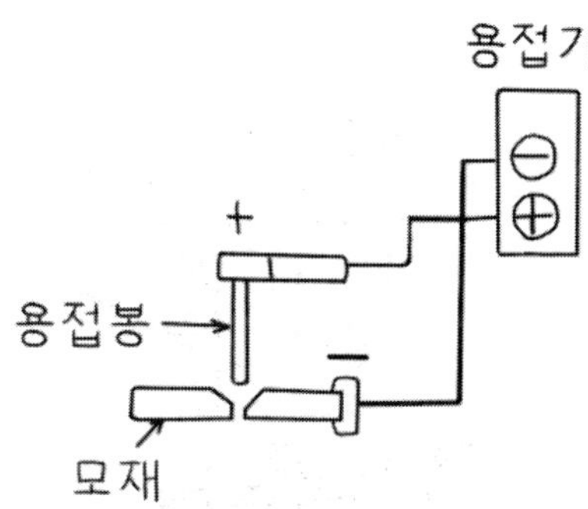

[역극성]

(2) 아크 용접에서 역극성(DCRP)의 특징

역극성은 모재에 (-)극, 용접봉에 (+)극을 연결하여 용접하는 방법으로 박판, 합금강, 비철금속, 합금강 등에 용접에 적합하고 다음과 같은 특징이 있다.

① 모재의 용입이 얕다.
② 봉의 녹음이 빠르다.
③ 비드 폭이 넓다.

(3) 아크 용접봉 표시(치수) : KS D 7004-1980의 규정

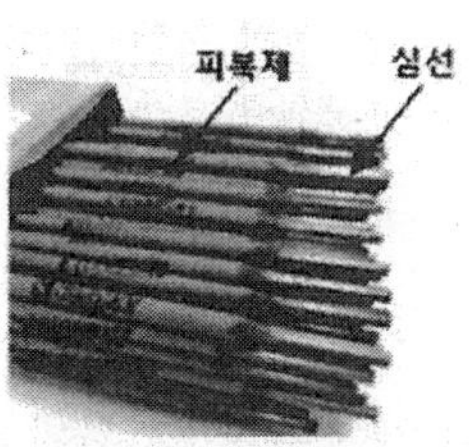

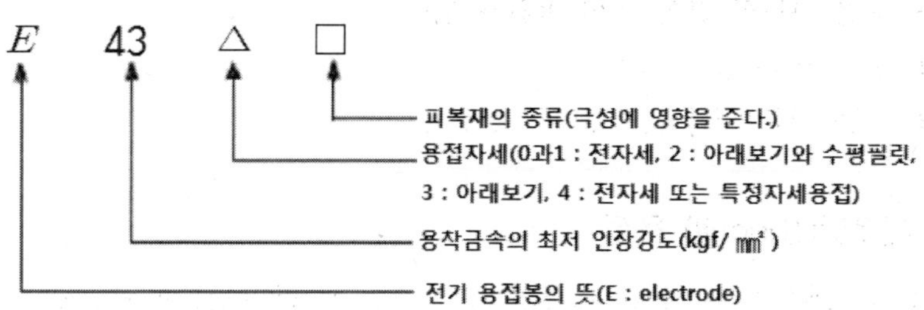

(4) 피복 아크 용접에서 피복재의 역할

피복재란 심선 외부에 규사, 산화티타늄, 산화철 등을 입힌 것을 사용한다.

① 대기 중의 산소, 질소의 침입을 막고 용융금속을 보호하는 역할을 한다.
② 아크를 안정시킨다.
③ 모재 표면에 있는 산화물을 제거한다.
④ 탈탄, 정련작용을 한다.
⑤ 응고, 냉각속도를 지연시키는 역할을 한다.
⑥ 전기 절연 작용을 한다.
⑦ 용착 효율을 높인다.

3-3 특수 아크 용접

(1) 불활성 가스 아크 용접

용접 부분을 공기와 차단된 상태에서 용접하기 위하여 불활성 가스(아르곤, 헬륨)를 공급하면서 용접하는 방법이다. 이 용접법은 그의 모든 금속에 적용되며 특히 스테인리스강, 알루미늄 합금, 마그네슘 합금, 니켈 합금의 용접에 널리 쓰인다.

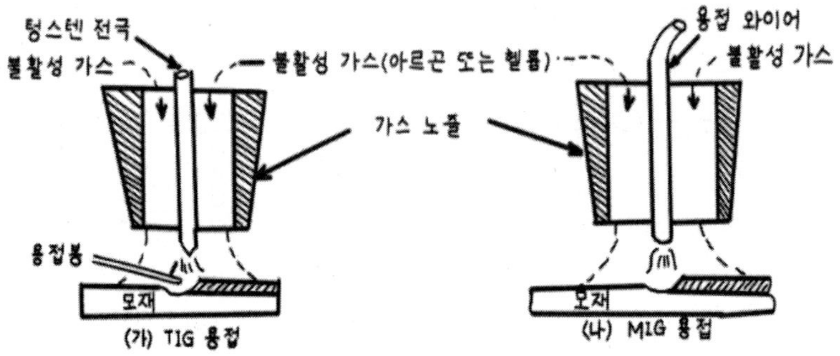

[불활성 가스 아크 용접의 종류]

① TIG 용접(GTAW) : 불활성 가스 텅스텐 아크 용접 : 전극을 텅스텐 용접봉 사용(비 소모성)
  주) 원자수소용접 : 2개의 텅스텐 전극을 사용하여 용접
② MIG 용접(GMAW) : 불활성 가스 금속 아크 용접 : 전극을 금속 용접봉 사용(소모성)
③ 불활성 가스 아크 용접의 특징

- 피복제 및 용제(Flux)를 사용하지 않으므로 Slag 없이 용접 후에 청소가 불필요하다.
- Spatter(용접 시 금속이 비산되는 현상)나 합금 원소 손실이 적다.
- 값이 비싸다.
- 용접 가능한 판의 두께 범위가 넓다.
- 전 자세 용접가능하다.
- 보통 직류 역극성을 많이 사용한다.

(2) 테르밋(Thermit) 용접

미세한 알루미늄 분말과 산화철(Fe_2O_3, Fe_3O_4)의 혼합물인 테르밋제를 도가니 안에 넣고 그 위에 과산화 바륨과 마그네슘의 혼합분말로 된 점화제를 얹어 놓고 점화하면 강렬한 반응열(테르밋 반응)이 생기는데, 이 반응열을 이용하여 철강을 용접하는 방법을 테르밋 용접이라 한다. 즉, 아크를 이용하지 않고 반응열을 이용한 용접법이다. 반응식은 $Fe_2O_3+2Al = Al_2O_3+2Fe$이고 레일, 차축, 선박의 선미 프레임, 큰 부품의 단조품 등에 이용된다.

(3) 서브머지드(Submerged) 아크 용접

이 용접은 잠호용접, 유니언멜트용접, 링컨용접이라고도 하며, 금속 자동 아크 용접의 일종으로, 용제(SiO_2)를 살포하고 용제 속에 용접봉을 꽂아 넣어서 용접하는 방법이다. 특징으로는 아크가 눈에 보이지 않고, 열에너지 손실이 가장 적으며 용접봉에 피복제가 없다.

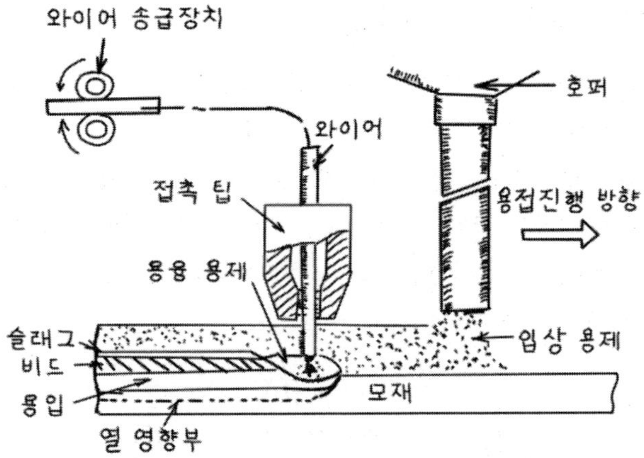

[서브머지드 용접]

(4) 일렉트로 슬래그(Electro Slag) 용접

이 용접법은 아크열이 아닌 와이어와 용융 슬래그 사이에 통전된 전류의 저항열(주울열)을 이용하여 용접하는 방법이다.

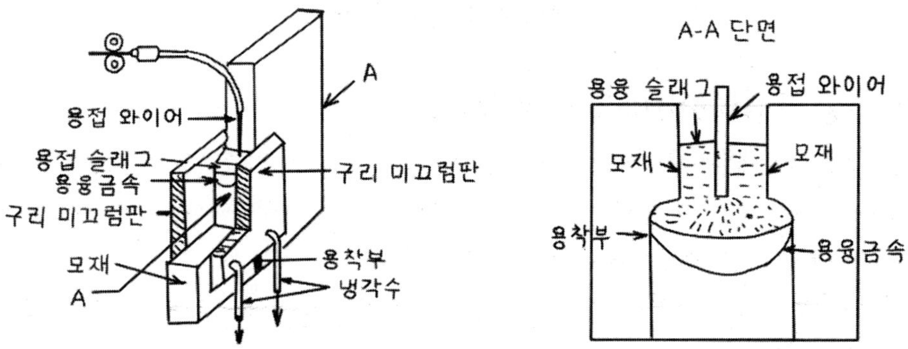

[일렉트로 슬래그 용접]

(5) 이산화탄소 아크 용접(CO_2 gas Shielded Arc Welding)

이 용접법은 아르곤 대신 이산화탄소로 용접부를 보호하면서 용접하는 방법으로 소모식 아크 용접이며, 연강 용접에 적합하다. 또한 아르곤을 공급하는 것보다 용접속도가 빠르다.

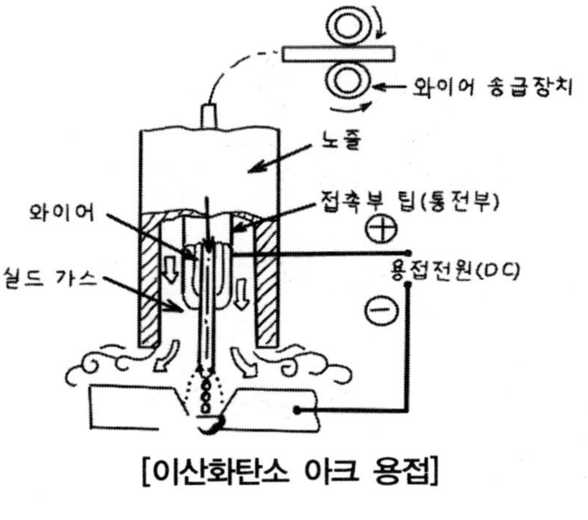

[이산화탄소 아크 용접]

(6) 플라즈마 아크 용접(Plasma-Arc Welding)

기체 분자는 매우 높은 온도로 가열하면 원자 상태로 분해(해리)된다. 특히 고온상태에서는 강렬한 열운동 때문에 이들 원자는 전자와 양이온으로 나누어진다(열 전리).

고온의 기체원자의 대부분은 (-)의 전자와 (+)의 양이온으로 전리되어 도전성을 띄게 한다. 이와 같이 전자와 양이온이 혼재하여 도전성을 띤 기체를 플라즈마라 하며 고체, 액체, 기체 다음의 제4의 물리 상태로 알려져 있다. 현재는 종래의 아크에 비하여 10~100배의 에너지 밀도를 가지므로 고온 플라즈마가 발생되어 이 열원을 이용하여 각종 용접이나 절단에 사용된다.

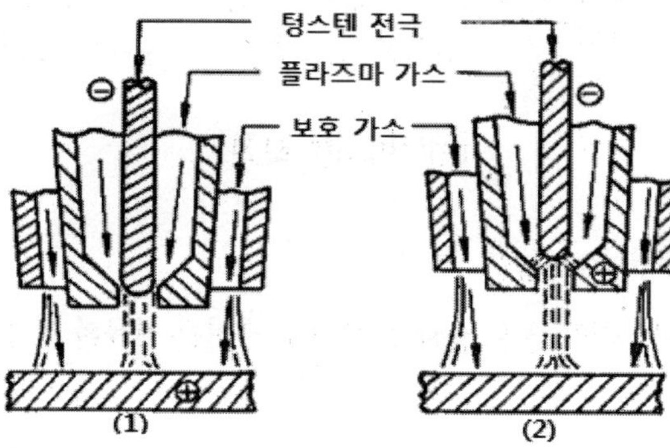

[플라즈마 아크 용접]

3-4 전기 저항 용접(Resistance Welding)

저항 용접은 용접부에 대전류를 직접 통전하고 이것에 의해서 생긴 주울열을 열원으로 하여 접합부를 가열하고 동시에 큰 가압력을 주어 금속을 접합하는 방법이다. Joule열$(Q) = 0.24I^2Rt(cal)$로 표시하고 용접부의 온도는 이 발생열과 열 방산의 차이에 따라서 결정된다.

저항 용접의 결과에 영향을 끼치는 가장 중요한 요인은 용접전류, 통전시간, 가압력 등이며 이를 저항 용접의 3대 요소라 한다.

(1) 스폿 용접(Spot Welding)

점용접이라고도 하며, 두 개의 모재를 겹쳐 전극 사이에 넣고 전류를 통하게 하여 접촉부에 온도가 용융상태에 이르면 가압하여 접합하는 용접법이다. 로봇으로 자동화가 가능하고 자동차 철판 용접에 널리 이용된다.

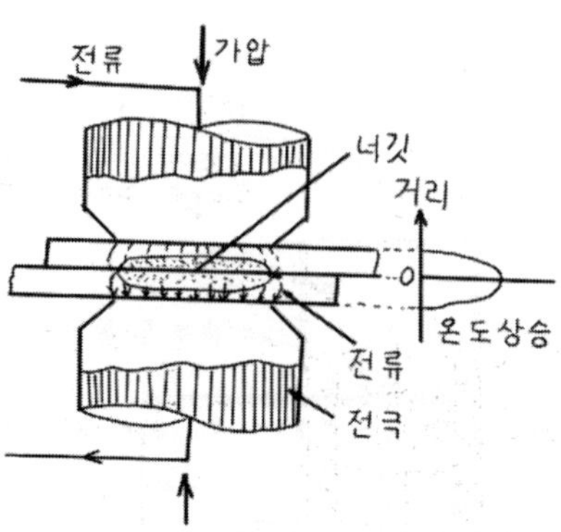

[점 용접]

(2) 프로젝션 용접(Projection Welding)

모재의 한 쪽에 돌기를 만들고 여기에 평편한 모재를 겹친 후 전류를 흐르게 하여 용융상태에 이르면 가압하여 접합하는 용접방법이다.

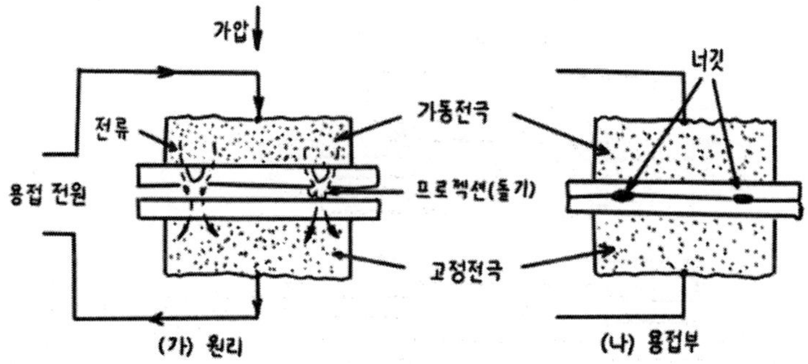

[프로젝션 용접]

(3) 시임 용접(Seam Welding)

전극 롤러 사이에 모재를 넣고 전류를 통하게 하여 연속적으로 가열 가압하여 접합하는 용접법이다.

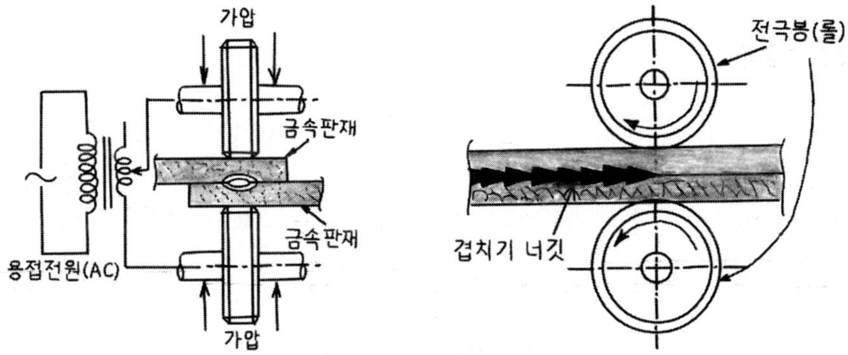

[시임 용접]

(4) Butt Welding의 업-셋 용접(Up-Set Welding)법

강, 구리, 황동 등의 선이나 봉을 맞대고 통전해 접합부가 고온이 되어 용융될 때 압력을 가해 접합하는 용접 법이다.

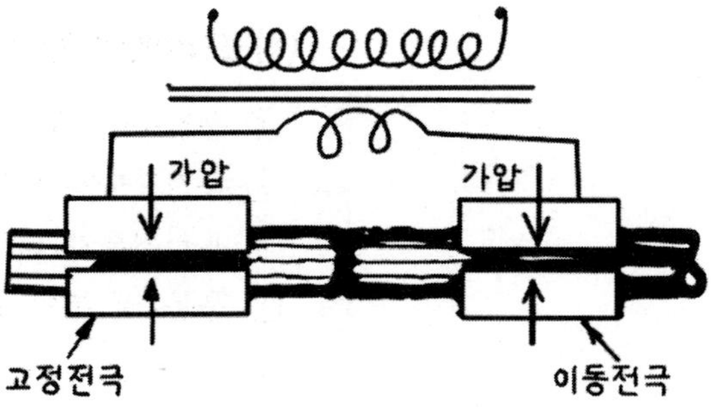

[업-셋 용접]

(5) Butt Welding의 플래시 용접(Flash Welding)법

두 피용접제를 틈새가 있게 떼어 놓고 그 사이에 전류를 공급하여 아크를 발생시켜 용융, 가압하여 접합하는 용접법으로, 산화물이나 불순물은 접합부에 생기는 용융금속에 의해 묻혀서 흘러나가는 특징이 있다.

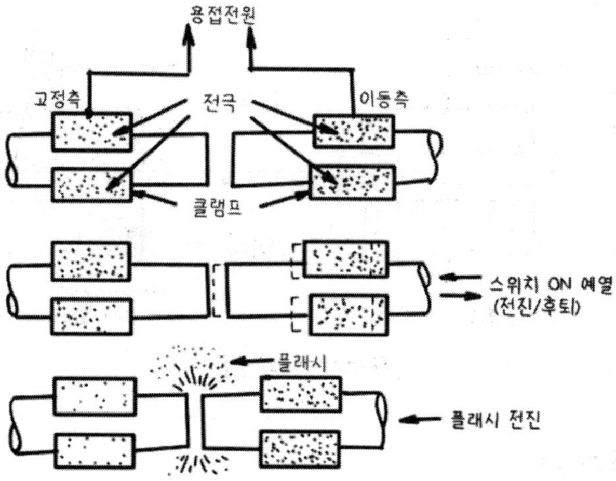

[플래시 용접]

4. 용접부의 결함

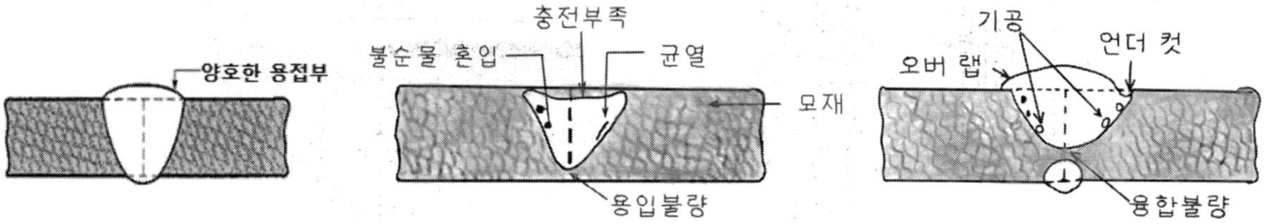

[용접부의 결함 유형]

(1) 용입불량의 원인

① 용접속도가 빠를 때
② 용접전류가 낮을 때
③ 홈의 각도가 좁을 때

(2) 슬러그(불순물) 혼입 원인

① 운봉 방법이 불량
② 피복제 조성이 불량
③ 용접전류, 속도가 부적당할 때

(3) 언더컷 발생원인

① 용접전류가 너무 높을 때
② 아크 길이가 길 때
③ 용접속도가 빠를 때
④ 용융온도가 높을 때
⑤ 용접봉이 가늘 때

(4) 오버랩의 발생원인

① 용접봉이 굵을 때
② 용접속도가 느릴 때
③ 용접전류가 너무 약할 때
④ 운봉 및 봉의 유지각도 불량

(5) 기공의 발생원인

① 용접 분위기 가운데 수소 또는 일산화탄소 과잉
② 용접부의 급속한 응고
③ 모재 가운데 유황 함유량 과대
④ 강재에 부착되어 있는 기름, 페인트, 녹 등

(6) 용접부의 균열

용접부의 균열의 원인은 다음 인자들이 복합적으로 영향을 미친다.

① 용접부에 발생되는 급격한 열 구배
② 용접부 내의 서로 다른 수축률을 가진 화학 조성
③ 결정립계에 황과 인 같은 원소의 편석
④ 수소취성 현상
⑤ 응고과정에서 자유롭게 수축하지 못하는 용착금속 등

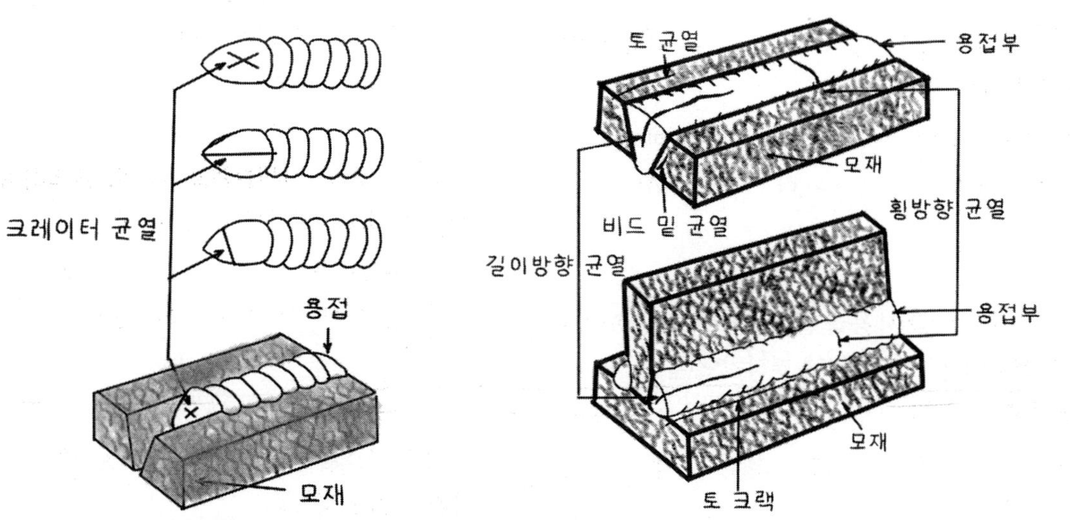

[용접부 균열 유형]

(7) 기타 용접부 결함

① 스패터(Spatter) : 아크용접에서 용접 중에 슬래그 및 금속입자가 비산되어 용접부 주위에 부착되는 현상. 고전압, 용융속도가 빠를 때, 아크 길이가 길 때 발생한다.
② 피터(Peter) : 공기가 용접 표면에 올라와 홈이 생기는 현상
③ 크레이터 균열(Crater crack) : 용접부 처음과 마지막 부분에서 발생하는 분화구 현상
④ 은점 : 용접부 은색 반점

연습문제

문제01 용접의 장점을 설명한 것 중 잘못된 것은?

가. 자재가 절약된다.
나. 이음효율이 향상된다.
다. 품질검사가 쉽다.
라. 제품의 성능과 수명이 향상된다.

문제02 용접부에 생기는 잔류응력을 없애려면 어떻게 하면 되는가?

가. 담금질을 한다. 나. 뜨임을 한다.
다. 불림을 한다. 라. 풀림을 한다.

문제03 아크용접에서 용접 중에 슬래그 및 금속입자가 비산되어 용접부 주위에 부착된 것을 무엇이라 하는가?

가. 피트 나. 언더컷 다. 스패터 라. 오버랩

문제04 가스 용접의 장점이 아닌 것은?

가. 토치의 거리나 화염의 크기를 가감함으로써 가열의 조정이 자유롭다.
나. 열에너지 집중이 높다.
다. 전원설비가 필요치 않고 언제 어디서나 장치를 운반하여 용접작업이 가능하다.
라. 토치나 화구를 교환하면 절단, 절삭, 열처리, 굽힘가공물의 각종 가열가공작업에 이용할 수 있다.

문제05 다음은 산소-아세틸렌 가스용접에서 전진법과 후퇴법을 비교 설명한 것이다. 틀린 것은?

가. 전진법은 비드(bead)의 관찰이 용이하고 후퇴법은 곤란하다.
나. 전진법은 용착금속의 냉각 속도가 빠르고 후진법은 느리다.
다. 전진법은 산화의 정도가 심하고 후퇴법은 약하다.
라. 전진법은 용접에 의한 변형이 크고 후퇴법은 작다.

문제06 산소와 아세틸렌을 1:1로 혼합하여 연소시키면 그로부터 생성되는 불꽃은?

가. 산화불꽃 나. 표준불꽃
다. 탄화불꽃 라. 연기성 불꽃

문제07 가스용접에서 아세틸렌 발생기의 형식에 맞지 않는 것은?

가. 주수식 나. 침투식 다. 투입식 라. 침지식

문제08 산소를 사용할 때 감압밸브를 통하여 아세틸렌과 같이 사용한다. 그때의 압력은 대략 얼마인가?

가. 5~8kg/cm^2 나. 2~4kg/cm^2
다. 20~30kg/cm^2 라. 30~50kg/cm^2

문제09 다음 중에서 가스 절단이 가장 쉬운 금속은?

가. 구리 나. 알루미늄
다. 주철 라. 연강

문제10 아크 용접작업에서 용접 결함과 가장 거리가 먼 것은?

가. 운봉속도　　나. 아크의 길이
다. 전류의 세기　　라. 용접봉심선의 굵기

문제11 용접봉의 표시에서 'E 4301'에서 43은 무엇을 뜻하는가?

가. 용접봉의 길이
나. 용접기의 사용법
다. 용접자세
라. 용착금속의 최저 인장강도

문제12 용접기에 AW-250이란 표시가 있는데, 여기서 250은 무엇을 의미하는가?

가. 2차 무부하 전류　　나. 최고 2차 전류
다. 정격 2차 전류　　라. 정격 사용량

문제13 다음 중 교류 아크 용접기의 효율을 옳게 나타낸 식은?

가. (아크출력/소비전력) × 100
나. (소비전력/아크출력) × 100
다. (소비전력/전원입력) × 100
라. (아크출력/전원입력) × 100

문제14 아크 용접 시 모재에 (+)극, 용접봉에 (-)극을 연결하여 용접할 때의 극성은?

가. 역극성　　나. 정극성
다. 음극성　　라. 모극성

문제15 용접의 분류에서 아크 용접이 아닌 것은?

가. MIG 용접　　나. TIG 용접
다. 테르밋 용접　　라. 서브머지드 용접

문제16 불활성 가스를 사용하여 대기로부터 아크나 용융금속을 보호하고 전극을 텅스텐 봉을 사용하는 용접은?

가. TIG 용접　　나. MIG 용접
다. 테르밋 용접　　라. 서브머지드 용접

문제17 용제의 이음부에 입상 용제를 공급하고, 이 용제 속에서 전극과 모재 사이에 아크를 발생시켜 연속적으로 용접하는 방법으로서 용제 속에 잠겨 있어서 잠호 용접이라고도 하며, 상품명으로는 링컨용접이라고도 하는 것은?

가. TIG 용접　　나. 서브머지드 용접
다. MIG 용접　　라. 일렉트로 슬랙 용접

문제18 알루미늄 분말과 산화철 분말을 사용하여 3,000℃의 고온으로 용접하는 방법은?

가. TIG 용접　　나. MIG 용접
다. 테르밋 용접　　라. 서브머지드 용접

문제19 용접을 압접과 용접으로 분류할 때 압접에 속하는 것은?

가. 불활성 가스 용접　　나. 테르밋 용접
다. 전기저항 용접　　라. 서브머지드 용접

문제20 다음 중 전기저항 용접과 관계가 있는 것은?

가. 줄의 법칙　　나. 플레밍의 왼손법칙
다. 뉴턴의 법칙　　라. 암페어 법칙

문제21 전기저항 용접에서 발생 열량을 구하는 식은?

가. $Q = 0.24I^2Rt$　　나. $Q = 0.42I^2Rt$
다. $Q = 0.24IR^2t$　　라. $Q = 0.24I^2R^2t$

문제22 전기저항 용접의 주요 3대 요소에 해당되지 않는 것은?

가. 용접전류 나. 통전시간
다. 가압력 라. 용접온도

문제23 다음 중 전기저항 용접에 해당되지 않는 것은?

가. 스폿 용접 나. 심 용접
다. 프로젝션 용접 라. TIG 용접

문제24 얇은 용접관을 전기저항 용접에서 연속적으로 제작할 때는 어떤 방식이 사용되는가?

가. 플래시 용접 나. 프로젝션 용접
다. 심 용접 라. 점 용접

문제25 용접작업 시 전류가 너무 높고 아크 길이가 너무 길 때, 용접속도가 너무 빠를 때 발생되는 결함은?

가. 언더컷 나. 오버랩
다. 기공 라. 균열

문제26 용접봉 피복제의 역할이 아닌 것은?

가. 용접부의 급랭 방지
나. 부족 원소 보충
다. Slag 발생을 억제
라. 용착금속 정련(精鍊) 및 탈산 작용

문제27 다음 중 오버랩이 발생하는 이유는?

A : 아크 길이의 부적당. B : 용접전류가 낮다.
C : 용접속도가 느리다. D : 모재에 대해 용접봉이 가늘다.

가. A, D 나. C, D 다. A, C 라. B, C

문제28 아크 용접에서 입열이란 무엇을 말하는가?

가. 용접봉에서 모재로 용융금속이 옮겨가는 상태
나. 단위 시간당 소비되는 용접종의 중량
다. 용접봉이 녹기 시작하는 온도
라. 용접부에 외부에서 주어지는 열량

문제29 저항 점 용접법은 사용이 간편하고 용접 자동화가 용이하여 자동차 산업현장에서 널리 이용되고 있다. 이러한 점 용접의 품질을 평가하는 방법이 아닌 것은?

가. 피로시험 나. 마멸시험
다. 비틀림 시험 라. 인장시험

문제30 일명 가스 따내기라고도 하며 가공물의 일부를 용융시켜 불어내어 홈을 만드는 가공방법은?

가. 수중 절단법 나. 가스 가우징
다. 분말혼합 절단법 라. 아크 절단법

01	다	02	라	03	다	04	나	05	가	06	나
07	나	08	나	09	라	10	라	11	라	12	다
13	가	14	나	15	다	16	가	17	나	18	다
19	다	20	가	21	가	22	라	23	라	24	다
25	가	26	다	27	라	28	라	29	나	30	나

CHAPTER 04

절삭가공의 이론

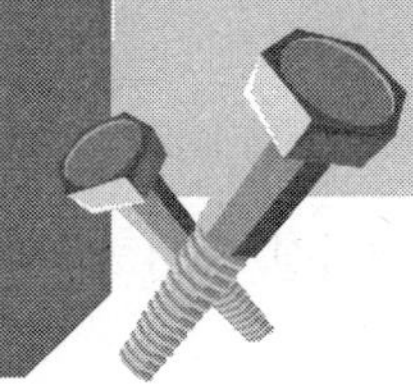

절삭공구(Tool)를 사용하여 칩(Chip)을 발생시키면서 원하는 형상으로 가공하는 방법을 절삭가공이라 하며, 절삭가공의 목적에 따라 여러 가지의 공작기계가 사용된다.

공작기계를 사용하여 작업하는 절삭가공과 연삭가공 등을 포함하여 기계가공이라 하고, 각종 수공구를 사용한 가공을 수기가공이라 하여 이와 구별한다. 다음은 공작기계의 분류이다.

- **공작기계**
  - 금속 공작기계 (Metal Cutting Machine Tool)
    - 범용 공작기계
      - 절삭공구 사용기계
        - 고정공구 사용기계
          - 선삭: Lathe
          - 형삭: Shaper
          - 평삭: Planer
        - 회전공구 사용기계
          - 밀링: Milling M/C
          - 드릴링: Drilling M/C
          - 보링: Boring M/C
          - 쏘잉: Sawing M/C
      - 연삭공구 사용기계
        - 연삭: Grinding M/C
        - 호닝: Honing M/C
    - 전용 공작기계
      - 전용기 (Special Purpose M/C)
    - NC 공작기계
      - N.C. Milling M/C
      - N.C. Drilling M/C
      - N.C. Boring M/C
      - N.C. Grinding M/C
      - Machining Center
  - 금속 공작기계 (Metal Forming Machine Tool)
    - Press
    - Rolling M/C
    - Shearing M/C
    - Bending M/C

[공작기계의 분류]

1. 절삭 방식

(1) 절인(Tool edge) 방식

공구 날에 의한 가공으로 선삭, 밀링, 평삭, 드릴링, 보링 등이 있다.

(2) 입자에 의한 가공

연삭, 호닝, 래핑, 수퍼 피니싱 등이 있다.

2. 칩(Chip)의 형태

칩의 생성은 전단변형에 의해 발생된다. 칩의 종류로는 유동형 칩, 전단형 칩, 열단형(경작형) 칩, 균열형 칩이 있다. Chip Breaker(칩 브레이크)란 강을 선삭할 때 바이트 윗면에 연속적인 칩을 자르기 위해 만든 홈으로써 작업자의 안전사고를 방지하기 위해 만들어져 있다.

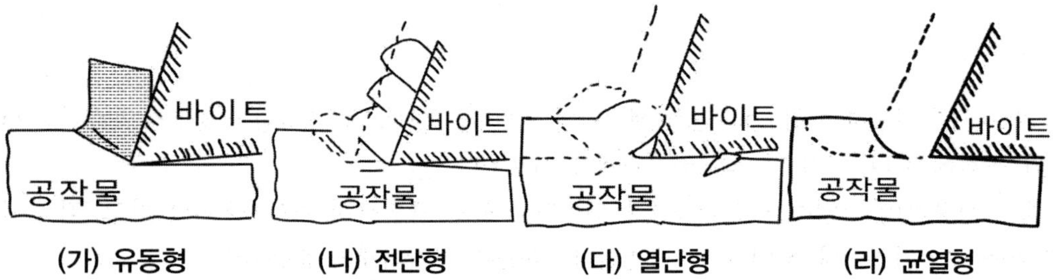

[칩 생성의 종류]

(1) 유동형 칩

연속적으로 발생되는 칩으로 가장 이상적인 칩이다. 절삭저항이 적고 다듬질면이 고운 연성재료를 고속 절삭 시 발생하는 칩이며, 바이트 경사각이 클 때, 절삭 깊이가 적을 때 발생된다.

(2) 전단형 칩

절삭 시 끊어지는 칩으로 납이 많이 함유된 청동이나 칩의 두께를 두껍게 가공할 때 발생되는 칩이며, 연성재료를 저속 절삭 시, 바이트 경사각이 적을 때, 절삭 깊이가 클 때 발생된다.

(3) 열단형(경작형) 칩

점성(끈적끈적한 성질)이 큰 가공물을 경사각이 적은 절삭공구로 가공할 때 칩이 경사면에 정착되어 원활하게 흘러 나가지 못하고 절삭공구의 전진에 따라 압축되어 가공재료 일부에 터짐 현상이 발생된다.

(4) 균열형(비산형) 칩

주철과 같이 취성(메짐)이 큰 재료 절삭 시 발생된다.

3. 구성인선(Built-up edge)

(1) 정의

금속재료를 절삭할 때 바이트 날 끝에 고온, 고압 때문에 칩이 조금씩 응착되어 가공경화되어 절삭날 끝에 부착되고 결국 바이트 역할을 하게 되는 현상을 구성인선이라 한다. 이는 1/10~1/200sec의 주기로 발생 → 성장 → 분열 → 탈락을 반복하면서 정밀가공을 어렵게 한다.

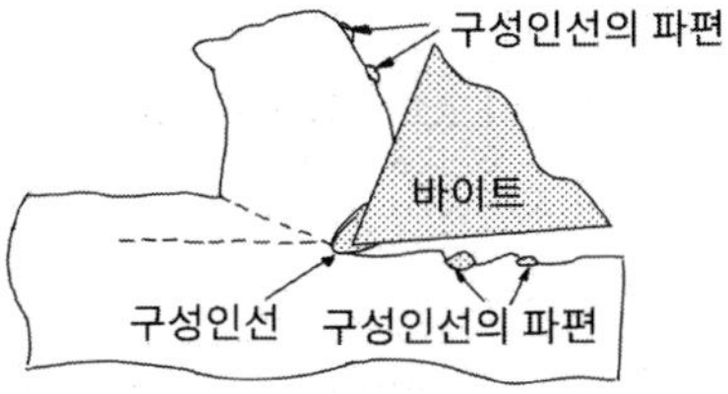

[구성인선]

(2) 구성인선이 발생되는 원인

① 경사각이 적을 때
② 절삭속도가 30~50m/min
③ 절삭 깊이가 깊을 때
④ 이송이 적을 때
⑤ 날 끝 경사각이 거칠 때
⑥ 절삭유가 부적당할 때
⑦ 날 끝의 온도가 상승하여 융착 온도가 되었을 때

(3) 구성인선 방지법

① 절삭 깊이를 적게 한다.
② 경사각을 30° 이상 크게 한다.
③ 공구 날 끝을 예리하게 한다.
④ 칩과 바이트 사이의 윤활을 완전하게 한다.
⑤ 절삭속도를 빠르게 한다(120~150m/min 이상으로).
⑥ 이송을 크게 한다.
⑦ 날 끝부분이 가공금속의 재결정 온도 이상 되게 한다.

4. 절삭저항

공구가 공작물을 절삭하는 것은 공작물에 소성변형을 주어 칩을 공작물 표면으로부터 분리시키는 형태이며, 이때 공구는 공작물로부터 큰 저항을 받는데 이것을 절삭저항이라 한다. 힘의 크기순서는 주분력 〉 배분력 〉 횡 분력(이송 분력) 순서이다.

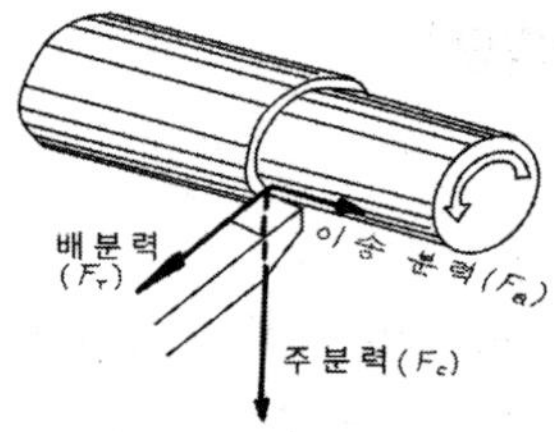

[절삭저항의 방향]

(1) 주분력

절삭저항과 평행한 분력, 즉 접선방향으로 나오는 힘으로 절삭동력에 가장 큰 영향을 미친다.

(2) 배분력

바이트를 가공물에서 밀어내려는 분력, 즉 바이트 방향으로 나오는 힘으로, 이 힘이 증가하면 채터링현상이 발생한다.

(3) 이송 분력(횡 분력)

이송 방향과 평행한 분력, 즉 길이(절삭) 방향으로 나오는 힘으로 세 가지 분력 중에 가장 작다.

5. 절삭속도와 절삭동력

(1) 절삭속도(V)

$V = \frac{\pi DN}{1000}(m/\min)$ 여기서, D : 공작물의 지름(mm), N : 절삭속도(m/min)

(2) 절삭동력(H)

$H = \frac{PV}{75 \times 60}(ps)$ 여기서, P : 절삭저항(kgf), V : 절삭속도(m/min)

(3) 절삭시간(가공시간 : T)

$T = \frac{\ell}{NS}(\min)$ 여기서, ℓ : 공작물의 길이(mm), N : 공작물의 회전수, S : 이송(mm/rev)

6. 절삭공구 재료의 구비조건

① 고온경도, 내마모성, 강인성이 커야 한다.
② 마찰계수(마찰저항)가 작아야 한다.
③ 열처리가 쉬워야 한다.
④ 가격이 저렴하고 구입이 용이해야 한다.

7. 절삭공구의 종류

① 탄소공구강 : 줄, 쇠톱, 정, 펀치의 재료로 사용
② 합금공구강 : 탄소공구강+W, Cr, V, Mo, Ni 등을 첨가
③ 고속도강(표준형 고속도강) : 0.8%C+W(18%)+Cr(4%)+V(1%) = 18-4-1형 고속도강
④ 주조경질합금(상품명 : 스텔라이트) : W-Cr-Co-C
⑤ 세라믹 : 고온경도가 높고 충격과 진동에 약하다. 냉각제를 사용하지 않는다. Al_2O_3(산화알루미늄)이 주성분이다.
⑥ 다이아몬드 : 비철금속의 정밀절삭에 사용된다.

8. 공구각

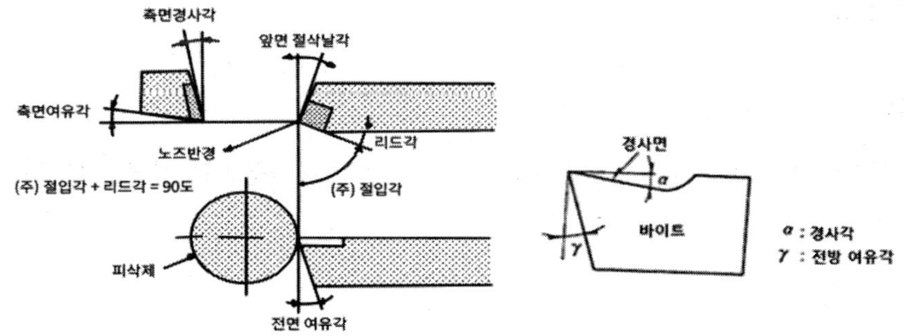

[공구각]

① 윗면 경사각 : 절삭력에 영향을 주며 경사각이 클 때 절삭저항은 감소하지만 날 끝이 약해진다. 또한 이 각은 칩의 흐름을 좋게 하기 위한 각이다.
② 전방 여유각 : 공구와 일감의 접촉(마찰) 방지를 위한 각이다.
③ 윗면경사각과 전방 여유각은 공작물의 재질과 절삭조건에 따라 결정된다.

9. 공구수명

9-1 공구수명의 판정기준

① 가공 면에 광택이 있는 색조(무늬) 또는 점(반점)이 생길 때
② 날의 마모량이 일정량에 달했을 때
③ 완성치수의 변화가 일정량에 달할 때
(보통 다듬질 : 0.2mm, 정밀 다듬질 : 0.04mm 정도의 변화가 생길 때 공구수명이 종료)
④ 절삭저항의 주분력에는 변화가 없어도 횡분력이나 배분력이 급격히 증가할 때

9-2 공구수명식(테일러식)

$VT^n = C$ 여기서, V : 절삭속도(m/min), T : 공구수명(min), C와 n : 상수
V와 T의 관계는 직선으로 반비례한다.

10. 날 끝의 마모(공구의 마모)

① 크레이터 마모 : 공구의 윗면이 칩에 의해 움푹 파이는 현상
② 플랭크 마모 : 공구의 플랭크가 절삭면에 평행하게 마멸되는 현상
③ 치핑(Chipping) : 무딤, 결손(날 끝의 일부가 파괴, 탈락)되는 현상
④ 브레이킹(Breaking) : 날 끝이 크게 파손되는 현상

11. 절삭운동의 형식

(1) 회전운동 절삭

선반은 공작물이 회전하는 대표적인 공작기계이며, 드릴링 머신, 보링 머신, 밀링 머신 등은 주로 절삭공구가 회전하는 공작기계이다.

(2) 직선운동 절삭

공작물이 직선 운동하는 것에는 플레이너가 있고, 절삭공구가 직선 운동하는 것에는 셰이퍼, 슬로터, 브로칭 머신 등이 있다.

12. 절삭유의 작용과 구비조건

(1) 절삭유의 작용

① 냉각작용을 한다.
② 마찰 감소작용으로 한다.
③ 칩 제거작용을 한다.
④ 방청작용을 한다. 단, 주철은 절삭유를 사용하지 않는다.

(2) 절삭유의 구비조건

① 마찰계수(마찰저항)가 적을 것
② 유막의 내압 면적이 클 것
③ 절삭유의 표면장력이 적을 것
④ 칩의 생성부까지 침투가 잘 될 것

주) 극압유 : 황, 염소, 납, 인 등을 포함시켜 만든 윤활유.

연습문제

문제01 다음에서 입자에 의한 가공이 아닌 것은?

가. 호닝 나. 수퍼 피니싱
다. 래핑 라. 선삭

문제02 다음 중 절삭가공이 아닌 것은?

가. 밀링 나. 선삭 다. 압연 라. 연삭

문제03 다음은 절삭칩의 형태이다. 가장 바람직한 칩은 어느 것인가?

가. 전단형 나. 유동형
다. 열단형 라. 경작형

문제04 점성이 큰 가공물을 경사각이 적은 절삭공구로 가공할 때 칩이 경사면에 정착되어 원활하게 흘러 나가지 못하고 절삭공구의 전진에 따라 압축되어 가공재료 일부에 터짐 현상이 발생하는 칩의 상태는?

가. 유동형 칩 나. 전단형 칩
다. 경작형 칩 라. 균열형 칩

문제05 절삭가공 시 고온 고압으로 인하여 공구 날끝에 칩이 가공 경화하여 조금씩 부착하여 단단해진 것을 무엇이라 하는가?

가. 공구 날 나. 채터링
다. 가공경화 라. 구성인선

문제06 구성인선이 생기는 것을 방지하기 위한 대책으로 옳지 못한 것은?

가. 경사각을 작게 한다.
나. 절삭 깊이를 낮게 한다.
다. 절삭 공구의 인선을 예리하게 한다.
라. 절삭 속도를 크게 한다.

문제07 노치, 구멍, 필렛, 키홈 등과 같이 단면의 형상이 급변하는 부분에 하중이 작용할 때 국부적으로 대단히 큰 응력이 발생하는 현상은?

가. 응력집중 나. 공칭응력
다. 잔류변형 라. 국부응력

문제08 공작물의 지름이 50mm인 환봉을 선반에서 절삭할 때 주축의 회전수를 200rpm이라 하였을 때 절삭속도는?

가. 31.4m/min 나. 15.7m/min
다. 27.2m/min 라. 48.2m/min

문제09 공구재료에 미치는 가장 큰 성질은?

가. 강인성 나. 고온경도
다. 내마멸성 라. 내취성

문제10 다음 중 절삭저항에 영향을 주지 않는 것은?

가. 일감의 재질 나. 절삭속도
다. 공구재료 라. 절삭면적

문제11 선삭력을 3분력으로 분배할 때 주분력, 이송분력, 배분력으로 부른다. 그 크기순서가 옳은 것은?

가. 주분력 〉 이송분력 〉 배분력
나. 주분력 〉 배분력 〉 이송분력
다. 배분력 〉 이송분력 〉 주분력
라. 이송분력 〉 주분력 〉 배분력

문제12 칩 브레이크는 다음 중 어떤 목적으로 사용되는가?

가. 취성 금속을 밀링 가공할 때 커트 윗면을 파서 칩을 유도하기 위한 홈
나. 강을 선삭할 때 바이트 윗면에 연속 칩을 자르기 위하여 만든 홈
다. 주철을 절삭하는 세이퍼 공구 윗면에 붙여 칩을 짧게 끊기 위한 것
라. 공구 윗면의 마멸을 감소시키고 공구의 수명을 길게 하기 위한 장치

문제13 절삭공구의 수명이 종료되어 공구를 다시 연삭하거나 새로운 절삭공구로 바꾸기 위한 공구수명 판정방법이 아닌 것은?

가. 완성 가공면의 표면에 광택이 있는 색조 또는 반점이 생길 때
나. 공구인선의 마모가 없을 때
다. 완성 가공된 치수의 변화가 일정량에 달 할 때
라. 절삭저항의 주분력에는 변화가 나타나지 않더라도 배분력 또는 이송분력이 급격히 증가하였을 때

문제14 다음 중 테일러의 공구수명을 바르게 표시한 것은?

가. $VT^n = C$　　나. $V^n T = C$
다. $VT^{1/n} = C$　　라. $V^{1/n} T = C$

문제15 주 절삭력이 150kgf, 절삭속도가 50m/min일 때 절삭동력은 몇 PS인가?

가. 7.67PS　　나. 5.67PS
다. 3.67PS　　라. 1.67PS

01 라	02 다	03 나	04 다	05 라	06 가
07 가	08 가	09 나	10 다	11 나	12 나
13 나	14 가	15 라			

CHAPTER 05

선반/밀링/평삭가공

1. 선반가공(Turning)

선반은 공작물이 회전운동을 하고 바이트에는 직선 이송을 주어 절삭가공을 하는 기계이며, 테이퍼(Taper), 곡면, 보링, 절단, 총형, 정면, 단면, 나사깎기 등을 가공할 수 있으나 기어(Gear) 절삭은 불가능하다.

1-1 선반가공의 종류

① 보통선반 : 가장 널리 사용

② 탁상선반 : 소형 선반으로 계기 또는 시계부품을 제작

③ 터릿선반 : 터릿 공구대에 여러 개의 공구를 설치하여 차례대로 회전시켜 절삭, 콜릿척을 주로 사용하며 대량생산에 적합한 선반

④ 다인선반 : 공구대에 여러 개의 바이트가 설치되어 동시에 절삭 가공하는 선반

⑤ 정면선반 : 지름이 크고 길이가 짧은 공작물을 가공하는 선반

⑥ 기타 : 자동선반, 모방선반, 수직선반, 차륜선반, 크랭크선반, 캠축선반, 롤선반 등이 있다.

1-2 선반의 주요 구성부

선반의 4대 구성요소는 베드(Bed), 주축대(Head Stock), 심압대(Tail Stock), 왕복대(Carriage)로 구성되어 있다.

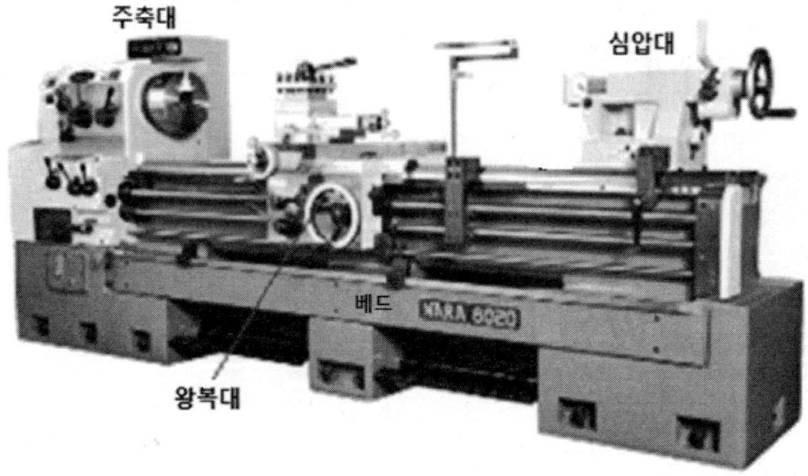

[선반의 주요 구성부]

1-3 선반의 크기

① 베드 위의 스윙 : 베드에 닿지 않게 주축에 설치할 수 있는 공작물의 최대 지름
② 왕복대의 스윙 : 왕복대에 닿지 않게 주축에 설치할 수 있는 공작물의 최대 지름
③ 양 센터 사이의 최대 길이 : 양 센터에 설치할 수 있는 공작물의 최대 길이

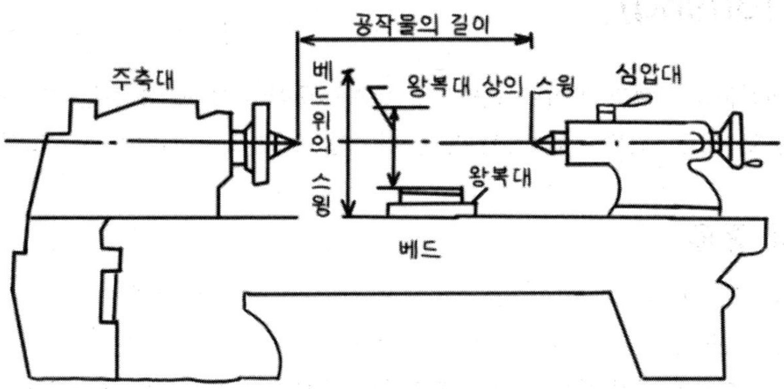

[선반의 크기 표시]

1-4 선반작업의 종류

외경작업, 끝 면 작업, 정면작업, 곡면작업, 테이퍼절삭, 나사절삭, 절단작업, 구멍 뚫기, 널링작업(표면 거칠기 작업 : 손잡이 등), 보링작업, 드릴링 작업 등. 단, 기어가공은 못한다.

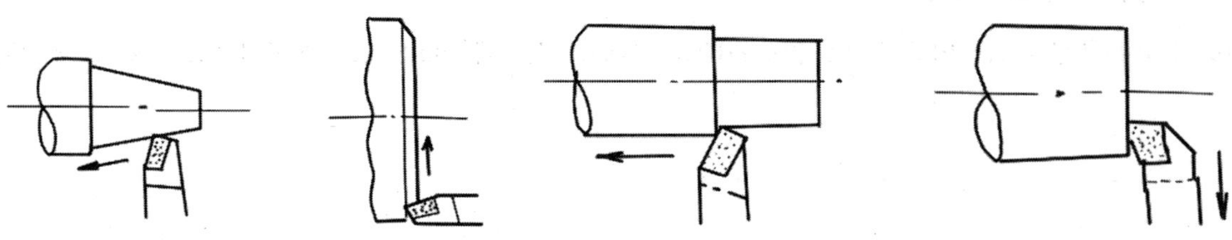

(가) 테이퍼절삭 (나) 정면절삭 (다) 외경절삭 (라) 단면절삭

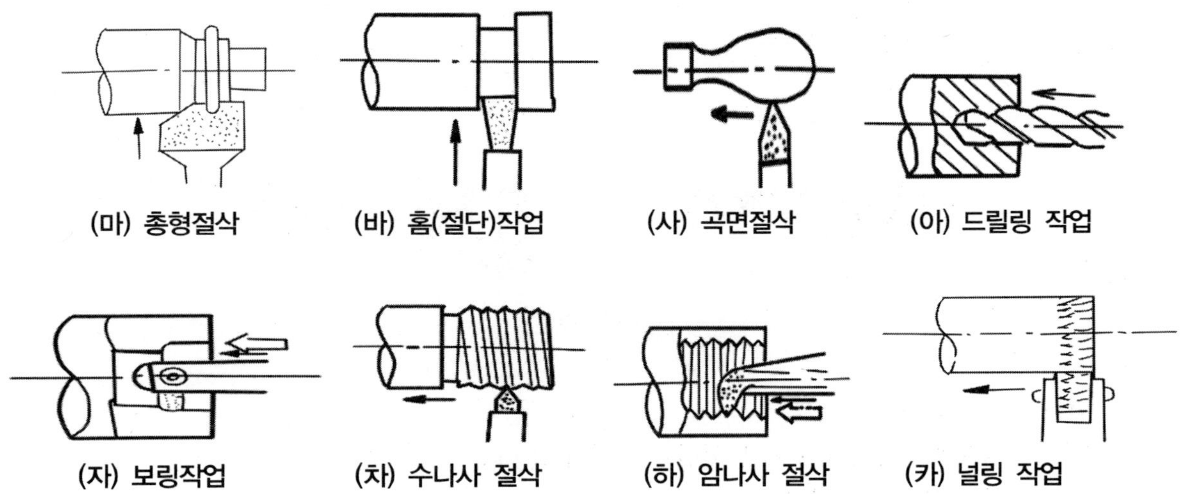

[선반의 작업 종류]

1-5 보통선반의 주요 부분

(1) 주축대(받침대)

공작물을 지지하면서 회전을 주는 곳으로, 긴 재료 가공을 편리하게 하기 위하여 중공으로 되어 있다. 구동 방식에는 단차식과 기어식(많이 사용됨)이 있다.

(2) 심압대

공작물을 지지하는 역할을 한다.

(3) 왕복대

베드 위에서 바이트 가로 및 세로 이송을 주는 장치이며, 새들(가로 이송장치)과 에이프런(세로 이송장치) 그리고 공구대로 구성되어 있다.

(4) 베드

주축대, 심압대, 왕복대 등을 받쳐주는 부분으로, 미국식(산형)과 영국식(수평형)이 있다. 베드 표면을 경화시키는 방법으로는 화염경화법이 쓰인다.

1-6 선반의 부속장치

(1) 센터

공작물을 지지하며 자루 부분은 모스 테이퍼로 되어 있다. 각도는 보통크기의 가공물은 60°, 큰 가공물은 75° 또는 90°로 되어 있다. 종류는 다음과 같다.

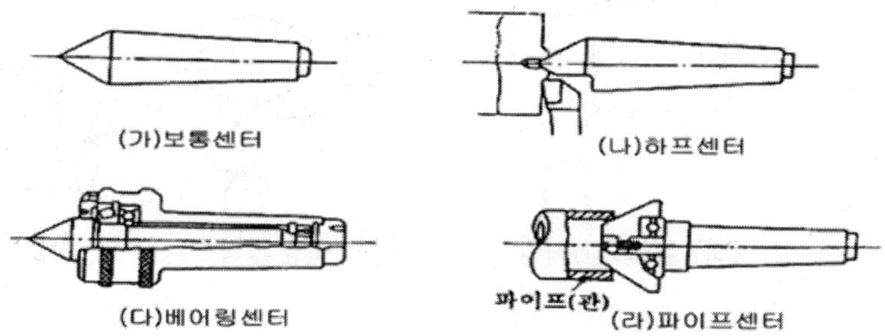

[센터의 종류]

① 회전센터 : 주축에 삽입
② 정지센터 : 심압대에 삽입하여 가장 정밀한 작업에 쓰인다.
③ 하프센터 : 끝면 깎기 작업에 쓰인다.
④ 베어링센터 : 대형 공작물 가공 시 또는 고속회전 절삭 시에 사용된다.
⑤ 파이프센터 : 대형 공작물 가공 시 사용, 베어링센터와 비슷하다.

(2) 척

주축에 고정되어 있으며 가공물에 고정하여 회전시키는 데 사용되고, 척의 크기는 척의 바깥지름으로 표시한다. 종류로는

① 단동척 : 죠(Jaw)가 4개이며 각각 개별적으로 움직인다. 불규칙한 공작물을 고정시킬 때 사용된다.
② 연동척(만능척) : 죠가 3개이며 동시에 움직인다. 규칙적인 공작물(원형, 육각형) 고정 시 사용된다.

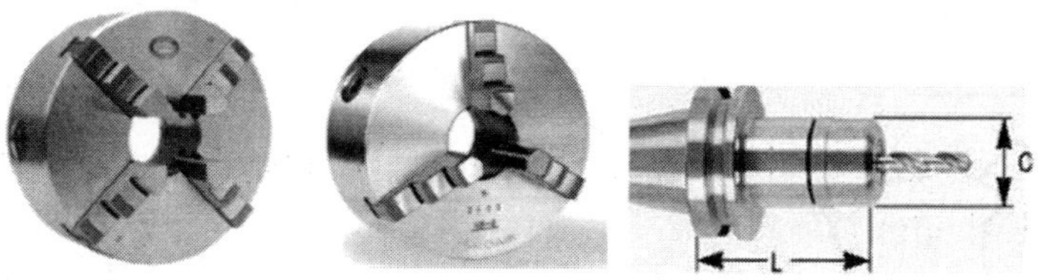

(가) 단동척 (나) 연동척 (다) 콜릿척

[척의 종류]

③ 복동척 : 단동척과 연동척의 혼합형으로서 불규칙한 공작물을 다수 가공 시 사용된다.
④ 콜릿척 : 샤프연필의 끝처럼 지름이 작은 공작물 고정 시 사용된다.
⑤ 마그네틱척(자기척) : 두께가 얇은 자성체 고정에 용이하다.

(3) 면판(돌림판)

면판은 척으로 고정할 수 없는 대형 공작물이나 불규칙한 일감을 고정하는 데 쓰인다.

(4) 방진구

방진구는 가늘고 긴 공작물을 가공 시 사용되며, 진동, 자중에 의한 휨 또는 변형을 방지하는 역할을 한다. 종류는 고정 방진구와 이동 방진구가 있다.

① 고정 방진구 : 베드면에 설치하여 긴 구멍을 가공 시 사용된다.

② 이동 방진구 : 왕복대에 설치하여 긴 축을 가공 시 사용된다.

(5) 심봉(Mandrel)

심봉은 긴 봉을 가공 시 구멍에 맨드릴을 끼워 공작물을 지지한다.

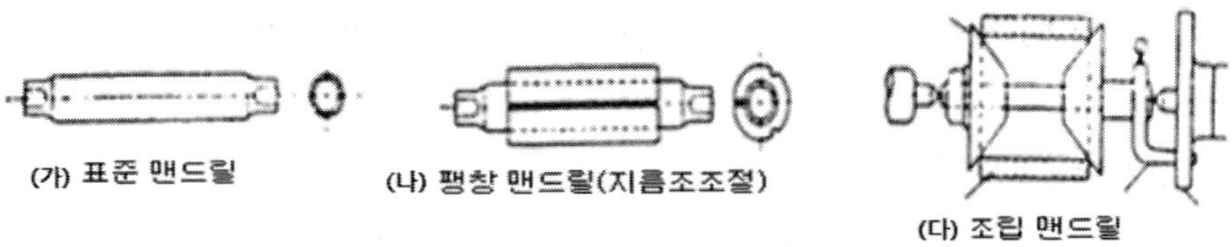

[심봉의 종류]

(6) 바이트

바이트는 공작물을 깎는 칼날이고, 재질은 초경합금, 고속도강으로 만들어진다. 또한 윗면 경사각은 절삭력에 가장 큰 영향을 미친다.

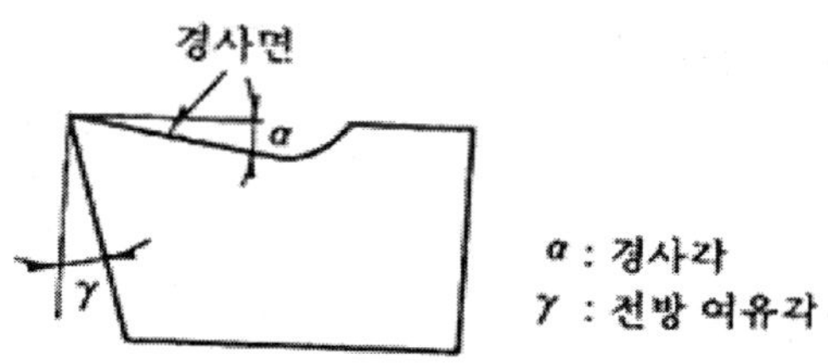

[바이트의 구조]

1-7 선반의 테이퍼 절삭방법

선반으로 테이퍼를 절삭하는 방법에는 복식 공구대를 회전시키는 방법과 심압대를 편위시키는 방법, 테이퍼 절삭장치를 사용하는 방법, 총형 바이트를 사용하는 방법이 있다.

(1) 복식 공구대를 회전시키는 방법

테이퍼 경사각이 크고 테이퍼 길이가 짧은 공작물 가공 시 사용하고, 공구대 선회 각도는 다음 식으로 구한다.

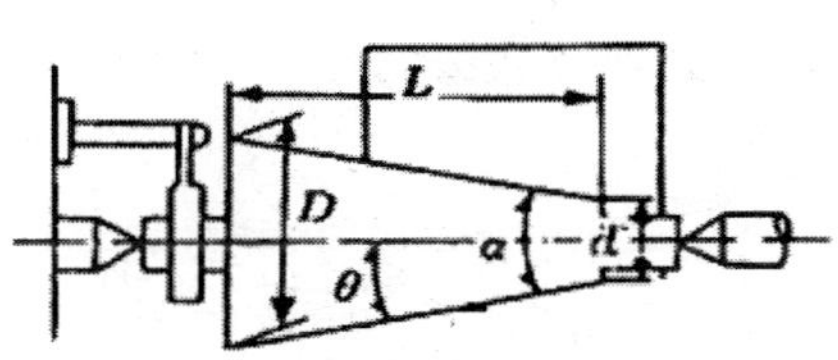

$$\tan\theta = \frac{x}{L},\ x(\text{편심량}) = \frac{D-d}{2}\text{이므로 } \tan\theta = \frac{\frac{D-d}{2}}{L},\ \tan\theta = \frac{D-d}{2L} \quad \therefore \theta = \tan^{-1}\frac{D-d}{2L}$$

(2) 심압대를 편위(편심)시키는 방법

테이퍼 부분이 비교적 길고, 테이퍼량이 작은 경우 양 센터로 지지하고 가공하며 심압대의 편위량 (x)은 다음 식으로 구한다.

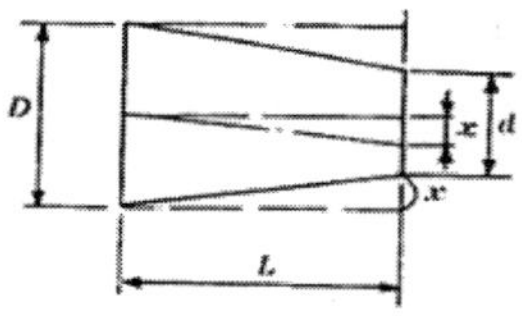

(가) 그림

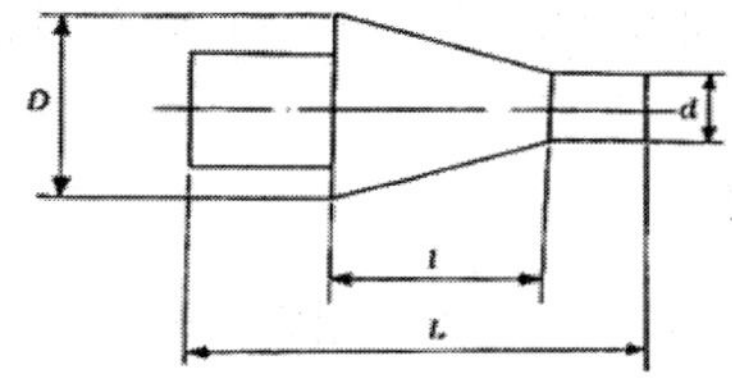

(나) 그림

① 그림 (가)의 경우 : $x = \dfrac{D-d}{2}$

② 그림 (나)의 경우 : $x = \dfrac{(D-d)L}{2\ell}$ 단, L : 공작물의 길이

1-8 기타 보조기구

(1) 백기어 설치

① 저속 강력 절삭을 위하여
② 주축의 회전속도를 높이기 위하여

(2) 체이싱 다이얼 설치

선반에서 나사를 깎을 때 사용

2. 밀링머신(Milling Machine)

밀링머신은 다수의 날을 가진 밀링 커터를 회전시켜 테이블 위에 고정한 공작물을 이송하며 절삭하는 공작기계이다. 밀링 절삭 방법에는 밀링 커터의 회전방향과 공작물의 이송방향이 반대인 상향절삭과, 밀링 커터의 절삭방향과 공작물의 이송방향이 같은 하향절삭이 있다.

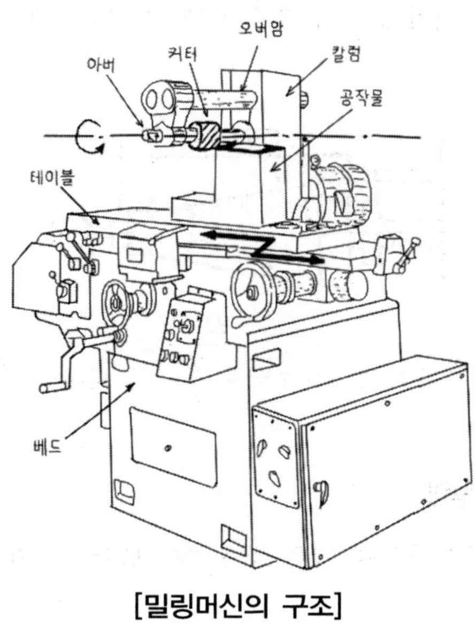

[밀링머신의 구조]

2-1 밀링방법

(1) 올려깎기(상향절삭)의 특징

커터와 일감의 회전방향이 반대이다. 특징은 다음과 같다.

① 칩이 절삭을 방해하지 않는다.

② 절삭이 순조롭다.

③ 공작물의 고정이 확실하지 않으면 커터 날의 마모가 심하고 동력의 소비가 커지며 가공면이 거칠다.

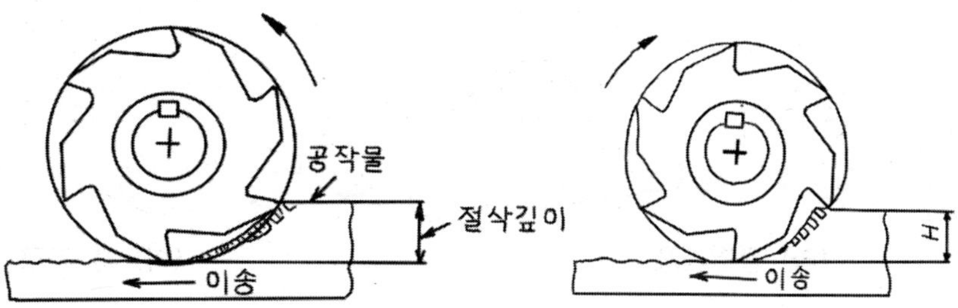

[밀링방법]

(2) 내려깎기(하향절삭)의 특징

커터와 일감의 회전방향이 같은 방향이고 특징은 다음과 같다.

① 공작물의 고정이 간단하다.

② 커터 날의 마멸이 적어 가공면이 곱고 동력소비가 적다.

③ 커터 날의 가열이 적다.

④ 이송나사에 여유 방지장치가 필요하고, 아버가 휘기 쉽다.

2-2 절삭속도

절삭속도는 가공면의 다듬질 정도, 공구 등의 수명에 관계되므로 다음과 같이 해야 한다.

① 커터 수명을 연장하기 위하여 절삭속도를 낮춘다.

② 거친 가공에서는 저속과 빠른 이송을 다듬질 가공에서는 고속과 늦은 이송을 준다.

③ 낮은 절삭속도에서 작업을 시작한다.

절삭속도$(V)=\dfrac{\pi dN}{1000}$(m/min) 여기서, π : 3.14, d : 공작물의 지름(mm), N : 회전수(rpm)

이송속도$(f)=f_z \times Z \times N$ 여기서, f_z : 1날 당의 이송속도(mm), Z : 커터날 수, N : 회전속도

$$N=\frac{1000\,V}{\pi d}$$

2-3 밀링작업의 종류

평면가공, 홈가공, 절단가공, 각도가공, 기어가공, 총형가공, 윤곽가공, 정면가공 등을 할 수 있다. 밀링머신은 정육면체의 외형 및 평면가공에 가장 적합한 공작기계이다. 단, 나사 가공은 할 수 없다.

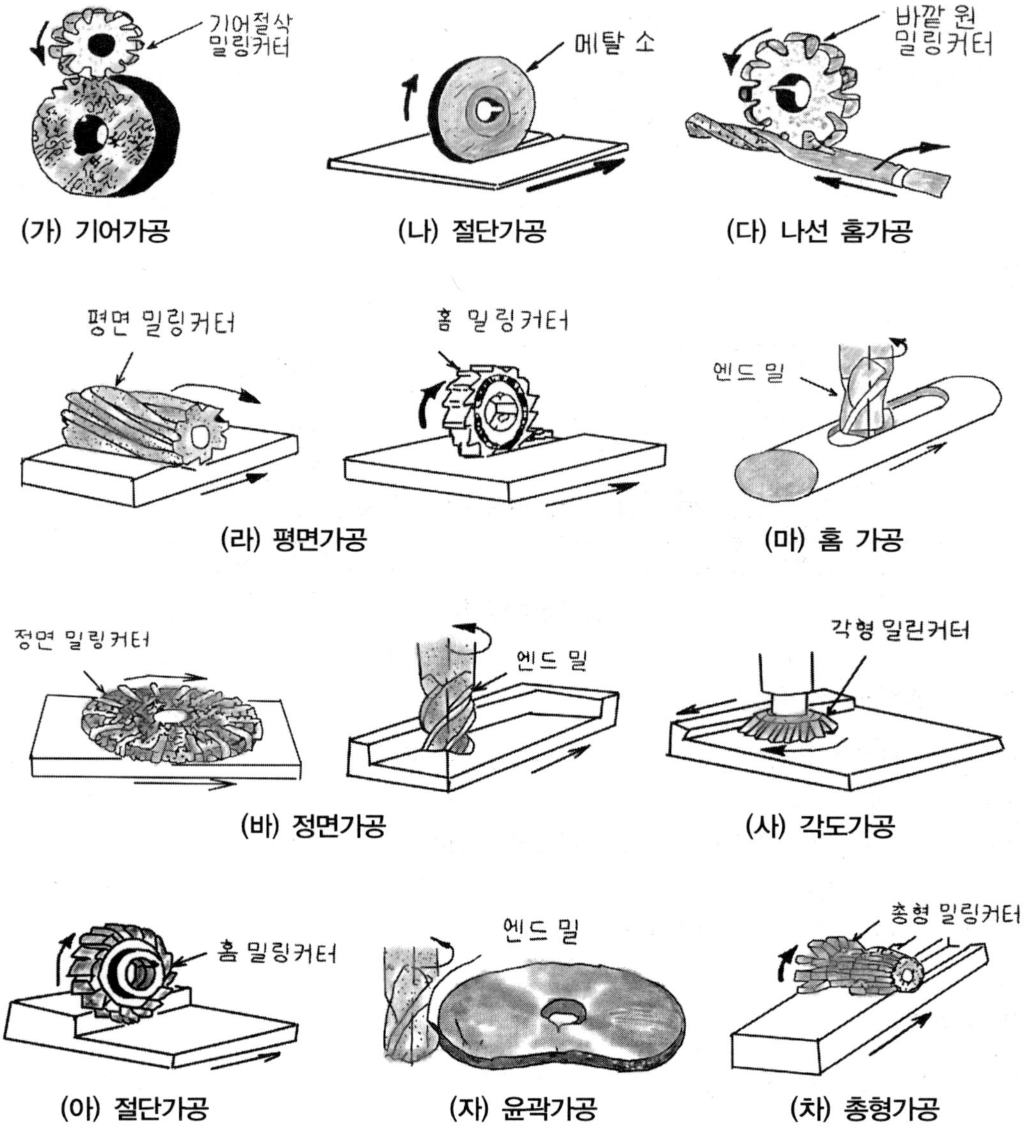

[밀링가공의 종류]

2-4 기어(Gear) 절삭 가공법

(1) 형판에 의한 법(Templet system)

공구대와 이송나사와의 연결을 추(錐)를 걸어 안내봉을 형판으로 지지하고 테이블을 오른쪽으로 이송하면 안내봉과 바이트가 평행 이동을 하며 바이트는 소재에 치형을 절삭하게 된다.

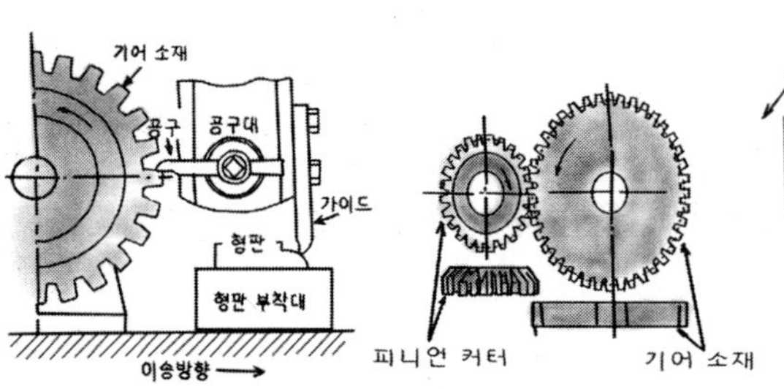

[형판에 의한 기어 가공법]

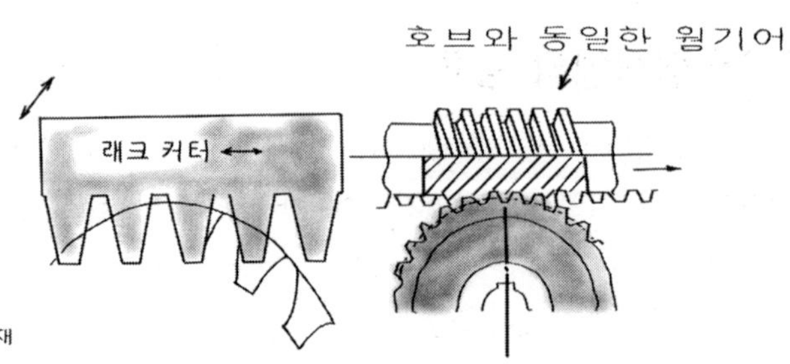

[창성법에 의한 기어 가공법]

(2) 창성에 의한 절삭법(Generated system)

인벌류트 치형을 정확히 가공할 수 있는 방법으로서 공구를 정확히 기어모양으로 가공하고 이것과 맞물려 돌아가는 기어의 소재와 미끄럼 없이 구름 접촉에 의하여 운동을 전달할 때 이론적인 상대운동을 주면서 공구에 축 방향 왕복 운동시켜 래크 커터(rack cutter) 또는 회전 커터인 호브(hob)를 사용하는 방법이다. 피니언 커터 또는 래크 커터를 사용하는 방법을 기어 셰이빙이라고 하고, 호브를 사용하는 방법을 기어 호빙이라 한다.

(3) 총형 공구에 의한 절삭법(Formed tool system)

공구의 모양을 절삭하는 기어의 치형에 맞추어서 기어소재 원판을 같은 간격으로 분할하면서 한 이씩 가공하여 기어를 제작하는 방법이다. 절삭공구로는 총형 바이트를 사용하여 절삭하는 경우에는 셰이퍼, 플레이너, 슬로터 등이 사용된다. 총형 커터의 경우는 밀링 머신이 사용되며, 브로치를 통과시켜 안쪽 기어를 만드는 경우에는 브로칭머신이 사용된다.

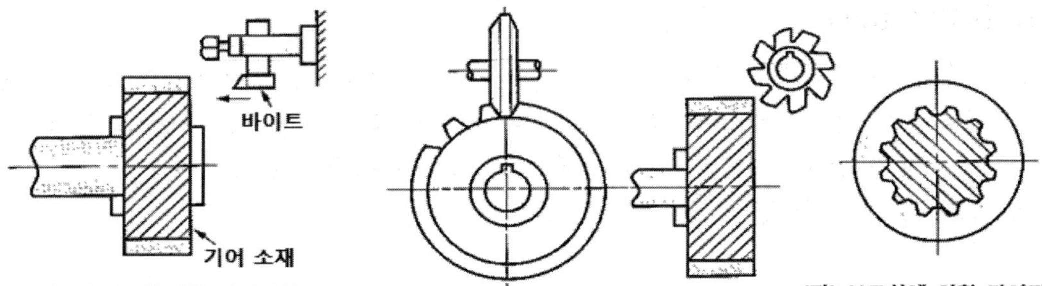

(가) 바이트에 의한 기어가공 (나) 커터에 의한 기어 가공 (다) 브로치에 의한 기어가공

[총형 공구에 의한 기어 절삭법]

3. 평삭가공(Planing)

셰이퍼, 슬로터 및 플레이너가 평면을 가공한다는 점에서 공통점을 갖고 있으나 셰이퍼와 슬로터에서는 소형물을 가공하고 공작물에 이송을 주지만, 플레이너에서는 대형물을 가공하고 공구에 이송을 준다. 공구의 이송은 귀환 행정 때에 주며 여러 가지 기준면 및 안내 면이 될 평면 가공에 주로 사용된다. 플레이너 가공의 종류와 절삭 방법은 셰이퍼의 경우와 거의 같으나 셰이퍼에 비하여 큰 공작물을 가공하는 데 쓰인다는 점이 다르다.

3-1 셰이퍼(Shaper)

셰이퍼는 램에 설치된 절삭공구(바이트)를 직선 왕복운동을 시켜주고 테이블에 고정된 공작물은 직선 이송운동을 하고 주로 평면을 절삭하는 공작기계다. 크기는 램의 최대행정으로 표시하고, 짧은 공작물의 평면절삭에 적합하다.

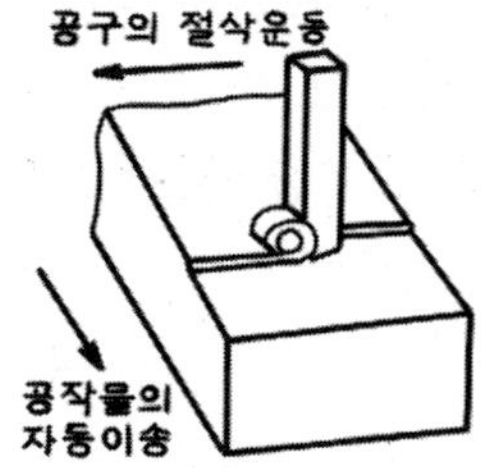

[셰이퍼의 절삭운동]

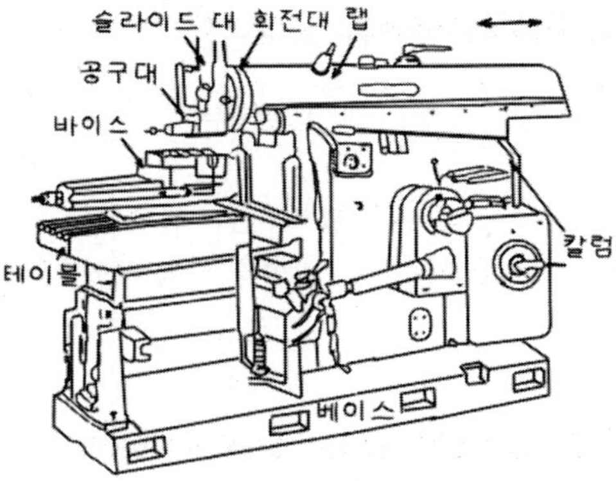

[셰이퍼의 구조]

셰이퍼의 절삭속도(V) = $\frac{N\ell}{1000a}$ 여기서, a : 절삭에 필요한 시간 비, ℓ : 행정의 길이, N : 회전수(rpm)

3-2 슬로터(Slotter)

슬로터는 셰이퍼를 수직으로 한 것과 같으므로 일명 수직 셰이퍼라 한다. 바이트를 설치한 램은 수직 왕복운동을 하고 공작물은 테이블에 고정하여 이송 및 선회한다. 슬로터 크기는 램의 최대행정으로 표시, 즉 원형 테이블의 직경으로도 표시한다. 작업은 곡면의 절삭가공, 키 홈 가공, 구멍의 내면 세레이션 가공, 크랭크 기어와 암, 내접기어 등을 가공한다.

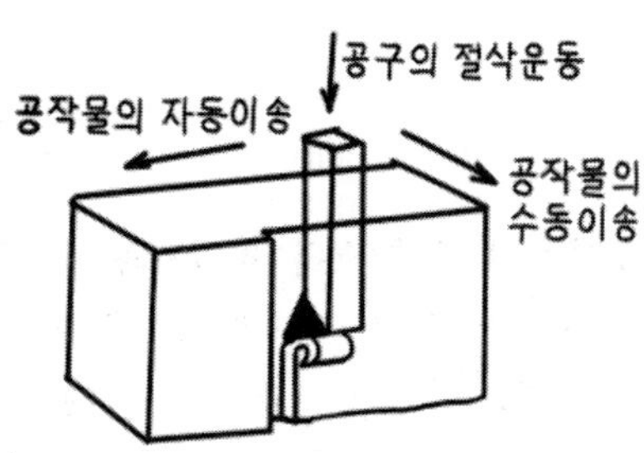

[슬로터의 절삭운동]

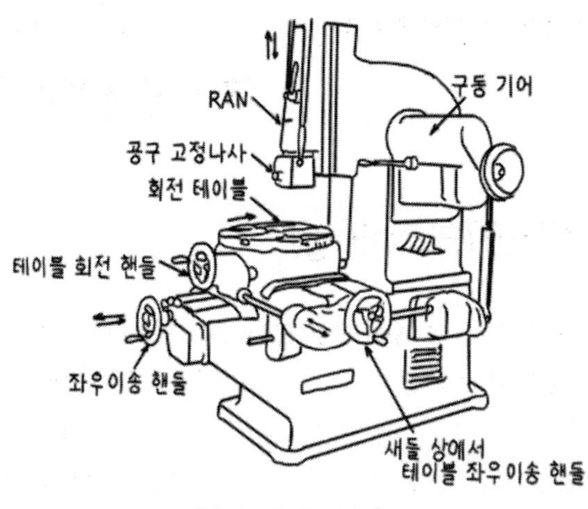

[슬로터의 구조]

3-3 플레이너(Planer)

플레이너는 공구가 고정되고 공작물을 설치한 테이블을 직선 왕복운동을 하고 바이트를 이송시켜 셰이퍼에서 가공할 수 없는 대형 공작물의 비교적 긴 평면을 가공하는 공작기계이다.

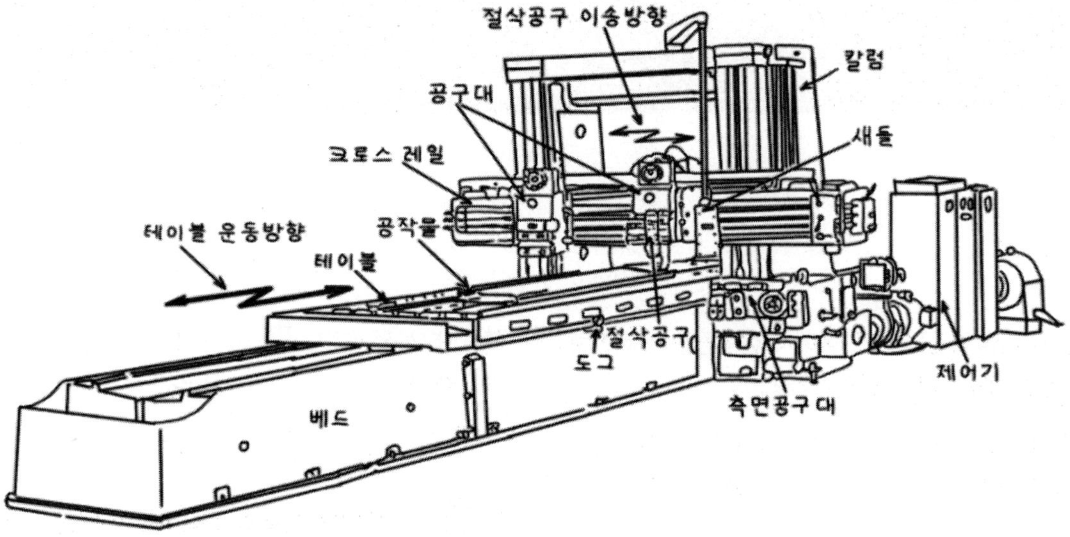

[플레이너의 구조]

Reference

☞ 급속 귀환을 하는 공작기계 : 셰이퍼, 슬로터, 플레이너 등

☞ 공작물(일감)이 절삭운동을 하는 공작기계 : 플레이너

☞ 공구가 절삭운동을 하는 공작기계 : 셰이퍼, 슬로터

연습문제

문제01 다음의 공작기계 중에서 절삭공구가 회전하지 않는 것은 어느 것인가?

가. 밀링머신　　나. 드릴링 머신
다. 호빙머신　　라. 선반

문제02 일반적으로 선반(선삭)에서 가공할 수 없는 작업은 어느 것인가?

가. 외경절삭　　나. 나사절삭
다. 기어절삭　　라. 드릴링

문제03 선반의 4대 부위가 아닌 것은?

가. 왕복대　　나. 주축대
다. 심압대　　라. 복식 공구대

문제04 선반의 크기를 정하는 데 관계없는 것은?

가. 베드 위의 스윙
나. 왕복대 위의 스윙
다. 베드의 높이
라. 양 센터 사이의 최대거리

문제05 그림과 같은 복식 공구대를 사용하여 테이퍼를 절삭하려고 할 때 공구대의 선회 각도는 몇 도인가?

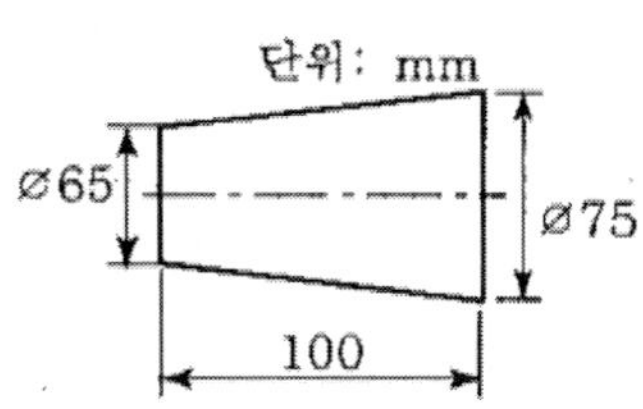

가. 약 20도　　나. 약 15도
다. 약 3도　　라. 약 5도

문제06 선삭가공에서의 절삭속도는? (단, d : 공작물의 지름 mm, N : 공작물의 회전수 rpm, V : 절삭속도 m/min이다.)

가. $V=\frac{\pi}{dN}$　　나. $V=\frac{\pi dN}{1000}$
다. $V=\frac{dN}{\pi}$　　라. $V=\frac{1000\pi}{dN}$

문제07 지름 50mm인 연강 둥근 봉을 20m/min의 절삭속도로 선삭할 때 스핀들의 회전수는?

가. 약 100rpm　　나. 약 127rpm
다. 약 440rpm　　라. 약 500rpm

문제08 선반에 테이퍼 가공작업에서 테이퍼 양끝지름을 각각 D와 d mm, 테이퍼부의 길이를 ℓ mm, 공작물의 전체 길이를 L mm라면 편위거리 x mm를 옳게 나타내는 식은?

가. $x=\frac{[L(D-d)]}{\ell}$

나. $x=\frac{\ell}{[L(D-d)]}$

다. $x=\frac{[L(D-d)]}{2\ell}$

라. $x=\frac{2\ell}{[L(D-d)]}$

문제09 단연공구(Single Point Tool)에서 절삭력에 가장 큰 영향을 미치는 공구각은?

가. 옆면 경사각　　나. 앞면 여유각
다. 윗면 경사각　　라. 절삭날 각

문제10 선반의 부속장치로 심압대에 꽂아서 사용하는 것으로 선단이 원뿔형이고 대형가공물에 사용되며, 자루부는 테이퍼로 되어 있는 것은?

가. 척(chuck)
나. 센터(center)
다. 심봉(mandrel)
라. 돌림판(driving plate)

문제11 밀링머신에서 할 수 <u>없는</u> 작업은?

가. 기어가공　　나. 나사가공
다. 평면가공　　라. 절단가공

[해설] 밀링머신은 정육면체의 외형 및 평면가공에 가장 적합한 공작기계이다.

문제12 현재 사용되는 치형(기어) 가공방법이 <u>아닌</u> 것은?

가. 분할(Index)에 의한 방법
나. 형판(Templet)에 의한 방법
다. 총형 공구(Formed tool)에 의한 방법
라. 창성법(Generating Method)

문제13 다음 중 급속귀환 운동을 하지 <u>않는</u> 공작기계는?

가. 세이퍼　　나. 슬로터
다. 플레이너　　라. 밀링머신

문제14 공작기계의 명칭과 가공법이 바르게 연결된 것은?

가. 선반 - 기어가공, 키 홈 가공
나. 밀링 - 수나사 가공, 기어가공
다. 드릴링 머신 - 카운터보링가공, 기어가공
라. 연삭기 - 평면가공, 외경가공

문제15 절삭기계의 상대운동에 대한 설명으로 옳지 <u>않은</u> 것은?

가. 선반 - 일감회전, 공구수평이동
나. 밀링머신 - 일감고정, 공구회전
다. 드릴링 - 일감고정, 공구회전
라. 플레이너 - 일감수평운동, 공구수직이송

01 라	02 다	03 라	04 다	05 다	06 나
07 나	08 다	09 다	10 나	11 나	12 가
13 라	14 라	15 나			

CHAPTER 06

드릴링/브로우칭 머신

1. 드릴링 머신(Drilling Machine)

드릴링 머신은 주축에 드릴을 끼워서 회전 절삭운동을 하며, 주축에 수직 이송운동을 자동 또는 수동으로 행하게 하는 기구를 갖춘 공작기계이다. 즉, 구멍 뚫는 기계이다.

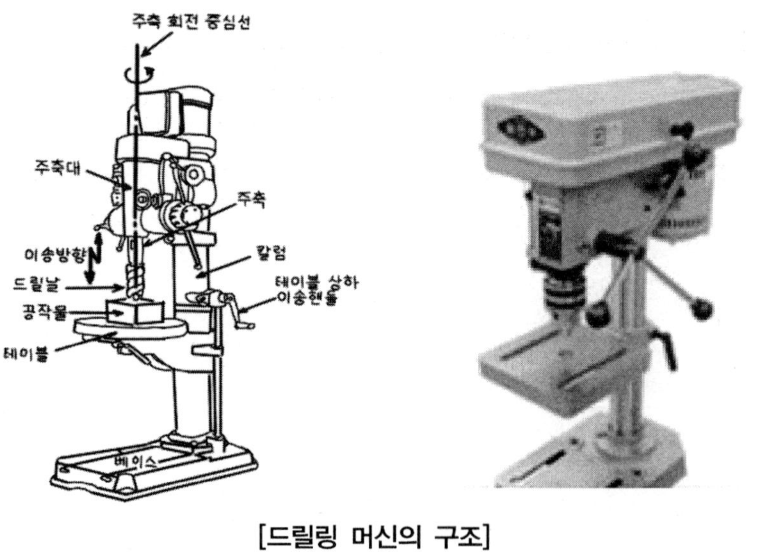

[드릴링 머신의 구조]

1-1 드릴링 머신의 기본 작업

① 드릴링 : 드릴로 구멍을 뚫는 작업

② 리밍 : 이미 뚫은 구멍을 정밀하게 다듬질하는 작업

③ 보링 : 이미 뚫은 구멍의 내경을 넓히는 작업(편심교정)

- 외날 바이트 : 거친 공작물 가공 시 사용
- 양날 바이트 : 다듬질 가공 시 사용

④ 카운터보링 : 작은 나사나 둥근머리 볼트의 머리 부분이 공작물에 묻힐 수 있도록 단(턱)이 있는 구멍을 뚫는 작업

⑤ 카운터싱킹 : 접시머리 볼트에 머리 부분이 공작물에 묻히도록 원뿔 모양의 자리를 파는 작업

⑥ 스폿페이싱 : 볼트나 나사를 고정할 때 접촉부가 안정되기 위하여 자리를 만드는 작업

⑦ 탭핑 : 탭을 이용하여 암나사를 가공하는 작업, (주) 다이스는 수나사 가공 작업

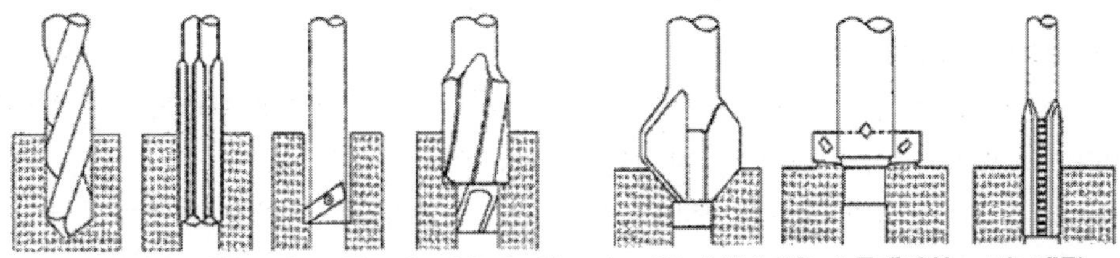

[드릴링 머신의 기본 작업]

1-2 드릴링 머신의 종류

① 직립 드릴링 머신(수직 드릴링 머신) : 가장 널리 이용되고, 주축이 수직으로 설치되어 있다. 큰 구멍을 뚫을 때 적합하다.

② 레이디얼 드릴링 머신 : 암이 360° 회전하고, 주축이 이동하면서 대형 공작물의 구멍가공에 적합하다.

③ 다축 드릴링 머신 : 평면에 있는 다수의 구멍을 동시에 가공할 때 적합하고 대량생산에 적합하다.

④ 다두 드릴링 머신 : 여러 가지 공구를 한꺼번에 주축에 장착하여 공정순서에 따라 순차적으로 드릴링, 리밍, 태핑작업을 한다.

⑤ 만능 드릴링 머신 : 주축이 경사가 있는 드릴링 머신이다.

⑥ 탁상 드릴링 머신 : 작업대 위에 고정하여 사용하는 드릴링 머신으로 최대 13mm까지 작업 가능하다.

⑦ 심공 드릴링 머신 : 지름이 적고 깊은 구멍 가공 시 사용한다.

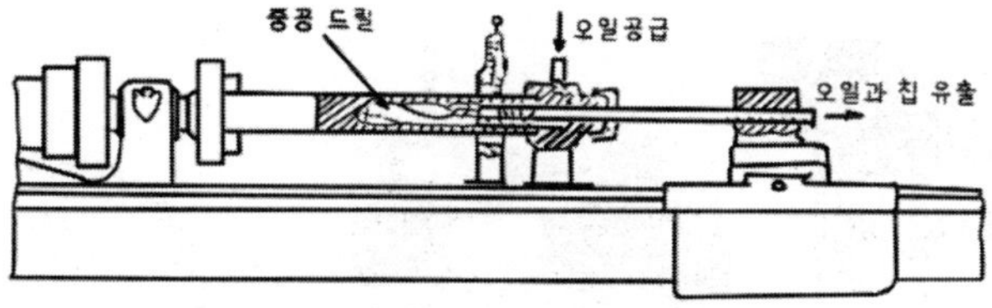

[심공 드릴링 머신의 구조]

1-3 드릴링 머신 날의 각

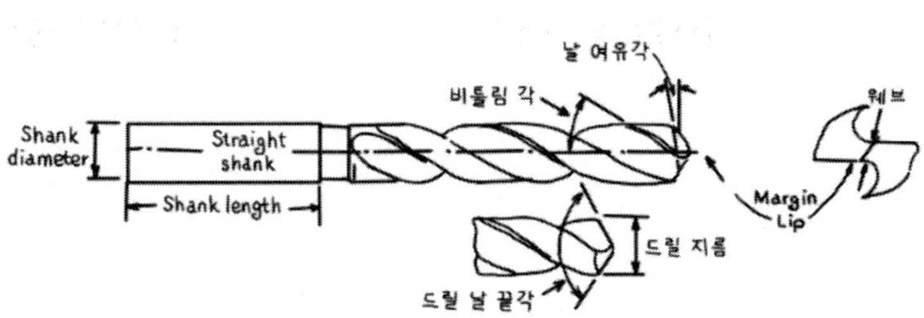

[드릴 날의 각]

① 웨브(Web) : 웨브는 드릴 선단에서 자루 쪽으로 갈수록 두껍고, 두꺼울수록 절삭저항이 크다. 드릴의 등뼈 구실을 한다.

② 마진(Margin) : 드릴의 홈을 따라 나타나 있는 좁은 면이고, 드릴의 크기를 정하며 드릴의 위치를 잡아준다.

③ 드릴 날 끝 각(Point Angle) : 보통 118°(표준)

- 목재 및 파이프 : 60°
- 동합금 : 100~120°
- 열처리 및 단조강 : 125°

주) 경도가 클수록 날 끝 각을 크게 한다.

④ 비틀림 각(Helix Angle) : 35°

⑤ 날 여유 각(Lip Relief Angle) : 10~15° 또는 12~15°로 드릴이 용이하게 재료를 파고 들어갈 수 있도록 만든 각이다. 날 여유 각이 적을시 날 파손의 원인이 된다.

- 시닝(Thinning) : 웨브가 크면 클수록 절삭저항이 크므로 웨브의 절삭저항을 적게 하는 작업, 즉 절삭력을 향상시키는 작업이다.

1-4 드릴의 절삭시간

$$T = \frac{h+t}{n \times f} = \frac{\pi d(t+h)}{1000vf}$$

여기서, h : 원추의 높이($\frac{d}{2}$), t : 공작물의 두께(mm), n : 회전수(rpm), f : 이송(mm/rev) $n = \frac{1000v}{\pi d}$

2. 브로우칭 머신(Broaching machine)

브로우치라는 공구를 사용하여 일감의 표면 또는 내면을 필요한 모양으로 절삭 가공하는 가공법으로, 1회 통과시켜 거친 인선→다듬질 인선→완성 인선의 순으로 제품을 완성시킨다. 주로 대량생산에 적합하며 키 홈, 스플라인 구멍, 다각형 구멍, 세그먼트 기어의 치형에 이용된다. 급속귀환운동을 한다.

[브로우칭 머신]

[브로우칭 가공]

연습문제

문제01 드릴링 머신에서 할 수 없는 작업은 어느 것인가?

가. 리밍(Reaming)
나. 카운터 싱킹(Counter Sinking)
다. 보링(Boring)
라. 코킹(Caulking)

문제02 드릴링 가공법 중 구멍의 다듬질에 사용되는 가공방법은?

가. 카운터 싱킹　　나. 스폿 페이싱
다. 리머가공　　라. 탭 가공

문제03 리머와 드릴의 관계를 설명한 것이다. 옳은 것은?

가. 리머의 절삭속도는 드릴의 절삭속도보다 빠르다.
나. 드릴의 절삭속도는 리머의 절삭속도와 같다.
다. 리머의 이송은 드릴의 이송보다 작게 한다.
라. 리머의 절삭속도는 드릴의 절삭속도보다 느리다.

문제04 다음 중 보링의 목적은?

가. 구멍을 뚫기 위한 목적이다.
나. 평면가공을 위한 목적이다.
다. 편심을 교정하기 위한 목적이다.
라. 불규칙한 가공물을 정밀 가공하기 위한 목적이다.

문제05 드릴 작업 중 볼트나 너트의 머리에 접촉하는 면을 둥글게 깎는 작업은?

가. 카운터 싱킹　　나. 리밍
다. 카운터 보링　　라. 스폿 페이싱

문제06 한꺼번에 여러 개의 구멍을 뚫거나 공정수가 많은 구멍을 가공할 때 가장 적합한 드릴링 머신은?

가. 직접 드릴링 머신
나. 레이디얼 드릴링 머신
다. 다축 드릴링 머신
라. 만능식 드릴링 머신

문제07 지름이 적고 깊은 구멍 가공 시 사용하는 드릴링 머신은?

가. 심공 드릴링 머신
나. 레이디얼 드릴링 머신
다. 만능 드릴링 머신
라. 다축 드릴링 머신

문제08 드릴로 일반재료를 드릴링할 때 드릴날 끝각은 몇 도가 적당한가?

가. 115°　　나. 118°　　다. 122°　　라. 130°

문제09 탁상 드릴링 머신으로 뚫을 수 있는 구멍의 최대 지름은?

가. 10mm　　나. 11mm　　다. 12mm　　라. 13mm

문제10 드릴의 홈을 따라서 나타나 있는 좁은 면으로 드릴의 크기를 정하여 드릴의 위치를 잡아주는 것은?

가. 몸통(Body) 나. 웨브(Web)
다. 생크(Shank) 라. 마진(Margin)

문제11 드릴링할 때 드릴의 절삭저항을 감소시키기 위하여 치즐 에지(Chisel edge)를 일부분을 연삭하는 것은 다음 중 어느 것인가?

가. 시닝(Thining) 나. 치핑(Chipping)
다. 펀칭(Punching) 라. 샌딩(Sanding)

문제12 두께 30mm의 강판에 절삭속도 20m/min, 드릴지름 16mm, 이송 0.2mm/rev로 구멍을 뚫을 때 절삭시간은 약 몇 분이 걸리는가? (단, 드릴의 원추높이는 5mm이며 관통 구멍이다.)

가. 0.34 나. 0.44 다. 0.54 라. 0.82

01	라	02	다	03	라	04	다	05	라	06	다
07	가	08	나	09	라	10	라	11	가	12	나

CHAPTER 07

수기가공 및 측정

1. 수기가공

수기가공은 손다듬질(Handfinishing)이라고 하며, 공작기계를 사용하지 않고 정(Chisel), 줄(File), 스크레이퍼(Scraper), 망치(Hammer) 등 수공구를 사용하여 기계부품을 가공하는 작업을 말한다. 또한 핸드 그라인더(Hand Grinder) 가공, 드릴링, 리밍, 탭, 다이스 등의 간단한 작업은 손다듬질에 포함된다.

손다듬질은 금긋기 작업 → 절단(쇠톱) 작업 → 정작업 → 줄작업 → 스크레이퍼 작업(정밀작업) → 조립작업의 순서대로 시행한다.

1-1. 금긋기 작업

(1) 정반(Surface Plate)

가공물을 올려놓은 평면대를 정반이라 하며, 평면 정밀도는 10μm 이하이어야 한다. 정반의 크기는 길이×폭으로 표시하며, 재질에 따라 주철제와 석정반으로 나누어진다. 석정반의 재질은 화강암이며 온도의 변화에 영향을 받지 않으므로 많이 사용된다. 유리로 만들어진 정확한 평행 평면으로 평행도를 측정하는 옵티컬 플랫(Optical flat)으로 평면도 검사를 한다.

[정반]

(2) 금긋기용 바늘

금긋기용 바늘은 직선자나 형판에 따라서 공작물에 금을 긋는 공구로 사용된다.

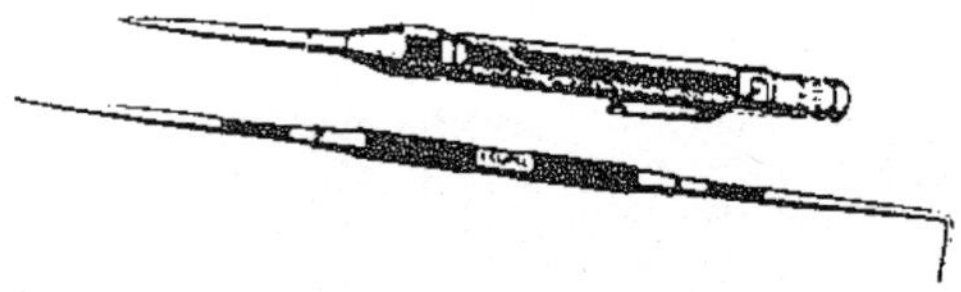

[금긋기용 바늘]

(3) 서피스 게이지(Surface Gauge)

공작물의 중심을 잡거나 정반 위에서 공작물을 이동시켜 평행선을 그을 때 또는 평행면의 검사용 등으로 사용된다.

[서피스 게이지]

(4) 펀치(Punch)

금긋기 선이나 원의 중심 등의 위치를 확실하게 표시하기 위해 펀치 마크(Mark)를 찍는다. 아래 그림 (가)는 프릭 펀치(Prick Punch)로, 금긋기 위에 찍는 펀치이며 각도는 50° 이하이다. (나)는 센터 펀치용으로, 펀치의 끝은 60~90° 원뿔로 되어 있다. (다)는 자동펀치로, 내부의 스프링에 의해 스핀들이 작동되므로 한 번에 많은 양의 펀칭 작업을 할 때 사용된다.

[펀치의 종류]

(5) 캘리퍼스와 디바이더(Calipers and Dividers)

캘리퍼스는 다리 끝에 공작물을 대고 다리를 벌림으로써 크기를 측정한다. 자눈이 있어서 직접 측정할 수 있는 것과 자눈이 없어 다른 자를 이용하여 간접적으로 측정하는 것이 있다. 자눈이 없는 캘리퍼스를 '파스'라 한다. 디바이더는 선 또는 점 사이의 치수를 측정 및 분할 작업을 하고, 원 또는 호를 그리는 데 사용된다.

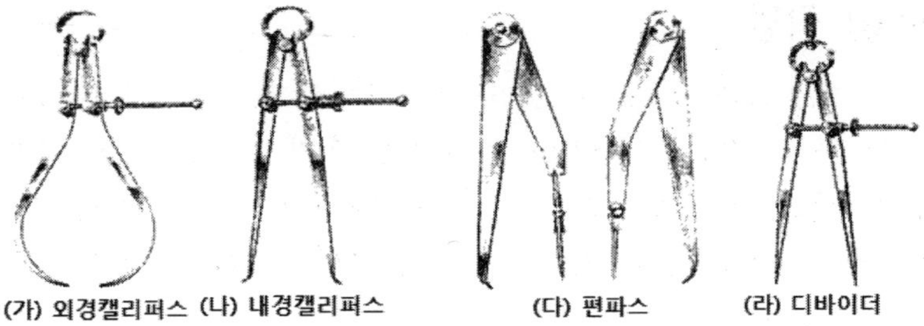

[캘리퍼스와 디바이더]

(6) 트래멜(Trammels)과 조합 직각자(Combination Square Head)

트래멜은 큰 원을 그릴 때 사용된다. 빔(Beam) 위에 바늘을 조절하는 장치가 있으며, 빔의 길이는 200~300mm 정도이다. 조합 직각자는 직각자, 치수 옮김, 각도의 측정 등을 측정하거나 둥근 봉의 중심을 구하는 데 사용된다.

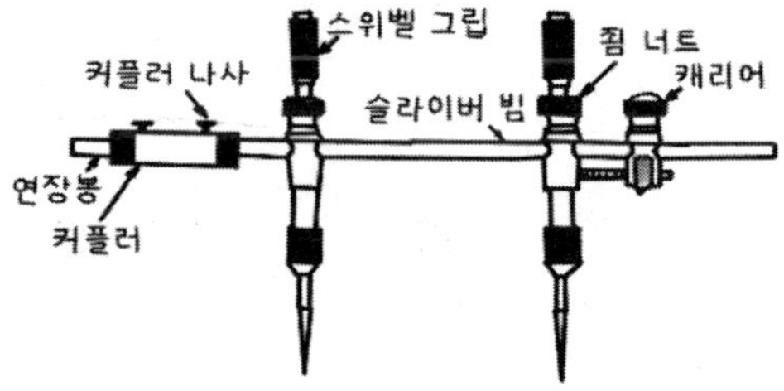

[트래멜]

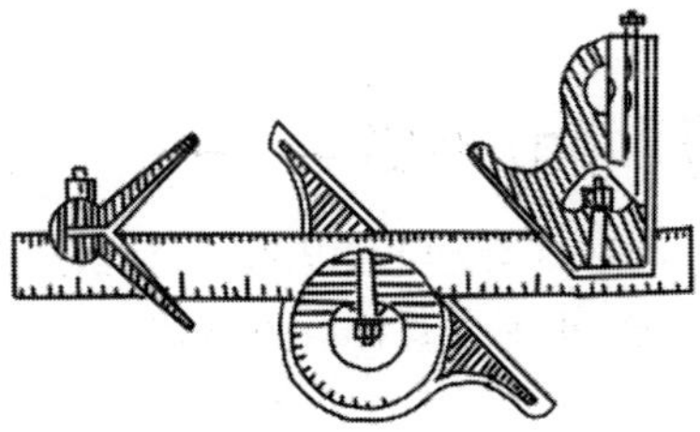

[조합 직각자]

(7) V-블록

직각으로 정밀하게 가공되어 있는 직육면체 또는 정육면체의 주철제 블록으로, 중심에 90도의 V형 홈을 갖고 있다. 정반에 올려두고 측정용 도구로 사용한다. 정반에 대하여 직각인 부분은 판재 등의 측정을 위해 사용되고, V형 홈은 원기둥 모양의 재료나 부품을 움직이지 않고 측정할 수 있도록 고정하기 위한 목적으로 널리 사용된다.

또 둥근 재료에 금을 긋거나 측정할 때도 쓰이며, 다이얼 게이지 등과 병용하여 원기둥 부품의 진원도(roundness)나 진직도(straightness)를 측정할 때도 사용된다.

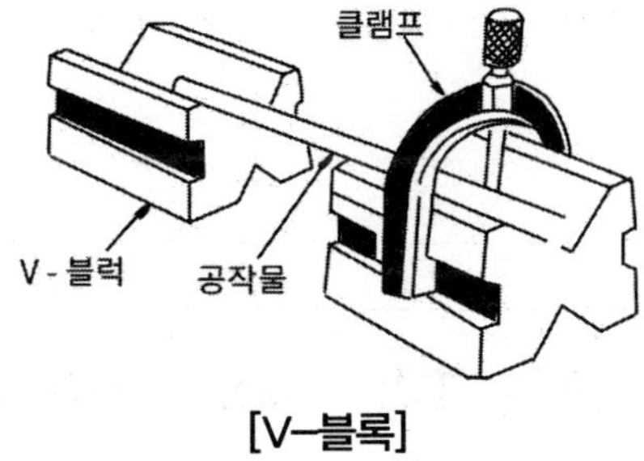

[V-블록]

1-2. 절단 작업(쇠톱 절단작업)

쇠톱 절단 작업 시 밀 때는 힘을 주고 당길 때는 몸의 상체를 일으키는 기분으로 톱날에 힘을 주지 않는다. 톱날의 왕복 횟수는 1분에 약 50~60회가 알맞다.

1-3. 정(Chipping) 작업

그림에서와 같이 해머 자루 끝을 10~20mm 남겨서 엄지손가락으로 잡고 나머지 손가락은 가볍게 잡는다. 해머와 팔이 이루는 각도는 90° 정도가 적당하다. 정은 팔각, 육각 또는 타원으로 단면으로 된 것으로, 주로 따내는 데 사용하며 탄소강으로 만든다. 크기는 날 폭과 전체의 길이로 표시한다. 정 작업 시 준비해야 할 공구는 정, 바이스, 작업대 등이고 바이스의 크기는 죠(Jaw)의 크기(폭)로 표시한다.

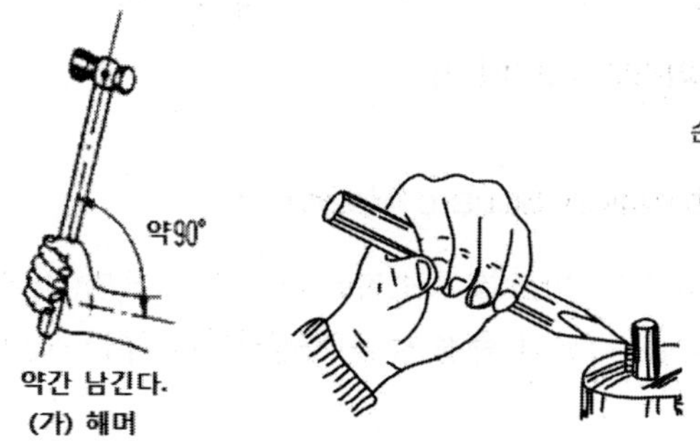

[해머와 정 사용방법]

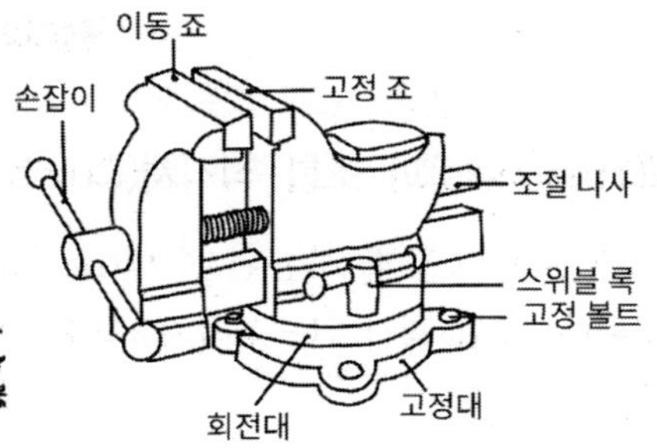

[바이스]

1-4. 줄(Filling) 작업

줄을 사용하여 공작물의 평면이나 곡면을 원하는 모양으로 다듬질하는 작업을 줄 작업이라 한다. 줄 작업은 손다듬질 중에 가장 중요한 작업이다.

(1) 줄의 명칭 및 크기(길이)

자루 부분(탱)을 뺀 줄 몸체의 길이로 표시하고, 줄 눈금의 크기는 1inch에 대한 눈금수로 표시한다.

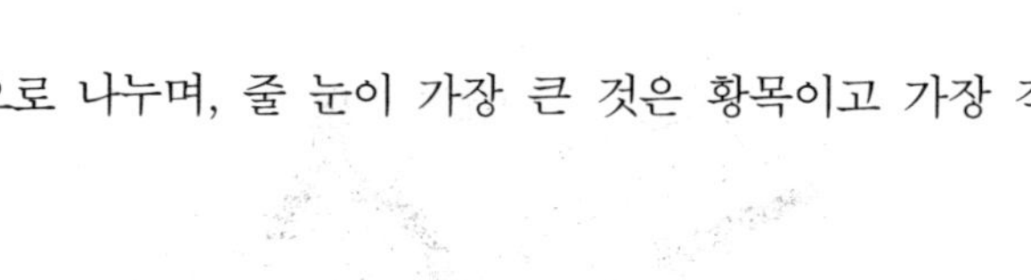

[줄의 각부 명칭]

(2) 줄 눈의 크기

황목, 중목, 세목, 유목으로 나누며, 줄 눈이 가장 큰 것은 황목이고 가장 작은 것은 유목이다.

(3) 줄 단면의 형상

평	반원	원	사각	삼각	사다리	타원	부채

(4) 줄 날의 형식

두줄날, 홑줄날, 겹줄날, 곡선줄날, 라스프줄날 등이 있다.

(5) 줄질 방법

① 직진법 : 정밀 다듬질 작업 시 작업 방법에 사용
② 사진법 : 경사지게 작업하는 방법으로 거친 다듬질 시 사용
③ 횡진법(병진법) : 좁은 곳의 최종 다듬질 작업(흑피 제거 시 사용)

1-5. 스크레이퍼(Scraper) 작업

줄질 후 더욱 정밀한 평면 또는 곡면을 더욱 정밀하게 다듬질하는 작업을 스크레이핑이라 한다.

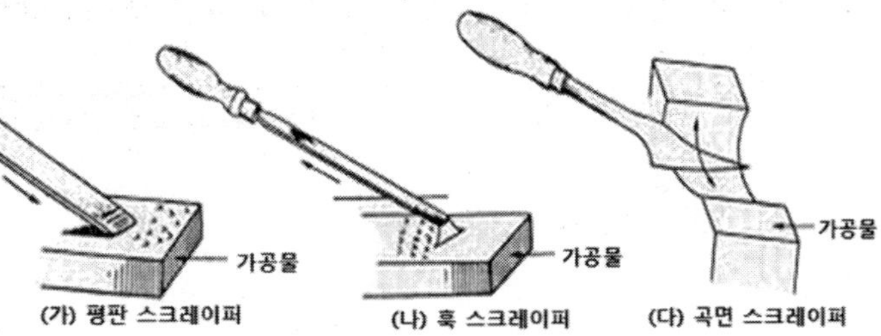

[스크레이퍼 작업 종류]

1-6. 리머(Reamer) 작업

드릴로 뚫은 구멍은 보통 진원도 및 내면의 다듬질 정도가 양호하지 못하므로 리머를 사용하여 구멍 내면을 매끈하고 정확하게 가공하는 작업을 리머 작업 또는 리밍(Reaming)이라고 한다. 즉, 드릴로 뚫은 구멍을 더욱 정밀하게 가공하는 작업이다.

주) 압부 버니싱 : 구멍보다 조금 큰 것으로 밀어 넣어 매끈하게 다듬질하는 작업

(1) 리머 작업 시 주의사항

① 리머 절삭양은 구멍의 지름 10mm에 대하여 0.05가 적당하다.
② 절삭유를 충분히 공급할 것
③ 리머의 진행은 절삭 회전방향으로 할 것
④ 드릴 가공에 비하여 절삭속도를 느리게 하고 이송은 크게 한다.
⑤ 절삭속도를 작게 하면 리머의 수명은 길어지나 생산성이 떨어지고, 절삭속도를 너무 크게 하면 land부가 쉽게 마멸되어 리머의 수명이 단축되고 가공면이 불량해진다.

(2) 리머 날 종류와 각부 명칭

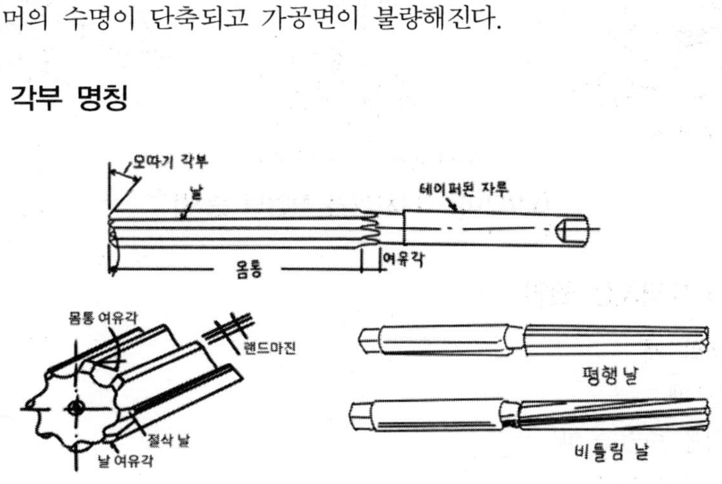

[리머의 종류와 각부 명칭]

1-7. 탭(Tap) 및 다이스(Dies) 작업

손다듬질이나 조립작업 시에는 핸드 탭으로 암나사를 내고, 다이스로 수나사 작업을 한다. 핸드 탭은 3개가 1조로 되어 있으며 1번 탭, 2번 탭, 3번 탭 순으로 차례로 사용하여 암나사를 깎는다. 1번 탭이 가장 거칠고 (55%) 절삭, 2번 탭은 25% 절삭, 3번 탭은 가장 매끈하고 20% 절삭한다.

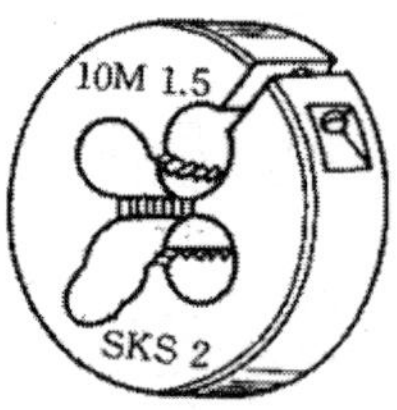

[다이스]

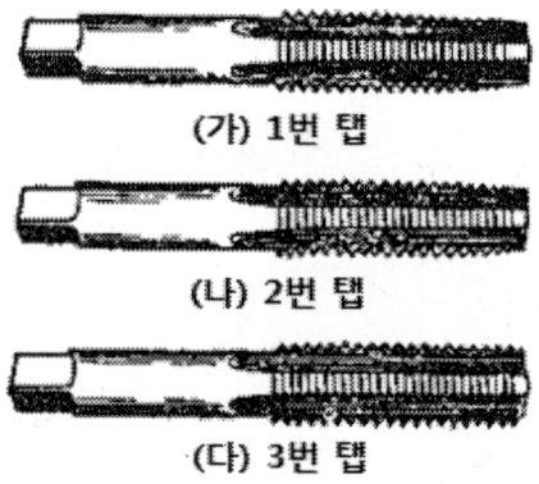

[탭]

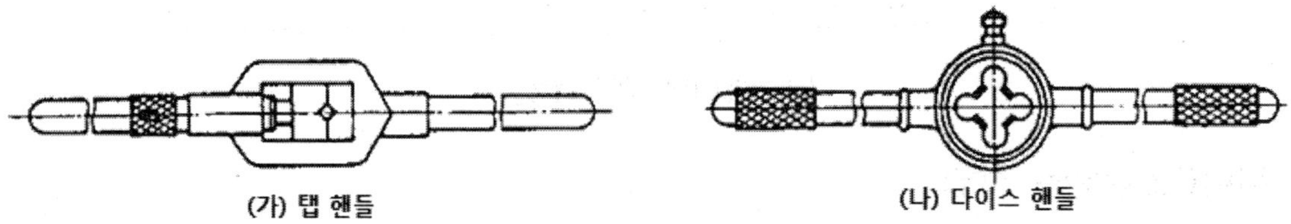

[탭/다이스 핸들]

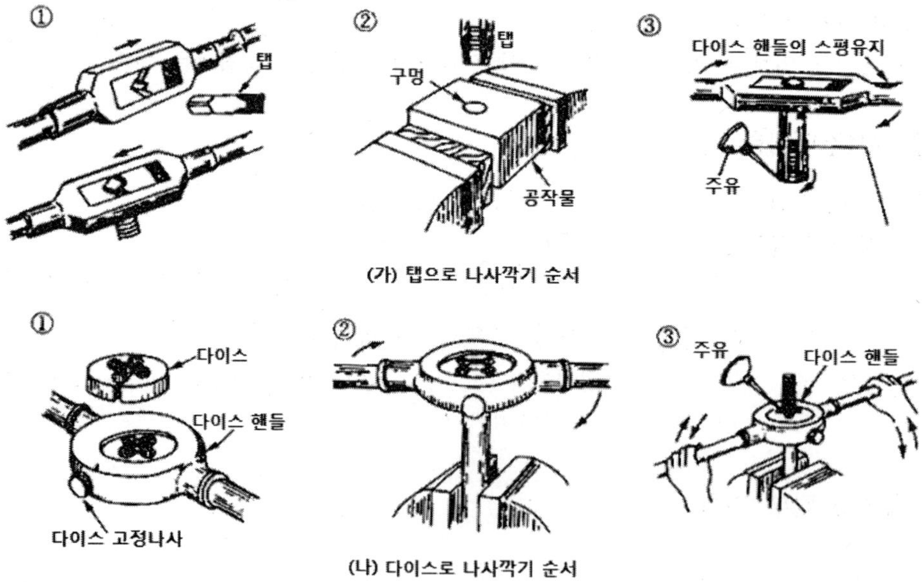

[탭/다이스 나사깎기 작업의 순서]

(1) 탭 작업 시 탭이 부러지는 원인

① 구멍이 바르지 못할 때
② 구멍이 너무 작을 때
③ 핸들에 무리한 힘을 주었을 때
④ 칩의 배출이 원활하지 못할 때
⑤ 탭이 구멍 바닥에 부딪혔을 때

(2) 탭 작업 시 주의 사항

① 공작물을 수평으로 단단하게 고정시킬 것
② 구멍의 중심과 탭의 중심을 일치시킬 것
③ 핸들에 무리한 힘을 가하지 말고 수평으로 유지시킬 것
④ 기름을 충분히 넣을 것
⑤ 탭을 한쪽 방향으로만 돌리지 말고 가끔 역회전하여 칩을 배출할 것

(3) 다이스 작업 시 주의사항

① 재료를 깨끗하게 한다.
② 절삭량을 점차로 늘린다.
③ 다이스는 핸들에 정확히 고정한다.
④ 나사 낼 부분을 모따기한다.
⑤ 다이스와 일감은 항상 90°를 이루도록 하여 작업한다.

2. 측정

일반적으로 검사(Inspection)란 주어진 규정에 만족 판정하는 것을 의미하고, 측정이란 어떤 양(측정량)을 단위로서 사용되는 다른 양과 비교하는 것을 의미한다. 정밀측정 시 온도는 20℃, 습도는 60%, 압력은 표준 대기압(760mmHg : 101.325kPa)에서 측정한다.

2-1. 측정의 주요 내용

(1) 최소 눈금(Scale Interval)

① 1눈금이 나타내는 측정량을 말한다.
② 생물학적 및 심리학적 측정 정도 눈금선 길이는 0.7~2.5mm가 가장 좋다.
(1눈금의 1/10을 눈가늠으로 읽을 수 있다.)

(2) 측정의 감도(Sensitivity)

① 측정량의 변화 ΔM에 대한 지시량의 변화 ΔA에 비(감도 $E = \frac{\Delta A}{\Delta M}$)를 말한다.
② 여기서 지시량은 눈금 상에서 읽을 수 있는 측정량을 말한다.

(3) 지시범위(Scale Range)

① 눈금 상에서 읽을 수 있는 측정값의 범위를 말한다.
② 지시범위는 반드시 0으로부터 시작할 필요는 없다.
[예] 마이크로미터는 0~25mm, 25~50mm …, 다이얼 게이지는 5 또는 10mm이다.
③ 대부분 길이 측정기는 지시범위와 측정범위가 일치한다.

(4) 정확도(Accuracy)

계통적 오차의 작은 정도, 즉 참값(측정값-오차)에 대한 '한쪽으로의 치우침'의 작은 정도를 정확도라 한다.

(5) 정밀도(Precision)

우연오차, 즉 측정값의 '흩어짐의 작은 정도'를 정밀도라 한다.

(6) 오차(Error)

측정치로부터 참값을 뺀 값으로 다음의 오차들은 계통적 오차라 한다.

① 계기오차(측정기 오차) : 온도, 마모량, 압력, 길이 등
② 시차(개인오차) : 측정자의 버릇, 부주의, 숙련도 등
③ 우연오차 : 소음, 진동, 자연현상 등으로 우연오차를 줄이려면 여러 번 반복하여 측정한다.
④ 불합리 오차 : 실수, 계산착오 등
⑤ 이론오차 : 이론적으로 보정할 수 있는 오차로 열팽창 · 실온 등에 의한 오차 등

(7) 편차(Declination)

측정치로부터 모평균을 뺀 값을 말한다.

(8) 공차(Tolerance)

규정된 최대치와 최소치와의 차이를 말하고, 허용차와 같은 뜻이다.

(9) 치우침(Bias)

참값(측정값-오차)과 모평균과의 차이를 말한다.

(10) 잔차(Residual)

측정값과 이론값의 차이를 말한다. 이론값이란 원리 또는 가설에 의하여 이론적으로 구한 값을 말한다.

2-2. 측정의 종류

2-2-1 절대측정

직접측정이라고도 하며, 측정기로부터 직접측정치를 읽을 수 있는 방법이다. 절대측정기는 눈금자, 버니어 캘리퍼스, 마이크로미터 등이 있다.

[장점] 측정범위가 넓다. 직접 판독이 가능하다. 다품종의 소량측정에 유리하다.
[단점] 판독자에 따라 측정 오차가 발생한다. 숙련된 기술을 요구한다. 측정시간이 길다.

(1) 버니어 캘리퍼스(Vernier Calipers)

① 구조

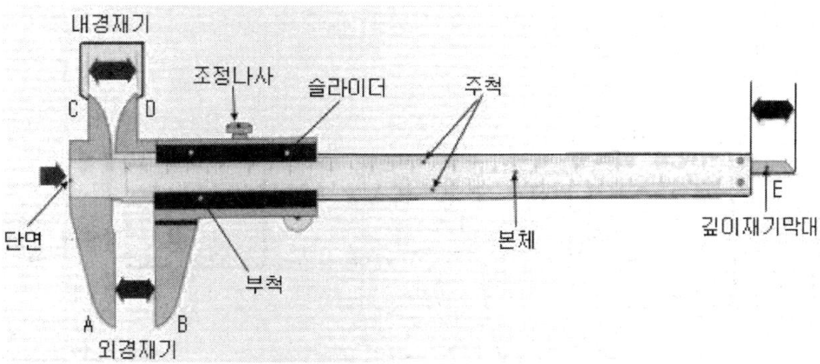

[버니어 캘리퍼스의 각부 명칭]

② 측정범위 : 내경, 외경, 높이, 깊이, 단차 등을 측정한다.

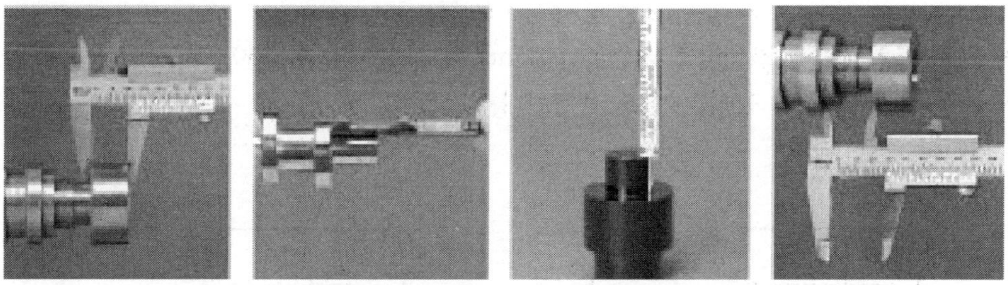

[버니어 캘리퍼스의 측정범위]

③ 종류

- M1형 : 부척 19mm를 20등분한 것(0.05mm까지 측정)
- M2형 : 부척 24.5mm를 25등분한 것(0.02mm까지 측정)
- CB형 : 부척 12mm를 25등분한 것(0.04mm까지 측정)
- CM형 : 부척 49mm를 50등분한 것(0.02mm까지 측정)

④ 버니어 눈금 읽는 법 : 최소측정값 = 어미자의 눈금(A)/등분 수(n)

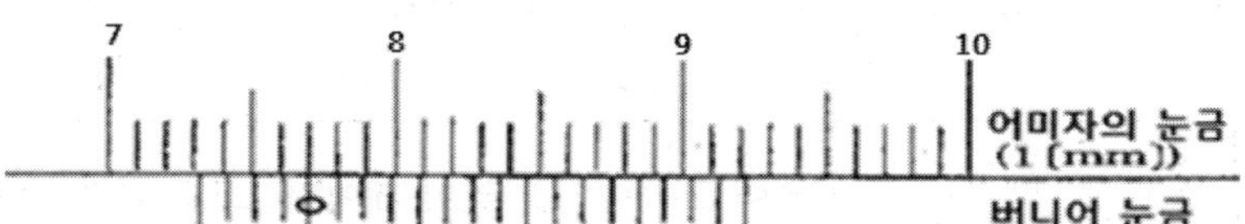

버니어는 어미자의 두 눈금 간격을 1mm으로 하고, 어미자의 19눈금을 20등분한다. 따라서 버니어의 한 눈금은 0.95mm로 되어 어미자와 버니어의 한 눈금의 차는 0.05mm가 되기 때문에 1/20mm까지 측정할 수 있다. 위 그림에서 보는 바와 같이 버니어의 0의 위치가 어미자의 73mm를 조금 넘어 있고, 어미자와 버니어의 눈금은 네 번째의 눈금이 일치되어 있으므로 0.05mm×4 = 0.20mm으로 되어 측정값은 73mm+0.20 = 73.20mm가 된다.

(2) 마이크로미터(Micrometer)

아베의 원리를 적용한 것이 마이크로미터이다. 아베의 원리란 표준자와 피측정물은 동일 축 선상에 위치하여야 한다는 원리다. 최소 측정눈금 = 스핀들 피치/심블의 등분수이다.

① 구조

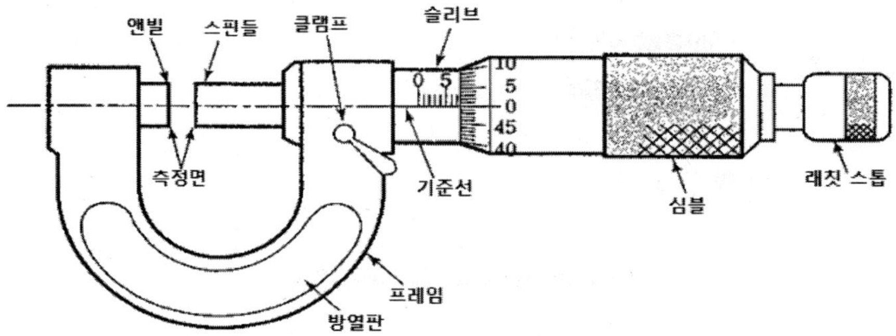

[마이크로미터의 각부 명칭]

② 측정범위 : 0~25mm, 25~50mm, 50~75mm, 25mm씩 차이를 두어 150~175mm까지 측정 가능하고, 내측, 외측, 길이, 나사, V홈 등의 치수를 측정한다.

③ 마이크로미터의 눈금 읽기

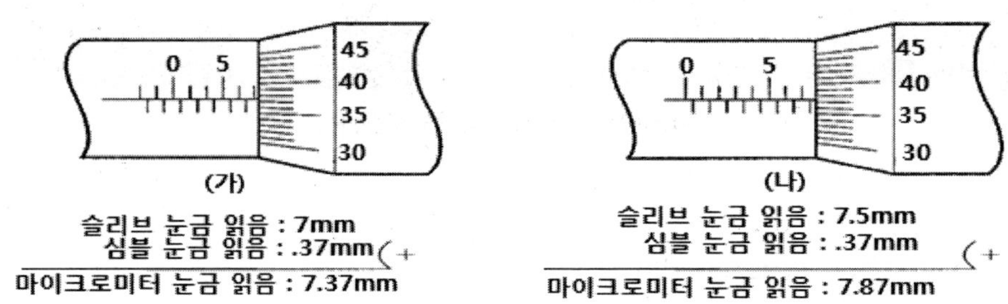

[마이크로미터의 측정값]

(3) 하이트 게이지(Height Gage)

하이트 게이지는 대형부품, 복잡한 모양의 부품 등을 정반 위에 올려놓고 정반면을 기준으로 하여 높이를 측정하거나 스크라이버 끝으로 금 긋기 작업을 하는 데 사용한다.

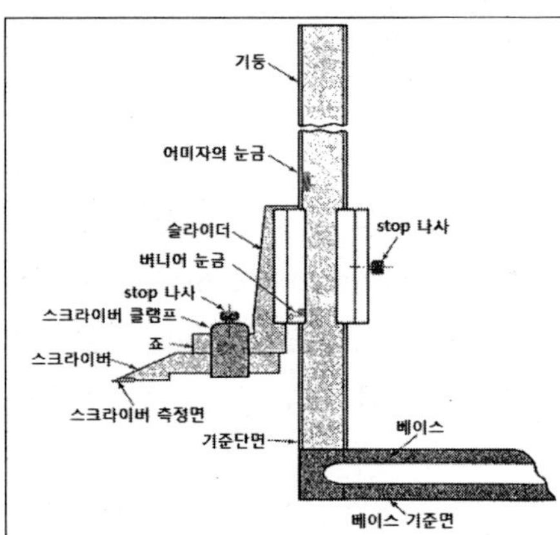

[하이트 게이지]

하이트 게이지를 높이 게이지라고도 한다. 앞쪽 끝은 단단하고 뾰족하게 되어 있으므로 서피스 게이지와 마찬가지로 재료에 금긋기를 할 수 있다. 종류로는 HM형, HB형, HT형, 다이얼식이 있다. HM형은 견고하여 금긋기에 적당하며 비교적 대형이다. 그러나 0점 조정이 불가능하다. HB형은 경량 측정에 적당하나 금긋기용으로는 부적당하다. 스크라이버의 측정면이 베이스면까지 내려가지 않으며 0점 조정이 불가능하다. HT형은 표준형으로 본척의 이동이 가능하다. 다이얼식은 버니어 눈금 대신 다이얼게이지를 붙인 것으로 최소 눈금은 0.01mm이다.

2-2-2 비교측정

측정하고자 하는 양의 값을 같은 종류의 양만큼 미리 측정한 값과 비교하여 측정하는 기기, 즉 표준길이와 비교하여 측정하는 방법으로 비교측정기에는 다이얼 게이지, 블록 게이지, 내경 퍼스 등이 있다.

(1) 다이얼 게이지(Dial Gauge)

① 구조

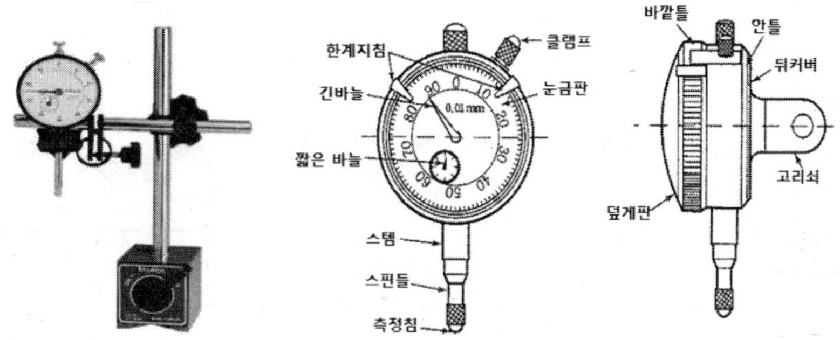

[다이얼 게이지의 각부 명칭]

② 측정범위 : 깊이, 진원도, 원통도, 평활도, 축의 흔들림 정도 등에 측정

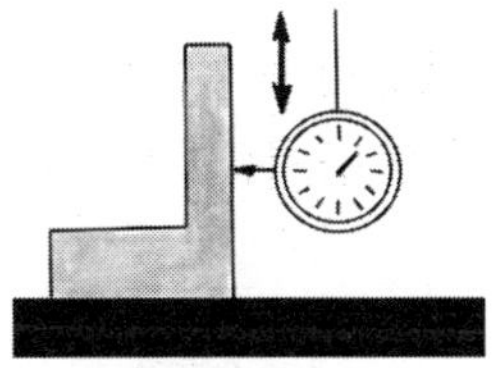

(가) 직각도

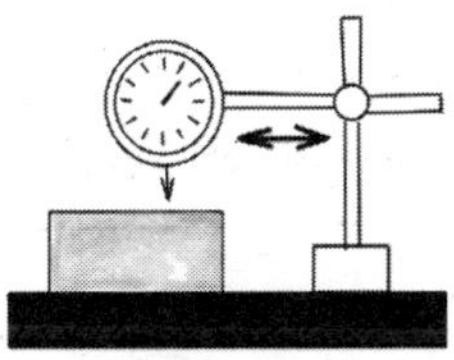

(나) 평형도

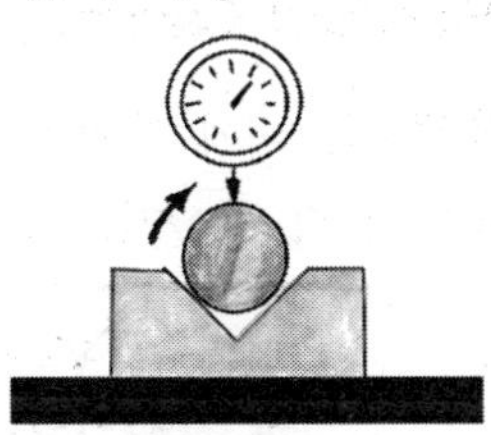

(다) 진원도

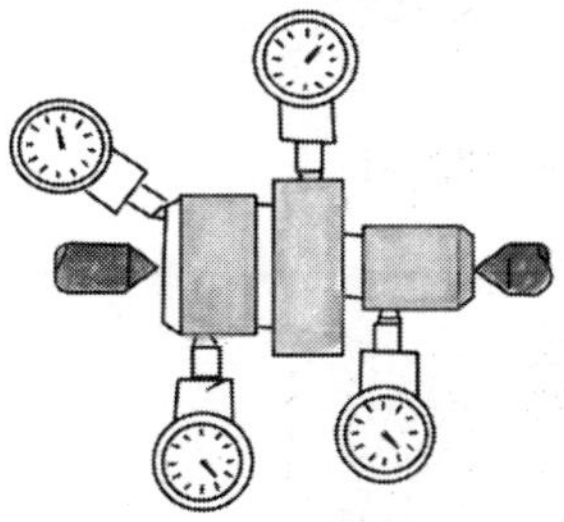

(라) 다점측정

(마) 깊이 측정

(바) 사인 바

[다이얼 게이지의 측정범위]

(2) 블록 게이지(Block Gauge)

블록 게이지 형상은 직사각형 단면을 가진 요한슨형, 중앙에 구멍이 뚫린 정사각형의 단면을 가진 호크형과 원형으로 중앙에 구멍이 뚫린 캐리어형, 팔각형 단면으로서 2개의 구멍을 가진 것들이 있다.

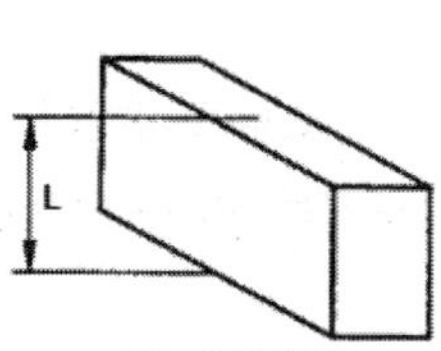

(가) 요한슨형

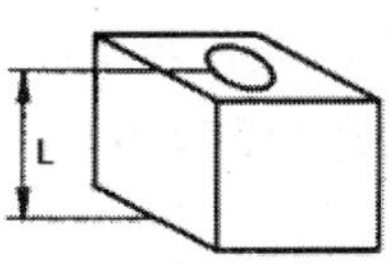

(나) 호크형

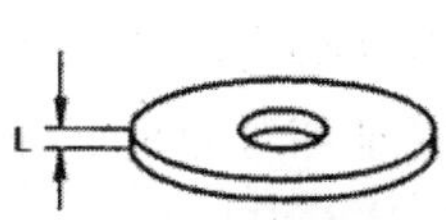

(다) 캐리어형

[블록 게이지의 종류]

블록 게이지는 초정밀용 등급(연구소용) : 00(AA), 정밀측정(표준용) : 0(A), 일반공작측정(검사용) : 1(B), 공작용 : 2(C)으로 정밀도, 등급과 용도로 구별한다.

(3) 한계 게이지(Limit Gauge) : 테일러의 원리

통과측(최소 치수측), 정지측(최대 치수측)이 있으며 제품이 통과측에 들어가고 정지측으로 들어가지 않으면 이 제품은 주어진 공차 내에 있음을 알 수 있는 게이지다.

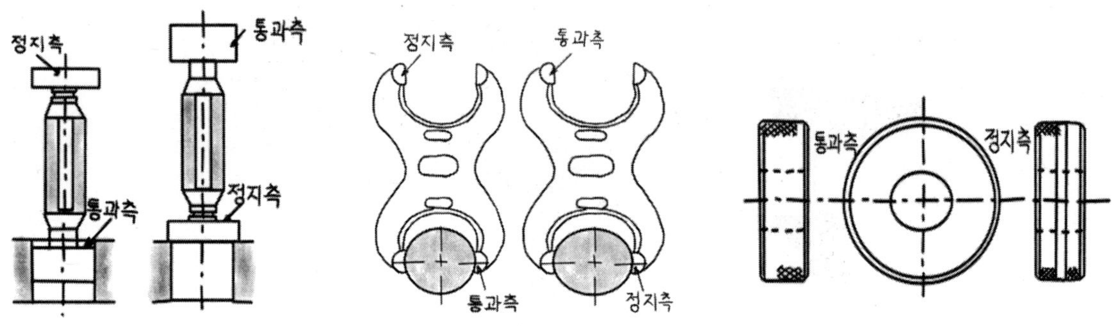

[한계 게이지의 종류]

(4) 표준 게이지(Standard Gauge)

나사의 피치를 측정하는 피치 게이지, 강선의 지름, 판의 두께를 측정하는 와이어 게이지, 미세한 간극 또는 틈새를 측정하는 필러 게이지, 모서리 부분의 반지름을 측정하는 반지름 게이지 등이 있다.

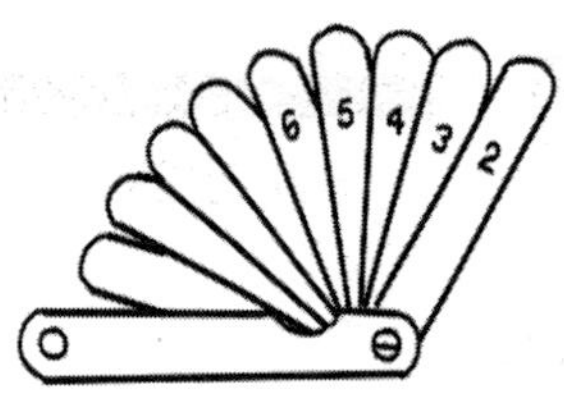

(가) 필러 게이지

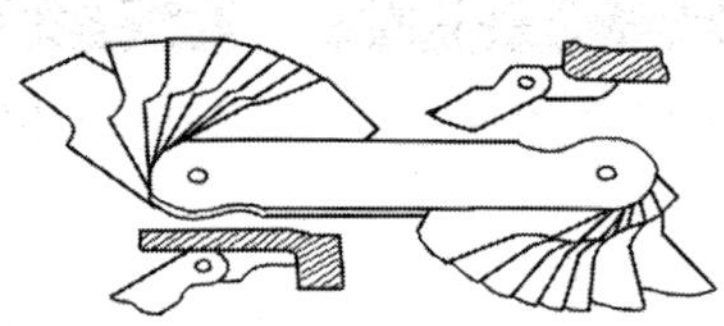

(나) 반지름 게이지

(다) 와이어 게이지

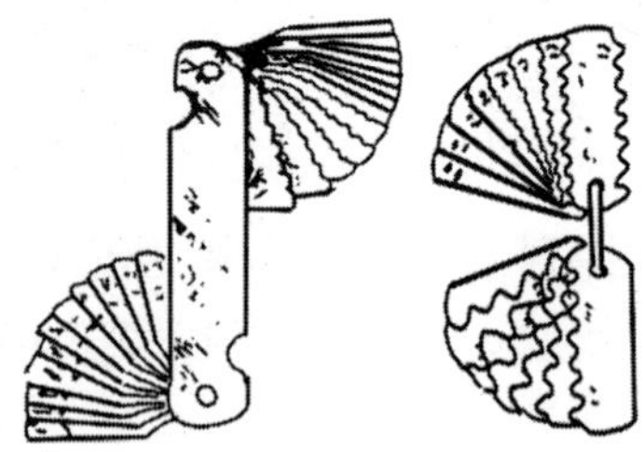

(라) 나사/기어 피치 게이지

[표준 게이지의 종류]

2-2-3 각도 측정 게이지

사인 바(Sine Bar), 요한슨 식, NPL식, 만능 각도 측정기, 수준기, 오토콜리미터, 탄젠트 바 등이 있다. 특히 사인 바는 삼각함수에 의해 각도를 측정하는데, 이 사인 바 각도기는 45°가 넘으면 오차가 많다. 그래서 45° 이하의 각도측정에 사용한다.

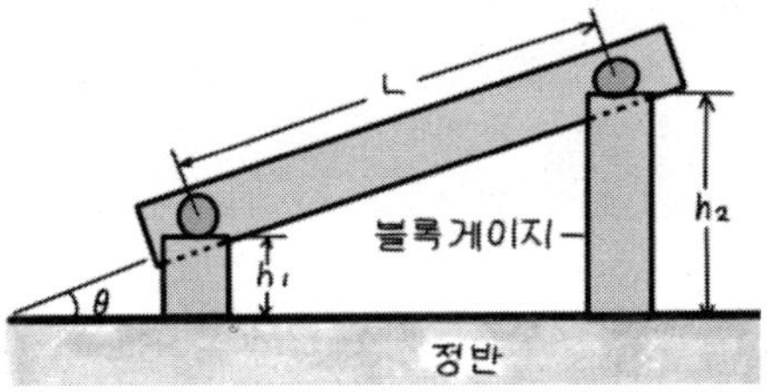

$$\sin\theta = \frac{h_2 - h_1}{L}$$

단, L : 롤러중심사이의 거리
h_1, h_2 : 블록게이지 높이

[사인 바 각도 게이지]

2-2-4 나사의 유효지름 측정에 사용되는 게이지

① 나사 마이크로미터 : 유효지름 측정
② 삼침법(삼선법) : 가장 정밀도가 좋다.
③ 만능 측장기
④ 공구 현미경(만능 현미경) : 외경, 내경, 유효지름, 피치, 나사산의 높이, 나사산 각을 측정할 수 있다.

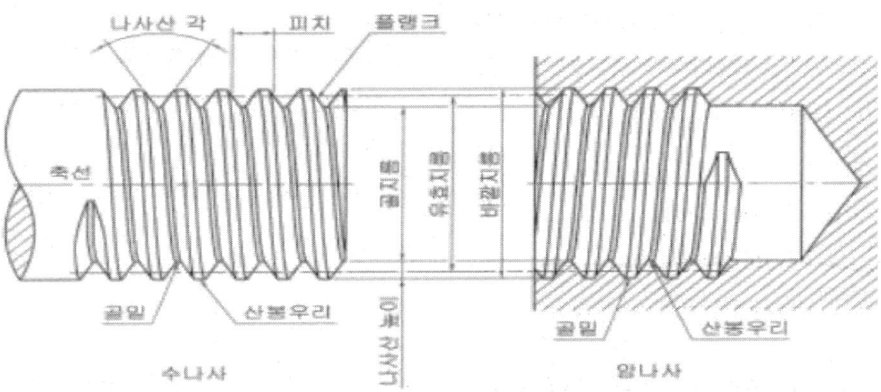

주) 나사에서 호칭지름은 바깥지름으로 표시한다.

[나사의 각부 명칭]

2-2-5 표면 거칠기 측정(촉침법, 광 절단법, 관선반사법)

표면 거칠기 종류로는 최대 높이, 10점 평균 거칠기, 중심선 표면 거칠기가 있다.

2-2-6 평면도 측정에 이용되는 게이지

① 옵티컬 플랫
② 스트레이트에지
③ 수준기 : 진직도(평행도 : 일직선상에서 벗어난 정도) 측정에 이용한다.
④ 오토콜리미터

연습문제

문제01 다음 중 다듬질 순서가 바르게 나열된 것은?

가. 정작업-금긋기작업-스크레이퍼작업-줄작업-조립
나. 정작업-줄작업-금긋기작업-스크레이퍼작업-조립
다. 금긋기작업-정작업-줄작업-스크레이퍼작업-조립
라. 금긋기작업-스크레이퍼작업-줄작업-정작업-조립

문제02 마이크로미터의 측정면이나 블록 게이지의 측정면과 같이 비교적 작고, 정밀도가 높은 측정물의 평면도 검사에 사용하는 측정기로 가장 적합한 것은?

가. 옵티컬 플랫(optical flat)
나. 윤곽 투영기(profile projector)
다. 컴비네이션 세트(combination set)
라. 오토 콜리메이트(auto-collimator)

문제03 수기가공에서 작품의 평면만을 정밀하게 다듬질할 때 사용되는 것이 아닌 것은?

가. 정반　　나. 광명단
다. 스크레이퍼　　라. 서피스게이지

[해설] 광면단 : 일산화연을 400~450℃로 장시간 가열하여 만든 황색 분말

문제04 줄(File)의 크기(호칭치수)는 무엇으로 표시되는가?

가. 줄의 폭
나. 줄의 두께
다. 줄의 전체 길이
라. 탱(Tang)을 제외한 본체의 길이

[해설] 줄의 눈금의 크기는 1inch에 대한 눈금의 수

문제05 바이스의 크기는 어느 것으로 표시하는가?

가. 바이스의 높이
나. 바이스에 물릴 수 있는 공작물의 최대 길이
다. 바이스 죠(Jaw)의 폭
라. 바이스 죠(Jaw)가 벌어질 수 있는 최대 간격

문제06 평면이나 원통면을 정확한 면으로 다듬는 데 소량의 금속을 국부적으로 깎아내는 공구를 무엇이라 하는가?

가. 서피스게이지　　나. 쇠톱
다. 스크레이퍼　　라. 펀치

문제07 다음 금긋기용 공구 중 가공물의 중심을 잡거나 정반 위에서 가공물을 이동시켜 평행선을 그을 때 사용되는 공구의 명칭은?

가. 리머　　나. 펀치
다. 스크레이퍼　　라. 서피스게이지

문제08 드릴로 뚫은 구멍을 더욱 정밀하게 가공하는 작업을 무엇이라 하는가?

가. 리머작업　　나. 스크레이퍼작업
다. 다이스작업　　라. 탭 작업

문제09 다이스(Dise)의 용도는?

가. 암나사 가공　　나. 수나사 가공
다. 분활대　　라. 공작물 고정

문제10 측정치의 온도에 따라서 오차가 생기는데 정밀측정에서의 표준온도는?

가. 4℃ 나. 15℃ 다. 20℃ 라. 30℃

문제11 공차(Tolerance)의 올바른 정의는?

가. 허용한계치수와 기준치수와의 차이
나. 기준치수와 최소치수와의 차이
다. 기준치수와 최소치수와의 차이
라. 최대치수와 최소치수와의 차이

문제12 측정치의 통계적 용어에 관한 설명으로 옳은 것은?

가. 치우침(bias) : 참값과 모평균과의 차이
나. 오차(error) : 측정치와 시료평균과의 차이
다. 편차(deviation) : 측정치와 참값과의 차이
라. 잔차(residual) : 측정치와 모평균과의 차이

문제13 정확도와 정밀도에 대한 설명으로 틀린 것은?

가. 정확도는 참값에 대한 한쪽으로 치우침이 작은 정도를 뜻한다.
나. 정밀도는 측정치의 흩어짐이 작은 정도를 뜻한다.
다. 정밀도는 모표준편차로 나타낼 수 있다.
라. 정확도는 계통적 오차보다는 우연오차에 의한 원인이 크다.

문제14 아베의 원리에 대해 설명한 것은?

가. 측정기의 측정면 모양은 피측정물의 모형이 곡면일 때는 평면, 안지름에는 구면이나 곡면을 사용한다.
나. 피측정물과 표준자와는 측정방향에 있어서 일직선 위에 배치하여야 한다.
다. 측정 시 눈의 위치를 언제나 눈금판에 수직이 되도록 한다.
라. 측정자와 마모를 적게 하기 위하여 내마모성이 큰 재료를 선택한다.

[해설] ① 아베의 원리를 적용한 게이지 : 외측 마이크로미터
② 아베의 원리를 위배한 게이지 : 버니어 캘리퍼스, 캘리퍼스형 내측 마이크로미터

문제15 버니어 캘리퍼스는 일반적으로 부척의 한 눈금이 본척의 n–1개의 눈금을 n등분한 것이다. 본척의 한 눈금이 A라고 하면 읽을 수 있는 최소치수는?

가. nA 나. A/n 다. nA/n-1 라. n-1/nA

문제16 버니어 캘리퍼스에서 어미자의 1눈금이 0.5 mm이고 아들자는 12mm을 25등분하였다면 최소 측정값은?

가. 0.1mm 나. 0.02mm
다. 0.5mm 라. 0.05mm

[해설] 버니어 캘리퍼스의 눈금 : $0.5\text{mm}-\frac{12}{25}=0.02\text{mm}$

문제17 자동차 정비 측정용 기기 중 1/100mm까지 측정할 수 있는 마이크로미터에서 나사의 피치와 딤블의 눈금에 대하여 바르게 설명한 것은?

가. 피치는 1mm이고, 딤블은 50등분 되어 있다.
나. 피치는 0.5mm이고, 딤블은 50등분 되어 있다.
다. 피치는 0.25mm이고, 딤블은 50등분 되어 있다.
라. 피치는 0.5mm이고, 딤블은 100등분 되어 있다.

문제18 다음 중 나사의 원리를 이용한 측정기로 적합한 것은?

가. 실린더 게이지 나. 마이크로미터
다. 다이얼 게이지 라. 블록 게이지

문제19 기준치수로 되어 있는 표준편과 제품을 측정기로 비교하여 지침이 지시하는 눈금의 차를 읽어 측정하는 방법은?

가. 절대측정 나. 비교측정
다. 표준측정 라. 한계측정

문제20 작은 길이의 변화를 확대하여 회전체의 흔들림, 진원도, 평행도, 평면도 등의 정밀도를 검사하는 비교측정기는?

가. 마이크로미터　　나. 다이얼 게이지
다. 블록 게이지　　라. 한계 게이지

문제21 다이얼 게이지로 측정할 수 없는 것은?

가. 공작물의 평면도
나. 공작물의 피치
다. 편심도
라. 공작물의 고저 차이

문제22 비교측정의 표준이 되는 게이지는?

가. 게이지 블록　　나. 센터 게이지
다. 한계 게이지　　라. 마이크로미터

문제23 게이지 블록의 정도를 나타내는 등급으로 정도가 가장 높아 참조용으로 사용되며, 표준용 게이지 블록의 정도 검사에 사용되는 한국산업규격(KS) 등급인 것은?

가. 특급　　나. 00급　　다. 1급　　라. C급

문제24 게이지 블록에 관한 설명 중 틀린 것은?

가. 사용 후 밀착한 상태 그대로 보관해야 표면이 상하지 않는다.
나. 게이지 표면의 방청유를 깨끗한 천으로 충분히 닦아낸 다음 사용한다.
다. 사용 후에는 벤젠이나 에테르로 깨끗이 한 후에 방청유를 칠해 보관한다.
라. 길이의 제작 시 게이지 블록 개수는 최소로 만드는 것이 좋다.

문제25 사인 바로 각도측정을 할 때 몇 도를 넘으면 오차가 많게 되는가?

가. 10°　　나. 20°　　다. 30°　　라. 45°

문제26 다음 중 진직도 측정에 가장 적합한 것은?

가. 수준기　　나. 사인 바
다. 한계 게이지　　라. 마이크로미터

[해설] 진직도(평행도) : 일직선상에서 벗어난 정도

문제27 각도 측정 게이지에 해당되지 않는 것은?

가. 하이트 게이지　　나. 오토콜리메이터
다. 수준기　　라. 사인 바

문제28 삼침법이란 나사의 무엇을 측정하는 방법인가?

가. 유효지름　　나. 바깥지름
다. 피치　　라. 산의 각도

문제29 나사의 바깥지름(호칭지름), 골 지름, 유효지름, 나사산의 각도, 피치를 모두 측정할 수 있는 측정기는?

가. 나사 마이크로미터　　나. 피치 게이지
다. 나사 게이지　　라. 공구 현미경

문제30 KS에서 규정된 표면거칠기 표시법이 아닌 것은?

가. 최대 높이 거칠기　　나. 중심선 평균 거칠기
다. 10승 평균 거칠기　　라. 자승 평균 거칠기

01	다	02	가	03	라	04	라	05	다	06	다
07	라	08	가	09	나	10	다	11	라	12	가
13	라	14	나	15	나	16	나	17	나	18	나
19	나	20	나	21	나	22	가	23	나	24	가
25	라	26	가	27	다	28	가	29	라	30	라

CHAPTER 08

연삭/정밀/특수가공

연마가공이란 단단한 연마입자를 절삭공구로 사용하여 공작물을 가공하는 공정들에 대한 총체적 명칭이고, 그 중 연삭가공은 고속으로 회전하는 연삭숫돌 바퀴(Grinding Wheel)의 예리한 숫돌 입자의 날로 평면과 원통면 공작물의 표면을 소량씩 절삭하여 다듬는 가공이며, 연삭에 쓰이는 기계를 연삭기라 한다.

연삭가공은 열처리하여 경화된 강이나 합금강과 같이 절삭이 어려운 재료의 가공도 가능하다. 또, 가공 정밀도가 높고 정밀한 다듬면을 얻을 수 있으므로 각종 절삭공구를 연삭하거나 정밀한 기계 부품을 다듬질할 때 사용된다.

1. 연삭기의 종류

(1) 원통(외경) 연삭기

① 트래비스 : 절입과 이송이 가능한 연삭기
② 트랜치 : 절입만 가능한 연삭기
숫돌의 너비 > 공작물 너비

(2) 내면 연삭기

① 플레인(보통형) : 소형 연삭기로서 100mm 미만 연삭 가능
② 플레니터리(유선형) : 대형 연삭기로서 100mm 이상 연삭 가능
③ 센터리스 연삭기 : 조정숫돌이 부착된 연삭기로서 속도가 느리고 소형 대량 생산에 적합하다.

$V=\frac{\pi dn \times \sin\alpha}{1000}$ 여기서, $\sin\alpha$: 조정숫돌과 공작물과의 경사각으로서 일반적으로 4~5°이다.

(3) 평면 연삭기

2. 연삭숫돌 바퀴

(1) 연삭숫돌의 3요소

① 입자
② 기공 : 입자와 입자 사이의 틈새로서 칩이 피하는 장소
③ 결합제 : 입자와 입자끼리의 접착제

(2) 연삭숫돌의 표시법

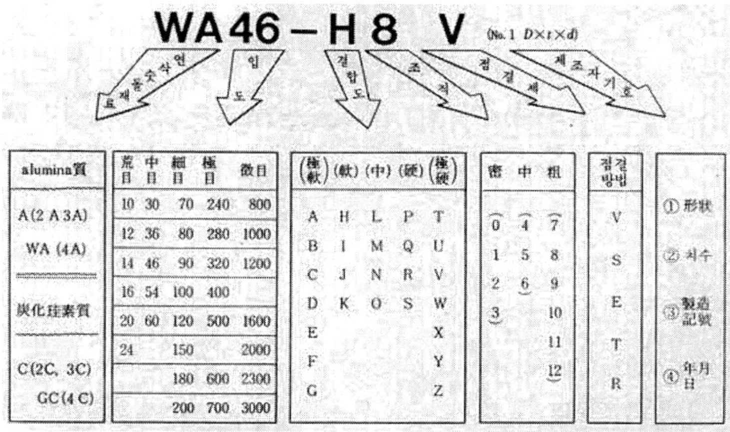

[연삭숫돌의 표시방법]

(3) 숫돌의 입자

숫돌에 사용하는 연삭재에는 알루미나(Al_2O_3)계와 탄화규소(SiC)계의 2가지가 있다. 알루미나 연삭재에는 WA, A가 있고, 탄화규소에는 GC와 C가 있다.

① WA : 백색이고, 순도가 높아 고속도강, 특수강의 연삭에 사용된다.
② A : 갈색이고, C 숫돌보다는 부드러우나 강인하므로 주강, 탄소강 연삭에 사용된다.
③ GC : 녹색이고, 순도가 높아 발열을 피하는 작업에 사용되며, 초경합금, 유리 등의 연삭에 사용된다.
④ C : 흑색이고, A 숫돌보다는 굳으나 부스러지기 쉬워 주철, 석재의 연삭에 사용된다.

(4) 숫돌의 입도

연삭숫돌 입자의 크기를 표시하는 방법으로, 메시(Mesh) 번호로 표시하며 거친 눈(황목), 중목, 가는 눈(세목), 매우 가는 눈(극세목) 등이 있다.

(5) 숫돌의 결합도(알파벳 대문자로 표시)

숫돌의 결합도는 숫돌입자의 결합상태를 나타내는 것이며, 결합도 표시 방법은 아래 표와 같다.

결합도 기호	A, B, C, D, E, F, G	H, I, J, K	L, M, N, O	P, Q, R, S	T, U, V, W, X, Y, Z
결합도 호칭	매우 연하다.	연하다.	보통이다.	단단하다.	매우 단단하다.

[숫돌의 결합도 표시]

※ 가공물의 재질이 연질일수록 결합도가 높은 숫돌을 사용하는 것이 좋다.

(6) 숫돌 조직

연삭숫돌의 단위체적당 입자 수를 밀도라 하며, 이 밀도로 조직을 표시한다.

조직	밀도가 치밀한 것	밀도가 중간인 것	밀도가 거친 것
조직번호	0, 1, 2, 3	4, 5, 6	7, 8, 9, 10, 11, 12
조직기호	C	M	W
입자율	50 이상 43 이하	42 이상 50 이하	42 이하

[숫돌의 조직]

(7) 숫돌 결합제

숫돌의 결합제는 유기질 결합제와 무기질 결합제로 나누어진다. 무기질 결합제는 비트리파이드(V), 실리케이트(S)가 있고, 유기질 결합제는 셀락(E), 고무(R), 레지노이드(T), 메탈(M)이 있다. 숫돌 결합제의 구비조건은 다음과 같다.

① 적당한 기공이 있을 것
② 열이나 연삭액에 대하여 안정될 것
③ 고속회전으로 인한 기계적 강도가 충분할 것
④ 균일한 조직으로 임의의 형상 및 치수가 쉽게 만들어질 것

(8) 연삭작업 시 나타나는 현상

① 로딩(Loading : 눈 메꿈) : 숫돌 입자의 기공에 칩이 차서 연삭성을 불량하게 하는 현상
② 글레이징(Glazing : 무딤현상) : 숫돌입자가 탈락하지 않고 마멸되어 무디어지는 현상
③ 자생작용(Self-Sharping) : 연삭의 진행과 더불어 둔해진 날이 차츰 새로운 예리한 날로 대체되어 가는데 이것을 날의 자생작용이라 한다.

(9) 연삭숫돌의 수정작업

① 드레싱(Dressing) : 드레스를 이용하여 글레이징이나 로딩을 제거하여 새로운 숫돌입자를 생성하는 작업을 말한다.
② 트루잉(Truing) : 숫돌의 연삭면을 숫돌과 축에 대하여 평행 또는 일정한 형태로 성형(모양고치기)하는 작업을 말한다. 즉, 나사가공 시 나사모양, 기어가공 시 기어 모양으로 성형하는 작업을 말한다.

3. 정밀입자가공

(1) 호닝(Honing)

호닝은 막대 모양의 숫돌인 혼(Hone)을 구멍 내에서 회전과 동시에 왕복운동을 시켜 구멍 내면을 정밀하게 가공하는 작업이다. 작업 시 압력은 10~30kgf/cm^{2}이다.

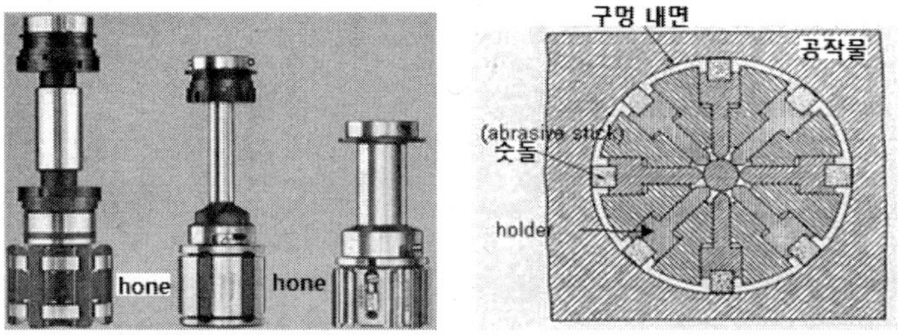

(가) (나)

[호닝머신]

(2) 수퍼 피니싱(Super Finishing)

입도가 적고 연삭숫돌을 작은 압력으로 가공물 표면에 가압하면서 가공물에 이송을 주고 또한 숫돌을 진동시켜 가공물을 완성 가공하는 방법이다. 특징은 가공면이 깨끗하고 방향성이 없고, 가공에 의한 표면 변질부가 극히 적어 원통의 외면, 내면, 평면의 가공에 적합하다.

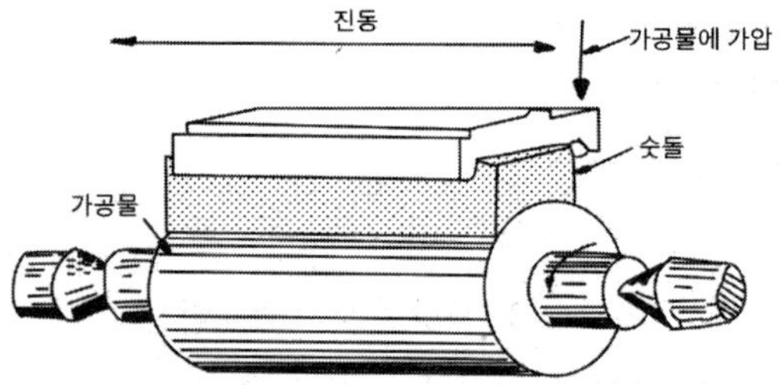

[수퍼 피니싱 가공]

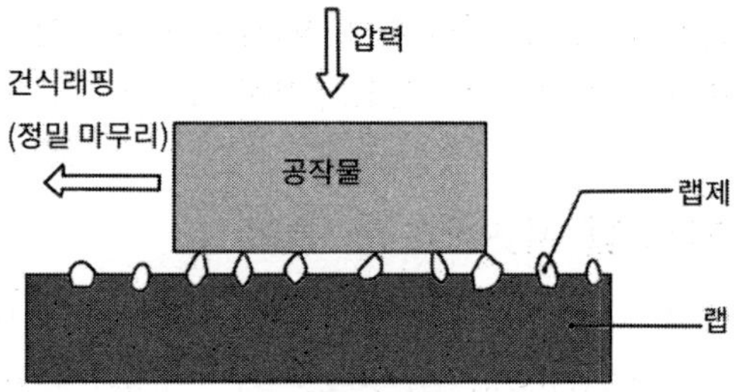

[래핑가공]

(3) 래핑(Lapping)

래핑은 공작물과 랩공구 사이에 미세한 분말상태의 랩제와 윤활유를 넣고 이들 사이에 상대운동을 시켜 정밀한 표면을 가공하는 방법이다. 래핑방식에는 습식래핑(거친 가공), 건식래핑(정밀 다듬질)이 있고, 랩제로는 알루미나, 탄화철, 산화크롬, 탄산규소 등이 쓰인다.

※ 정밀도가 좋은 순서 : 래핑 → 수퍼 피니싱 → 호닝 → 연삭 → 브로우칭

(4) 폴리싱(Polishing)

폴리싱은 목재, 벨트, 가죽, 직물 등 탄성이 있는 재료로 된 바퀴 면에 부착된 연삭 입자로 가공물을 연삭 다듬질하는 작업이다.

(5) 버핑(Buffing)

버핑이란 털, 면, 직물 등으로 만든 원판에서 연삭 재료를 주고 여기에 공작물을 눌러서 연삭하는 작업이며, 광택 내기, 녹 빼기 등에서 사용된다.

4. 특수가공

(1) 방전가공

입자를 사용하지 않고 방전을 연속적으로 일으켜 가공하는 방법으로 열처리강, 보석류 가공에 적합하다.

(2) 전해연마

전기분해 현상을 이용하여 금속 표면의 미소 돌기 부분을 용해하여 매끈하게 가공하는 전기 화학적 가공법으로 주사침, 바늘, 반사경 등의 가공에 적합하다.

(3) 초음파 가공

물이나 경유 등에 연삭입자를 혼합한 가공액을 공구의 진동면과 일감 사이에 주입시켜 가면서 16~30kHz/sec의 초음파에 의한 상하 진동으로 표면을 다듬는 가공방법이다. 수정, 유리합금, 초경질합금, 반도체 구멍 가공 등의 가공에 적합하다.

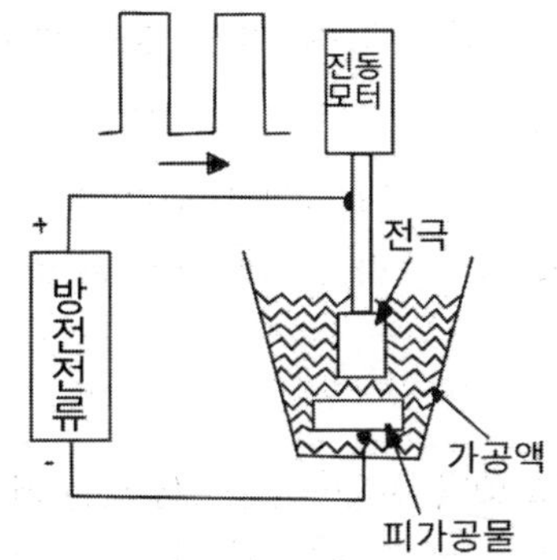

[방전가공]

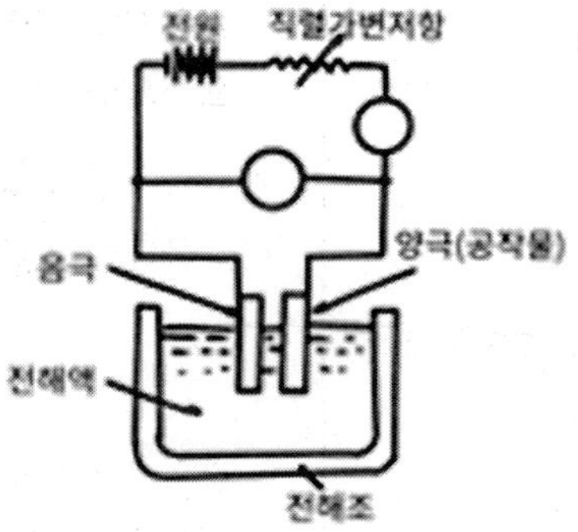

[전해연마]

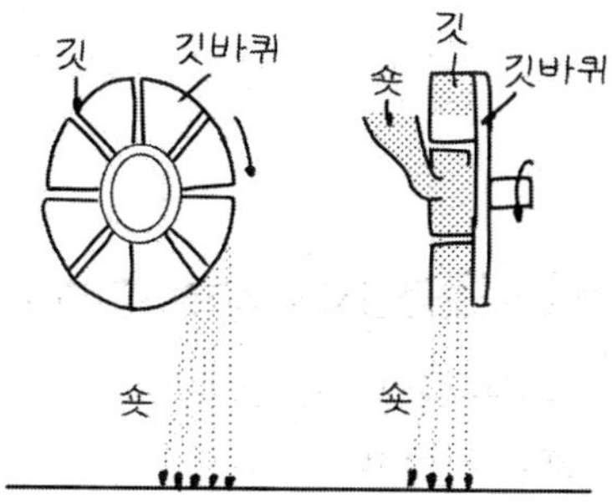

[숏 피닝]

(4) 쇼트 피닝(Shot Pining)

경화된 작은 구(Shot)를 고속으로 가공물 표면에 분사하여 공작물을 다듬질하는 방법으로서 피로강도, 인장강도 증가하고 기계적 성질이 향상된다. 숏의 재질로는 칠드주철이나 강이 이용되고, 반복하중을 받는 크랭크축, 커넥팅로드, 자동차 현가스프링, 볼 베어링, 기어, 록커 암 등의 가공에 이용된다. 두께가 두꺼운 재료나 부적당한 쇼트 피닝은 연성을 감소시켜 균열의 원인이 되므로 주의한다.

연습문제

문제01 숫돌바퀴를 이용하여 가공물의 표면을 소량 절삭하는 가공 방법은?

가. 연삭　　나. 압연
다. 세이핑　　라. 초음파 가공

문제02 다음 연삭숫돌 3요소로 옳지 않은 것은?

가. 입자　　나. 결합제
다. 조직　　라. 기공

문제03 숫돌입자에 사용되는 대표적인 연삭재는?

가. 알루미나와 탄화규소
나. 페로-실리콘
다. 페로-망간
라. FRP

문제04 연삭숫돌에서 연삭이 진행됨에 따라 입자의 날 끝이 자동적으로 닳아 떨어져 커터의 바이트처럼 연삭하지 않아도 되는 현상은?

가. 트루잉　　나. 자생작용
다. 피로작용　　라. 글레이징

문제05 숫돌입자의 표면이나 기공에 칩이 끼어 연삭성이 나빠지는 현상은?

가. 로딩　　나. 드레싱
다. 글레이징　　라. 트루잉

문제06 다음 중 연삭재료로 사용되는 재료가 아닌 것은?

가. 산화크롬　　나. 석면
다. 산화철　　라. 알루미나

문제07 연삭숫돌의 결함과 수정에 관한 용어 중 숫돌입자의 표면이나 기공에 칩(chip)이 차 있는 상태를 의미하는 것은?

가. 트루잉(truing)　　나. 로딩(loading)
다. 글레이징(glazing)　　라. 드레싱(dressing)

문제08 연삭숫돌의 외형을 수정하여 규격에 맞는 제품으로 만드는 과정을 무엇이라 하는가?

가. 로딩　　나. 글레이징
다. 드레서　　라. 트루잉

문제09 합금강 경화처리한 것을 연삭할 때 사용할 연삭입자는 다음 중 어느 것이 적당한가?

가. 석영　　나. 탄화규소
다. 다이아몬드　　라. 산화알미늄

문제10 연삭에서 숫돌바퀴의 수명은 보통 다음 중 어느 것으로 판정되는가?

가. 숫돌의 감멸이 급격히 증대하는 시기
나. 자생작용이 급격히 활발해지는 시기
다. 연삭비가 50%에 달하는 시기
라. 드레싱을 하지 않으면 연삭이 계속 어려울 때

문제11 연삭숫돌의 작업과 관련된 용어 설명 중 맞는 것은?

가. glazing이란 숫돌차를 성형하는 작업이다.
나. truing이란 숫돌 입자의 자생 작용이 잘 안 되어 입자가 마모되는 현상이다.
다. dressing이란 연삭 휠에서 결합제가 숫돌 입자를 지지하고 있는 힘이다.
라. loading이란 숫돌입자의 표면이나 기공에 칩이 끼어 연삭성이 나빠지는 현상이다.

문제12 구멍의 내면을 정밀하게 다듬는 가공법으로 공구에 회전운동과 동시에 축 방향으로 왕복운동을 주어 보링, 리머가공, 내면절삭을 한 구멍의 진원도, 표면 거칠기를 능률적으로 개선하기 위하여 발달된 가공법은?

가. 내경연삭　　나. 호닝
다. 수퍼 피니싱　　라. 래핑

문제13 숫돌에 회전운동, 왕복운동, 압력과 작은 진동을 주어 원통, 내면, 외면, 평면 등을 정밀 가공하는 방법은?

가. 래핑　　나. 전해연마
다. 수퍼 피니싱　　라. 액체 호닝

문제14 다음 중 랩 재료로 사용되지 않는 것은?

가. 탄화규소　　나. 산화알미늄
다. 산화크롬　　라. 탄소강

문제15 차량용 스프링, 기어 등의 반복하중을 받고 수명을 연장시키기 위한 방법으로 이용되고 있는 가공방법은 어느 것인가?

가. 액체호닝　　나. 쇼트 피닝
다. 호닝　　라. 래핑

문제16 쇼트 피닝(Shot Peening)에 관한 설명으로 틀린 것은?

가. 쇼트라는 작은 덩어리를 가공 틀에 분사한다.
나. 피닝 효과는 열응력을 향상시킨다.
다. 자동차용 코일 또는 판스프링 가공에 쓰인다.
라. 두께가 큰 재료는 효과가 적고, 균열의 원인이 될 수 있다.

문제17 공작기계 중에서 가공정밀도가 가장 높은 것은?

가. 정밀선반　　나. 연삭기
다. 호닝머신　　라. 보링머신

[해설] 정밀도가 좋은 순서 :
래핑 → 수퍼 피니싱 → 호닝 → 연삭 → 브로우칭

문제18 금속의 분해 현상을 이용한 가공법으로서 가공물을 양극으로 하고 전해용액 속에서 금속 표면의 미소 용기 부분을 용해하여 거울면 상태로 가공하는 방법을 무엇이라 하는가?

가. 버핑(buffing) 가공
나. 전해연마(electrolytic polishing) 가공
다. 버니싱(burnishing) 가공
라. 배럴(barrel finishing) 가공

01 가	02 다	03 가	04 나	05 가	06 나
07 나	08 라	09 라	10 라	11 라	12 나
13 다	14 라	15 나	16 나	17 다	18 나

PART 3

기계요소설계

기계(機械)의 기(機)는 나무 목(木)과 얼마 기(幾)로 되어 있고, 계(械)는 나무 목(木)과 지킬 계(戒)로 이루어진 문자이다. 즉 옛날의 기계는 모두 나무로 만들어졌으며 기계를 구성하는 부품들이 여러 개의 요소(幾)로 되어 있고 이것이 일정한 규칙을 지키며 운동함(戒)을 나타내고 있다. 이 내용이 오늘날 일반적으로 통용되고 있는 기계의 정의로 함축되어 있음을 알 수 있다. 즉, 기계(Machine)란 저항력이 있는 물체를 조합한 것이며, 각 부분이 제한된 운동을 하고 외부에서 에너지를 받아들여 이것을 유용한 일로 변환하는 것이라 정의하고 있다.

기계를 구성하는 개개의 부품을 기계요소(Machine Element)라 한다. 일반기계에서 공통적으로 사용되는 기계요소, 예를 들면 볼트, 너트, 키, 축 및 축이음, 베어링, 기어, 스프링 등과 같은 공통 부품을 기계요소라 한다.

기계는 다음의 요소들을 적당히 조합하여 만든 것이다.

① 결합용 기계요소 : 볼트, 너트, 나사, 리벳, 용접, 키
② 동력전달용 기계요소 : 축, 축이음, 미끄럼 베어링, 구름 베어링, 기어, 벨트, 체인, 로프
③ 동력제어용 기계요소 : 클러치, 브레이크, 스프링
④ 유체용 기계요소 : 관(Pipe), 관이음, 밸브

기계를 설계, 제작함에 있어서 기계요소에 작용하는 응력상태, 형상, 재료 및 제작법 등 기계설계에 필요한 기초 지식과 전문 지식을 알아야 한다.

기계요소는 그들의 여러 가지에 대해 설계법이 있으므로 이것에 대해 배우고, 또 볼트, 너트, 볼 베어링 등과 같이 그대로 사용되는 것은 각각 규격화되어 있으므로 그들 규격이 어떻게 제정되어 있는가를 알고 그 적용법을 배우는 것이 기계설계의 기본이 되므로 이하의 장에서 기술하는 것으로 한다.

CHAPTER 01

나사/너트/와셔

1. 나사(Screw)

1-1 나사의 원리

무거운 물체를 높은 곳으로 밀어 올릴 때 위로 똑바로 들어 올리려고 하면 물체의 무게만큼의 힘이 필요하다. 하지만 경사면을 이용해서 밀어 올리면 적은 힘으로 가능하다. 나사는 경사면의 원리를 이용한 것으로서, 원통에 극히 완만한 경사면(휘어감은 선)을 감은 것이며 이 경사면을 따라 똑같은 돌기를 가진 원통이다.

원통에 감음으로써 좁은 장소에서의 목적이 달성된다. 즉, 직선운동을 회전운동으로 변경함으로써 적은 힘으로 큰 물체를 움직이게 하는 것을 이용한 것이 나사이다.

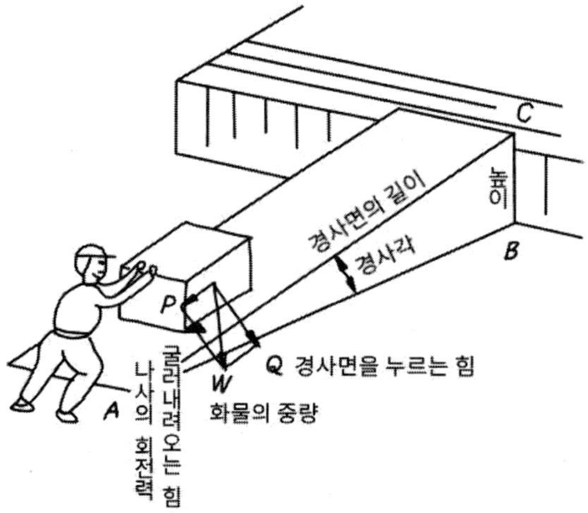

[나사의 원리]

1-2 나사의 일반적인 사항

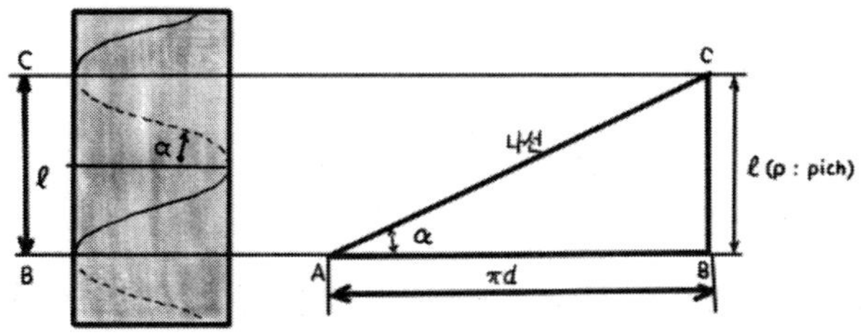

[나사의 일반적인 사항]

① Lead(리드 : ℓ) : 나사를 1회전 시켰을 때 축 방향으로 나아간 거리

$\therefore\ \ell = nP$ 여기서, n : 줄수(중수) P : 피치(Pich)

- 1줄 나사일 때는 $\ell = P$
- 2줄 나사일 때는 $\ell = 2P$

② α : 리드각(나선각 : 경사각)

③ πd : 원 둘레를 폈을 때의 길이

- 1줄 나사이면 $\ell = P$이므로 $\therefore\ \tan\theta = \dfrac{P}{\pi d}$
- 2줄 나사이면 $\ell = 2P$이므로 $\therefore\ \tan\alpha = \dfrac{2P}{\pi d}$

1-3 나사의 각부 명칭

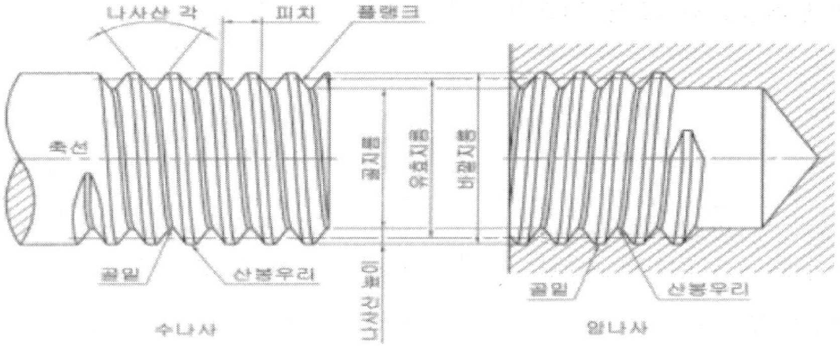

주) 나사에서 호칭지름은 바깥지름으로 표시한다.

[나사의 각부 명칭]

여기서, 봉의 지름을 d, 골 지름을 d_1, 바깥지름(호칭지름)을 d_2, 유효지름을 de이라 두면

① 유효지름$(de) = \dfrac{d_2 + d_1}{2}$ 즉, 바깥지름과 골 지름의 평균지름이다.

② 나사산의 높이$(h) = \dfrac{d_2 - d_1}{2} = \dfrac{P}{2}$ 즉, 산의 높이는 피치의 절반이다.

③ 나사의 유효 단면적$= \dfrac{\pi}{4}\left(\dfrac{d_2 - d_1}{2}\right)^2$ 즉, 수나사의 바깥지름과 골 지름과의 평균값을 지름으로 하는 원통의 단면적이다.

④ 오른나사 : 축 방향에서 볼 때 시계방향으로 회전하는 나사
⑤ 왼나사 : 축 방향에서 볼 때 반시계방향으로 회전하는 나사

1-4 나사의 종류와 용도

1-4-1 삼각나사

삼각나사는 체결용으로 사용하며 나사산의 단면이 삼각형이다. 삼각나사는 기계의 접합, 위치조정을 목적으로 주로 사용되며, 그 종류에는 미터나사, 유니파이나사, 휘트워드나사, 관용나사, ISO 나사 등이 있다.

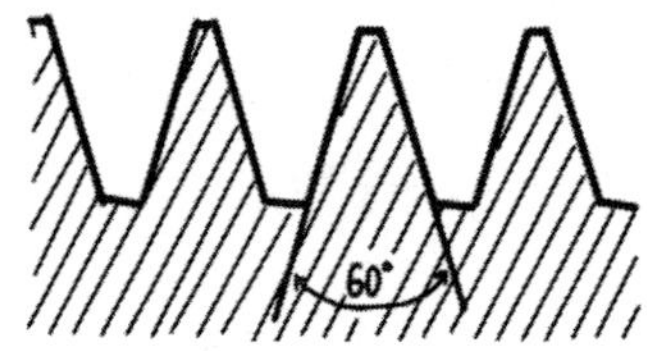

[삼각나사]

(1) 미터나사

피치를 mm로 표시하고 바깥지름을 호칭 치수를 표시한다. 나사산의 정점은 편평하고, 골은 둥글다. 나사산의 각도는 60°이다. 종류로는 미터 보통나사와 미터 가는 나사가 있다.

① 미터 보통나사 : 체결용(M_8)
② 미터 가는 나사 : 호칭치수가 $M_{32} \times 3.2 - 2$: 바깥지름이 32mm, 피치가 3.2mm, 2등급인 미터계 나사를 표시한다. 미터 보통나사와 비교 시 피치는 작고, 유효지름은 크다. 즉 촘촘하고 튼튼하다. 강도가 높고, 하중이 큰 곳에 체결용 나사로서, 기밀 및 이완, 충격방지용으로 사용된다.

(2) 유니파이나사

1948년 미국, 영국, 캐나다 3국이 협정에 따라 제정한 인치 계열의 나사이며, ABC나사라고 부른다. 바깥지름을 inch로 표시한 값과 1inch 사이의 산의 수로 호칭치수를 표시한다. 나사산의 각은 60°이다.

① 호칭치수가 $\frac{5}{8} - 16\text{UNC}$: 바깥지름이 $\frac{5''}{8}$이고, 1inch당 산의 수가 16개이다.
② UNC : 유니파이 보통나사
③ UNF : 유니파이 가는 나사

(3) 휘트워드나사

나사산의 각도가 55°이고 호칭치수도 inch이며, 국내에서는 1971년에 폐기되어 현재는 사용되지 않는 나사이다.

(4) 관용나사

주로 가스관이나 배관부 이음부분의 나사로 사용한다. 나사산의 각도는 55°이고, 관용 평행나사(PF), 관용 테이퍼나사(PT:1/16)로 규정되어 있다. 관용 테이퍼나사는 기밀, 수밀을 요구하는 데 사용된다.

1-4-2 동력전달용(운동용) 나사

동력 또는 힘을 전달할 때 사용하는 나사를 운동용 또는 동력전달용 나사라 한다.

(1) 사각나사(각나사)

하중의 방향이 일정하지 않고 교번하중을 받을 때 사용하는 나사이다. [용도] Jack이나 나사 Press의 운동부분에 적합하다.

(2) 사다리꼴나사

애크미 나사라고도 하며, 양방향의 추력을 받아서 정확한 운동을 전달하는 데 적합한 나사다. 미터계(TM)의 나사산의 각도는 30°이고, 인치계(TW)의 나사산의 각도는 29°이다. [용도] 공작기계 이송나사

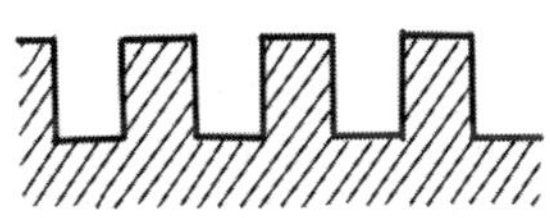

(가) 사각나사

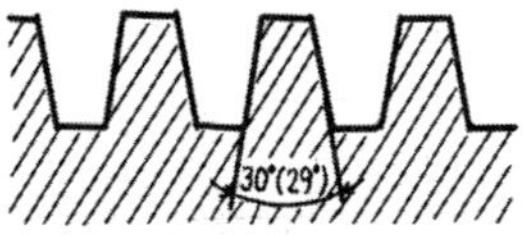

(나) 사다리꼴(애크미)나사

(3) 톱니(톱)나사

축의 하중이 한쪽 방향으로만 힘을 전달할 때 사용되는 나사다. [용도] 바이스, 프레스에 사용

(4) 둥근나사

너클나사 또는 전구나사라고도 하며, 이물질의 침입을 방지할 목적으로 사용되는 나사다. [용도] 전구, Hose 연결용, 토목공사용 Winch에 사용

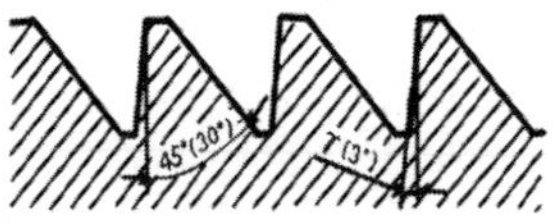

(다) 톱니나사

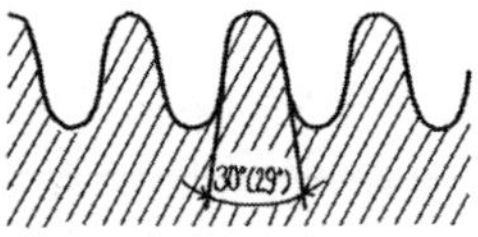

(라) 둥근나사

(5) 볼나사

암나사나 수나사 양쪽에 홈을 파서 홈 사이에 수많은 볼을 배치하여 구름접촉(Rolling Contact)하는 나사이다. [용도] 자동차의 조향기어, 정밀 기계류의 이송장치와 수치제어 장치 등에 사용되고 특징은 다음과 같다.

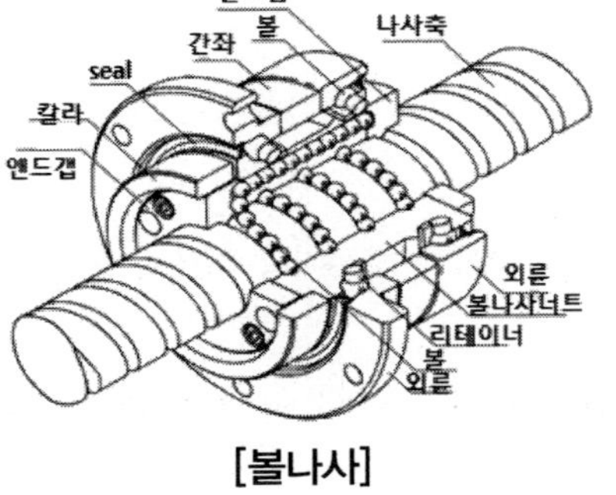

[볼나사]

① 마찰이 아주 적다.
② 나사의 효율이 매우 좋다.
③ 백 래시를 작게 할 수 있다.
④ 먼지에 의한 마모가 적다.
⑤ 윤활에 그다지 주의하지 않아도 된다.
⑥ 높은 정밀도를 오래 유지할 수 있다.
⑦ NC 공작기계, 항공기의 이송나사로 사용된다.
⑧ 운동용 나사이다.

1-5 나사의 효율

나사를 1회전하는 동안에 실제로 행한 일량의 몇 %가 유효한 일로 변환되었는가의 비율을 나사의 효율이라 한다.

$$\text{나사의 효율}(\eta)=\frac{\text{나사가 이룬 일량}}{\text{나사에 준 일량}}=\frac{\text{마찰이 없는 경우의 회전력}}{\text{마찰이 있는 경우의 회전력}}=\frac{\tan\lambda}{\tan(\lambda+\rho)}$$

여기서, λ : 리드각 ρ : 마찰각

나사의 자립조건은 $\rho \geqq \lambda$되고 나사가 자립상태를 유지하기 위한 한계 $\rho=\lambda$이므로 이것을 나사의 효율에 대입하면

$$\eta=\frac{\tan\rho}{\tan 2\rho}=\frac{\tan\rho}{\dfrac{2\tan\rho}{1-\tan^2\rho}}=\frac{\tan\rho(1-\tan^2\rho)}{2\tan\rho}=\frac{1}{2}(1-\tan^2\rho)=\frac{1}{2}(1-\tan^2\lambda)$$

$\frac{1}{2}(1-\tan^2\rho)$에서 마찰력이 0이면 $\rho=0$이 되므로 $\tan^2\rho=0$이다.

$\therefore\ \eta=\frac{1}{2}$가 되므로 자립상태를 유지하는 나사의 효율은 50% 이하이다.

1-6 나사의 정밀도 측정

① 나사의 피치 측정공구 : 피치 게이지, 공구 현미경
② 나사의 유효지름 : 나사마이크로미터, 삼침법
③ 나사산의 각도 : 피치 게이지, 공구 현미경, 투영기
④ 나사의 바깥지름 : 버니어 캘리퍼스, 바깥지름 마이크로미터, 한계게이지

1-7 볼트(Bolt)의 종류

(1) 일반용(죔) 볼트

① 관통볼트 : 관통판 구멍에 볼트를 집어넣어 반대쪽에서 너트로 죄어 2개의 부품을 죄는 볼트로, 일반적으로 널리 사용되고 있다.
② 탭 볼트 : 너트를 사용하지 않고 체결하는 상대 쪽에 탭을 사용하여 암나사를 내고 체결하는 볼트

③ 스터드(Stud) 볼트 : 볼트에 머리가 없으며 한쪽을 미리 박아놓고 다른 쪽에 너트를 끼우는 볼트로서 분해 결합 시 자주 사용하는 볼트

(가) 관통볼트 (나) 탭 볼트 (다) 스터드 볼트

[일반용 볼트]

(2) 특수용 볼트

① 스테이(Stay) 볼트 : 부품의 간격을 일정하게 유지할 필요가 있을 때 사용하는 볼트
② T 볼트 : 공작기계의 테이블 위에 일감을 고정할 때 사용되는 볼트
③ 아이 볼트 : 기계, 기구와 같은 물체를 로프나 축을 이용해서 끌어올릴 때 사용하는 볼트

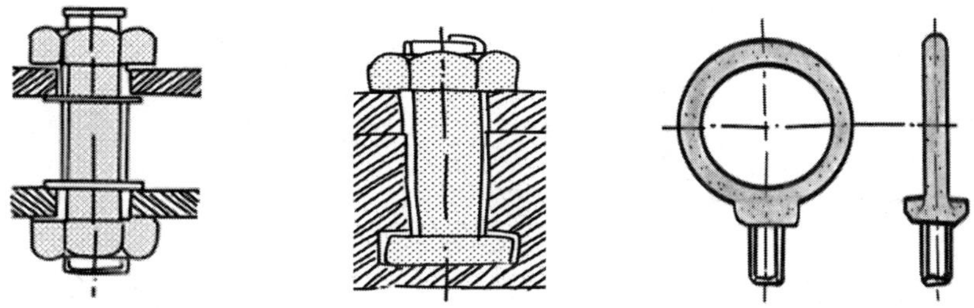

(가) 스테이 볼트 (나) T 볼트 (다) 아이 볼트

[특수용 볼트]

④ 기초볼트 : 기계 구조물을 설치할 때 많이 사용하는 볼트
⑤ 리머볼트 : 다듬질 한 구멍에 꼭 끼워 미끄럼을 방지하는 데 사용하는 볼트
⑥ 충격볼트(연신볼트) : 축의 단면적을 적게 하여 늘어나기 쉽게 함으로써 충격력을 흡수하는 볼트

(3) 작은 나사류

① 작은 나사(Tapping Screw) : 호칭지름 8mm 이하에서 사용되고, 나사의 끝을 침탄 처리한 작은 나사로서, 주로 얇은 판의 연결에 사용하며, 암나사를 만들지 않고 드릴 구멍에 끼워 암나사를 내면서 조여지는 나사이다.

(가) 태핑나사 (나) 멈춤 나사 (다) 헬리서트

② 멈춤 나사(Set Screw) : 나사의 끝을 이용하여 축에 풀리, 핸들 등을 고정시키거나 너트의 풀림방지용으로 사용되는 나사이다.

③ 헬리서트(Heli Sert) : 마름모꼴 단면의 코일을 암나사와 수나사 사이에 삽입하여 주철, 경금속, 플라스틱, 목재 등과 같이 강도가 불충분한 모재를 강화하거나, 마멸 등으로 나사산이 손상된 암나사 구멍을 재생하는 데 사용된다.

1-8 볼트 설계 : 파괴 견지에서 파악하는 볼트의 설계

(1) 축 방향의 하중만 받는 경우(아이볼트, 훅 등)

여기서, d : 볼트의 외경, d_1 : 골지름, d_2 : 유효지름이라고 둔다면 축 방향의 하중을 받을 경우 d_1(골지름)에서 파괴되므로

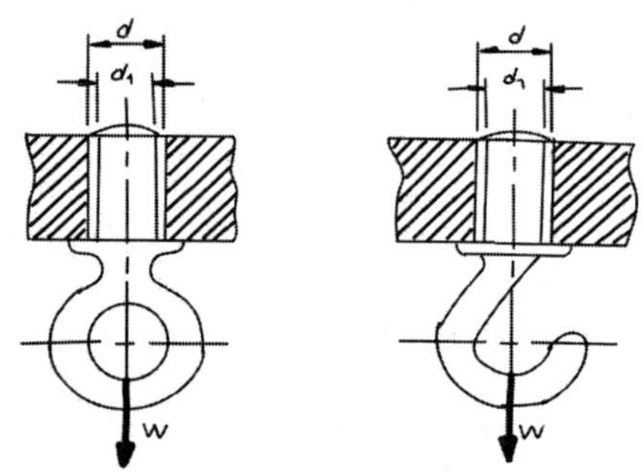

[축 방향 하중]

허용인장응력$(\sigma_a) = \dfrac{W}{A} = \dfrac{W}{\dfrac{\pi}{4}d_1^2}$에서 $\sigma_a \pi d_1^2 = 4W$이므로 $\therefore$ 골지름$(d_1) = \sqrt{\dfrac{4W}{\pi\sigma_a}} = \sqrt{\dfrac{1.27W}{\sigma_a}}$

$d_1 = 0.8d$이므로, 나사지름(d)를 구하려면

$\sigma_a = \dfrac{W}{A} = \dfrac{W}{\dfrac{\pi}{4}(0.8d)^2}$ $\therefore$ 나사의 지름$(d) = \sqrt{\dfrac{2W}{\sigma_a}}$

(2) 축 방향 하중과 비틀림을 동시에 받을 경우(나사 잭, 압력용기 등)

W : 인장하중, W' : 상당하중일 때

$W' = \dfrac{4}{3}W$(실험치 값).......①식, ①식을 위 d에 대입하면

$$d = \sqrt{\frac{2W'}{\sigma_a}} = \sqrt{\frac{2 \times \frac{4}{3}W}{\sigma_a}} \quad \therefore d = \sqrt{\frac{8W}{3\sigma_a}}$$

(3) 나사면이 경사진 경우(삼각나사)

상당마찰계수$(\mu) = \dfrac{\mu}{\cos\dfrac{\alpha}{2}}$ 여기서. α : 나사각, μ : 마찰계수

2. 너트(Nut)

2-1 너트의 종류와 용도

볼트에 끼워 두 부품을 결합하는 데 사용하는 것으로, 암나사라고도 한다.

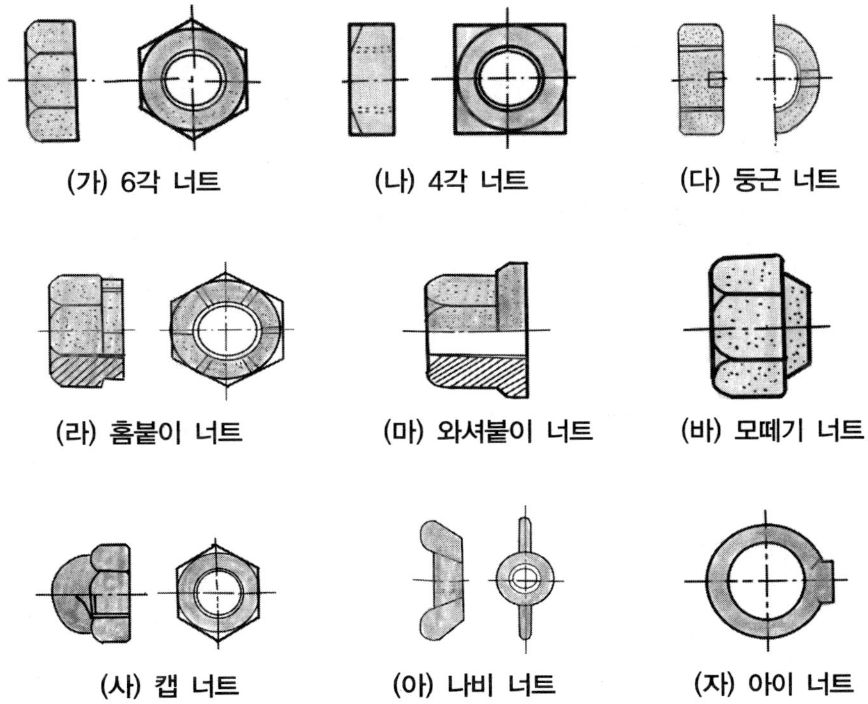

[너트의 종류]

① 사각 너트 : 목재, 건축용에 사용되며 기계에는 간단하고 조잡한 곳에 사용
② 육각 너트 : 가장 널리 사용된다.
③ 나비 너트 : 손으로 가볍게 돌려서 죌 수 있는 너트
④ 홈붙이 너트 : 너트의 풀림 방지용
⑤ 캡 너트 : 유체누설을 방지하기 위해 너트 위가 막힌 것
⑥ 아이 너트 : 물건을 들어올리기 위해 머리에 고리가 달린 것
⑦ 플랜지 너트(와셔붙이 너트) : 볼트 구멍이 클 때 사용
⑧ 로크(Lock) 너트 : 너트가 진동, 충격으로 늦춰지는 것을 방지할 때 사용, 즉 이완방지용
⑨ T 너트 : 공작물 고정에 사용
⑩ 플레이트 너트 : 암나사(너트)를 깎을 수 없는 얇은 판에 리벳을 설치할 때 사용
⑪ 둥근 너트 : 자리가 너무 좁아 육각너트를 사용할 수 없을 때 사용
⑫ 턴 버클 : 오른나사와 왼나사가 양 끝에 달려있어 막대나 로드를 당겨서 조이는 데 사용

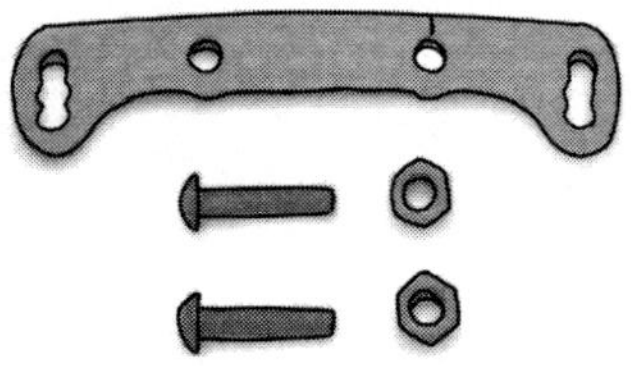

[플레이트 너트]

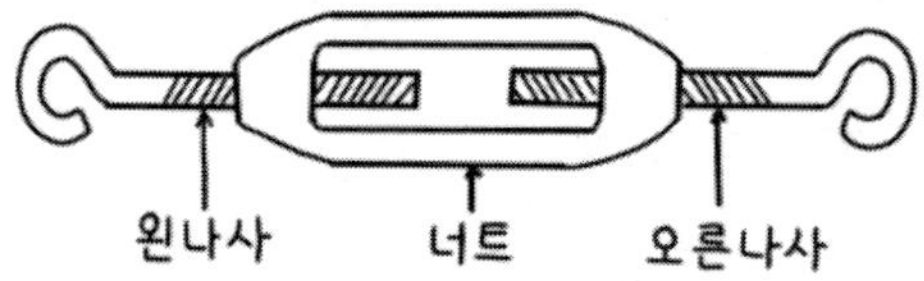

[턴 버클]

2-1 너트의 설계

① 유효지름= $\dfrac{\text{바깥지름}+\text{골지름}}{2}$

② 너트의 높이(H)= $zP = \dfrac{WP}{\pi d_2 hq}$

여기서, z : 나사산의 수, P : 피치, W : 하중, d_2 : 유효지름, h : 나사산의 수,

q : 허용 접촉면 압력(kgf/mm^2)

③ 너트의 나사산의 수(z) = $\dfrac{4W}{\pi(d^2 - d_1^2)\, q}$ (여기서, d : 나사의 바깥지름, d_1 : 나사의 골지름)

3. 와셔(Washer)의 종류와 용도

와셔는 볼트, 너트의 자리면과 죔부 사이에 끼우는 얇은 강판을 말한다.

(1) 와셔의 종류

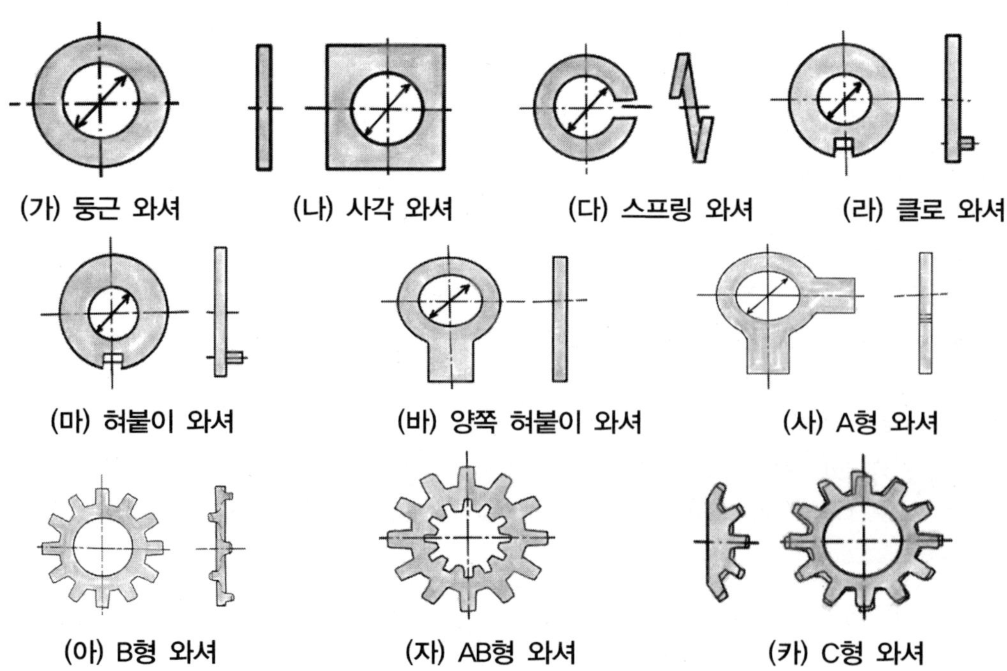

[와셔의 종류]

① 평 와셔 : 강판으로 만든 것으로 목재용은 4각이다.
② 혀붙이 와셔 : 너트를 죄고 난 후 구부려 너트가 회전하지 못하도록 하는 데 사용된다.
③ 폴 와셔 : 평 와셔의 일부분을 폴(Pawl)과 같이 하여 구부려 고정시키는 것이다.
④ 이붙이 와셔 : 잇날의 스프링작용을 이용한 것이며 너트의 풀림방지에 큰 효과가 있다.
⑤ 스프링 와셔 : 탄성이 있기 때문에 볼트나 너트의 진동에 의한 풀림을 방지하는 역할을 한다.

(2) 와셔의 용도

① 볼트 머리 부분이 지름보다 클 때
② 접촉면이 고르지 못하고 경사가 졌을 때
③ 자리가 다듬어지지 않았을 때
④ 너트가 재료를 파고 들어갈 염려가 있을 때
⑤ 가스켓을 조일 때
⑥ 고무나 나무같이 내압력이 작을 때
⑦ 너트의 풀림을 방지하기 위할 때

4. 너트 풀림 방지법

① 와셔를 사용하는 방법
② 로크너트를 사용하는 방법
③ 철사를 이용하는 방법
④ 분할된 작은 나사, 세트 스크류를 사용하는 방법
⑤ 자동 죔 너트를 사용하는 방법
⑥ 너트의 회전방향에 의한 방법

연습문제

문제01 다음의 나사 중 동력 전달용으로 쓰는 나사가 아닌 것은?

가. 사다리꼴나사　나. 사각나사
다. 삼각나사　라. 톱니나사

문제02 미터계열 사다리꼴나사의 나사산 각도는 얼마인가?

가. 29°　나. 30°　다. 58°　라. 60°

문제03 수나사의 호칭지름은 나사의 어떤 지름을 의미하는가?

가. 유효지름　나. 안지름
다. 골지름　라. 바깥지름

문제04 기계요소에서 KS규격 볼트 M20의 설명으로 올바른 것은?

가. 미터나사이며, 유효지름이 20mm이다.
나. 나사산의 각도가 60°이며, 볼트의 외경이 20mm이다.
다. 나사산의 각도가 60°이며, 볼트의 유효지름이 20mm이다.
라. 사다리꼴나사이며, 나사산의 각도가 20°이다.

문제05 M18 × 2의 미터 가는 나사의 치수를 설명한 것으로 맞는 것은?

가. 미터 가는나사 바깥지름 18mm 산수 2개
나. 미터 가는나사 유효지름 18mm 피치 2mm
다. 미터 가는나사 바깥지름 18mm 피치 2mm
라. 미터 가는나사 골지름 18mm인 2줄 나사

문제06 추력이 한 방향으로만 작용할 때 사용되는 것으로 주로 바이스, 압착기 등에 사용되는 나사로 가장 적합한 것은?

가. 톱니나사　나. 너클나사
다. 볼나사　라. 삼각나사

문제07 나사에서 산과 산, 또는 골과 골 사이의 거리를 무엇이라 하는가?

가. 피치　나. 리드　다. 나선각　라. 골지름

문제08 다음은 나사에 대한 설명이다. 틀린 것은?

가. 나사를 1회전시켰을 때 축 방향으로 진행한 거리를 리드라 한다.
나. 오른 나사는 시계방향으로 회전할 때 전진하는 나사이다.
다. 유효지름은 수나사의 최대 지름이며, 나사의 크기를 나타낸다.
라. 사각나사는 힘이 작용하는 방향이 축선과 평행하며, 나사효율이 좋다.

문제09 3줄 나사에서 피치가 0.5mm이면 이 나사의 리드는 몇 mm인가?

가. 0.5　나. 0.75　다. 1.5　라. 3.0

[해설] 리드$(\ell) = nP(n$: 줄수, P : 피치$)$

문제10 두 줄 나사를 두 바퀴 돌렸더니 축 방향으로 12mm 이동하였다면 이 나사의 피치(p)와 리드(l)는 각각 얼마인가?

가. $p=3\text{mm},\ l=3\text{mm}$
나. $p=6\text{mm},\ l=3\text{mm}$
다. $p=3\text{mm},\ l=6\text{mm}$
라. $p=6\text{mm},\ l=6\text{mm}$

문제11 바깥지름이 20mm, 피치 2mm인 3줄 나사를 1/2회전하였을 때 이 나사가 축 방향으로 이동한 거리는 몇 mm인가?

가. 2　나. 3　다. 4　라. 6

문제12 볼트 체결에 있어서 마찰각을 ρ, 리드각을 λ라 하면 나사의 효율 η를 구하는 식은?

가. $\eta=\dfrac{\text{나사가 이룬 일량}}{\text{나사에 준 일량}}=\dfrac{\tan\lambda}{\tan(\lambda+\rho)}$
나. $\eta=\dfrac{\text{나사에 준 일량}}{\text{나사가 이룬 일량}}=\dfrac{\tan(\lambda+\rho)}{\tan\lambda}$
다. $\eta=\dfrac{\text{리드각}}{\text{나사각}}=\dfrac{\tan(\lambda+\rho)}{\tan(\lambda-\rho)}$
라. $\eta=\dfrac{\text{마찰이 있는 경우의 회전력}}{\text{마찰이 없는 경우의 회전력}}=\dfrac{\tan(\lambda-\rho)}{\tan(\lambda+\rho)}$

문제13 리드각 λ, 마찰각 ρ인 나사의 자립조건은 다음과 같다. 옳은 것은?

가. $\rho \leqq \lambda$　나. $\rho \geqq \lambda$
다. $2\rho < \lambda$　라. $\rho > \lambda$

문제14 4각 나사와 비교한 3각 나사의 일반적인 특징으로 틀린 것은?

가. 이송효율이 나쁘다.
나. 체결용으로 적합하다.
다. 마찰계수가 작다.
라. 자립 작용이 있다.

문제15 다음 중 동력 전달용으로 가장 적합한 나사는?

가. 삼각나사　나. 관용 나사
다. 둥근 나사　라. 사다리꼴나사

문제16 먼지, 모래 등이 들어가기 쉬운 곳에 가장 적합한 나사는?

가. 사각 나사　나. 톱니 나사
다. 둥근 나사　라. 사다리꼴나사

문제17 나사산의 각도가 60도이고, 보통나사와 가는나사가 있으며 미국, 영국, 캐나다 등 세 나라의 협정나사로 ABC 나사라고도 하는 나사는?

가. 관용 나사　나. 사다리꼴나사
다. 톱니 나사　라. 유니파이 나사

문제18 다음 중 물건을 달아 올리거나 운반하는 경우에 주로 사용되는 볼트는?

가. 관통볼트　나. 탭볼트
다. 스테이볼트　라. 아이볼트

문제19 동력용 나사산의 전체효율을 구할 때 필요한 항목이 아닌 것은?

가. 리드
나. 수직응력
다. 나사산에 작용하는 하중
라. 나사를 돌리는 데 필요한 토크

문제20 볼 스크루는 볼이 스크루와 너트 사이에서 물리적인 접촉을 함으로써 회전운동에 의하여 작동하는 리드 스크루이다. 볼 스크루의 장점이 아닌 것은?

가. 나사의 효율이 좋다.
나. 백 래시를 작게 할 수 있다.
다. 높은 정밀도를 유지할 수 있다.
라. 가격이 저렴하다.

문제21 볼트에는 머리가 없고 양쪽이 나사로 되어 있는 특별한 것으로 분해 꾸미기가 되풀이되는 곳에서 사용하는 나사는?

가. 스터드 볼트　　나. 아이볼트
다. 스테이볼트　　라. 리머볼트

문제22 나사의 끝을 침탄 처리한 작은 나사로서, 주로 얇은 판의 연결에 사용하며, 암나사를 만들지 않고 드릴 구멍에 끼워 암나사를 내면서 조여지는 나사는?

가. 볼나사　　나. 세트 스크류
다. 태핑 나사　　라. 작은 나사

문제23 무게 6톤의 물체를 4개의 아이볼트로 매어 달았다. 이때의 볼트의 허용인장응력을 8kgf/mm^{2}이라 하면 볼트의 지름으로 적당한 것은?

가. 16mm　　나. 18mm
다. 20mm　　라. 25mm

[해설] $d=\sqrt{\frac{2W}{\sigma_a}}=\sqrt{\frac{2\times(6000\div4)}{8}}=\sqrt{375}=19.4$ mm(큰 치수를 선택한다.)

문제24 하중 30kN을 지지하는 훅 볼트의 미터나사 크기로 적절한 것은? (단, 나사재질의 허용응력은 60MPa이고, 나사의 골 지름(d_1)은 'd_1 =0.8×바깥지름'이다.)

가. M20　　나. M24　　다. M28　　라. M32

[해설]

$$d=\sqrt{\frac{2W}{\sigma_a}}=\sqrt{\frac{2\times(30\times1000)}{60}}=\sqrt{1000}=31.6\text{mm}$$

문제25 50kN의 물체를 4개의 아이볼트로 들어 올릴 때 볼트의 최소 골지름은 약 몇 mm인가? (단, 볼트 재료의 허용인장응력은 62MPa이다.)

가. 10.02　　나. 12.02　　다. 14.02　　라. 16.02

[해설]

$$d_1=\sqrt{\frac{1.27W}{\sigma_a}}=\sqrt{\frac{1.27\times[(50\times1000)\div4]}{62}}\fallingdotseq\sqrt{256}=16\text{mm}$$

문제26 축 방향의 인장하중 W와 비틀림을 동시에 받을 때 볼트의 지름 d를 구하는 식은?

가. $d=\sqrt{\frac{8\sigma_a}{3W}}$　　나. $d=\sqrt{\frac{2\sigma_a}{W}}$
다. $d=\sqrt{\frac{8W}{3\sigma_a}}$　　라. $d=\sqrt{\frac{W}{2\sigma_a}}$

문제27 두 개의 강판이 볼트로 체결되어 500N의 전단력을 받고 있다면 이 볼트 중간 단면에 작용하는 전단응력은 약 몇 MPa인가? (단, 볼트의 골지름은 10mm라고 한다.)

가. 5.25　　나. 6.37　　다. 7.43　　라. 8.76

[해설] 전단응력(τ)$=\frac{\text{하중}}{\text{단면적}}=\frac{500}{\frac{\pi}{4}\times10^2}\fallingdotseq6.369(\text{N/mm}^2)$

문제28 안지름이 1m인 압력용기에 5N/㎠의 내압이 작용하고 있다. 압력용기의 뚜껑을 18개의 볼트로 체결할 경우 다음 중에서 사용 가능한 가장 작은 볼트는? (단, 볼트 지름방향의 허용인장응력은 1000 N/cm^{2}이고, 볼트에는 인장하중만 작용한다.)

가. M14(골지름 11.835mm)
나. M22(골지름 19.294mm)
다. M27(골지름 23.752mm)
라. M36(골지름 31.670mm)

[해설] 골지름 $=\sqrt{\frac{1.27\times W}{\text{허용응력}(\sigma)}}$ 이고,

안지름이 1m = 100cm

볼트에 걸리는 힘

$(W)=\text{압력}\times\text{면적}=\text{압력}\times\frac{\pi d^2}{4}=5\times\frac{\pi\times100^2}{4}=38750\text{kgf}$

18개 볼트로 체결했으므로 1개만 설계하면 된다.

38750÷18=2152.8N

$\therefore\text{골지름}=\sqrt{\frac{1.27\times W}{\text{허용응력}(\sigma)}}=\sqrt{\frac{1.27\times2152.8}{1000}}=1.65\text{cm}$

16.5mm보다 큰 치수를 선택한다.

문제29 유효지름이 38mm, 피치 8mm, 접촉부 마찰계수가 0.1인 1줄 사각나사의 효율은 약 몇 %인가?

가. 21.4%　　나. 27.7%
다. 39.8%　　라. 44.2%

[해설] 사각나사 효율$(\eta) = \dfrac{p(\pi d_2 - \mu p)}{\pi d_2(p+\mu\pi d_2)}$

여기서, p : 피치, d_2 : 유효지름, μ : 마찰계수

문제30 일반적으로 나사면에 증기, 기름, 물 등의 이물질이 들어가는 것을 방지하는 너트는?

가. 캡 너트　　나. 육각 너트
다. 와셔붙이 너트　　라. 스프링 판 너트

문제31 다음 중 너트의 풀림 방지법이 아닌 것은?

가. 로크너트　　나. 분할 핀 사용
다. 세트 스크류 사용　　라. 캡 너트 사용

문제32 2개의 너트를 사용하여 충분히 죈 후 안쪽의 너트를 풀어 너트의 풀림을 방지하는 방법은?

가. 2줄 나사에 의한 방법
나. 로크너트에 의한 방법
다. 멈춤 나사에 의한 방법
라. 자동 죔 너트에 의한 방법

문제33 와셔의 사용목적으로 적합하지 못한 것은?

가. 볼트의 구멍의 지름이 볼트보다 너무 클 때
나. 볼트가 받는 전단응력을 감소시키려 할 때
다. 볼트 시트면의 재료가 약해서 넓은 면으로 지지해야 할 때
라. 진동이나 회전이 있는 곳의 볼트나 너트의 풀림 방지

문제34 마름모꼴 단면의 코일을 암나사와 수나사 사이에 삽입하여 주철, 경금속, 플라스틱, 목재 등과 같이 강도가 불충분한 모재를 강화하거나, 마멸 등으로 나사산이 손상된 암나사 구멍을 재생하는 데 사용하는 기계요소는?

가. 로크너트　　나. 분할 핀
다. 세트 스크류　　라. 헬리 인서트

문제35 그림과 같은 50kN이 작용하는 나사 프레스에서 사각 나사의 바깥지름이 12mm, 골지름이 10mm, 피치가 2mm일 때 너트의 높이는 약 몇 mm인가? (단, 허용 접촉면의 면압력은 97N/mm²이다.)

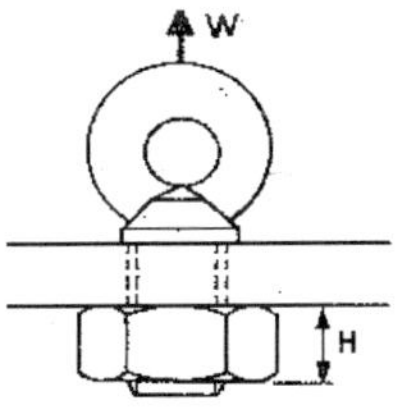

가. 30　　나. 40　　다. 50　　라. 60

[해설]

① 유효지름

$(d_2) = \dfrac{\text{바깥지름}+\text{골지름}}{2} = \dfrac{12+10}{2} = 11\text{mm}$

② 너트의 높이

$(H) = zP = \dfrac{WP}{\pi d_2 h q} = \dfrac{50\times10^3\times2}{3.14\times11\times97} = 29.847\text{mm}$

z : 나사산의 수, P : 피치, W : 하중, d_2 : 유효지름, h : 나사산의 높이, q : 허용 접촉면 압력(kgf/mm^2)

01	다	02	나	03	라	04	나	05	다	06	가
07	가	08	다	09	다	10	다	11	나	12	가
13	나	14	다	15	라	16	다	17	라	18	라
19	나	20	라	21	가	22	다	23	다	24	라
25	라	26	다	27	나	28	나	29	다	30	가
31	라	32	나	33	나	34	라	35	가		

CHAPTER 02

키(Key)/핀(Pin)/코터(Cotter)

1. 키(Key)

키는 회전체를 고정시키고 축과 회전체를 일체로 하여 회전을 전달하는 결합용 기계요소이며, 기어장치, 커플링, 벨트 풀리 등에 널리 사용된다. 전단력을 받기 때문에 키의 재료는 축의 재료보다 약간 강한 것을 사용한다.

1-1 키의 종류

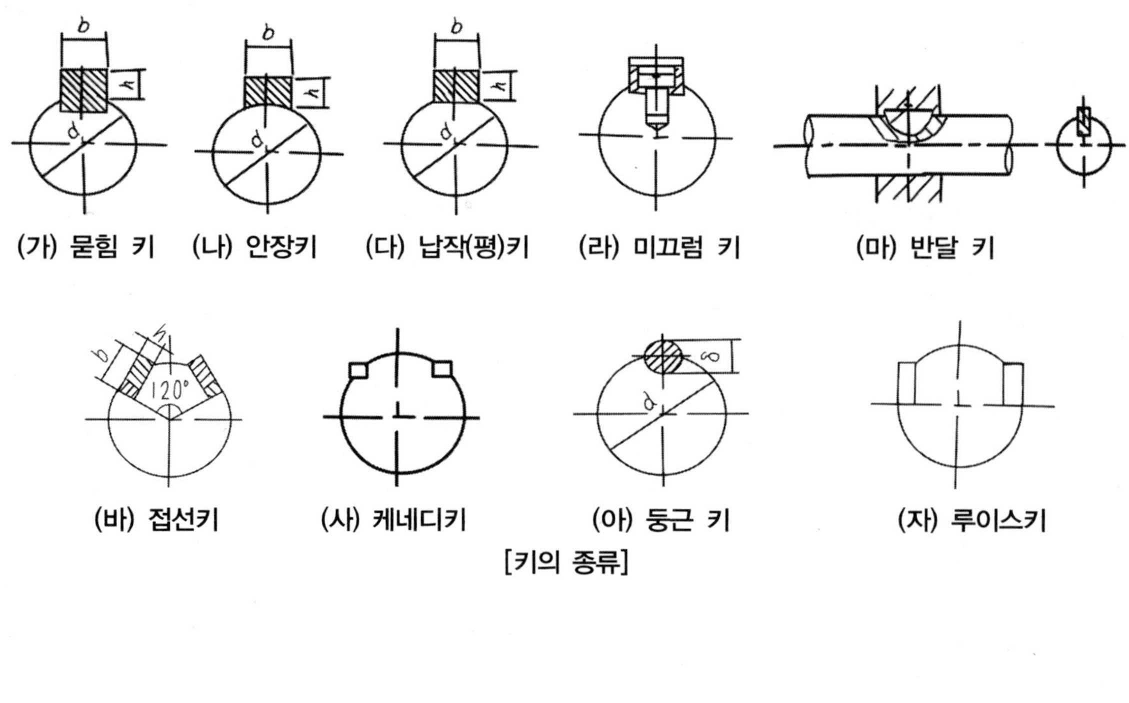

(가) 묻힘 키 (나) 안장키 (다) 납작(평)키 (라) 미끄럼 키 (마) 반달 키

(바) 접선키 (사) 케네디키 (아) 둥근 키 (자) 루이스키

[키의 종류]

(1) 묻힘 키(Sunk Key)

축과 보스 양쪽에 모두 키 홈이 있으며 가장 널리 사용되고, 키 윗면의 기울기(구배)가 $\frac{1}{100}$ 이다.

① 드라이빙 키 : 축에 보스를 장착하고 키는 나중에 장착하는 방식의 키

② 세트 키 : 축에 키를 먼저 장착하고 보스는 나중에 장착하는 방식의 키

(2) 안장키(Saddle Key)

축은 가공하지 않고 보스에만 키 홈을 만들어 축과 키의 마찰력만으로 회전력을 전달하며 큰 힘이 전달되는 곳에는 적합하지 않다.

(3) 평키(Flat Key)

납작 키라고도 하며 키가 닿는 면의 축만을 평평하게 만든 키이다.

(4) 미끄럼 키(페드 키 : 안내키)

키의 구배가 없는 키로 회전력의 전달과 동시에 보스를 축 방향으로 이동할 수 있는 키로서, 속도가 느린 축 연결할 때 사용되는 키이다.

(5) 반달 키(Woodruff Key)

축과 보스를 끼웠을 때 위치가 자동으로 자리를 잡게 되며 홈이 깊어서 축이 약해지는 결점이 있어 지름이 작은 축(60mm 이하)에 사용되고, 테이퍼(Tape) 축에 적당하다.

(6) 접선키(Tangential Key)

역전을 가능케 하기 위해 120° 각도로 두 군데 키를 설치한 것으로서 큰 동력(축의 접선방향으로 높은 압축력을 전달하기 위해서)을 전달에 적당한 키이다. 정사각형의 키를 90°로 배치한 것을 케네디(Kennedy) 키라 한다.

(7) 스플라인(Spline)

축과 보스의 원 둘레에 사각형의 요철을 두어 토크를 전달함과 동시에 축 방향으로 이동시키고자 할 때 사용된다.

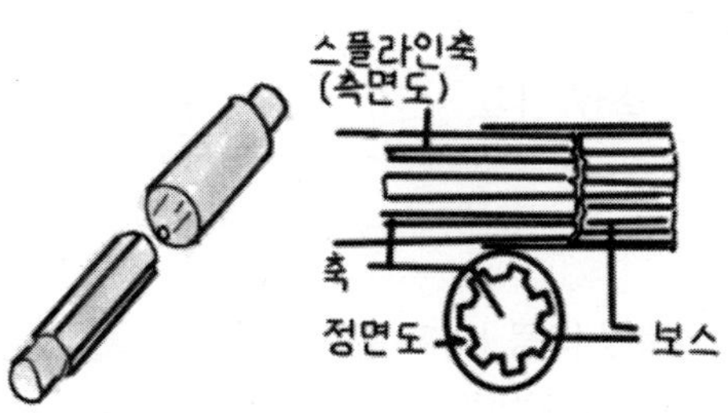

[스플라인]

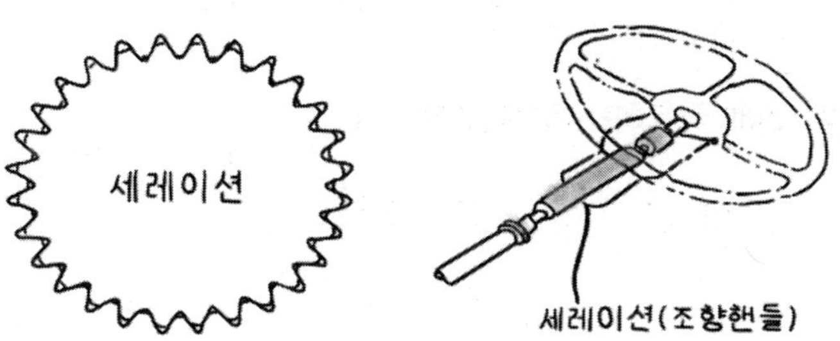

[세레이션]

(8) 세레이션(Serration)

축과 보스에 작은 삼각형의 키와 홈을 판 후 고정시키는 것이다. 세레이션은 스플라인에 비해 산의 수를 늘리고 그 높이를 작게 할 수 있는 특징이 있다.

(9) 원뿔 키(Cone Key)

축과 보스에 홈을 가공하지 않고 축에 편심되지 않고 임의의 위치에서 고정할 수 있는 키(때려 박음)이다.

(10) 핀 키(둥근 키)

회전력이 극히 작은 곳에 사용하는 키이다.

※ 회전력(전달력 : 토크)의 크기순서

세레이션 〉 스플라인 〉 접선키 〉 성크키 〉 반달키 〉 평키 〉 안장키 〉 핀키

1-2 묻힘 키의 치수표기($b \times h \times \ell$)

b(폭 : 너비) × h(높이) × ℓ(길이)

1-3 키의 강도 계산(묻힘 키의 경우)

키가 파괴될 때는 전단과 압축을 동시에 받는다.

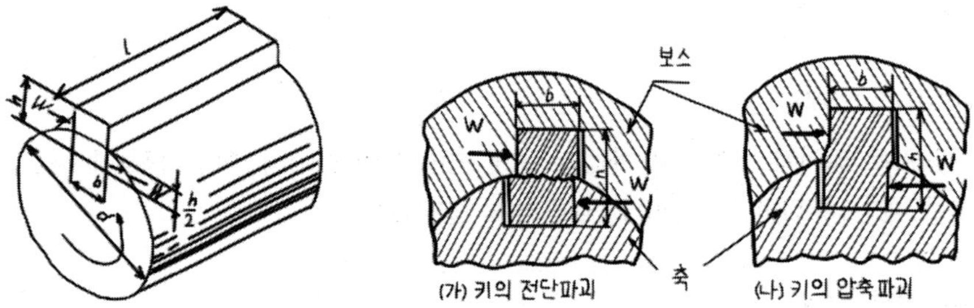

[묻힘 키의 파괴]

(1) 키에 작용하는 전단응력(τ_κ)

축의 회전력(T) = 반지름 × 힘 = $\frac{d}{2} \times W$ 이므로 $W = \frac{2T}{d}$

$$\therefore \text{ 전단응력}(\tau_\kappa) = \frac{W}{A} = \frac{W}{bl} = \frac{\frac{2T}{d}}{bl} = \frac{2T}{bld}$$

(2) 키에 작용하는 압축응력(σ_c)

$$\text{압축응력}(\sigma_c) = \frac{W}{A} = \frac{W}{\frac{h}{2}l} = \frac{2W}{hl} = \frac{4T}{hld}$$

2. 핀(Pin)

핸들에 축을 고정시키거나 부품을 설치, 분해, 조립할 경우 사용되며 반영구적이다. 힘이 적게 걸리는 데 사용된다.

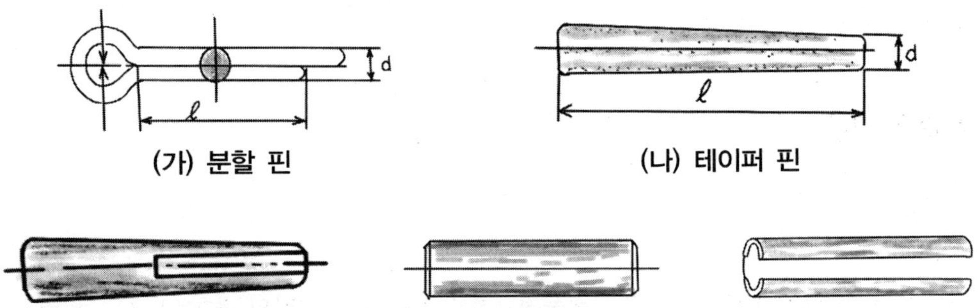

(가) 분할 핀 (나) 테이퍼 핀

(다) 분할 테이퍼 핀 (라) 평행 핀 (마) 스프링 핀

[핀의 종류]

① 평행 핀(Dowel Pin) : 기계부품을 조립, 안내위치를 결정할 때 사용된다.
② 분할 핀(Split Pin) : 너트의 풀림과 핀이 빠지는 것을 방지한다.
- 호칭길이 : 짧은 쪽 길이로 표시한다.

③ 테이퍼 핀 : 작은 핸들이나 축이음 등의 축에 장착하는 데 또는 정밀한 위치를 결정할 때 사용된다.
- 호칭지름 : 가는 쪽의 지름으로 표시한다.

④ 스프링 핀 : 세로 방향으로 쪼개져 있어 구멍의 크기가 정확하지 않아도 해머로 때려 박을 수 있다.
⑤ 너클(Knuckle) 핀 : 2개의 막대를 그 축을 포함하는 평면 내에서 회전할 수 있게 연결된 핀으로 자동차 조향장치의 킹 핀으로 사용된다.

3. 코터(Cotter)

코터는 축방향의 인장과 압축이 동시에 작용하는 두 축을 연결하는 것으로서 분해할 필요가 있는 곳에 사용한다.

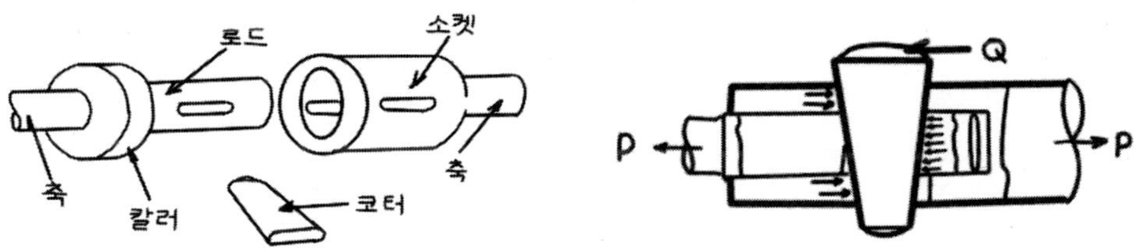

[코터의 구조]

(1) 코터의 주요 3요소

① 로드
② 코터
③ 소켓

(2) 코터의 기울기

① 자주 분해하는 것 : $\frac{1}{5} \sim \frac{1}{10}$

② 일반적인 것 : $\frac{1}{20} \sim \frac{1}{40}$

③ 영구 결합한 것 : $\frac{1}{50} \sim \frac{1}{100}$

(3) 코터의 강도 계산

$$\tau = \frac{P}{2 \times b \times h}$$

여기서, τ : 허용전단응력(kgf/cm^2), P : 허용전단하중(kgf), b : 코터의 폭(cm), h : 코터의 두께(cm)

(4) 코터의 자립 조건

① 양쪽 기울기 : $\alpha \le \rho$

② 한쪽 기울기 : $\alpha \le 2\rho$ 　　단, α : 경사각, ρ : 마찰각

연습문제

문제01 다음 그림과 같이 축과 보스의 양쪽에 키 홈을 파며, 가장 널리 사용되는 일반적인 키는 무엇인가?

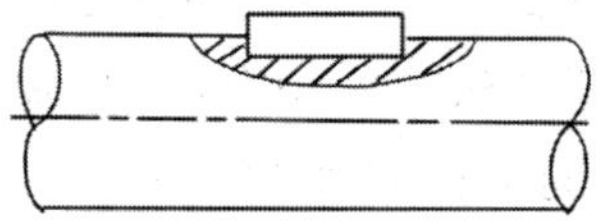

가. 안장 키　　나. 묻힘 키
다. 둥근 키　　라. 납작 키

문제02 다음 중 축의 원형을 변경시키지 않고 회전력을 전달하는 키로 큰 힘을 전달하는 데 부적당한 키는?

가. 반달 키　　나. 납작 키
다. 안장 키　　라. 둥근 키

문제03 키 및 키 홈의 공작이 쉽고, 보스와 홈과의 접촉이 자동적으로 조정되지만, 홈이 깊어서 축의 강도가 약해지는 단점이 있는 키로서 자동차 테이퍼 축 등에 주로 사용되는 키는?

가. 미끄럼 키　　나. 접선 키
다. 반달 키　　라. 묻힘 키

문제04 일명 미끄럼 키라고도 하며 회전 토크를 전달함과 동시에 보스가 축 방향으로 이동할 수 있는 키는?

가. 평키　　나. 새들 키
다. 페더 키　　라. 반달 키

문제05 똑같은 크기와 구배가 같은 2개의 키를 한 쌍으로 조합하여 축의 접선방향에 때려 박은 것으로 묻힘 키보다 동일한 축에서 큰 회전력을 전달할 수 있는 것은?

가. 접선 키　　나. 반달 키
다. 새들 키　　라. 페더 키

문제06 키가 사용되지 않는 곳은?

가. 기어　　나. 커플링
다. 체인　　라. 벨트풀리

문제07 키(Key)에 대한 설명으로 올바르지 못한 것은?

가. 평키는 연결부의 안정성이 부가적으로 요구되는 기계기구이다.
나. 안장키는 압축응력만으로 동력을 전달하며 토크가 크고 변동하는 경우의 전달에 적합하다.
다. 경사키는 테이퍼진 평행키로서 축과 보스를 쉽게 고정시키기 위해서 머리붙이를 이용한다.
라. 성크 키는 사각단면을 갖는 평행키의 한 종류이며 높이의 반이 축에 그리고 반쪽이 보스에 묻히는 키이다.

문제08 접선 키는 2개의 키를 동시에 끼우는 것으로 축 동력을 전달하는 목적이 옳은 것은?

가. 축의 접선방향으로 낮은 회전력을 전달하기 위해서
나. 축의 반지름방향으로 낮은 인장력을 전달하기 위해서

다. 축의 접선방향으로 높은 압축력을 전달하기 위해서
라. 축의 반지름방향으로 낮은 굽힘력을 전달하기 위해서

문제09 96kgf · m의 토크를 전달하는 지름 50mm인 축에 사용할 묻힘 키의 폭과 높이가 12mm x 8mm일 때 다음 중 키의 길이로 가장 적합한 것은? (단, 키의 전단 응력만으로 계산하고 키의 허용 전단응력은 800kgf/cm^{2}이다.)

가. 30mm　　나. 40mm
다. 60mm　　라. 80mm

[해설] 전단응력$(\tau_\kappa) = \dfrac{2T}{bld}$에서

$$l = \frac{2T}{\tau_\kappa bd} = \frac{2\times 96000}{8\times 12\times 50} = 40\text{mm}$$

문제10 성크 키의 길이가 200mm, 키의 측면에 발생하는 전단력이 80kN이고, 키 폭은 높이의 1.5배라고 하면 키의 허용전단응력이 20MPa일 경우 키 높이는 약 몇 mm 이상으로 하면 되는가?

가. 13.33　　나. 18.05
다. 25.42　　라. 30.06

[해설]

$\tau_k = \dfrac{P}{bl}$에서, $20 = \dfrac{80000}{1.5h\times 200}$ $\therefore h = \dfrac{80000}{20\times 1.5\times 200}$ $= 13.33$

문제11 축에 끼운 링이 빠지는 것을 방지하기 위하여 사용하며 끝부분을 두 갈래로 벌려 굽혀 빠지지 않도록 하는 기계요소는?

가. 테이퍼 핀　　나. 코터
다. 분할 핀　　라. 코킹

문제12 세로 방향으로 쪼개져 있어 구멍의 크기가 핀보다 작아도 망치로 때려 박을 수 있는 핀으로 충격이나 진동을 받는 곳에 사용하며 지지력이 매우 큰 장점이 있는 핀은?

가. 스냅 핀(snap pin)
나. 스프링 핀(spring pin)
다. 평행 핀(parallel pin)
라. 테이퍼 핀(taper pin)

문제13 축 방향으로 압축과 인장응력이 동시에 작용하는 두 축을 연결하는 것으로써 분해할 필요가 있는 곳에 사용하는 기계요소는?

가. 코터　　나. 소켓
다. 새들키　　라. 우드러프 키

문제14 코터 폭이 4cm, 두께가 2cm, 코터의 허용전단응력이 75kg/cm^{2}일 때, 코터에 가할 수 있는 허용전단하중은 약 몇 kgf인가?

가. 600　　나. 1200
다. 1800　　라. 2400

[해설] 코터의 강도 계산 $\tau = \dfrac{P}{2\times b\times h}$

여기서, τ : 허용전단응력(kgf/cm^2), P : 허용전단하중(kgf), b : 코터의 폭(cm), h : 코터의 두께(cm)

$\therefore\ \tau = \dfrac{P}{2\times b\times h}$ 에서

$P = \tau\times 2\times b\times h = 75\times 2\times 4\times 2 = 1200$

01 나	02 다	03 다	04 다	05 가	06 다
07 나	08 다	09 나	10 가	11 다	12 나
13 가	14 나				

CHAPTER 03

리벳(Rivet)과 용접이음

1. 리벳이음(Rivet Joint)

리벳이음은 결합하려는 강판에 먼저 구멍을 뚫고 리벳을 넣어 머리를 만들어 접합시키는 이음이다. 일반철골구조물, 경합금 구조물(항공기의 기계 등), 압력용기, 보일러 등의 영구적 결합법으로 널리 사용된다.

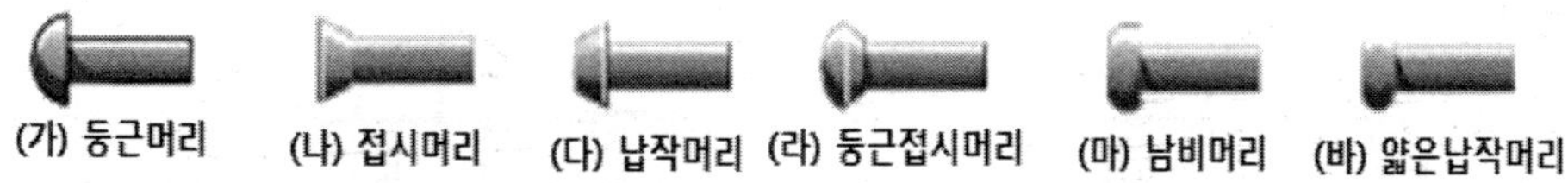

[리벳의 종류]

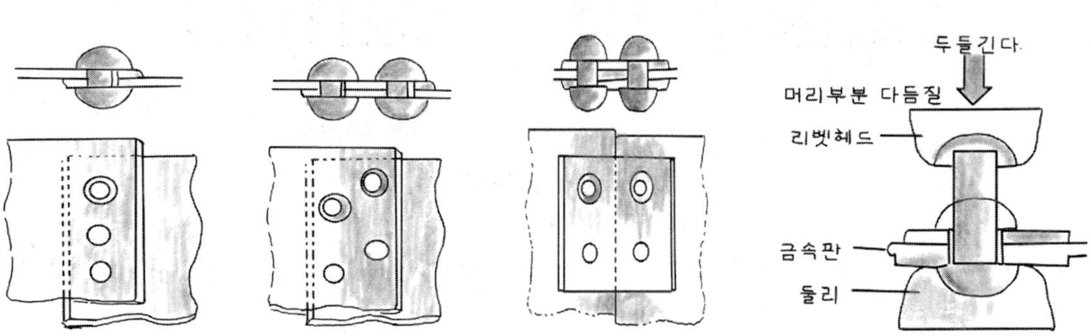

(가) 1열 겹이음 (나) 2열 겹이음 (다) 1열 맞대기 이음 (라) 리벳작업 방법

[리벳이음의 종류]

(1) 리벳이음의 장점

① 용접이음과 달리 열응력에 의한 잔류 변형률을 일으키지 않으므로 전성 파괴가 일어나기 어렵다.

② 구조물 등에서 현지조립이 용접작업보다 용이하다.

③ 경합금과 같은 용접이 곤란한 재료에는 신뢰성이 있다.

(2) 리벳이음의 단점

① 영구이음이므로 분해할 경우에는 파괴해야 한다.
② 축 방향 결합 시 인장응력이 걸리기 때문에 축 방향의 하중에는 약하므로 적당치 않다.
③ 용접이음보다 이음효율이 떨어져 기밀, 수밀의 유지가 어렵다.

(3) 리벳의 재료

리벳의 재료는 일반적으로 결합하는 모재와 같은 종류의 재료를 사용하며, 강, 구리, 알루미늄, 두랄루민 등이 있다. 강관의 경우에는 특히 강도나 내부식성이 필요할 경우에는 특수강을 사용하기도 한다.

(4) 리벳작업 순서

드릴링(Drilling) → 리밍(Reaming) → 리벳팅(Reveting) → 코킹(Caulking) 또는 플러링(Fullering)

① 드릴링작업 : 펀치나 드릴을 사용하여 강판에 리벳이 들어갈 구멍을 뚫는다.
② 리밍 : 뚫린 구멍을 리머 공구로 정밀하게 다듬질한다.
③ 리벳팅 : 가열된 리벳 생크를 키우고 머리를 스냅(Snap : 금속판)으로 바치고, 스냅을 대고 때려서 머리 부분을 만든다. 구리나 알루미늄제 리벳은 상온에서 작업한다.
- 냉간리벳(상온리벳) : 리벳 지름이 10mm 이하의 작업
- 열간리벳(고온리벳) : 리벳 지름이 10mm 이상의 작업

④ 코킹 : 보일러 등의 압력 용기 등에서 리벳팅을 한 후 리벳머리의 주위와 이음매의 판재의 가장자리를 75~85° 정도 경사시켜 정으로 찌그러뜨려 액체나 기체가 누출되는 것을 방지하는 작업이다.

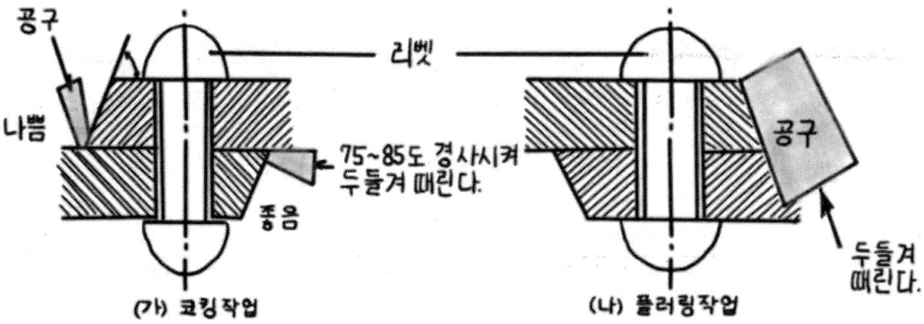

[코킹작업과 플러링작업]

⑤ 플러링 : 코킹보다 더욱 더 기밀을 완벽하게 하기 위해 강판의 나비와 같은 플러링 공구로 때려 붙이는 작업으로, 영구적이다.
- 코킹과 플러링은 판재 두께가 5mm 이상에서만 작업하고 5mm 이하는 곤란하므로 이때는 종이, 천, 석면과 같은 패킹재료를 강판 사이에 끼워서 리벳팅을 한다.

(5) 리벳이음 설계

리벳이음의 효율은 강판의 효율과 리벳효율을 각각 구하여 이중 작은 값을 리벳이음의 효율로 한다.

① 리벳의 길이$(\ell) = S + (1.3 \sim 1.6)d$ 여기서, S : 판재의 두께, d : 리벳지름(mm)
② 리벳의 크기 : $d \times \ell$ 여기서, ℓ : 리벳 길이

③ 강판의 효율(η_t) : 인장(Tensile)의 견지에서 파악

$$= \frac{1\text{피치 내에 리벳구멍이 있는 경우 인장강도}}{1\text{피치 내에 리벳구멍이 없는 경우 인장강도}} = \frac{\sigma_t(p-d)t}{\sigma_t\, p\, t} = \frac{p-d}{p} = 1 - \frac{d}{p} \times 100(\%)$$

강판의 효율은 피치에 비례하고, 리벳 지름에 반비례한다. 즉, 피치가 크면 강판의 효율은 높고, 리벳 지름이 크면 강판의 효율은 낮다.

④ 리벳의 효율(η_s)

- 겹치기 이음일 때 $\eta s = \dfrac{0.785d^2\tau}{\sigma_t\ p\ t}$
- 맞대기 이음일 때 $\eta s = \dfrac{0.785d^2 \times \tau \times 1.8}{\sigma_t\ p\ t}$

여기서, t : 강판의 두께(mm), σ_t : 강판의 인장강도(kgf/mm^2), d : 리벳지름(mm)
p : 리벳의 피치(mm), τ : 리벳재료의 전단강도

⑤ 강판의 인장응력(σ) $= \dfrac{\text{하중}}{(P-d)t} kgf/mm^2$ 여기서, P : 피치(mm), d : 리벳 지름(mm), t : 판 두께(mm)

$\therefore\ P = \sigma(P-d)t$

(6) 압력용기 두께(t) 계산

내압을 받는 얇은 원통이음과 동일하게 취급하면서 설계를 한다.

① 원주방향의 응력(σ_1) $= \dfrac{PD}{2t}$ $\quad \therefore\ t = \dfrac{PD}{2\sigma_1}$

② 축방향의 응력(세로방향 : σ_2) $= \dfrac{PD}{4t}$

※ 축방향응력보다 원주방향응력이 2배 더 크다.

$\sigma_1 \geq \sigma_2$이기 때문에

$t = \dfrac{PDS}{2\sigma_a\eta} + C$, η과 C가 주어지지 않을 시 $\therefore\ t = \dfrac{PD}{2\sigma_a}$

여기서, σ_a : 허용응력(kgf/mm^2) $= \dfrac{\text{극한강도}}{\text{안전률(S)}}$
η : 이음효율(%)
P : 내압(kgf/mm^2)
D : 보일러 안지름
C : 부식계수(여유) : 1 ~ 2mm 정도 한다.

2. 용접이음(Welding Joint)

용접이음은 영구적인 이음으로 리벳 구조물, 단조물, 주조물을 대신하여 많이 사용되고 있다. 용접이음은 나사이음에 비하여 다음과 같은 장단점을 가지고 있다.

(1) 용접이음의 장점

① 리벳, 볼트 등이 필요 없으므로 최고 20% 이상의 중량 경감을 할 수 있다.
② 리벳이음의 효율이 20~80% 정도인데 비하여 용접이음의 효율은 거의 100%에 가깝다. 즉 기밀성, 수밀성, 유밀성이 좋다.
③ 리벳이음에 비하여 공정이 적고, 생산성이 높다. 즉 재료가 절약된다.

(2) 용접이음의 단점

① 용접부가 단시간에 가열되고 급속히 냉각되므로 용접부 부근의 금속조직이 변화하여 취성파괴를 일으키기 쉽고 강도가 저하된다.
② 용접부의 잔류응력이 기계 전체의 변형을 일으킬 수 있다.
③ 재질에 따라 용접이 곤란할 경우도 있고, 결함검사가 어렵다.
④ 용접기술의 개인차에 따라 신뢰성이 문제가 될 수도 있다.

(3) 용접이음의 종류

① 그루브(Groove) 용접 : 맞대기 용접에서 용접할 두 모재 사이의 홈을 그루브라 하고 그루브 부분에 용접하는 작업 방법이 그루브 용접이다.

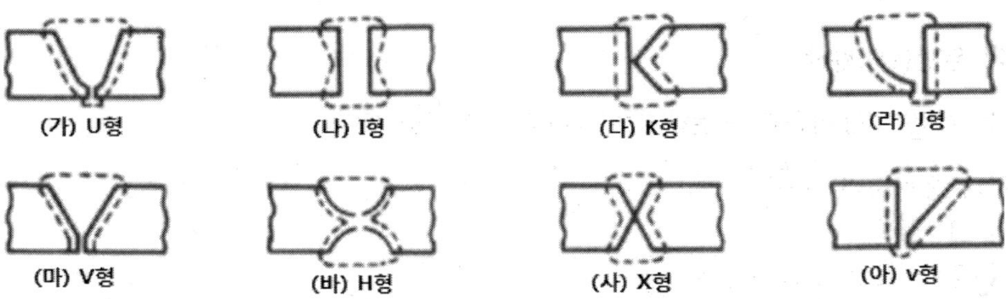

[그루브 용접 종류]

② 필렛(Fillet) 용접 : 직교하는 두 개의 면을 결합하는 용접 방법이다.
③ 비드(Bead) 용접 : 모재에 홈을 만들지 않고 맞대어 그대로 그 위에 비드를 용착하는 용접 방법이다.

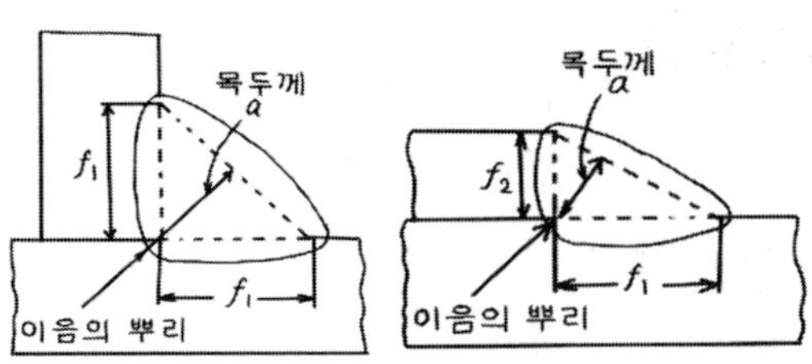

[필렛 용접]

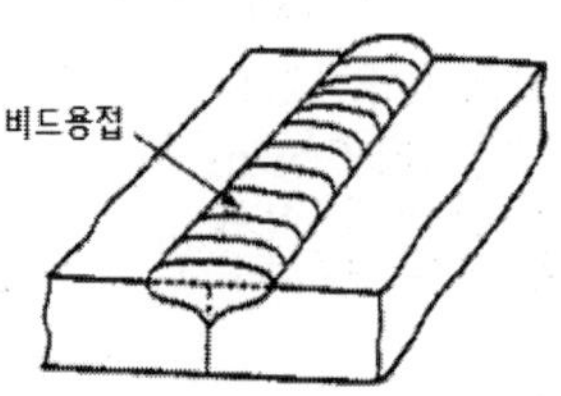

[비드 용접]

④ 플러그(Plug) 용접 : 접합할 모재의 한 쪽에 구멍을 뚫고 판의 표면까지 용접하여 다른 쪽 모재와 접합하는 용접 방법이다.

⑤ 슬로트(Slot) 용접 : 플러그 용접의 둥근 구멍 대신에 가늘고 긴 홈에 비드를 붙이는 용접 방법이다.

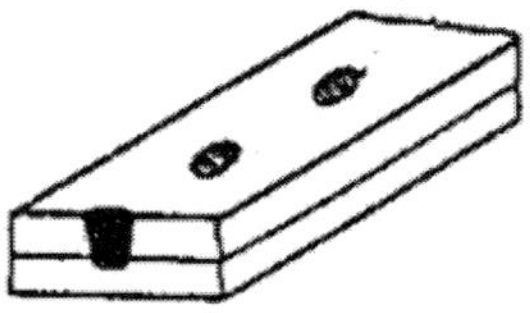

[플러그 용접]

[슬로트 용접]

(4) 용접이음 강도계산

① 맞대기 용접이음 강도계산

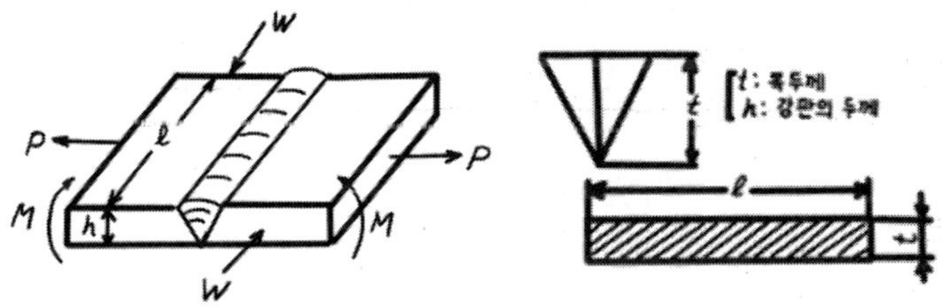

[인장/전단/굽힘응력]

② 맞대기 용접이음

가. 인장응력(σ_t) = $\dfrac{P}{A} = \dfrac{P}{t\ell} = \dfrac{P}{h\ell}$

나. 전단응력(τ) = $\dfrac{W}{A} = \dfrac{W}{t\ell} = \dfrac{W}{h\ell}$

여기서, h : 강판의 두께, t : 용접된 두께(목 두께), ℓ : 용접길이

다. 굽힘응력(σ_b) = $\dfrac{M}{Z} = \dfrac{6M}{\ell t^2}$ 여기서, M : 굽힘모멘트, Z : 단면계수

- 정사각형의 단면계수(Z) = $\dfrac{bh^2}{6} = \dfrac{h^3}{6}$ (h : 높이, b : 폭)
- 직사각형의 단면계수(Z) = $\dfrac{bh^2}{6}$

③ 필렛(겹치기) 용접이음 강도계산

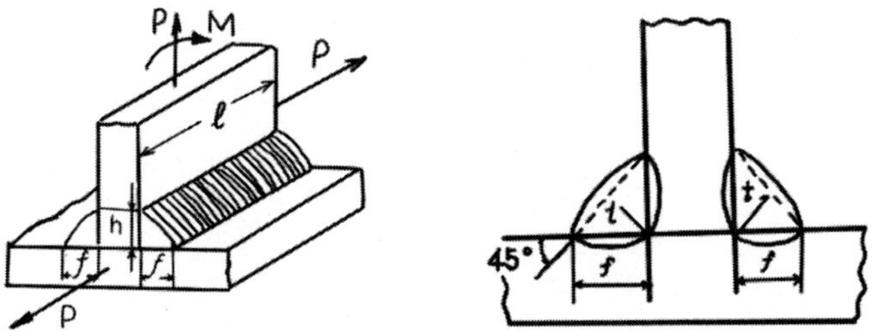

(a) 한 면 필렛용접

위 그림에서 $h(f)$: 사이즈(용접다리), t : 용접된 두께(목두께), ℓ : 용접길이

$\therefore\ t = h\cos 45° = f\cos 45°$

가. 인장응력(σ_t) $= \dfrac{P}{A} = \dfrac{P}{2t\ell} = \dfrac{P}{2h\cos 45°\ell} = \dfrac{0.707P}{h\ell} = \dfrac{0.707P}{f\ell}$

나. 전단응력(τ) $= \dfrac{0.707P}{f\ell} = \dfrac{0.707P}{h\ell}$

다. 굽힘응력(σ_b) $= \dfrac{1.414\, f\,\ell^3}{12}$

(5) 용접이음의 효율(η)

$\eta = K_1 + K_2$

여기서, K_1 : 형상계수(약 1), K_2 : 용접계수

$$\text{용접계수} = \frac{\text{용접부의 인장강도 또는 전단강도}}{\text{모재의 인장강도 또는 전단강도}}$$

(6) 용접부의 검사 종류

① 비파괴 검사

침투(형광, 액체)검사, 외관(육안)검사, 자기분말검사, X선 검사, 초음파 탐상법 등이 있다.

② 금속 조직검사

금속 조직검사[현미경 조직, 매크로 부식법(육안), 설퍼 프린트 법(유황)], 분석검사 등이 있다.

연습문제

문제01 리벳이음을 용접이음과 비교한 설명으로 틀린 것은?

가. 경합금을 이음할 때는 용접이음보다 신뢰성이 떨어진다.
나. 구조물 등에서 현장 조립할 때는 용접이음보다 쉽다.
다. 용접이음과 같이 강판 등을 영구적으로 접합할 때 사용한다.
라. 용접이음과 달리 초기응력에 의한 잔류변형이 생기지 않으므로 취약파괴가 일어나지 않는다.

문제02 기밀용기를 제작하기 위하여 리벳이음을 할 때 작업순서는?

가. 리밍-드릴링-코킹-리벳팅
나. 드릴링-리밍-리벳팅-코킹
다. 드릴링-리밍-리벳팅-코킹
라. 리밍-드릴링-리벳팅-코킹

문제03 다음 중 리벳의 재료가 될 수 없는 것은?

가. 저탄소강　나. 연강　다. 주철　라. 알루미늄

문제04 리벳 작업한 판금 또는 철판의 경부를 특수 공구로 때려서 밀착시켜 기밀을 유지하는 작업은?

가. Funching　나. Caulking
다. Folding　라. Reaming

문제05 리벳의 지름이 20mm일 때 리벳구멍은 얼마로 뚫는 것이 가장 적당한가?

가. 21.0~21.5mm　나. 19.5~20.5mm
다. 18~19mm　라. 22.0~24.5mm

[해설] 리벳팅 작업에서 리벳구멍은 리벳의 지름보다 1.0~1.5mm 정도 크게 한다.

문제06 Rivet의 길이는 일반적으로 어느 정도의 크기를 갖는가? (단, d : 리벳의 지름, t_t : 강판의 두께의 합)

가. $\ell = t_t + d$
나. $\ell = t_t + (1.3 \sim 1.6)d$
다. $\ell = t_t + (2.5 \sim 3.4)d$
라. $\ell = t_t + (3.3 \sim 4.5)d$

문제07 리벳이음의 파괴 상태를 나타낼 때 다음 경우가 있다. 제일 거리가 먼 것은?

가. 리벳이 굽힘에 의해 파괴된다.
나. 리벳이 전단에 의해 파괴된다.
다. 강판의 가장자리가 절단된다.
라. 리벳구멍 사이의 강판이 찢어진다.

문제08 리벳이음에서 리벳의 피치가 28mm, 리벳지름이 10mm, 강판의 두께가 2mm이다. 강판의 효율을 구하시오. (단, 강판의 항장력은 4,500kg이다.)

가. 44%　나. 54%　다. 64%　라. 74%

문제09 판 두께 15mm, 리벳지름이 2mm 피치가 10mm 일렬 겹치기 리벳이음이 있다. 피치당 하중을 900kg으로 하면 강판의 인장응력은?

가. 6.5kg/mm^2　　나. 7.5kg/mm^2
다. 8.5kg/mm^2　　라. 9.5kg/mm^2

[해설] 강판의 인장응력$=\dfrac{하중}{(P-d)t}$kgf/mm^2

문제10 다음 그림과 같은 힘(1ton)이 작용될 때 리벳의 최소 지름은? (단, 리벳의 허용전단응력이 800 kgf/cm^2, 리벳구멍은 파괴되지 않는다고 가정한다.)

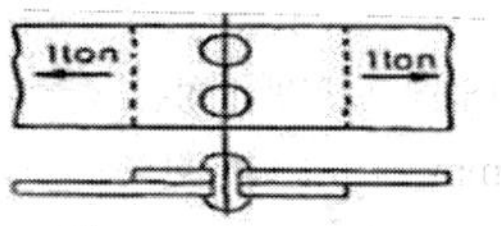

가. 7mm　나. 9mm　다. 11mm　라. 12mm

[해설] $\tau=\dfrac{W}{A}=\dfrac{W}{\dfrac{\pi}{4}d^2}$ 에서 $d=\sqrt{\dfrac{4W}{\pi\tau}}$

문제11 다음 중 가열할 수 없는 용접부에 상온 하에서 강하게 압축함으로써 경계면을 국부적으로 소성변형시켜서 용접하는 것으로 알루미늄이나 동 전선 소재의 맞대기 용접을 이용되고 있는 것은?

가. 가스용접　　나. 고주파압접
다. 냉간압접　　라. 초음파용접

문제12 다음 중 직교하는 면을 접합하는 용접으로 삼각형 단면의 형상을 갖는 용접은?

가. 비드용접　　나. 플러그 용접
다. 필렛용접　　라. 그루브 용접

문제13 맞대기 용접이음에서 하중을 W, 용접부의 길이를 ℓ, 판 두께를 t라 할 때 용접부의 인장응력을 계산하는 식은?

가. $\sigma=\dfrac{W\ell}{t}$　　나. $\sigma=\dfrac{W}{t\ell}$
다. $\sigma=Wt\ell$　　라. $\sigma=\dfrac{t\ell}{W}$

문제14 한쪽 맞대기 이음에서 W=5ton, h=5mm로 할 때 용접 길이 ℓ 은 몇 mm가 되는가? (단, 허용인장응력은 10kg/mm^{2}로 한다.)

가. 120mm　　나. 100mm
다. 80mm　　라. 60mm

문제15 필렛 용접에서 인장 하중이 250kgf, 용접 길이가 30mm이고, 용접 두께가 3mm일 때 인장응력(kgf/mm^2)은?

가. 약 2kgf/mm^2　　나. 약 4kgf/mm^2
다. 약 5kgf/mm^2　　라. 약 3kgf/mm^2

문제16 내압을 받는 얇은 원통 드럼에서 축방향의 응력은 원주방향응력의 몇 배인가?

가. 2배　나. 1/2배　다. 4배　라. 1/4배

[해설] 축방향의 응력$(\sigma_t')=\dfrac{PD}{4t}$이고

원주방향의 응력$(\sigma_t)=\dfrac{PD}{2t}$

$\sigma_t=2\sigma_t'$　$\therefore\ \sigma_t'=\dfrac{1}{2}\sigma_t$

문제17 안지름이 110cm인 두께가 얇은 원통용기에 1.5MPa인 가스를 넣으려면 용기의 두께는 몇 mm 이상이어야 하는가? (단, 원통재료의 허용인장응력은 75MPa이다.)

가. 1.1　나. 1.6　다. 11　라. 16

[해설] 원주방향의 응력$(\sigma_t)=\dfrac{PD}{2t}$에서

$t=\dfrac{PD}{2\sigma_t}=\dfrac{1.5\times110}{2\times75}=1.1\text{cm}=11\text{mm}$

01	가	02	다	03	다	04	나	05	가	06	나
07	가	08	다	09	나	10	라	11	다	12	다
13	나	14	나	15	가	16	나	17	다		

CHAPTER 04

축(Shaft) 및 축이음

1. 축(Shaft)

양단이 베어링으로 받쳐져 회전운동에 의하여 동력을 전달하는 기계요소를 축(軸)이라 한다. 축에는 일반적으로 풀리(Pulley), 기어(Gear), 플라이휠(Fly Wheel), 커플링(Coupling) 등과 같은 여러 가지 회전체가 키(Key)로 고정되어 있는 경우가 많다. 축은 그 단면의 형상에 따라 둥근 축, 각축, 스플라인축 등으로 나눌 수 있으며, 일반적으로 둥근 축이 많이 사용된다. 또 축 내부의 구멍 유무에 따라 중실축(Solid Shaft)과 중공축(Hollow Shaft)으로도 나누어진다. 외형상으로 봤을 때 일직선으로 된 직선축, 테이퍼가 붙어 있는 테이퍼축, 크랭크형으로 된 크랭크축, 단이 달린 단달림축, 축의 방향을 자유로이 바꿀 수 있는 휨축(Flexible Shaft) 등으로 구분할 수 있다.

1-1 축의 종류

1-1-1 작용하는 하중(힘)에 의한 분류

(1) 전동축(Transmission Shaft)

동력을 전달하는 것을 목적으로 하는 축이자 비틀림과 굽힘을 동시에 받는 축이다. 주축, 선축, 중간축으로 나누어진다.

① 주축(Main Shaft) : 원동기에서 직접 동력을 받는 축
② 선축(Line Shaft) : 주축의 동력을 받아 각 기계에 분배하는 역할을 하는 축
③ 중간축(Counter Shaft) : 선축에서 동력을 받아 각각의 기계에 필요한 속도와 방향을 조정해서 동력을 전달시키는 축
④ 축의 동력 전달 순서는 주축 → 선축 → 중간축이다.

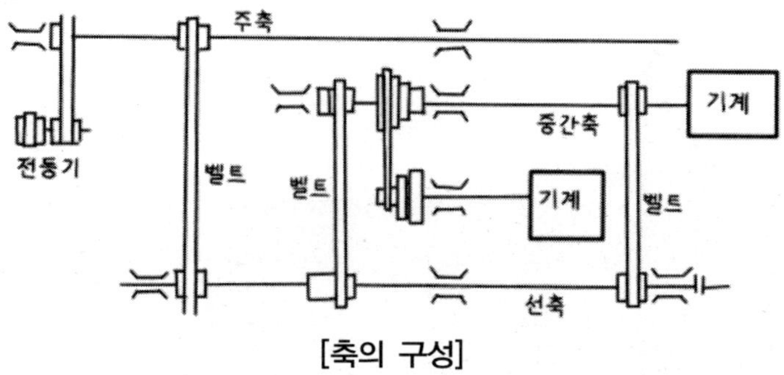

[축의 구성]

(2) 차축(Axle)

차축은 기차나 자동차의 두 바퀴를 연결한 것이며, 차체나 화물의 중량을 지지하므로 굽힘 작용을 받는다.

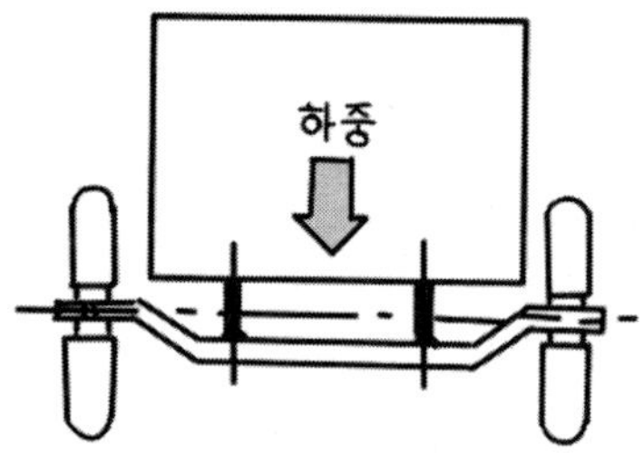

[정지 차축]

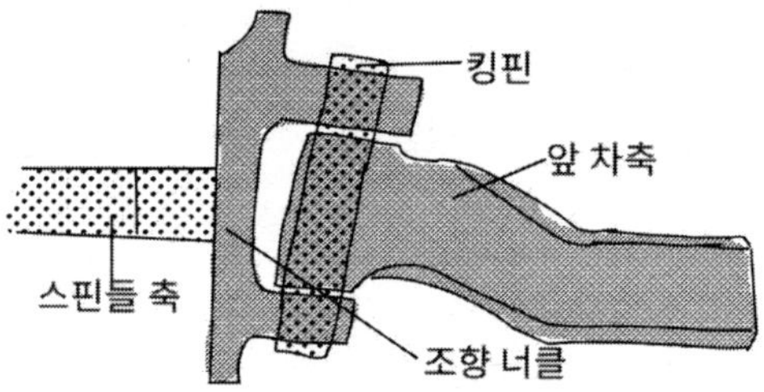

[스핀들 축]

(3) 스핀들(Spindle)

스핀들은 전동축 중에서 특별한 축이며 동력을 전달하면서 실제 작동을 하는 비교적 짧은 축이며, 기계부품의 하나이다. 비틀림 작용을 받으며, 형상 치수가 정밀하고 변형이 적으며 내마모성이 커야 한다.

1-1-2 모양에 따른 분류

(1) 직선 축(Straight Shaft)

일반적으로 쓰이는 곧은 축이며, 축의 대부분이 여기에 속한다. 축의 단면 모양이 원형이며, 특수한 경우에는 4각 축, 6각 축 등이 있다. 또한 중실 축, 중공축이 있다.

(2) 크랭크 축(Crank Shaft)

직선 왕복운동을 회전운동으로 또는 회전운동을 직선 왕복운동으로 바꾸는 축으로 왕복기관이나 공기 압축기 등에서 사용된다.

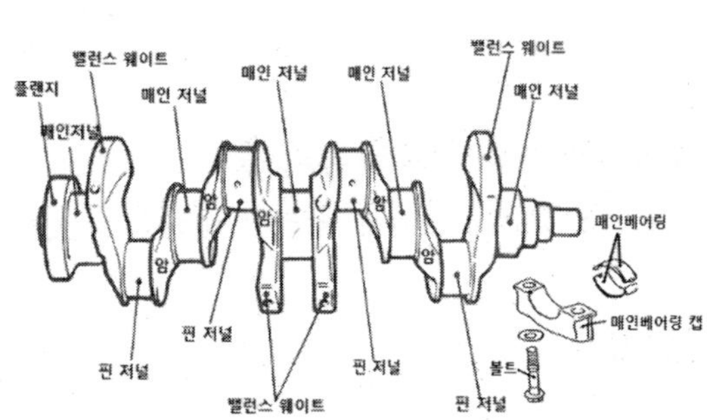

[기관에 사용되는 크랭크축]

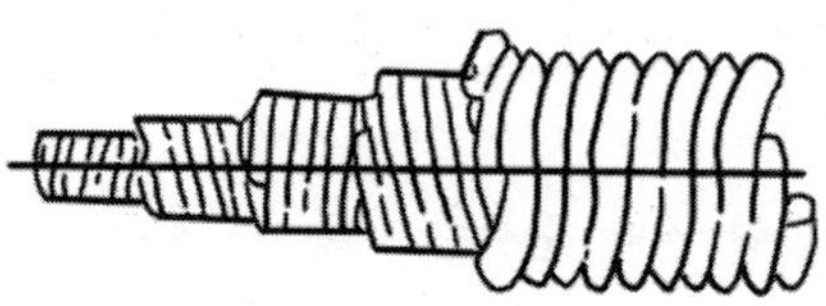

[플렉시블 축]

(3) 플렉시블 축(Flexible Shaft)

축의 방향이 자유롭게 변화될 수 있는 축으로, 철사를 코일 모양으로 2~3중으로 감아서 만든 것이며 휨(굽힘)성을 이용하여 충격을 완화한다. 이 축은 비틀림에 대해 비교적 강하지만 굽힘에 대해서는 약하다는 결점이 있다. 주로 작은 동력 전달용에 사용된다.

1-1-3 축의 재료

일반적인 축에는 탄소강을 사용하고 고속 · 고하중의 경우에는 크롬-몰리브덴강, 니켈-크롬강이나 그 밖의 특수강을 사용한다.

1-2 축의 강도 설계

축의 설계 시 강도, 응력집중, 휨 변형, 비틀림 변형, 진동, 열응력, 부식 등을 고려해서 설계해야 한다.

(1) 굽힘 모멘트만 작용하는 축

① 굽힘만 받는 중실축의 직경(d)을 구하는 식

$$M = Z \cdot \sigma$$

$$\sigma = \frac{M}{Z} = \frac{M}{\frac{\pi d^3}{32}} = \frac{32M}{\pi d^3}$$

$$\therefore\ d = \sqrt[3]{\frac{32M}{\pi\sigma}}$$

여기서, M : 굽힘 모멘트(kgf · mm), Z : 축의 단면계수$\left(\frac{\pi d^3}{32}\right)$

σ : 허용굽힘응력(kgf/mm^2)

- 단면계수 : 굽힘만 받는 축 또는 보에 외력이 가해져 변형 또는 변형력이 일어날 때 쓰이는 계수이다.
- 굽힘응력은 단면계수와 축의 지름 3승에 반비례하고, 굽힘 모멘트에는 정비례한다.

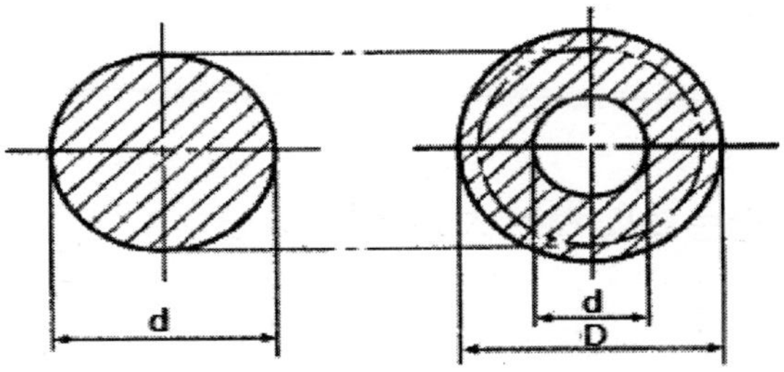

[중실축] [중공축]

② 굽힘만 받는 중공축의 단면계수를 구하는 식

$$단면계수(Z) = \frac{\pi}{32}\left(\frac{D^4 - d^4}{D}\right) = \frac{\pi D^3}{32}(1 - x^4)$$ 여기서, D : 외경, d : 내경, x: 내외경비$\left(\frac{d}{D}\right)$

③ 굽힘만 받는 중공축의 직경을 구하는 식

$$직경(D) = \sqrt[3]{\frac{32M}{\pi\sigma(1 - x^4)}}$$ 여기서, D : 외경, d : 내경

(2) 비틀림 모멘트만 작용하는 축

$T = \tau \times Z_P$ 여기서, T : 비틀림 모멘트, τ : 허용전단응력, Zp : 극단면 계수

$$\tau = \frac{T}{Zp} = \frac{T}{\frac{\pi d^3}{16}} = \frac{16T}{\pi d^3}$$

$$T = 716200\frac{H(ps)}{N}(\text{kgf}\cdot\text{mm}), \quad T = 974000\frac{H'(kw)}{N}(\text{kgf}\cdot\text{mm})$$

① 중실축일 때 $Z_P = \frac{\pi d^3}{16}$

② 중공축일 때 $Z_P = \frac{\pi}{16}\left(\frac{D^4 - d^4}{D}\right) = \frac{\pi D^3}{16}(1 - x^4)$

- 극단면계수(Zp) : 회전하는 축, 즉 비틀림을 받을 때 전단 변형 또는 변형력이 일어날 때 쓰이는 계수이다.
- 전단응력은 극단면 계수와 축의 지름 3승에 반비례하고, 비틀림 모멘트에는 정비례한다.
- 동일 원통면 상에서는 어느 곳에서도 같은 비틀림 응력이 발생한다.
- 강도가 같다고 하는 것은 극단면 계수가 같은 것이다.
- 중공축의 내경을 외경의 1/2로 하고, 동일한 재료, 같은 크기의 비틀림 모멘트에 대한 강도를 가지는 중실축과 중공축에 대하여 무게는 중실 축의 경우 1.28배 무겁다.

(3) 비틀림만 받을 경우 중실축 직경을 구하는 식

중실축 : $d = \sqrt[3]{\frac{16T}{\pi\tau}}$

(4) 비틀림만 받을 경우 중공축 직경을 구하는 식

중공축 : $d = \sqrt[3]{\frac{16T}{\pi\tau(1 - x^4)}}$

(5) 비틀림과 굽힘을 동시에 받는 축(달리는 자동차)

① 상당 비틀림 모멘트$(T_e) = \sqrt{M^2 + T^2} = M\sqrt{1 + \left(\frac{T}{M}\right)^2}$

② 상당 굽힘 모멘트$(M_e) = \frac{1}{2}(M + \sqrt{M^2 + T^2}) = \frac{M}{2}\left\{1 + \sqrt{1 + \left(\frac{T}{M}\right)^2}\right\}$

여기서, $\sqrt{M^2 + T^2} = Te$ 이므로 $\therefore Me = \frac{1}{2}(M + Te)$

· 허용굽힘응력 ≥ 최대굽힘응력$(\sigma_{max}) = \frac{32}{\pi d^3}\cdot\frac{1}{2}\left(M^2 + \sqrt{M^2 + T^2}\right)$

· 허용전단응력 ≥ 최대전단응력$(\tau_{max}) = \frac{16}{\pi d^3}\sqrt{M^2 + T^2}$

③ 중실축일 때 상당비틀림모멘트를 받는 축의 축 지름 : $d = \sqrt[3]{\frac{16T_e}{\pi\tau}}$

④ 중실축일 때 상당굽힘모멘트를 받는 축의 축 지름 : $d = \sqrt[3]{\frac{32M_e}{\pi\tau}}$

⑤ 중공축일 때 상당비틀림모멘트를 받는 축의 축 지름 : $d = \sqrt[3]{\frac{16T_e}{\pi\tau(1-x^4)}}$

⑥ 중공축일 때 상당굽힘모멘트를 받는 축의 축 지름 : $d = \sqrt[3]{\frac{32M_e}{\pi\tau(1-x^4)}}$

(6) 동적(진동)효과 계수

Km : 모멘트 동적 효과

Kt : 비틀림 동적 효과

① $Me = \frac{1}{2}(KmM + \sqrt{(KmM)^2 + (KtT)^2}$

② $Te = \sqrt{(KmM)^2 + (KtT)^2}$

1-3 전동축의 강성설계(비틀림 각(θ)의 견지에서 파악)

바하(Bach)의 축 설계기준에서 축의 재질은 연강이어야 하고, 축 길이 1m당 비틀림 각은 0.25°($\frac{1}{4}$도) 이하로 제한하여 축 지름을 설계한다.

비틀림 각(θ) $= \frac{T\ell}{GI_P}(rad) = \frac{180°}{\pi} \times \frac{T\ell}{GI_P} \fallingdotseq 57.3\frac{T\ell}{GI_P}(°)$

여기서, G : 가로(횡)탄성계수(80GPa = 80×10³MPa = 80×10³N/mm²)

I_P : 극관성 모멘트(중실축일 때는 $\frac{\pi d^4}{32}$, 중공축일 때는 $\frac{\pi d_2^4(1-x^4)}{32}$)

T : 비틀림 모멘트(kgf · mm)

$$T = 716200\frac{H(ps)}{N} = 974000\frac{H'(kw)}{N}$$

ℓ : 축 길이(1,000mm)

∴ 비틀림 각(θ) $= \frac{32T\ell}{\pi d^4 G} \times 57.3° \fallingdotseq 584\frac{T\ell}{Gd^4}(°)$

- 축의 비틀림 각은 비틀림 모멘트와 길이에 정비례하고, 축 지름의 4승과 비틀림 강성도(GIp)에 반비례한다.
- 극관성모멘트(Ip : 극단면 2차 모멘트) : 돌림 힘이 작용하는 축에 비틀림이 작용할 때 이 비틀림에 저항하는 성질을 나타낸 값이다. 극관성모멘트 값이 클수록 비틀림은 작아진다.

바하의 축 공식을 비틀림 각에 대입시킨 결과 식은 아래와 같다.

① 중실축일 때 축 직경$(d) = 120\sqrt[4]{\frac{H(ps)}{N}}(mm) = 130\sqrt[4]{\frac{H(kw)}{N}}(mm)$

② 중공축일 때 축 직경($(d) = 120\sqrt[4]{\frac{H(ps)}{N(1-x^4)}}(mm) = 130\sqrt[4]{\frac{H(kw)}{N(1-x^4)}}(mm)$

1-4 축의 위험속도(임계속도 : 한계속도)

축의 회전속도가 어느 속도에 달하면 갑자기 진동을 일으킬 때의 회전수, 즉 축의 강제진동수가 축의 고유진동수와 일치하였을 때의 속도이다.

사용응력이 탄성한계를 넘어 축이 파괴되는 경우가 있다. 이것을 방지하려면 기계의 상용회전수는 위험속도로부터 항상 ±25% 이상 떨어지도록 설계하여야 한다. [예] 1,000rpm이면 750rpm 이하, 1,250rpm 이상으로 하여야 한다.

∴ 축의 비틀림 위험 속도$(N_c) = \dfrac{60}{2\pi}\sqrt{\dfrac{g}{\delta}} = \dfrac{30}{\pi}\sqrt{\dfrac{g}{\delta}}\,(\text{rpm})$

여기서, δ: 하중점의 처짐량(cm), g: 중력 가속도($980\text{cm}/\text{sec}^2$)

일반적으로 $\delta \le \dfrac{\ell}{3000}(0.3\text{mm}/\text{m})$, $\delta = \dfrac{P\ell^3}{48EI}$ 여기서, I: 2차 관성모멘트

∴ 축의 위험 각속도$(\omega_c) = \sqrt{\dfrac{\kappa}{m}} = \sqrt{\dfrac{g}{\delta}} = \dfrac{2\pi Nc}{60}(rad/s)$ 여기서, κ : 탄성률, m : 질량

∴ 축의 주파수$(f) = \dfrac{1}{2\pi}\omega = \dfrac{1}{2\pi}\sqrt{\dfrac{\kappa}{m}} = \dfrac{1}{2\pi}\sqrt{\dfrac{g}{\delta}}$

∴ 베어링 간의 거리(ℓ)

① 굽힘을 받는 경우(양단지지) : $\ell \le 100\sqrt{d}$ 여기서, d : 축의 지름

② 굽힘을 받는 경우(중간지지) : $\ell \le 125\sqrt{d}$

③ 비틀림을 받는 경우 : $\ell = 50d^{\frac{2}{3}} = 50\sqrt[3]{d^2}$

- 축의 위험속도를 피하기 위한 조건은 축의 지름을 굵게 해야 한다.
- 축의 공진이란 축의 고유 진동수와 가로진동(처짐)과 비틀림 진동의 변동 주기가 일치하는 진동이다. 단, 축의 진동에서 세로진동은 무시한다.

1-5 던 커레이(Dunkerley) 공식

한 개의 축에 여러 개의 회전체가 있을 때 위험속도를 관찰하는 식

$$\frac{1}{Nc^2} = \frac{1}{N_0} + \frac{1}{N_1} + \frac{1}{N_2} + \frac{1}{N_3} + \cdots\cdots + \frac{1}{N_n}$$

여기서, Nc: 위험속도

No: 축 자체만의 위험속도(축 자중)

$N_1, N_2, N_3 \cdots\cdots$: 각 회전체를 단독으로 축에 설치하였을 때 위험속도

2. 축 이음(Shaft Joint)

구동축의 끝부분과 피동축의 끝부분을 연결하는 기계부품을 말한다. 즉, 2개의 회전축을 연결하여 한쪽의 동력을 다른 쪽으로 전달하는 데 사용하는 장치이다. 축 이음은 동작 중 이음을 끊을 수 없는 커플링과 필요에 따라 단속할 수 있는 클러치(Clutch)로 구분할 수 있다. 축 이음은 축이 1개로는 너무 길거나 2축의 축선이

일직선상에 있지 않은 경우 등에 사용된다. 축이음의 종류로는

① 단속이 불가능한 경우의 축이음 : 고정 축 이음, 플렉시블 커플링, 올덤 커플링, 자재이음 등
② 단속이 가능한 경우의 축이음 : 물림 클러치, 마찰 클러치, 비역전 클러치, 유체클러치, 전자 클러치 등

2-1 Coupling(커플링 : 이음 : 조인트)

(1) 고정 커플링

두 축의 축 중심을 완전히 일치시켜 견고하게 연결한 축 이음으로서 상호이동이 전혀 허용되지 않는 커플링이다.

① 슬리브(머프 : 신축) 커플링: 축의 지름과 하중이 비교적 작을 때 사용되며 인장응력이 작용하는 축에는 사용할 수 없다.
② 플랜지 커플링 : 축 양 끝에 플랜지를 붙이고 볼트로 체결하고 직경이 큰 축이나 고속 회전하는 정밀 회전 이음에 적당한 커플링이다.

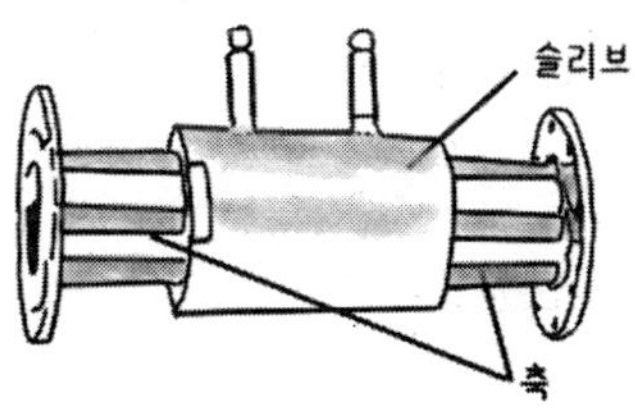

[슬리브 커플링]

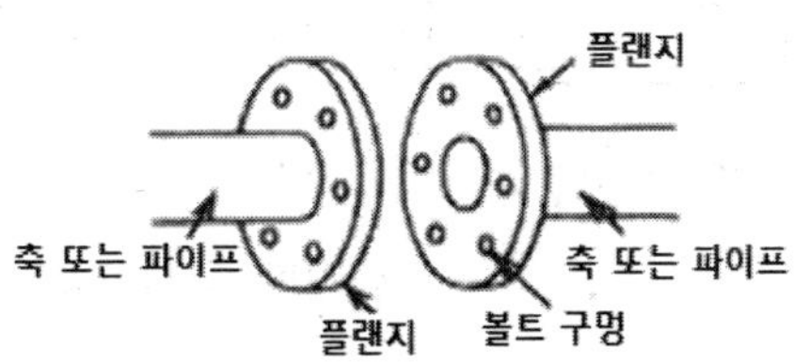

[플랜지 커플링]

(2) 플렉시블(Flexible) 커플링

두 축의 중심을 완벽하게 일치시키기 어려울 경우 또는 진동이 발생하기 쉬운 경우에 고무, 가죽, 금속판 등과 같이 유연성이 있는 매개로 사용하는 커플링이다. 압축, 굽힘, 전단 탄성을 받으며, 인장탄성은 받지 않는다.

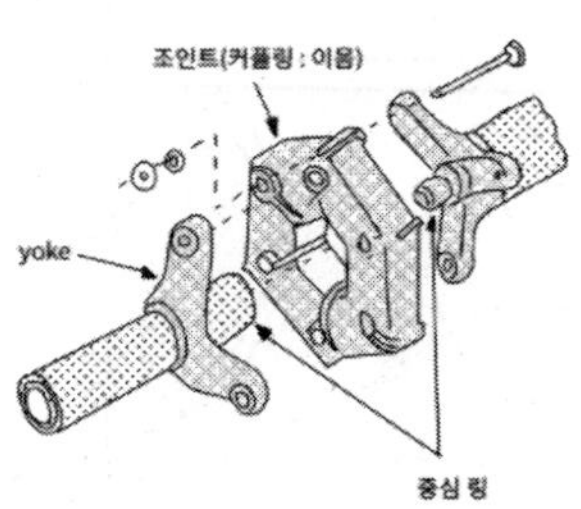

[플렉시블 커플링]

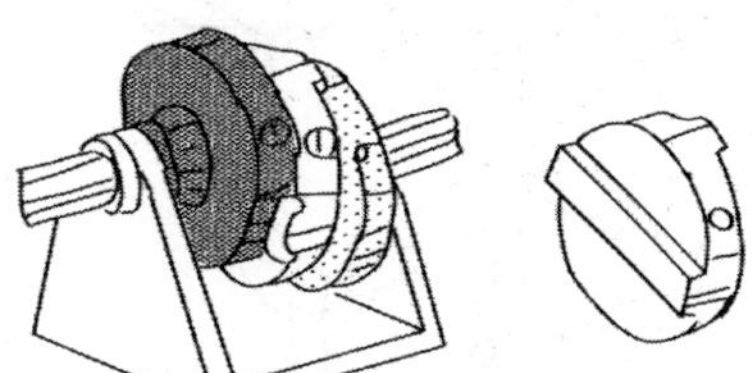
[올덤 커플링]

(3) 올덤(Oldham) 커플링

두 축이 평행이고 그 축의 중심선이 약간 어긋나며 그 거리가 비교적 짧은 경우 사용되고 진동과 마찰이 커 고속회전에는 부적당하다.

(4) 유니버설 조인트(Universal Joint : Hook's Joint)

자재이음이라고도 하며, 두 축이 일직선상에 있지 않고 서로 교차하는 경우에 사용되고 두 축이 만나는 각이 45°가 넘으면 사용이 불가능하고 30° 이하로 해야 한다. 자동차, 압연 롤러 등의 전동축에 많이 사용된다.

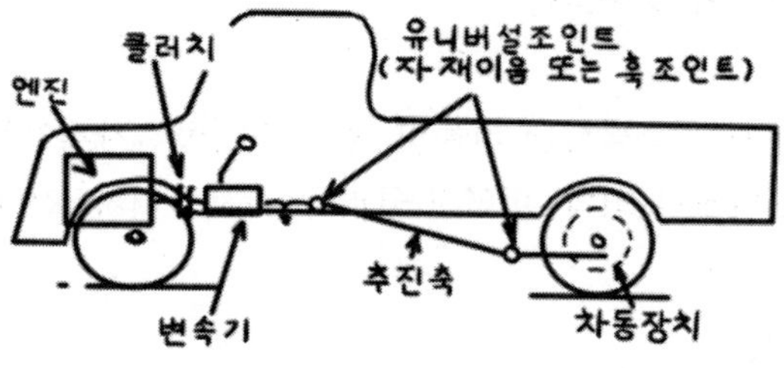

[유니버설 조인트 설치]

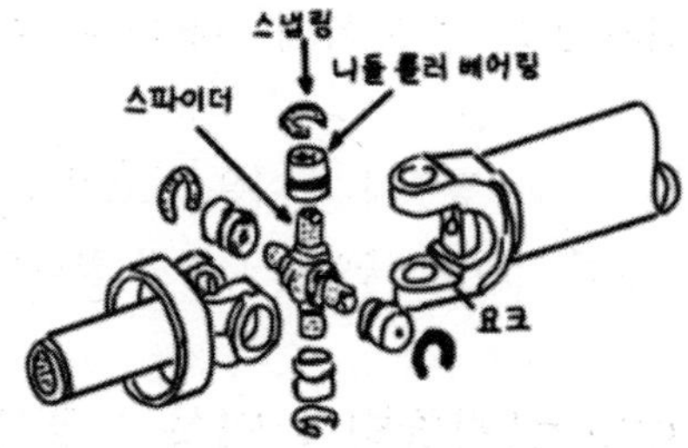

[유니버설 조인트 구조]

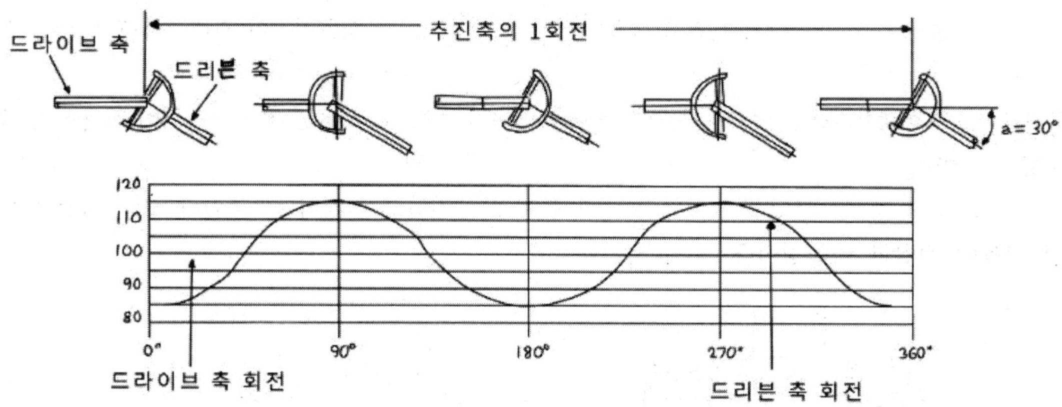

[십자형 자재이음의 등속도 운동]

① 종동축의 회전각($\tan\phi$) $= \tan\theta \cdot \cos\alpha$

② 속비(ϵ : 속도비 : 회전비)$= \dfrac{\omega_b}{\omega_a} = \dfrac{\cos\alpha}{1-\sin^2\theta\,\sin^2\alpha}$

여기서, ω_a : 원동축의 각속도, ω_b : 종동축의 각속도, θ : 원동축의 회전각,

ϕ : 종동축의 회전각, α : 교각(축각)

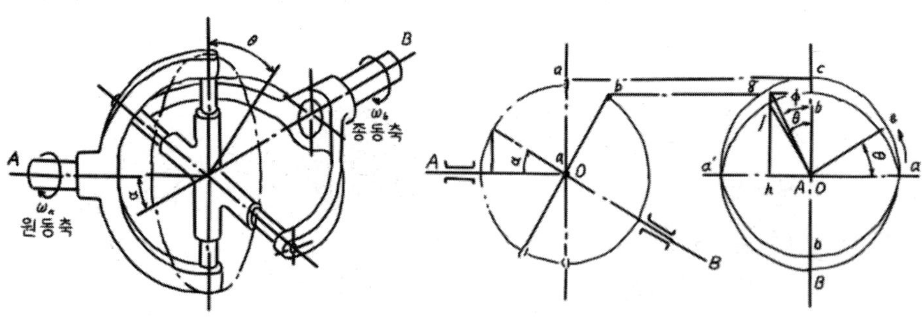

2-2 클러치(Clutch)

클러치는 운동 중 동력을 끊을 수 있는 탈착 축이음으로 반영구적이다. 자동차에서는 기관 플라이휠 뒷면에 설치되어 있다. 클러치 설계 시 고려해야 할 점은

① 접촉면의 마찰계수를 적당한 크기로 잡을 것

② 회전관성을 작게 하기 위하여 소형이고 가벼울 것

③ 마모가 생겨도 적당하게 수정할 수 있을 것

④ 원활히 단속할 수 있을 것

⑤ 상하좌우 무게 평행이 좋을 것

⑥ 단속할 때 큰 외력을 필요로 하지 않을 것
⑦ 마찰에 의해 생긴 열을 충분히 제거하고 눌러 붙음이 생기지 않을 것 등을 고려해야 한다.

(1) 클러치의 종류

① 맞물림 클러치(Claw Clutch) : 가장 널리 사용되는 것으로, 종동축을 축 방향으로 이동할 수 있도록 되어있고 턱의 모양은 삼각형(톱니형), 직사각형, 사다리꼴, 스파이럴형이 있다.

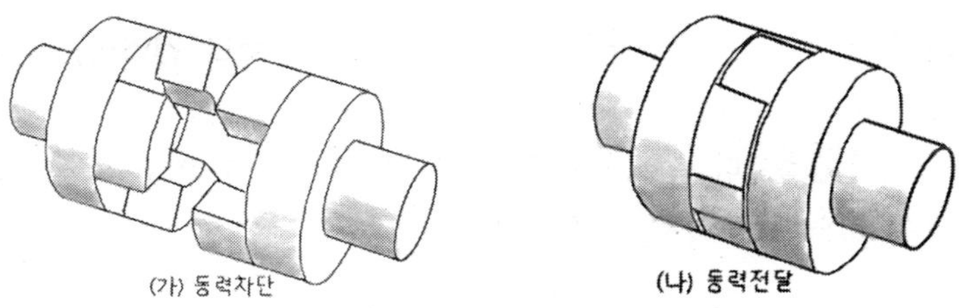

[맞물림 클러치]

② 마찰(Friction) 클러치 : 두 개의 마찰 면을 서로 강하게 접촉시켜 이때 생기는 마찰력으로 동력을 전달하는 클러치로서 운전 중에 탈착이 가능하고 마찰재료로는 경질 목재, 석면, 소가죽, 직물, 콜크 등이 있다. 종류는 다음과 같다.

가. 원추(원뿔) 클러치 : 마찰 면이 원뿔형으로 되어있고 쐐기작용에 의하여 접촉 압력을 높여 주고 원추각은 10~15° 정도로 한다.

나. 원판 클러치 : 마찰면이 원주가 되고 클러치를 작동시킬 때 마찰면은 반경 방향으로 움직인다. 전동능력이 비교적 크고 저속, 중하중용에 많이 쓰인다.

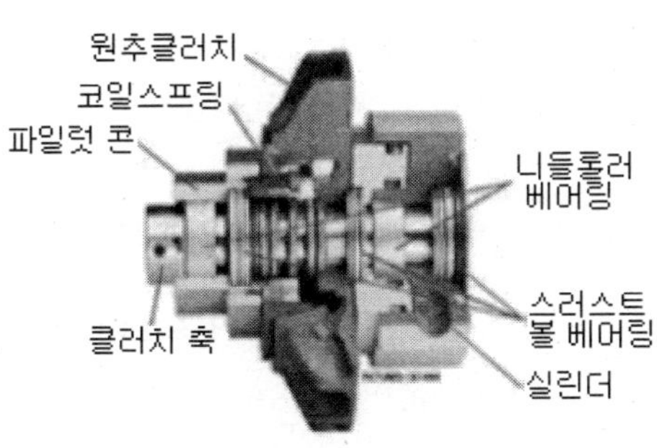

[원추 클러치의 구조]

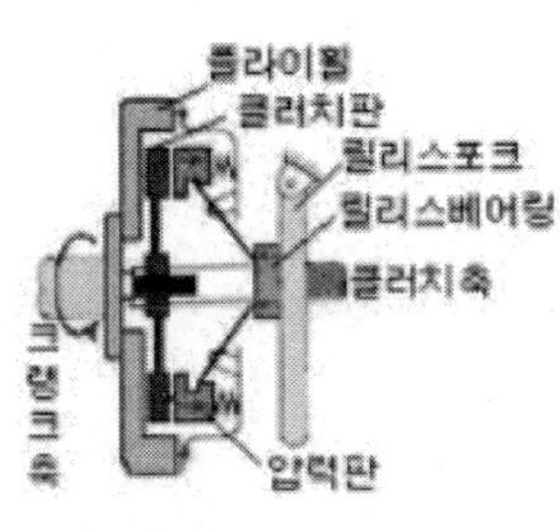

[원판 클러치 장착위치]

[원판 클러치 구조]

③ 유체 클러치 : 구동축 토크를 유체에 의하여 종동축에 전달하여 동력을 단속하는 클러치다. 두 개의 날개바퀴로 되어 있으며 구동축 날개바퀴를 임펠러(Impeller), 종동축 날개바퀴를 터빈(Turbine)이라 한다.

④ 토크 변환기(Torque Converter) : 유체의 운동 에너지를 이용하여 토크를 자동적으로 변환하는 장치를 말한다. 구조는 터빈, 펌프, 스테이터로 구성되어 있다. 터빈은 변속기 입력축의 스플라인에 설치되어 있고, 펌프는 크랭크축에 연결되어 있다.

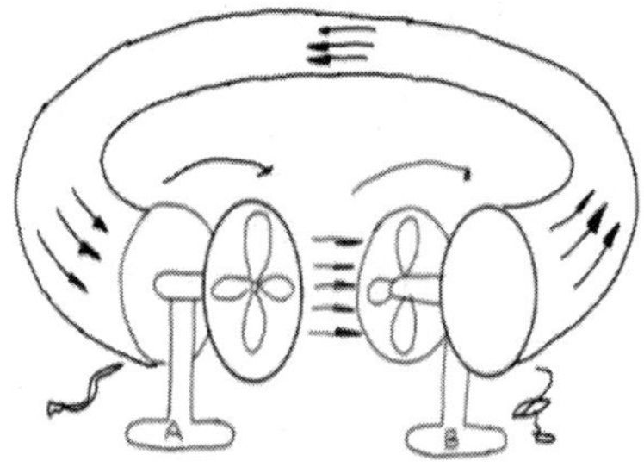

[유체 클러치]

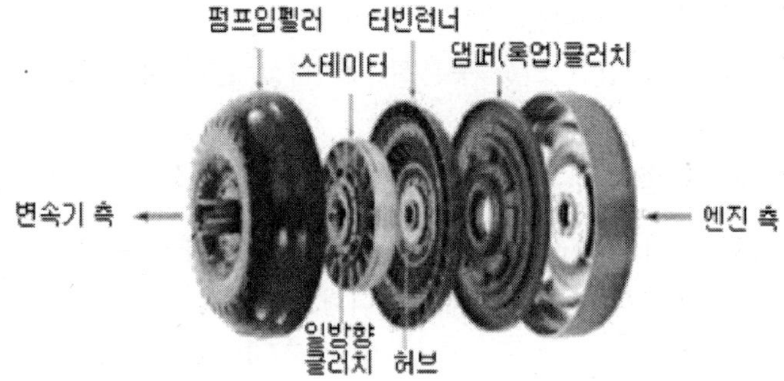

[토크 컨버터]

⑤ 일방향 클러치 : 종동축이 원동축보다 속도가 빠를 경우 자유 공전할 수 있도록 한 클러치로, 한 방향으로만 회전을 전달한다고 하여 비역전 클러치라고도 한다.

(2) 클러치의 효율(η)

$$\eta = \frac{\text{클러치에서 나온 동력}}{\text{클러치에서 들어간 동력}} \times 100(\%) = \frac{\text{클러치 출력 회전수} \times \text{출력 회전력}}{\text{입력 회전수} \times \text{입력 발생 회전력}} \times 100(\%)$$

(3) 클러치 회전력($T = m \cdot kgf$)

$T = P\mu r$ 여기서, P : 클러치 마찰시 필요한 힘(kgf)

μ : 마찰계수

r : 클러치 마찰면의 반지름(m)

연습문제

문제01 다음 중 굽힘과 비틀림을 동시에 받는 축으로 동력 전달용으로 사용되는 축의 명칭으로 가장 적합한 것은?

가. 스핀들축　　나. 차축
다. 전동축　　라. 플렉시블 축

문제02 양단에 베어링으로 지지되어 있으며 그 중앙에 회전체 1개를 가진 원형 단면 축에 대한 위험속도의 계산에 필요한 설계인자로서 가장 거리가 먼 것은?

가. 축의 길이
나. 전단탄성계수
다. 회전체의 무게
라. 축의 단면 2차 모멘트

문제03 축의 위험속도를 피하기 위한 다음 조치 중에서 가장 적합한 것은?

가. 축의 지름을 가늘게 한다.
나. 축의 지름을 크게 한다.
다. 기초 볼트의 지름을 크게 한다.
라. 케이스의 강성을 높인다.

문제04 다음 중 축의 위험속도와 가장 관련이 깊은 것은?

가. 축의 고유진동수
나. 축에 작용하는 굽힘 모멘트
다. 축에 작용하는 비틀림 모멘트
라. 축에 동시에 작용하는 비틀림과 압축하중

문제05 45000kgf · mm 굽힘 모멘트를 받는 연강제 중실축의 지름은? (단, 굽힘응력은 4kgf/mm^{2}이라 한다.)

가. 45mm　　나. 49mm　　다. 55mm　　라. 60mm

[해설] $M=\sigma_b\times Z=\sigma_b\times\dfrac{\pi d^3}{32}$　$\therefore d=\sqrt[3]{\dfrac{32M}{\pi\sigma_b}}$

문제06 외경이 D, 내경은 d인 중공축 파이프의 단면계수(Z)를 구하는 식은?

가. $\dfrac{\pi}{4}d^2D$　　나. $\dfrac{\pi}{32}\dfrac{(D^4-d^4)}{D}$

다. $\dfrac{(D^2-d^2)}{32\pi}$　　라. $\dfrac{1}{2}(D+\sqrt{D^2+d^2})$

[해설] 중공축의 극단면계수$(Zp)=\dfrac{\pi}{16}\cdot\left(\dfrac{D^4-d^4}{D}\right)$

문제07 축에 있어서 직경을 d, 축 재료의 전단응력을 τ라 하면 비틀림 모멘트 T의 관계식으로 올바른 것은?

가. $T=\dfrac{\pi d^2}{16}\times\tau$　　나. $T=\dfrac{\pi d^3}{16}\times\tau$

다. $T=\dfrac{\pi d^3}{32}\times\tau$　　라. $T=\dfrac{\pi d^2}{16}\times\tau$

[해설] $T=Zp\times\tau$ 에서 $Zp=\dfrac{T}{\tau}$ 여기서, T : 비틀림 모멘트, Zp : 극단면계수, τ : 전단응력

① 중실축일 때 극단면계수$(Zp)=\dfrac{\pi d^3}{16}$

② 중공축일 때 극단면계수$(Zp)=\dfrac{\pi}{16}\left(\dfrac{D^4-d^4}{D}\right)$ 여기서, D : 외경, d : 내경

문제08 외경(D)이 내경(d)의 2배인 중공축과 같은 비틀림 모멘트를 전달하는 중실축의 직경은?

가. $1.55d_1$ 나. $1.96d_1$ 다. $2.47d_1$ 라. $2.74d_1$

[해설] $T=\tau\ Zp$(τ : 전단응력, Zp : 극단면계수)

$\frac{\pi d^3}{16}=\frac{\pi}{16}\left(\frac{D^4-d^4}{D}\right)$에서 $d^3=\frac{2^4-1^4}{2}=\frac{15}{2}$이므로

$\therefore\ d^3=\frac{15}{2}\quad d=\sqrt[3]{\frac{15}{2}}=1.957$

문제09 1000rpm으로 2000kgf · cm의 비틀림 모멘트를 전달하는 축의 전달동력은 몇 kW인가?

가. 2.053 나. 20.53 다. 205.3 라. 2053

[해설] $T=974000\times\frac{kW}{N}$(mm · kgf),

$T=716200\times\frac{PS}{N}$(mm · kgf)

문제10 2500rpm으로 회전하면서 25kW를 전달하는 전동축의 비틀림 모멘트는 약 몇 N · m인가?

가. 7.5 나. 9.6 다. 70.2 라. 95.5

문제11 각속도 4rad/s로 4kW의 동력을 전달하는 전동축에 작용하는 토크는 약 몇 N · m인가?

가. 1000 나. 500 다. 102 라. 51

[해설] 어떤 점의 둘레를 1초 동안 N만큼 회전하는 물체의 각속도는 2πN rad/sec이므로 2πN = 4이다.
1초 동안 회전수는 약 0.637 회전한다.
∴ rpm = 0.637×60 ≒ 38rpm 또한 1kgf = 9.8이다.

$kW=\frac{TN}{974}$에 $T=\frac{kW\times 974}{N}=\frac{4\times 974}{38}=\frac{3896}{38}=102$

kgf·m×9.8=1004N·m

문제12 지름이 40mm인 연강제 실축에 200rpm으로 10PS를 전달할 때 생기는 전단응력은 약 몇 kgf/cm^{2}인가?

가. 90 나. 142 다. 180 라. 285

[해설] 비틀림 모멘트(T) $=71620\times\frac{10ps}{200rpm}=3581$

$T=Zp\times\tau$에서

$\tau=\frac{T}{Zp}=\frac{T}{\frac{\pi d^3}{16}}=\frac{16T}{\pi d^3}=\frac{16\times 3581}{3.14\times 4^4}=285.1$

문제13 매분 250 회전하는 축이 10kW의 동력을 전달해야 할 때 축의 최소 허용 지름(mm)으로 적합한 것은? (단, 축 재료의 허용 비틀림 응력이 40MPa이다.)

가. 8 나. 37 다. 54 라. 65

[해설] $T=974000\times\frac{10}{250}=38960$,

$T=\tau_a\times Zp=\tau_a\times\frac{\pi d^3}{16}$이므로 $T=\frac{\tau_a\times\pi\times d^3}{16}$에서

$d^3=\frac{16\times T}{\tau_a\times\pi}$

$\therefore d=\sqrt[3]{\frac{16\times T}{\tau_a\times\pi}}=\sqrt[3]{\frac{16\times 38960}{40\times 3.14}}=37\text{mm}$

문제14 비틀림 모멘트를 받는 원형 단면 축에 발생되는 최대 전단 응력에 대한 설명으로 옳은 것은?

가. 축 제동이 증가하면 감소한다.
나. 가해지는 토크가 증가하면 감소한다.
다. 단면의 극관성 모멘트가 증가하면 증가한다.
라. 극단면계수가 감소하면 감소한다.

[해설] $T=Zp\times\tau$ 에서 $\tau=\frac{T}{Zp}$이므로

문제15 지름이 d인 원형단면봉에 비틀림 토크가 작용할 때의 전단응력이 τ 라고 하면, 지름이 $3d$인 동일 재질의 원형단면봉에 동일한 비틀림 토크가 작용할 때의 전단응력은?

가. $\frac{1}{9}\tau$ 나. 9τ 다. $\frac{1}{27}\tau$ 라. 27τ

[해설] 중실축일 때 극단면계수(Zp) $=\frac{\pi d^3}{16}$, 전단응력(τ) $=\frac{T}{Zp}$,

$\therefore\ \tau=\frac{T}{\frac{\pi d^3}{16}}=\frac{16T}{\pi d^3}=\frac{1}{d^3}=\frac{1}{3^3}=\frac{1}{27}$

문제16 중공 단면축의 바깥지름이 5mm, 안지름이 3mm, 허용전단응력이 300N/mm²일 때 허용 비틀림 모멘트는 약 몇 N · mm인가?

가. 4291 나. 5291 다. 6409 라. 100

[해설] 중공축의 비틀림 모멘트(T)

$= \tau_a \times Zp = \tau_a \times \frac{\pi}{16} \cdot \frac{(D^4 - d^4)}{D} = 300 \times \frac{3.14}{16} \times \frac{(5^4 - 3^3)}{16} = 6405.6$

문제17 원형 단면축이 비틀림 모멘트를 받을 때 생기는 최대전단응력에 관한 설명으로 옳지 않은 것은?

가. 극단면계수에 비례한다.
나. 비틀림 모멘트에 비례한다.
다. 극관성 모멘트에 반비례한다.
라. 축 지름의 3제곱에 반비례한다.

[해설] $\tau = \frac{T}{Zp} = \frac{T}{\frac{\pi d^3}{16}} = \frac{16T}{\pi d^3}$

문제18 축에 작용하는 비틀림 모멘트를 T, 전단탄성계수를 G, 극관성 모멘트를 Ip, 길이를 l이라 할 때, 전체 비틀림각은?

가. $\frac{TI_p}{Gl}$ 나. $\frac{Tl}{GI_p}$
다. $\frac{TG}{I_p l}$ 라. $\frac{Gl}{TI_p}$

문제19 비틀림 모멘트가 작용하는 원형축에 관한 설명으로 옳지 않은 것은?

가. 비틀림 응력은 반지름에 비례한다.
나. 비틀림 각은 원형 축 길이에 비례한다.
다. 비틀림 응력은 극관성 모멘트에 반비례한다.
라. 축의 중심에서 최대 비틀림 응력이 발생된다.

[해설] 축의 전단응력은 축의 비틀림 모멘트에 비례하고, 극관성 모멘트에 반비례하고, 축의 지름의 3제곱에 반비례한다. 또한 동일 원통면 상에서는 어느 곳에서도 같은 비틀림 응력이 발생한다.

$\tau_a(\text{전단응력}) = \frac{T}{Zp} = \frac{T}{\frac{\pi d^3}{16}} = \frac{16T}{\pi d^3}$

$\sigma_a(\text{굽힘응력}) = \frac{M}{Z} = \frac{M}{\frac{\pi d^3}{32}} = \frac{32M}{\pi d^3}$

문제20 바하(Bach)의 축 설계기준에서 축의 재질은 연강이어야 하고, 축 길이 1m당 비틀림 각은 몇 도(°)로 제한하여 축 지름을 설계하여야 하는가?

가. $\frac{1}{2}$도 나. $\frac{1}{3}$도 다. $\frac{1}{4}$도 라. $\frac{1}{5}$도

문제21 축의 비틀림 강도를 고려하여 원형축에 비틀림 모멘트를 가했을 때 비틀림 각을 구할 수 있다. 비틀림 각에 관한 설명으로 옳지 않은 것은?

가. 비틀림 모멘트와 비틀림각은 비례한다.
나. 비틀림각은 극관성 모멘트에 비례한다.
다. 횡탄성계수가 작을수록 비틀림각은 증가한다.
라. 축의 길이가 증가할수록 비틀림각은 증가한다.

[해설] 비틀림 각$(\theta) = \frac{32T\ell}{\pi d^4 G} \times \frac{180}{\pi} = 583.6\frac{T\ell}{Gd^4}$ (연강 기준)

∴ 축의 비틀림 각은 비틀림 모멘트와 길이에 비례하고, 축 지름의 4승과 비틀림 강성도(GIp)에 반비례한다.

문제22 지름 d, 길이 인 전동축에서 비틀림 각이 1°인 것을 0.25° 로 하기 위하여 축 지름만을 설계 변경한다면 얼마로 하면 되겠는가?

가. $\sqrt{2}d$ 나. $2d$ 다. $\sqrt[3]{2}d$ 라. $\sqrt[3]{4}d$

[해설] $0.25° = \frac{1}{4}$도 이므로 $\theta = \frac{32T\ell}{\pi d^4 G} \times \frac{180}{\pi} = \frac{584T\ell}{Gd^4}$

에서 축 지름만 설계 변경하였으므로, $\frac{1}{d^4} = \frac{1}{4}$

$d = \sqrt[4]{4} = \sqrt{2}$

문제23 중앙에 회전체 질량을 갖는 축에서 회전체에 의한 처짐이 0.01mm일 때 이 축의 위험속도는 몇 rpm인가?

가. 4729 나. 9459 다. 990 라. 1981

[해설] 임계회전수$(N_c) = \frac{30}{\pi}\sqrt{\frac{g}{\delta}}(rpm)$ 여기서, g : 중력가속도(9800mm/sec²), δ : 처짐량(mm)

문제24 동력을 전달하는 축의 강도설계에서 굽힘과 비틀림을 동시에 받는 중실축의 최대 전단응력(τ_{max})은? (단, 굽힘 모멘트는 M이고, 비틀림 모멘트는 T이며, 중실축의 지름은 d이다.)

가. $\tau_{max} = \frac{16}{\pi d^3}\sqrt{M^2+T^2}$

나. $\tau_{max} = \frac{16}{\pi d^3}(M+\sqrt{M^2+T^2})$

다. $\tau_{max} = \frac{32}{\pi d^4}\sqrt{M^2+T^2}$

라. $\tau_{max} = \frac{32}{\pi d^4}(M+\sqrt{M^2+T^2})$

[해설] ① 상당 비틀림 모멘트$(T_e) = \sqrt{M^2+T^2}$

② 상당 굽힘 모멘트$(M_e) = \frac{1}{2}(M+\sqrt{M^2+T^2})$

여기서, $\sqrt{M^2+T^2} = T_e$ 이므로 $\therefore M_e = \frac{1}{2}(M+T_e)$

문제25 3×10^4 kgf · mm의 비틀림 모멘트와 2×10^4 kgf · mm의 굽힘 모멘트를 동시에 받는 축의 상당 굽힘 모멘트는 몇 kgf · mm인가?

가. 10112kgf · mm　　나. 66031kgf · mm
다. 54300kgf · mm　　라. 28027kgf · mm

문제26 다음 중 플랜지를 축에 끼우고 키와 볼트로 고정시킨 것으로 큰 축과 고속정밀 회전축에 적당하고 일반기계의 축이음으로 가장 많이 사용되는 축은?

가. 슬리브 커플링　　나. 플랜지 커플링
다. 플렉시블 커플링　　라. 자재이음

문제27 유니버설 이음(Universal joint)에 관한 설명으로 옳은 것은?

가. 두 축이 평행하고 있을 때 사용하는 클러치이다.
나. 두 축이 교차하는 경우에 사용되는 커플링의 일종이다.
다. 두 축이 교차하고 있을 때 사용하는 크랭크축이다.
라. 두 축이 직교할 때 사용되고 운전 중 단속할 수 있다.

문제28 2개의 축이 같은 평면 내에 있으면서 그 중심선이 30° 이내의 각도로 교차하는 경우의 축 이음으로 가장 적합한 것은?

가. 고정 커플링(fixed coupling)
나. 올덤 커플링(Oldham's coupling)
다. 유니버설 커플링(universal coupling)
라. 플렉시블 커플링(flexible coupling)

문제29 두 축의 중심을 완벽하게 일치시키기 어려울 경우 또는 진동이 발생하기 쉬운 경우에 고무, 가죽, 금속판 등과 같이 유연성이 있는 매개로 사용하는 커플링은?

가. 고정 커플링(fixed coupling)
나. 올덤 커플링(oldham's coupling)
다. 플렉시블 커플링(flexible coupling)
라. 유니버설 커플링(universal coupling)

문제30 플렉시블 커플링의 형식 중 탄성형식에 속하지 <u>않는</u> 것은?

가. 인장 탄성형　　나. 굽힘 탄성형
다. 압축 탄성형　　라. 전단 탄성형

문제31 2축이 평행하고 축의 중심이 어긋나 있을 때 사용되며, 양 축 끝에 설치한 플랜지 사이에 90° 의 각도로 키 모양의 돌출부가 양쪽에 있는 원판이 있으며, 이 돌출부가 플랜지의 홈에 끼워져 전동할 수 있는 이음은?

가. 고정 커플링(fixed coupling)
나. 올덤 커플링(oldham's coupling)
다. 플렉시블 커플링(flexible coupling)
라. 유니버설 커플링(universal coupling)

문제32 두 축을 빨리 단속할 필요가 있을 때 쓰이는 것은?

가. 클러치　　　　나. 플랜지커플링
다. 오덤커플링　　라. 유니버설 조인트

문제33 다음 중 마찰클러치의 특징으로 틀린 것은?

가. 원동축의 회전을 정지시키지 않고 종동축을 연결할 수 있다.
나. 마찰 면이 모양에 따라 원뿔, 원판, 원통, 분할 링 등이 있다.
다. 과 하중 시 안전장치의 역할을 한다.
라. 마찰면의 양쪽을 똑같이 가죽, 고무, 목재 등으로 한다.

문제34 원판 클러치에서 큰 회전력을 전하려 한다. 관계없는 것은?

가. 마찰면의 마찰계수를 크게 한다.
나. 마찰면의 평균지름을 크게 한다.
다. 마찰면의 원판 중앙에서 접촉해야 한다.
라. 접촉압력을 크게 한다.

문제35 단판 원판 마찰클러치에서 축 추력 P=60kgf가 작용할 때 전달할 수 있는 토크는 얼마인가? (단, 원판 클러치의 평균지름이 120mm, 마찰면의 마찰계수가 0.1이다.)

가. 1200mm · kgf　　나. 360mm · kgf
다. 720mm · kgf　　라. 480mm · kgf

[해설] $T = P\mu r$　단, $r = \frac{120}{2} = 60\text{mm}$

문제36 원통커플링에서 원통을 조이는 힘이 50N, 축의 지름이 30mm일 때 전달할 수 있는 토크는 약 얼마인가? (단, 마찰계수는 0.2이다.)

가. 150N · mm　　나. 471N · mm
다. 300N · mm　　라. 942N · mm

[해설] 원통커플링은 원통 안에서 두 축을 양쪽에서 끼워 맞춘 후 키를 고정한 것으로 일반적으로 지름이 작은 축, 동력이 작은 축에 사용된다.

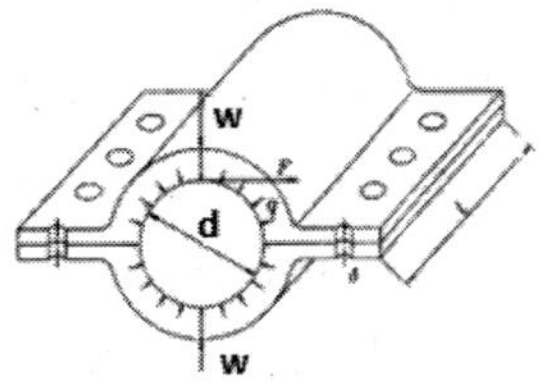

$\therefore\ T = \frac{\mu\pi Wd}{2}$

[원통커플링]

01	다	02	나	03	나	04	가	05	나	06	나
07	나	08	나	09	나	10	다	11	가	12	라
13	나	14	가	15	다	16	다	17	가	18	나
19	라	20	다	21	나	22	가	23	나	24	가
25	라	26	나	27	나	28	다	29	다	30	가
31	나	32	가	33	라	34	다	35	나	36	나

CHAPTER 05

베어링(Bearing)과 윤활

베어링은 회전축 또는 왕복 운동하는 축을 지지하여 회전을 원활하게 하는 기계요소이다. 베어링부분과 접촉하고 있는 회전축 부분을 저널(Journal)이라 하는데, 저널과 베어링은 회전짝을 이루고 있다.

축이 회전할 때 저널과 베어링 사이에는 마찰로 인한 동력손실이 일어남과 동시에 마찰열이 발생한다. 이때 발생하는 마찰열이 클 때는 베어링 메탈이 녹아 붙는 시징(Seizing)현상이 발생하여 기계효율 저하, 마모, 진동 등이 발생된다. 시징현상을 방지하기 위해 회전 부분에는 기름 등의 윤활제로 윤활하여 마찰을 줄여줌과 동시에 마찰열을 제거함으로써 운동을 원활하게 하여 기계의 수명을 유지한다.

1. 베어링의 분류

1-1 하중의 방향에 따른 분류

① 레이디얼(Radial) 베어링 : 하중의 방향이 축의 직각 방향으로 작용할 때 사용된다.
② 스러스트(Thrust) 베어링 : 하중의 방향이 축 방향으로 작용할 경우에 사용된다.
③ 원뿔(Conical) 베어링 : 하중의 방향이 축과 축의 직각 방향으로 하중을 동시에 받는 경우에 사용된다. 테이퍼 롤러 베어링도 여기에 속한다.

1-2 접촉방법에 따른 분류

① 미끄럼(Sliding) 베어링(평면 베어링) : 미끄럼운동

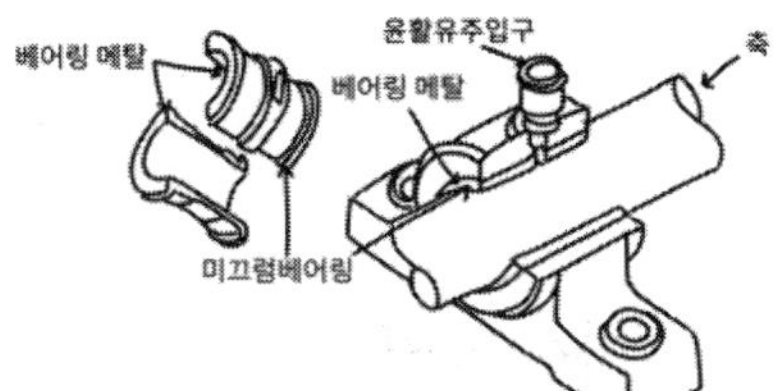

[미끄럼 베어링 장착위치]

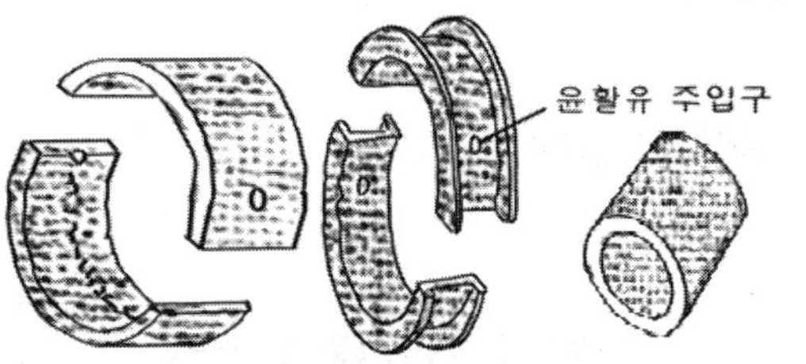

[미끄럼 베어링의 종류]

② 구름(Rolling) 베어링 : 구름운동

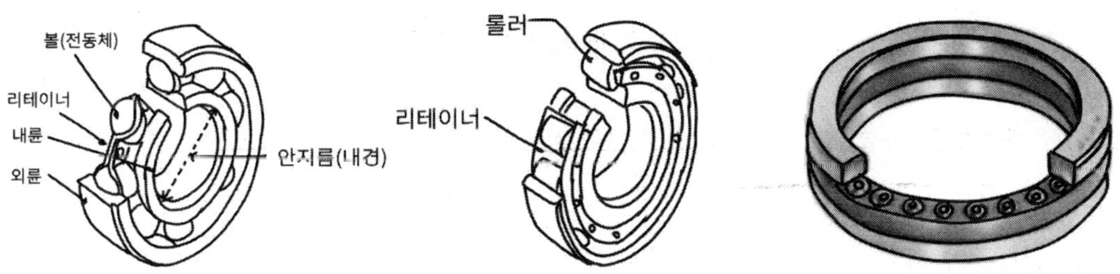

(가) 볼 베어링 (나) 롤러 베어링 (다) 스러스트 베어링

[구름 베어링의 종류]

2. 미끄럼 베어링(Sliding Bearing)

미끄럼 베어링은 베어링 메탈을 사이에 두고 저널과 베어링이 면접 촉으로 미끄럼 운동을 하는 베어링이다.

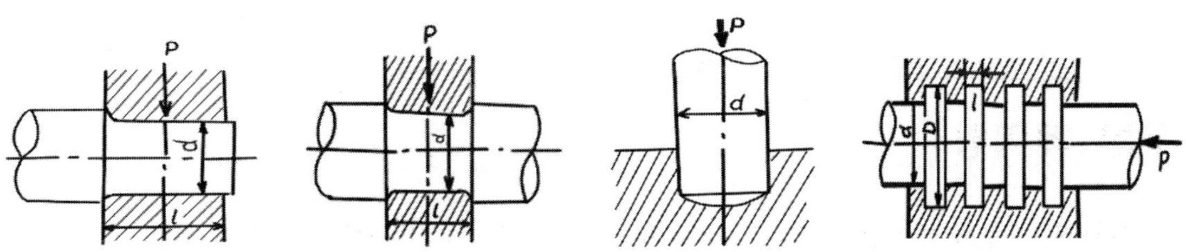

(가) 끝 저널 (나) 중간 저널 (다) 피봇 저널 (라) 칼라 저널

[저널의 종류]

(1) 미끄럼 베어링의 장점

① 구조가 간단하고 값이 싸다.

② 베어링 수리가 쉽다.

③ 충격에 강하다.

④ 전달 토크가 크며, 베어링에 작용하는 하중이 클 때 사용한다.

⑤ 정밀도가 높은(측정기, 공작기계 등) 회전이 요구되는 곳에 사용한다.

⑥ 수명이 길다.

(2) 미끄럼 베어링의 단점

① 시동할 때 마찰저항이 크다.

② 오일 공급(급유)에 주의하여야 한다.

(3) 미끄럼 베어링의 설계

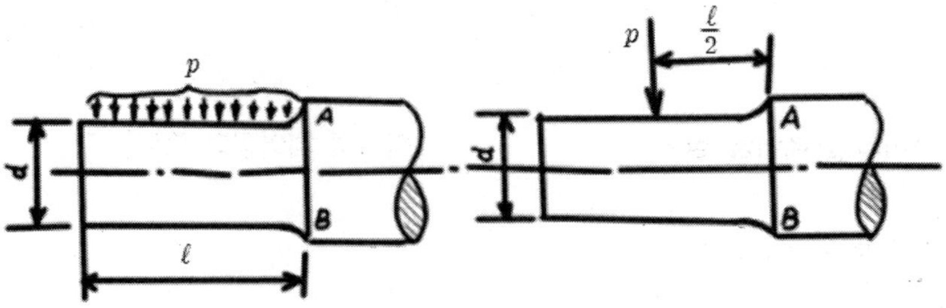

[미끄럼 베어링의 설계]

여기서, p: 베어링의 하중, d: 저널의 직경, ℓ: 저널의 길이

① 베어링 압력$(P) = \frac{p}{A} = \frac{p}{d\ell}(\text{kgf/mm}^2)$

② 발열계수(압력속도계수)$= Pv(\text{kgf/mm}^2\cdot\text{m/s})$

발열계수가 크다면 열이 많이 발생된다는 뜻이고, 발열계수가 적을수록 좋다.

$\therefore\ Pv = \frac{p}{d\ell} \times \frac{\pi dN}{60 \times 1000} = \frac{\pi pN}{60000\ell}$ 결국, 저널 길이$(\ell) = \frac{\pi pN}{60000Pv}$

③ 저널 직경(d)

$M = \sigma \cdot Z$ 에서 $M_{max} = \sigma_a \cdot Z,\ P \times \frac{\ell}{2} = \sigma_a \times \frac{\pi d^3}{32}$, d(저널직경)$= \sqrt[3]{\frac{16P\ell}{\pi\sigma_a}}$

④ 마찰동력손실$(H\ell) = \mu Pv(\text{kgf}\cdot\text{m/s}) = \frac{\mu \text{Pv}}{75}(\text{ps}) = \frac{\mu \text{Pv}}{102}(\text{Kw})$, 단, $\text{v} = \frac{\pi \text{dN}}{60 \times 1000}$

3. 구름 베어링

구름 베어링은 저널과 베어링 케이스 사이에 볼(Ball)이나 롤러(Roller)를 전동체로 삽입하여 간접적으로 구름 접촉이 되도록 한 베어링이다. 구름 베어링 중에서 전동체가 볼인 베어링을 볼 베어링, 롤러인 베어링을 롤러 베어링이라 한다.

(1) 구름 베어링의 구조

구름 베어링은 안 레이스(Inner Race), 바깥 레이스(Outer Race), 전동체(볼, 롤러), 리테이너(Retainer : 볼을 전체 원둘레에 고르게 배치하여 상호간의 접촉을 피하고 마멸, 소음을 방지하는 것)의 4가지로 구성되어 있다.

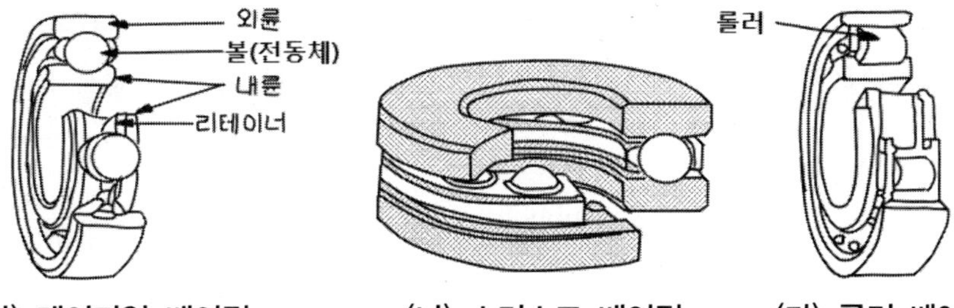

(가) 레이디얼 베어링 (나) 스러스트 베어링 (다) 롤러 베어링

[구름 베어링의 구조]

(2) 구름 베어링의 장점

① 마찰저항이 적어 동력손실이 적다.
② 오일공급(급유)이 편리하고 미봉장치의 조정이 쉽다.
③ 저널 길이를 짧게 할 수 있다.
④ 과열 위험이 적고, 고속회전이 가능하다.
⑤ 축의 중심을 정확히 유지할 수 있다.
⑥ 마모가 적고, 높은 정밀도를 장기간 유지할 수 있다.
⑦ 베어링 길이가 짧아 기계를 소형화할 수 있다.
⑧ 제품이 규격화되어 사용이 편리하다.

(3) 구름 베어링의 단점

① 값이 비싸고, 충격에 약하다.
② 축 사이가 매우 짧은 곳에서는 사용할 수 없다.
③ 소음이나 진동이 발생하기 쉽다.
④ 수명이 비교적 짧고, 설치 조립이 어렵다.

(4) 구름 베어링의 호칭번호

구름 베어링의 치수 단위는 mm, 치수는 ISO에 의하여 국제적으로 표준화되어 있다. 호칭번호는 KSB 2012에 의하여 다음과 같이 기본번호와 보조기호로 구성된다.

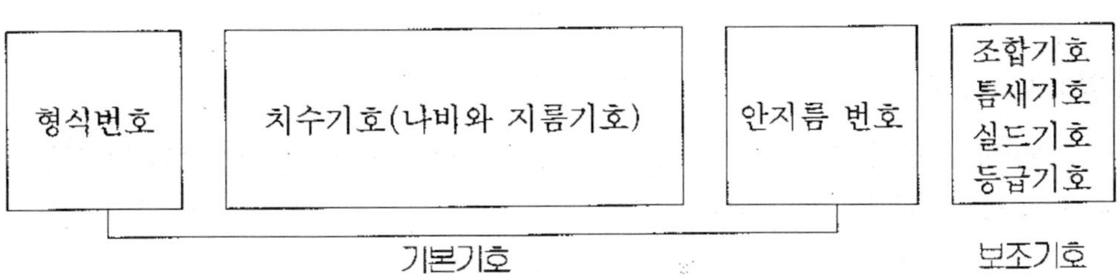

(5) 호칭치수가 6 3 0 5 H일 때

① 첫 번째 숫자 : 형식번호
1 : 복렬자동 조심형
2.3 : 복렬자동 조심형(큰나비)

6 : 단열 깊은 홈형
7 : 단열 앵귤러 콘택트형
N : 원통 롤러형

② 두 번째 숫자 : 치수번호
0.1 : 특별 경하중
2 : 경하중
3 : 중간 경하중
4 : 중하중

③ 세 번째, 네 번째 숫자 : 안지름 번호
0~9까지는 그대로 쓴다. [예] 63 7H → 안지름이 7mm

안지름 번호	내경 크기	안지름 번호	내경 크기	안지름 번호	내경 크기
00	10(mm)	04	20(mm)	/22	22(mm)
01	12(mm)	05	25(mm)	/28	28(mm)
02	15(mm)	:	:	/32	32(mm)
03	17(mm)	99	495(mm)	500(mm) 이상은 그대로	

④ 다섯 번째 숫자 : 등급기호
무기호 : 보통등급, H : 상급, P : 정밀급, SP : 초정밀급

4. 베어링 수명과 피로수명 및 정격수명

(1) 베어링 수명

구름면의 플레이킹(flaking, 피로 박리 : 반복하중 또는 충격에 의한 벗겨진 얇은 조각, 즉 박편) 현상으로 인해 사용할 수 없게 되는 한계 회전수와 시간을 말한다.

(2) 피로수명

최초의 플레이킹(flaking) 현상이 생길 때까지의 총 회전수를 말한다. 플레이킹이 발생되는 요건은 반복적인 압축 하중으로 인해 피로 발생 / 반복적인 전단응력에 의한 균열 발생 / 균열이 성장해 재료의 표면이 떨어져 나가는 경우 등이다.

(3) 정격수명(rated life)

동일한 구름 베어링을 동일 조건의 여러 개 사용 시, 베어링 그룹의 90%가 피로박리 현상을 일으키지 않고 회전할 수 있는 총 회전수 및 시간을 말한다.

4-1 기본부하용량

(1) 정적기본부하용량(Co)

구름 베어링이 정지하고 있는 상태에서 견딜 수 있는 최대 하중을 말한다. 일반적으로 전동체 지름의 1/10,000 이내로 설정한다.

(2) 동적기본부하용량(C)

구름 베어링이 회전 중에 견딜 수 있는 최대 하중으로서, 일반적으로 33.3rpm으로 500시간의 수명에 견디는 베어링 하중을 동적기본부하용량이라 한다.

즉, 기본회전수$= \dfrac{33.3rpm}{\text{min}} \times 500 \times 60\text{min} \fallingdotseq 10^6$revolution

4-2 수명계산식

① Hertz의 이론에 의한 수명회전수(정격회전수 : 계산수명)

$$\text{Ln} = \left(\frac{C}{P}\right)^r \times 10^6$$

단, $C > P$ 여기서, C : 동적기본부하용량(kgf)

P : 베어링하중(kgf)

r : 볼베어링일 때 $r=3$

롤러베어링일 때 $r=\dfrac{10}{3}$

② 수명시간(Lh)

- 볼 베어링$(Lh) = 500 \times \dfrac{33.3}{N} \times \left(\dfrac{C}{P}\right)^3 = \dfrac{16650}{N} \times \left(\dfrac{C}{P}\right)^3\ hr$
- 롤러 베어링$(Lh) = 500 \times \dfrac{33.3}{N} \times \left(\dfrac{C}{P}\right)^{\frac{10}{3}} = \dfrac{16650}{N} \times \left(\dfrac{C}{P}\right)^{\frac{10}{3}}\ hr$

④ 한계속도지수 $= dN$ 여기서, d: 베어링의 안지름, N: 최대 사용 회전수

⑤ 수명계수$(fh) = \dfrac{C}{P}\sqrt[r]{\dfrac{33.3}{N}}$ ⑥ 속도계수$(fn) = \sqrt[r]{\dfrac{33.3}{N}}$

⑦ $fh = \dfrac{C}{P}fn$ ⑧ $Lh = 500(fh)^2 = 500\left(\dfrac{C}{P}fn\right)^2$

5. 베어링 Metal

(1) 베어링 재료의 구비조건

① 축의 재료보다 연하면서 마모에 견딜 것

② 축과의 마찰계수가 작을 것

③ 내식성이 클 것

④ 마찰열의 발산이 잘 되도록 열전도도가 좋을 것

⑤ 가공성/수리/유지가 좋을 것

⑥ 피로 한도가 클 것. 즉, 반복하중에 견딜 것

(2) 베어링의 종류

① White Metal(Babbit Metal) : 주석계, 납(연)계, 아연계

- 주석계 : 주석+안티몬+아연+구리
- 납계 : 납+안티몬+주석

② Kelmet Metal : Cu+Pb의 합금으로 고속, 고하중에 적합한 베어링
③ Oilless Bearing : 구리+주석+흑연(C)분말을 소결시킨 베어링

6. 베어링의 윤활

(1) 윤활의 목적

① 마찰 마멸을 감소(감마작용)
② 접촉면의 냉각시키는 작용
③ 밀봉작용
④ 방청작용
⑤ 응력분산작용
⑥ 청정작용 등

(2) 윤활제의 구비조건

① 유성이 좋을 것
② 인화점 및 발화점이 높을 것
③ 적당한 점도를 가질 것
④ 화학적으로 안정될 것
⑤ 가격이 저렴할 것
⑥ 응고점이 낮을 것 등

7. 베어링의 마찰

① 건조마찰(고체마찰) : 접촉면에 윤활유가 없는 경우의 마찰로서 이러한 마찰은 금지해야 한다. 마찰저항이 매우 크다.
② 경계마찰 : 접촉면 사이에 유막이 아주 얇은 경우의 마찰로서 피스톤과 실린더 사이에서 발생되는 마찰이다.
③ 유체마찰(완전윤활마찰) : 가장 이상적인 마찰로서 접촉면에 윤활유가 강한 유막을 형성하여 접촉면의 직접접촉을 하지 않고 유막을 사이에 두고 마찰하는 상태이다. 마모와 마찰을 방지할 수 있고, 유체마찰은 뉴턴의 점성 법칙을 만족하는 마찰이다.

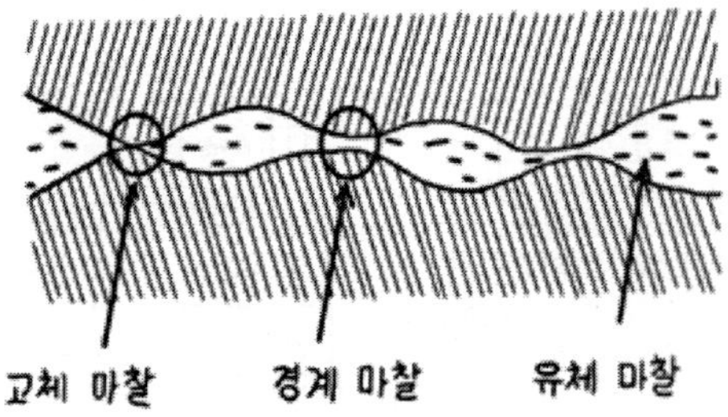

[마찰의 종류]

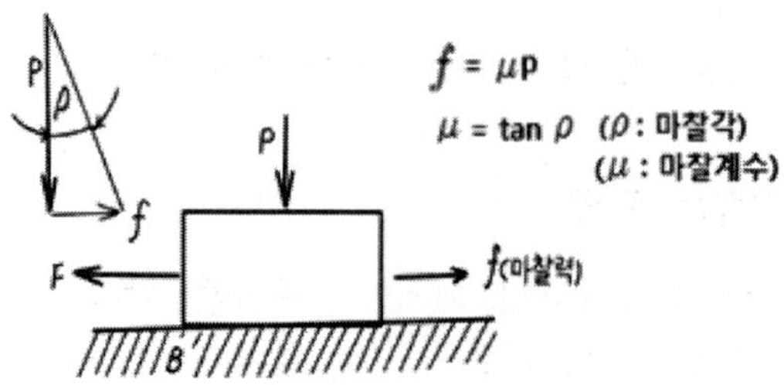

[쿨롬의 마찰법칙]

연습문제

문제01 축 방향 하중만 작용할 때 사용하는 베어링으로 가장 적합한 것은?

가. 스러스트 베어링　　나. 레이디얼 베어링
다. 원뿔 베어링　　라. 코니컬 베어링

문제02 저널과 베어링이 직접 미끄럼에 의해 접촉을 하는 베어링은?

가. 슬라이딩 베어링　　나. 롤러 베어링
다. 니들 베어링　　라. 볼 베어링

문제03 미끄럼 베어링 재료가 구비하여야 할 성질이 아닌 것은?

가. 열에 녹아 붙음이 잘 일어나지 않을 것
나. 마멸이 적고, 면압 강도가 클 것
다. 피로 한도가 작을 것
라. 내식성이 높을 것

문제04 구름베어링과 비교한 미끄럼 베어링의 특성이 아닌 것은?

가. 윤활장치가 필요한 경우가 많다.
나. 비교적 저속회전에서 사용된다.
다. 유체마찰이며, 마찰계수가 크다.
라. 호환성이 없다.

문제05 미끄럼 베어링과 비교한 구름 베어링의 특징이 아닌 것은?

가. 폭은 작으나 지름이 크게 된다.
나. 충격 흡수력이 우수하다.
다. 기동 토크가 적다.
라. 표준형 양산품으로 호환성이 높다.

문제06 미끄럼 베어링과 비교한 구름 베어링의 특성에 대한 설명으로 틀린 것은?

가. 감쇠력이 작아 충격 흡수력이 작다.
나. 베어링 기동 토크가 크다.
다. 일반적으로 소음이 크다.
라. 축심의 변동이 작다.

문제07 베어링 재료에 요구되는 성질로 거리가 먼 것은?

가. 하중 및 피로에 대한 충분한 강도를 가져야 한다.
나. 마찰계수가 크고 녹아 붙지 않아야 한다.
다. 열전도율이 크고 내마모성이 커야 한다.
라. 내식성이 크고 유막의 형성이 용이해야 한다.

문제08 볼 베어링의 구조에서 전동체의 원둘레를 고르게 배치하여 전동체가 몰리지 않고 일정한 간격을 유지할 수 있게 하며, 서로 접촉을 피하고 마모와 소음을 방지하는 역할을 하는 것은?

가. 리테이너(retainer)
나. 스트레이너(strainer)
다. 패킹(packing)
라. 실(seal)

문제09 볼 베어링의 호칭번호가 6008일 경우 안지름은 몇 mm인가?

가. 8mm　나. 16mm　다. 20mm　라. 40mm

문제10 롤링 베어링의 호칭기호가 N304일 경우 그 설명으로 맞는 것은?

가. 원통 롤러 베어링으로 내륜은 양쪽으로 턱이 있고, 외륜은 턱이 없는 구조이며, 내경은 4mm이다.
나. 원통 롤러 베어링으로 내륜은 양쪽으로 턱이 있고, 외륜은 한쪽에 턱이 있는 구조이며, 내경은 4mm이다.
다. 원통 롤러 베어링으로 내륜은 양쪽에 턱이 있고, 외륜은 턱이 없는 구조 구조이며, 내경은 20mm이다.
라. 원통 롤러 베어링으로 내륜은 양쪽에 턱이 있고, 외륜은 한쪽에 턱이 있는 구조이며, 내경은 20mm이다.

문제11 베어링 하중이 165kgf, 회전수가 300rpm인 단열 레이디얼 볼 베어링의 수명은 약 몇 시간인가? (단, 사용 베어링의 기본 부하용량은 C = 1690kgf 이다.)

가. 29641시간　나. 49700시간
다. 129640시간　라. 59694시간

[해설] 수명시간

$$(Lh) = \frac{16650}{N} \times \left(\frac{C}{P}\right)^3 = \frac{1665}{300} \times \frac{1690}{165} = 59694(\text{hr})$$

문제12 볼 베어링에서 처음 수명이 Ln 인 경우 동일 조건에서 베어링 하중만을 2배로 하면 수명은?

가. $\frac{1}{2}Ln$　나. $\frac{1}{4}Ln$　다. $\frac{1}{8}Ln$　라. $\frac{1}{16}Ln$

[해설] $Lh = 500 \times \frac{33.3}{N} \times \left(\frac{C}{P}\right)^3 = \frac{16650}{N} \times \left(\frac{C}{P}\right)^3 hr$에서 베어링에 걸리는 하중만 고려했으므로

$$\therefore \text{Ln} = \left(\frac{1}{P}\right)^r = \left(\frac{1}{2}\right)^3 = \frac{1}{8}$$

문제13 볼 베어링에서 베어링하중을 $\frac{1}{2}$배로 하면 수명은 몇 배로 되는가? (단, 기본정격하중은 일정하다.)

가. $\left(\frac{1}{2}\right)^{\frac{10}{3}}$배　나. 8배
다. $(2)^{\frac{10}{3}}$배　라. $\frac{1}{8}$배

문제14 볼 베어링의 수명은?

가. 하중의 3배에 비례한다.
나. 하중의 3승에 비례한다.
다. 하중의 3배에 반비례한다.
라. 하중의 3승에 반비례한다.

문제15 베어링 저널의 최대 하중을 P, 저널 길이를 ℓ, 지름을 d라 할 때 베어링 압력 p를 구하는 식은?

가. $p = \frac{Pd}{\ell}$　나. $p = \frac{d\ell}{P}$
다. $p = Pd\ell$　라. $p = \frac{P}{d\ell}$

문제16 지름 50mm인 축에 베어링 길이가 150mm인 미끄럼 베어링을 설치하려고 한다. 베어링에 하중이 1200kgf 작용하면 베어링 압력은 몇 kgf/mm²인가?

가. 0.16　나. 0.2　다. 0.32　라. 0.4

[해설] $P = \frac{p}{A} = \frac{p}{d\ell}(\text{kgf/mm}^2) = \frac{1200}{50 \times 150} = 0.16$

문제17 그림과 같이 물체 A와 바닥 B의 표면에 수직 하중(P) 150N이 작용할 때 물체 A를 이동시켜 150N의 마찰력(Q)이 발생한다면 마찰각은?

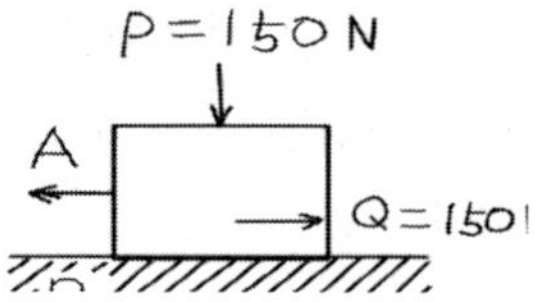

가. 15°　나. 30°　다. 45°　라. 90°

[해설] 쿨롬의 마찰법칙에서
마찰력(Q)=마찰계수(μ)×수직하중(P), $\mu = \tan\rho$ 이므로
$\mu = \frac{Q}{P} = \tan\rho = \frac{150}{150} = \tan\rho$ ∴ $\tan 45° = 1$

01 가	02 가	03 다	04 나	05 나	06 나
07 나	08 가	09 라	10 다	11 라	12 다
13 나	14 라	15 라	16 가	17 다	

CHAPTER 06

마찰차(Friction Wheel)

마찰력을 회전력으로 하여 동력을 전달시키는 마찰전동장치(摩擦傳動裝置)를 마찰차라 한다. 마찰차는 2축 사이의 거리가 비교적 작을 때 적당한 모양의 바퀴를 접촉시킨 다음 서로 밀어붙일 때 생기는 마찰력을 회전력으로 하여 동력을 전달시키는 직접전동장치이다. 마찰차는 미끄럼접촉을 하면서 동력을 전달한다.

1. 마찰차의 특징

마찰차의 전동은 미끄럼이 발생하기 때문에 치차와 같이 정확한 속도비를 유지할 수 없고, 큰 동력도 전달할 수도 없다. 또 마찰차는 회전력을 얻기 위해서는 양 바퀴를 큰 힘으로 밀어붙여야 한다. 이 힘은 베어링에 걸리게 되고, 마찰과 미끄럼으로 인한 동력손실이 크기 때문에 전동효율이 그다지 좋지 않다.

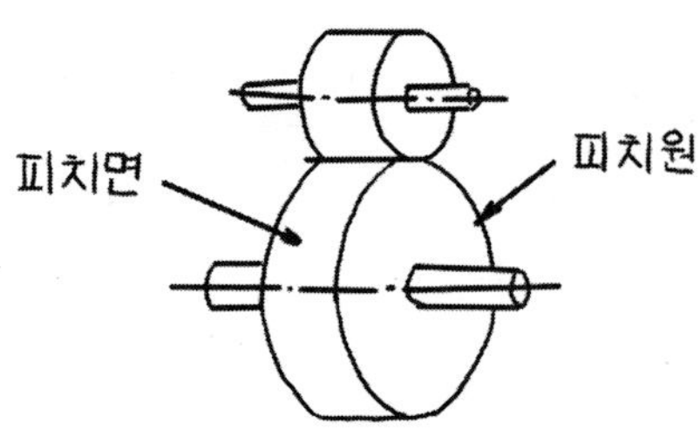

[마찰차]

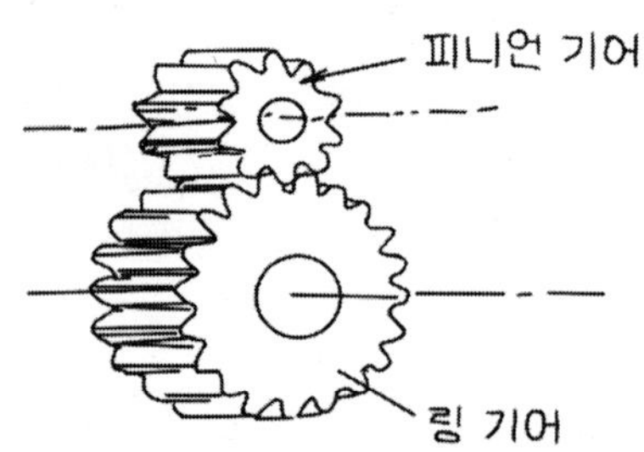

[치차]

마찰차는 운동이 정숙하고 운전 중 단속이 쉬우며, 일정 범위 내에서 속도비를 연속적으로 변화시킬 수 있다는 이점이 있다. 그래서 전달동력이 비교적 작고, 속도비가 정확하지 않아도 되는 경우에 유용하게 사용된다. 또 피동차에 과부하가 걸릴 경우 미끄럼이 발생하여 구동차에 과부하가 전달되지 않기 때문에 구동차의 손상을 방지하는 안전장치로도 사용된다.

2. 마찰차의 종류

(1) 원통(평) 마찰차

원통 마찰차는 2축이 평행할 경우에 사용하는 마찰차로 외접 원통 마찰차와 내접 원통 마찰차가 있다. 원통 마찰차에서 A차를 원동차(구동차), B차를 종동차(피동차)라 하고, Da, Db : A차 및 B차의 직경(mm), Na, Nb : A차 및 B차의 회전속도(rpm)라고 한다면, 속도비(i), 원주속도(v), 축간거리(C)는 다음과 같다.

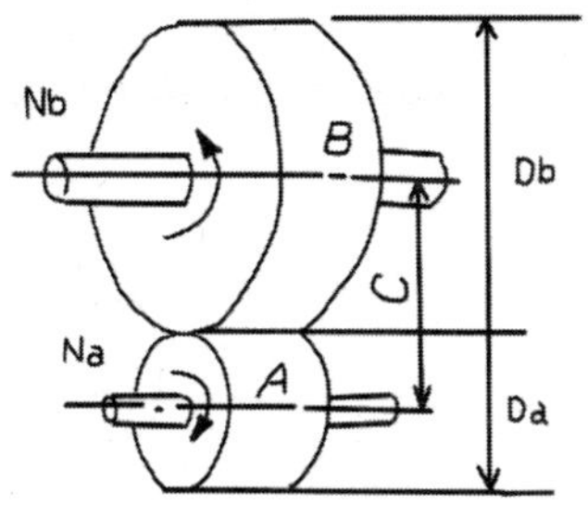

[외접 마찰차]

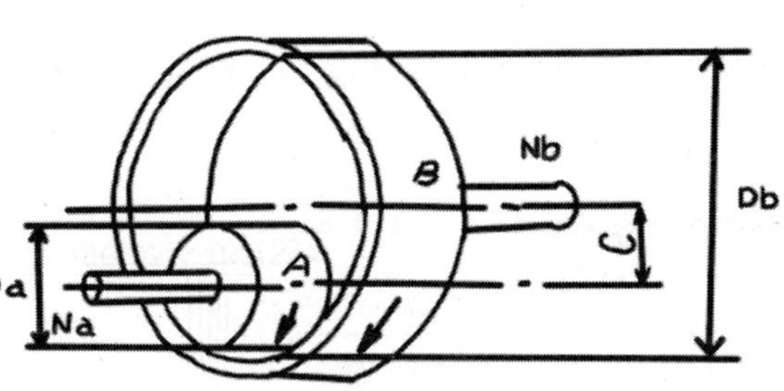

[내접 마찰차]

① 속도비$(i) = \dfrac{\text{구동마찰차의 각속도(회전수)}}{\text{피동마찰차의 각속도(회전수)}} = \dfrac{\omega_a}{\omega_b} = \dfrac{N_a}{N_b} = \dfrac{D_b}{D_a}$ 단, $\omega = \dfrac{2\pi N}{60}(rad/s)$

② 원주속도$(v) = \dfrac{\pi DaNa}{60} = \dfrac{\pi DbNb}{60}(m/s)$ 단, $v = \dfrac{\pi dN}{60}(m/s)$

③ 중심거리(축간거리:C) : 외접원통마찰차의 경우에는 $C = \dfrac{Da}{2} + \dfrac{Db}{2} = \dfrac{Da + Db}{2}$

: 내접원통마찰차의 경우에는 $C = \dfrac{Db}{2} - \dfrac{Da}{2} = \dfrac{Db - Da}{2}$

④ 마찰력$(F) = \mu P$

⑤ 전달토크$(T) = \mu P \dfrac{D_b}{2}$

⑥ 전달동력($(H) = \dfrac{\mu Pv}{75}(ps)$, $H = \dfrac{\mu Pv}{102}(Kw)$

⑦ 접촉면(선) 압력$(f) = \dfrac{P}{b(\text{접촉부분의 폭})}(\mathrm{kgf/mm})$

(2) 홈 마찰차(홈 붙이 마찰차)

마찰차에서는 큰 회전력을 얻기 위해서는 양차를 밀어붙이는 힘 P를 크게 하거나 마찰계수가 큰 마찰재료를 사용해야 한다. 그러나 P를 크게 하면, 마찰재료의 마모가 심하고, 베어링에도 큰 힘이 걸려 동력손실이 커진다. 따라서 마찰계수도 한계가 있다. 이와 같은 문제를 해결하기 위하여 접촉부가 쐐기형으로 된 홈 마찰차(Grooved Friction Wheel)를 사용한다.

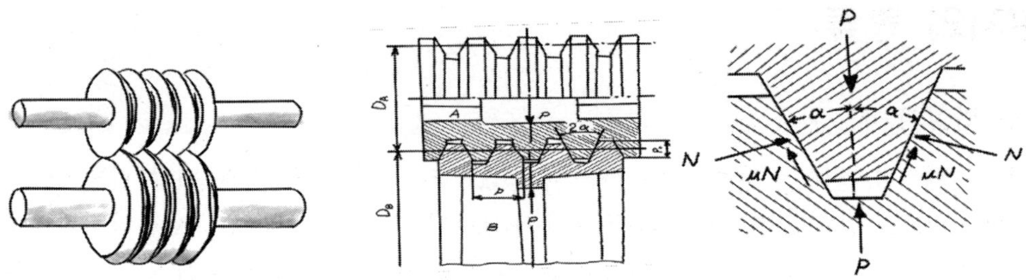

[홈 마찰차의 구조]

여기서 마찰차를 축 방향으로 미는 힘을 P라 하고 접촉면의 수직한 힘을 N이라고 한다면, P와 N의 관계식은 다음과 같다.

① $P = 2Nsin\alpha + 2\mu Ncos\alpha \quad \therefore N = \dfrac{P}{2(\sin\alpha + \mu\cos\alpha)}$

② 상당마찰계수 : $\mu' = \dfrac{\mu}{\sin\alpha + \mu\cos\alpha}$

③ 전달동력 : $H = \dfrac{\mu Nv}{75}(ps) = \dfrac{\mu' Nv}{75}(ps)$

홈 마찰차의 홈 각도(2α) = 30~40°, 피치는 3~20mm 정도인데 보통 10mm 정도이다. 홈의 깊이(h)는 5~10mm 정도로 한다.

(3) 원추 마찰차(Bebel Friction Wheel)

2축이 어느 각도로 교차할 때 동력을 전달하는 마찰차를 원추 마찰차라 한다. 두 원추의 접촉선 OP 상의 임의의 점에서 양 원추의 지름 비는 일정하다. 그러므로 원추 상의 어느 부분을 선택하여 마찰차로 만들더라도 같은 속도비의 마찰차를 얻을 수 있다.

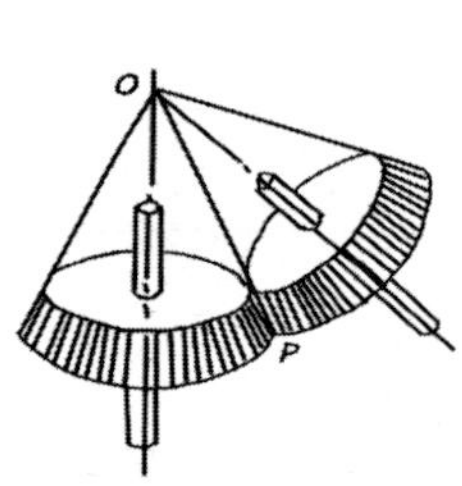

[외접 원추 마찰차]

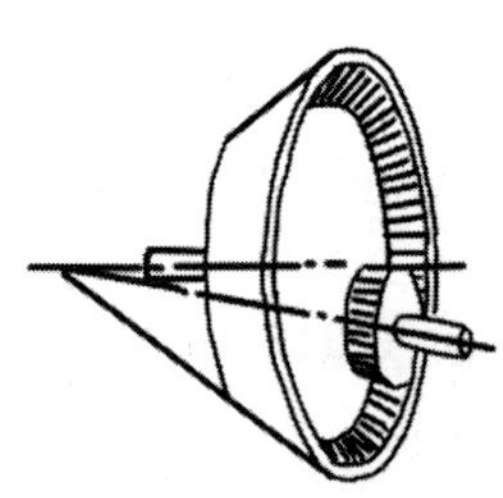

[내접 원추 마찰차]

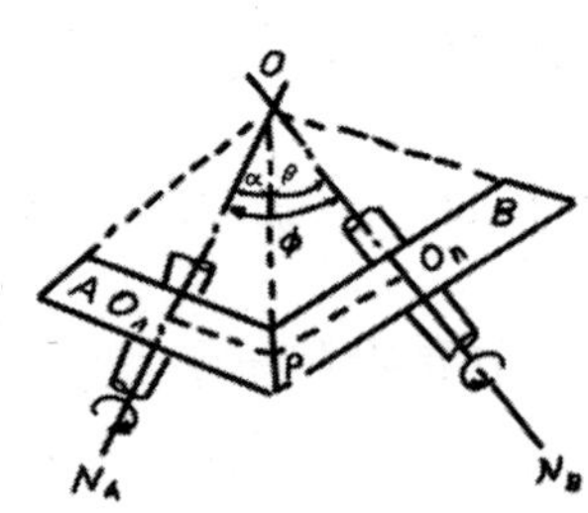

① 속도비(i) $= \dfrac{N_B}{N_A} = \dfrac{\sin\alpha}{\sin\beta}$

여기서, α : 원동의 원추각, β : 종동의 원추각, ϕ : 축각(교각), $\phi = \alpha + \beta$

② 속도비와 원추각과의 관계

$$\tan\alpha = \frac{\sin\theta}{\frac{1}{i} + \cos\theta} = \frac{\sin\theta}{\frac{N_A}{N_B} + \cos\theta} \qquad \tan\beta = \frac{\sin\theta}{i + \cos\theta} = \frac{\sin\theta}{\frac{N_B}{N_A} + \cos\theta}$$

(4) 무단변속 마찰차

마찰차는 기구학적으로 어느 범위 내에서 무단변속을 할 수 있는 구조로 변화시킬 수 있다. 그러나 미끄럼이 발생하므로 큰 동력은 전달할 수 없다.

① 크라운(Crown) 마찰차 : 원판차에 의한 무단변속 장치

② 에반스(Evans) 마찰차 : 원추차에 의한 무단변속 장치

2개의 같은 원뿔을 반대방향으로 축을 평행하게 놓고 그 사이에 가죽 또는 강철제 링으로 끼워 이를 좌우로 이동하면 변속되는 마찰차를 에반스 마찰차라 한다.

③ 구면(Spherical) 마찰차 : 곡면에 의한 무단변속 장치

[크라운 마찰차]

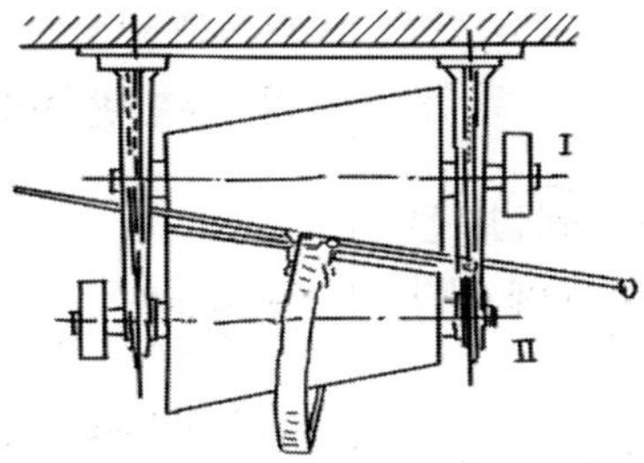

[에반스 마찰차]

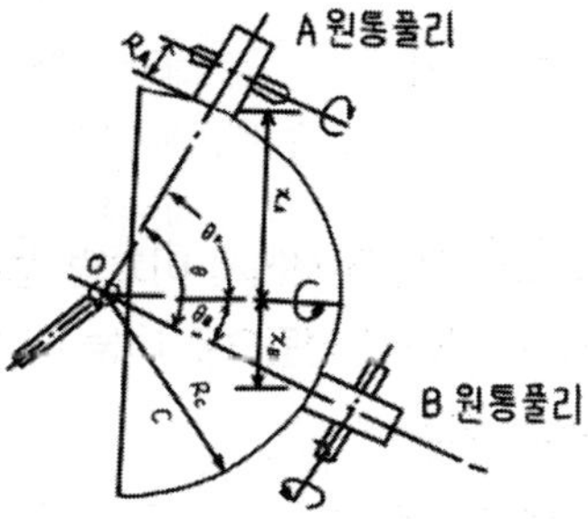

[구면 마찰차]

연습문제

문제01 다음은 동력전달장치 중 정확한 회전비를 얻고자 할 때 사용하는 기계요소가 아닌 것은?

가. 기어(Gear) 나. 체인(Chain)
다. 체인 휠 라. 마찰차

문제02 전동장치에서 미끄럼 접촉전동, 구름접촉전동, 감아걸기 전동으로 나눌 때 미끄럼 접촉에 해당하는 것은?

가. 벨트전동 나. 체인전동
다. 마찰전동 라. 기어전동

문제03 마찰차의 특성에 관한 설명 중 틀린 것은?

가. 일정한 속도비를 얻을 수 있어 확실한 운동전달이 가능하다.
나. 과부하의 경우에 미끄럼에 의하여 안전장치의 역할을 한다.
다. 정숙한 운전이 가능하다.
라. 무단변속이 가능하다.

문제04 다음은 마찰차의 특성에 대한 설명이다. 틀린 것은?

가. 정확한 속도비 유지가 곤란하다.
나. 두 축이 평행한 곳에만 사용한다.
다. 전달동력이 적다.
라. 회전속도가 커 기어 사용이 곤란한 곳에 사용한다.

문제05 다음 중 마찰차의 특성으로 옳지 않은 것은?

가. 효율성이 높다.
나. 전동 단속이 무리 없다.
다. 운전이 정숙하다.
라. 무단변속이 쉽다.

문제06 마찰차의 응용범위와 거리가 가장 먼 항목은?

가. 전달력이 크지 않고 속도비가 중요하지 않은 경우
나. 회전속도가 커서 보통기어를 쓰기 어려울 경우
다. 양 축 간을 자주 단속할 필요가 있는 경우
라. 정확한 속도비가 필요한 경우

문제07 다음 마찰차 중 무단변속장치로 이용할 수 없는 것은?

가. 에반스 마찰차 나. 원통 마찰차
다. 크라운 마찰차 라. 구면 마찰차

문제08 평 마찰차의 결점을 보완하기 위하여 원동차와 종동차에 V형 요철을 만들어서 요철부가 서로 맞물리도록 한 마찰차는?

가. 원판 마찰차 나. 크라운 마찰차
다. 원추 마찰차 라. 홈 마찰차

문제09 홈 붙이 마찰차는 주로 어떤 경우에 사용되는가?

가. 연속 회전하는 곳에 적당하다.
나. 로프로 물건을 달아 올리는 데 사용된다.
다. 단속 회전하는 곳에 적당하다.
라. 윈치로 물건을 달아 올리는 데 쓰인다.

문제10 두 개의 같은 원뿔을 반대방향으로 축을 평행하게 놓고 그 사이에 가죽이나 강철제 링을 끼워서 이를 좌우로 이동하면서 변속되는 마찰차는?

가. 원뿔 마찰차 나. 에반스 마찰차
다. 원판 마찰차 라. 크라운 마찰차

문제11 다음 중 서로 교차하는 두 축 사이의 동력을 전달하는 마찰차는?

가. 원통마찰차 나. 평마찰차
다. 변속마찰차 라. 원뿔마찰차

문제12 동력을 전달하는 한 쌍의 마찰차가 있다. 원동차의 지름이 90mm, 종동차의 지름이 150mm, 원동차의 회전수가 300rpm일 때 종동차의 회전수는?

가. 150rpm 나. 180rpm
다. 210rpm 라. 390rpm

[해설] 속도비$(i) = \frac{Nb}{Na} = \frac{Da}{Db}$ 에서 $\frac{Nb}{300} = \frac{90}{150}$

$\therefore Nb = \frac{27000}{150} = 180$

문제13 외접하는 마찰차의 지름이 각각 D_1, D_2일 때 중심거리의 계산공식은?

가. $\frac{1}{4}(D_1 + D_2)$ 나. $\frac{1}{2}(D_1 + D_2)$
다. $\frac{1}{4}(D_1 - D_2)$ 라. $\frac{1}{2}[(D_1 - D_2)]$

문제14 원동차의 지름이 300mm, 종동차의 지름이 500mm인 내접하는 마찰차의 중심거리는?

가. 800mm 나. 400mm 다. 200mm 라. 100mm

[해설] 내접 마찰차의 중심거리

$= \frac{1}{2}[(D_2 - D_1)] = \frac{500-300}{2} = 100$

문제15 원통 마찰전동장치에서 원동차의 지름이 125mm이고, 종동차의 지름은 350mm이고, 접촉면의 마찰계수가 0.2일 때 200N의 힘으로 서로 밀어 붙일 경우 최대 전달 토크는 몇 N · cm인가?

가. 700 나. 350 다. 1400 라. 2800

[해설] 마찰차의 전달토크

$= \mu P \frac{\text{종동차의 지름}}{2} = 0.2 \times 200 \times \frac{350}{2} = 7000\text{N} \cdot \text{mm}$

$= 700\text{N} \cdot \text{cm}$

문제16 매분 200회전하는 지름 300mm의 평 마찰차를 400N으로 밀어붙이면 약 몇 kW의 동력을 전달시킬 수 있는가? (단, 접속부 마찰계수는 0.3이다.)

가. 0.268 나. 0.377 다. 268 라. 377

[해설] 동력(kW)=102kgf · m/s, 1kgf = 9.8N, 200rpm/min을 m/s로 전환하라.

$\text{동력} = \frac{\text{일량}}{\text{시간}} = \frac{\text{힘} \times \text{거리}}{\text{시간}} = \text{힘} \times \text{속도}$ 에서

동력(kW)

$= \frac{\mu \times \text{힘} \times \text{속도}}{102} = \frac{0.3 \times (400 \div 9.8) \times (200 \div 60)}{102} \fallingdotseq 0.4$

문제17 원통 마찰전동장치에서 원동차의 지름이 125mm이고, 종동차의 지름은 350mm이고, 접촉면의 마찰계수가 0.2일 때 200N의 힘으로 서로 밀어 붙일 경우 최대 전달 토크는 몇 N · cm인가?

가. 350 나. 700 다. 1400 라. 2800

[해설] 마찰차의 전달토크

$= \mu P \frac{\text{종동차의 지름}}{2} = 0.2 \times 200 \times \frac{350}{2} = 7000\text{N} \cdot \text{mm}$

$= 700\text{N} \cdot \text{cm}$

문제18 10m/s 의 속도로 회전하는 원통 마찰차의 두 차를 밀어주는 힘이 74kgf, 접촉면의 마찰계수가 $\mu^{max} = 0.2$ 일 때 전달 동력은 약 몇 kW인가?

가. 0.85 나. 1.20 다. 1.45 라. 1.80

[해설] $H(\text{전달동력}) = \frac{\mu P v}{102}(kw)$, $H = \frac{\mu P v}{75}(ps)$

문제19 외접 원통 마찰차의 속도비가 2이고, 축간거리가 600mm라면 두 마찰차의 직경은 각각 몇 mm 인가?

가. 100, 200　　나. 300, 600
다. 400, 800　　라. 600, 1200

[해설] $C=\dfrac{D_1+D_2}{2}$ 에서 $2C=D_1+D_2$ 이므로

$\dfrac{D_2}{D_1}=2$ 에서 $D_2=2D_1$

$2C=D_1+2D_1=3D_1,\quad 2C=3D_1,\quad 2\times 600=3D_1$

$\therefore\ D_1 : 400, D_2 : 800$

문제20 매분 200회전하는 지름 300mm의 평 마찰차를 400N으로 밀어붙이면 약 몇 kW의 동력을 전달시킬 수 있는가? (단, 접촉부 마찰계수는 0.3이다.)

가. 0.268　나. 0.377　다. 268　라. 377

[해설] 400N≒40.8kgf, $v=\dfrac{\pi dN}{60}(\text{m/s})$ d : 0.3m

$\therefore\ kW=\dfrac{\mu Fv}{102}$

여기서, μ : 마찰계수, F : 마찰차를 누르는 힘(kgf),
v : 원주속도(m/s)

문제21 원통 마찰차에서 두 차의 회전수와 지름과 각속도의 관계를 옳게 나타낸 것은?

가. 회전수는 지름과 각속도에 비례한다.
나. 회전수는 지름과 각속도에 반비례한다.
다. 회전수는 지름에 비례하고, 각속도에 반비례한다.
라. 회전수는 지름에 반비례하고, 각속도에 비례한다.

[해설] 원주속도

$(v)=\dfrac{\pi dn}{60}(\text{m/sec})$ $\therefore\ v=rw$ 에서

d : 지름(m), n : 회전수(rpm), w : 각속도, r : 반지름

01	라	02	다	03	가	04	나	05	가	06	라
07	나	08	라	09	라	10	나	11	라	12	나
13	나	14	라	15	가	16	나	17	나	18	다
19	다	20	나	21	라						

CHAPTER 07

치차(齒車 : Gear)

치차(齒車)는 두 축 사이에 회전운동을 전하기 위한 기계요소이며 기어라고도 부른다. 이러한 종류의 운동을 아주 간단히 실현하기 위해서는 두 원통에 의한 마찰차가 있다. 그러나 마찰차는 전달하는 하중이 크게 되면, 접촉점에서 미끄럼을 일으켜 기능이 얻어지지 않는다. 따라서 이들 양쪽의 돌기(요철)를 붙여 서로 맞물리도록 하면 그 목적을 달성할 수 있다. 이렇게 만들어진 것이 기어이다. 기어는 구름접촉을 하면서 동력을 전달한다.

기어의 특징에는 정확한 속도비로 동력을 전달할 수 있고 효율이 좋으며, 큰 감속도 가능하고 또 충분한 강도가 요망되고 마찰이 적어야 하며, 충격에 약하고 소음 진동이 발생된다는 점이 있다.

1. 기어의 종류 및 특징

두 축이 평행한 기어	스퍼기어 	평행한 두 축 사이의 동력전달에 가장 널리 사용되며 소음과 진동이 크다.
	헬리컬 기어 	이(치)가 경사(약 30°)져 있는 기어로서 축 방향으로 트러스트 하중이 발생되는 점이 있으나 소음과 진동이 적어 큰 하중과 고속 전동에 적합하다.
	래크와 피니언 기어 	래크는 직선운동을 하고, 피니언은 회전운동을 하는 것이며, 래크는 기어의 지름이 무한대(∞)이다.
	내접기어	내접기어는 회전방향이 같고, 큰 감속비를 얻을 때 사용된다.

두 축이 교차하는 기어	직선 베벨기어 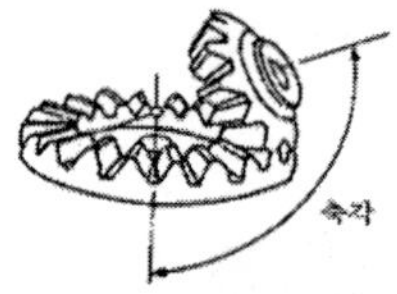	이(치) 면이 원뿔형이며, 회전력을 직각으로 전달하고자 할 때 사용한다.
	헬리컬 베벨기어 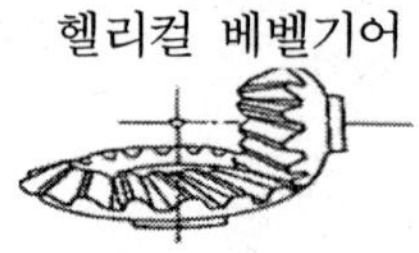	이(치)가 원뿔면의 모선과 경사진 기어이다. 마이터 기어 : 잇수가 같은 한 쌍의 베벨기어
	스파이럴 베벨기어 	이(치)가 선회하는 형태로 되어 전동이 조용하다.
두 축이 교차하지도 평행하지도 않는 기어	웜기어 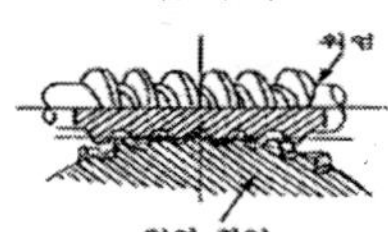	큰 감속비를 얻을 수 있으며, 물림이 조용하고, 원활하며, 역회전이 불가능하고 전동효율이 낮다.
	하이포이드 기어 	이(치)가 쌍곡선으로 되어 있으며, 피니언이 링 기어 중심선 아래에 설치되어 있어 차체의 높이를 낮출 수가 있다. 자동차의 종감속기어로 사용한다.
	나사(Screw)기어 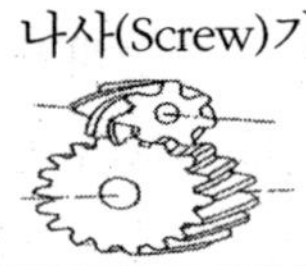	스크루 기어는 헬리컬 기어의 축을 엇갈리게 한 기어이다.

[기어의 종류 및 특징]

2. 기어의 각부 명칭

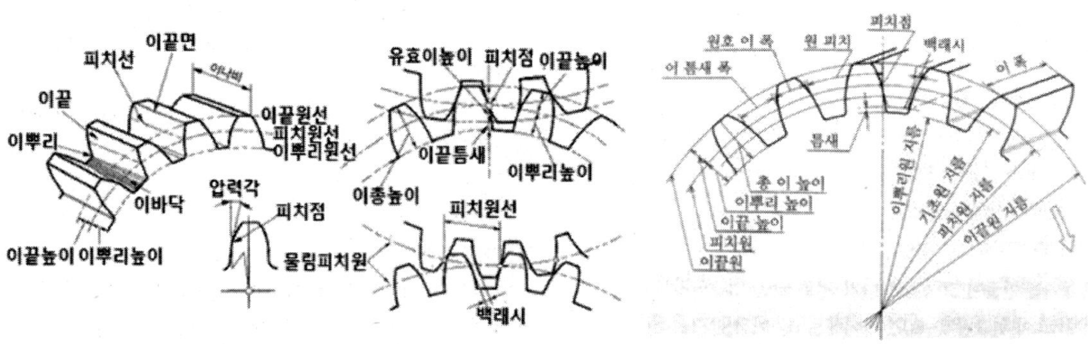

[기어의 각부 명칭]

(1) 피치원(Pitch Circle)

기어는 마찰차에 요철을 붙인 것이므로 원통 마찰차로 가상을 할 때 마찰차가 접촉하고 있는 원에 상당하는 것이 피치원이다. 즉, 기어의 중심이 되는 원이다.

(2) 원주피치(Circular Pitch)

피치원 위에서 측정한 2개의 이웃하는 치(이)에 대응하는 부분 간의 거리이다. 즉 피치원 위에서 한 이(치)의 중심에서 다음 이(치)의 중심까지의 거리를 원주피치라 한다.

(3) 기초원(Base Circle)

이(치) 모양 곡선을 만드는 원이다.

(4) 이끝원(Addendum Circle)

기어의 이 끝을 연결하는 원이다.

(5) 이뿌리원(Tooth Circle)

이(치)의 이뿌리를 연결하는 원이다.

(6) 이끝 높이(Addendum)

피치원에서 이끝원까지의 거리이다.

(7) 이뿌리 높이(Dedendum)

피치원에서 이뿌리원까지의 거리이다.

(8) 이 총높이(Height of Tooth)

이끝 높이와 이뿌리 높이를 합한 크기이다. 즉, Addendum+Dedendum이다.

(9) 이 두께(Tooth Thickness)

피치원에서 측정한 이의 두께이다.

(10) 유효 이의 높이(Working Depth)

서로 물린 한 쌍의 기어에서 두 기어의 이 끝 높이의 합이다.

(11) 클리어런스(Clearance)

이끝원에서부터 이것과 물리고 있는 기어의 이뿌리원까지의 거리이다.

(12) 백 래시(Back Lash)

한 쌍의 기어가 물렸을 때 이의 뒷면에 생기는 간격이다. 즉 뒤틈을 말하며 유막 두께, 기어 치수 오차, 중심거리 변동, 열팽창, 부하에 대한 이 변형 등의 요인 때문에 백 래시를 둔다. 이 백 래시 때문에 기어가 원활이 회전한다.

3. 이의 크기를 표시하는 방법

(1) 모듈(M)

피치원지름을 잇수로 나눈 값 이의 크기를 표시하고, 단위는 기재하지 않는다.

$M = \dfrac{\text{피치원지름}(D)}{\text{잇수}(Z)}$ 즉, $D = MZ$가 된다.

또한, 표준기어에서 $M = a$(어덴덤), d(디덴덤) $= 1.25a = 1.25M$

이의 총 높이(h) $= a + d = M + 1.25M = 2.25M$

(2) 지름피치(직경피치 : 모듈의 역수 : Pd) : 인치 방식의 기어 이의 크기를 나타내는 값

$Pd = \dfrac{1}{M}(inch)$ [예] $M = 4$일 때 $Pd = \dfrac{1}{4}\text{inch} = \dfrac{25.4}{4} = 6.35\text{mm}$

(3) 원주 피치(P : 피치원 둘레를 잇수로 나눈 값)

기어의 피치원상에서 한 개 이의 치면(齒面)에서 다음 이에 대응하는 단면까지의 원호 길이

$\pi D = PZ$에서 $\therefore\ P = \dfrac{\pi D}{Z} = \pi M$

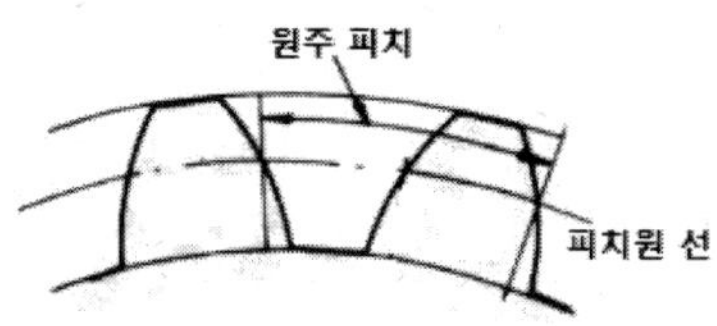

4. 기어의 계산식

(1) 기초원 피치(Ground Diameter Pitch) : Pg

법선 피치(Normal Pitch : Pn)라고도 한다.

$\pi D = PZ$에서, $\pi Dg = PgZ$ $\therefore\ Pg = \dfrac{\pi Dg}{Z}$

(2) 기초원 지름(Dg)과 피치원 지름(D)의 관계

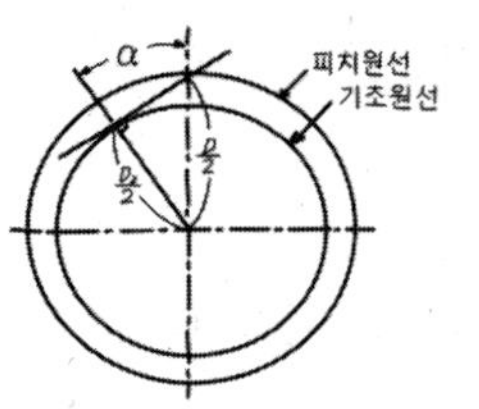

압력각(α) $= 14.5°$ 또는 $20°$

$\cos = \dfrac{\frac{Dg}{2}}{\frac{D}{2}} = \dfrac{Dg}{D}$ $\therefore\ Dg = D\cos\alpha$

(3) 속도비(속비 : 회전비 : i)

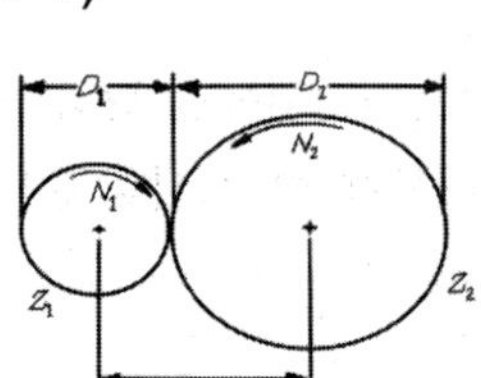

$i = \dfrac{N_2}{N_1} = \dfrac{D_1}{D_2} = \dfrac{MZ_1}{MZ_2} = \dfrac{Z_1}{Z_2}$

(4) 중심거리(C)

① 외접기어일 때 $C=\dfrac{D_1+D_2}{2}=\dfrac{MZ_1+MZ_2}{2}=\dfrac{M(Z_1+Z_2)}{2}$

② 내접기어일 때 $C=\dfrac{M(Z_2-Z_1)}{2}$

(5) 원주속도(v)

$$v=v_1=v_2=\frac{\pi D_1 N}{60\times 1000}=\frac{\pi D_2 N}{60\times 1000}$$

(6) 외경(D_0)

스퍼기어$(D_0)=D+2a=MZ+2M=M(Z+2)$

(7) 물림율(접촉율 : 동시에 물릴 수 있는 이의 수 : η)

기어의 이와 이가 물리기 시작하여 끝날 때까지의 피치 원상의 원호를 접촉호라고 하며, 그 접촉호의 길이를 원주피치로 나눈 값을 물림율이라고 한다. 기어의 물림율은 1.2~1.3 정도이나 실제로는 2.0~2.5가 가장 원활하게 물린다. 또한 압력각이 작을수록 기어 이가 약하나 물림율은 좋다.

$$\text{물림율}(\eta)=\frac{\text{접촉호의 길이}}{\text{원주피치 길이}}=\frac{\text{물림길이}}{\text{법선피치(기초원피치) 길이}}$$

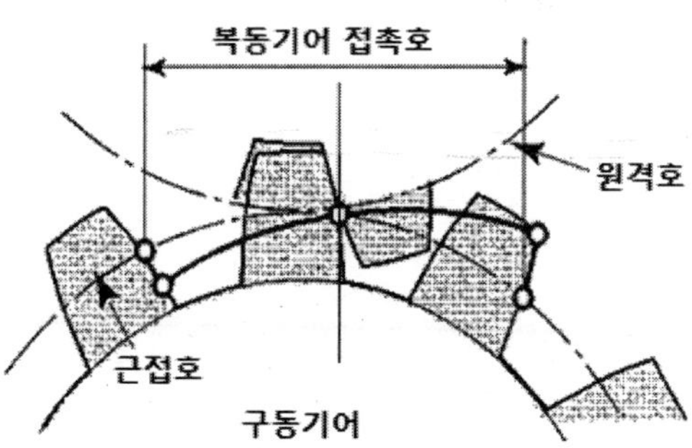

[접촉호]

[웜기어 구조]

(8) 웜기어(웜과 웜휠)의 속도 비

웜기어의 특징은 다음과 같다.

① 큰 감속비가 얻어진다.
② 운전 중 소음과 진동이 적다.
③ 일반기어(70~80%)에 비해 효율이 적다(60%).
④ 역회전이 어렵고 부하용량이 크다.
⑤ 잇면의 미끄럼이 크고 호환성(교환성)이 없다.
⑥ 웜휠은 공작이 어렵고, 측정이 곤란하다.
⑦ 웜과 웜휠에 추력하중이 생긴다.
⑧ 가격이 비싸다.

$$\text{웜기어의 속도비}(i) = \frac{\text{웜휠의 회전수}(Ng)}{\text{웜의 회전수}(Nw)} = \frac{\text{웜의 줄수}(n)}{\text{웜휠의 잇수}(Z)}$$

여기서, 웜기어에는 w의 첨자를 붙이고 웜휠에는 g의 첨자를 붙인다.

5. 기어의 치형 곡선

5-1 인벌루트 곡선(Involute Cover)

원에 실을 감고 실의 한 끝을 잡아당기면서 풀어나갈 때 실의 한 점이 그리는 궤적으로서 가장 많이 응용되고 동력전달용으로 사용된다.

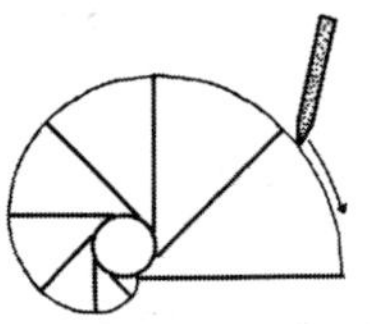

[인벌루트 곡선]

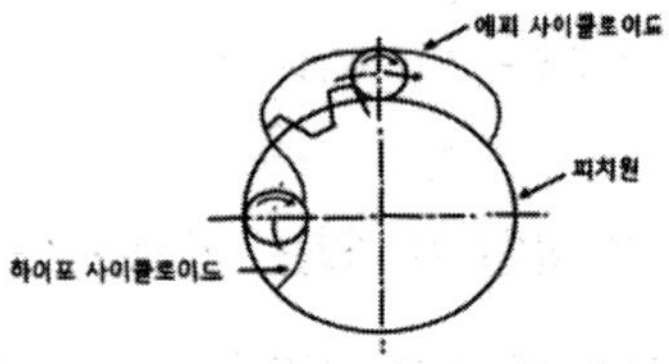

[사이클로이드 곡선]

(1) 장점

① 치형의 제작 가공이 용이하다.
② 호환성이 우수하다(압력각과 모듈이 모두 같아야 함).
③ 물림에서 축간 거리가 다소 변하여도 속도비에 영향이 없다.
④ 이뿌리 부분이 튼튼하다.

(2) 단점

① 미끄럼이 크고, 마멸되기 쉽다.
② 언더컷이 발생한다.

5-2 사이클로이드 곡선(Cycloid Cover)

한 개의 원 위에서 원판의 한 점이 그리는 곡선으로서 정밀한 소형 기계용에 사용된다.

(1) 장점

① 접촉면에 미끄럼이 적어 마멸이나 소음이 적다.
② 언더컷이 발생하지 않는다.
③ 효율이 높다.

(2) 단점

① 치형 가공이 어렵고, 호환성이 적다.
② 이뿌리가 약하다.
③ 피치점이 완전히 일치하지 않으면 물림이 불량해진다.

6. 치형의 작용에 나타나는 현상

6-1 언더컷(Under Cut : 절하)

잇수비가 아주 클 때 발생되며, 이의 간섭이 심할 경우 그 이의 간섭에 의하여 피니언의 이뿌리를 깎아 내어 그 이뿌리가 가느다란 이가 되는 현상이다. 방지책으로는

① 이의 높이를 낮춘다.
② 이를 한계 잇수 이상으로 한다.
③ 전위기어를 만든다.
④ 압력 각을 크게 한다.

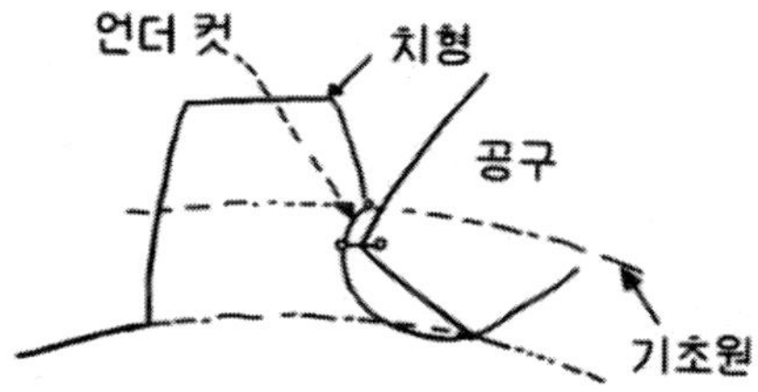

[언더컷]

① 언더컷을 일으키지 않는 한계 잇수$(Zg) = \frac{2a}{M(1-\cos^2 a)} = \frac{2a}{Msin^2 a}$

② 표준기어이면 $a = M$이므로 $Zg = \frac{2a}{Msin^2 a} = \frac{2M}{Msin^2 a} = \frac{2}{\sin^2 a}$

6-2 이(치)의 간섭

한 쌍의 기어를 물려서 회전시킬 때 한쪽 기어에 이 끝이 상대 쪽 기어의 이뿌리에 부딪혀서 회전할 수 없게 되는 현상이다.

(1) 원인

① 피니언 잇 수가 극히 적을 때
② 잇수비가 매우 클 때
③ 압력 각이 작을 때
④ 유효 이(치) 높이가 높을 때이다.

(2) 방지책

① 이의 높이를 줄인다.
② 압력 각을 20° 이상으로 증가시킨다.
③ 치형의 이 끝면을 깎아낸다.
④ 피니언의 반경방향의 이뿌리면을 파낸다.

6-3 전위기어(Shifted Gear)

기준 래크 공구의 기준 피치원선과 피치원이 접하지 않도록 설치하여 절삭한 기어이다. 즉 중심을 약간 이동시킨 기어라 할 수 있다.

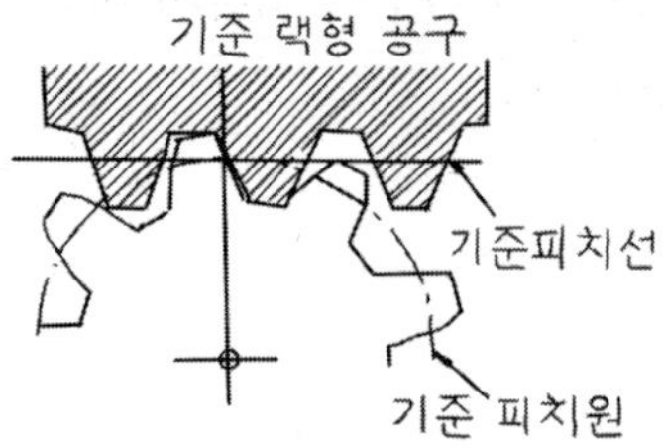

[표준기어]

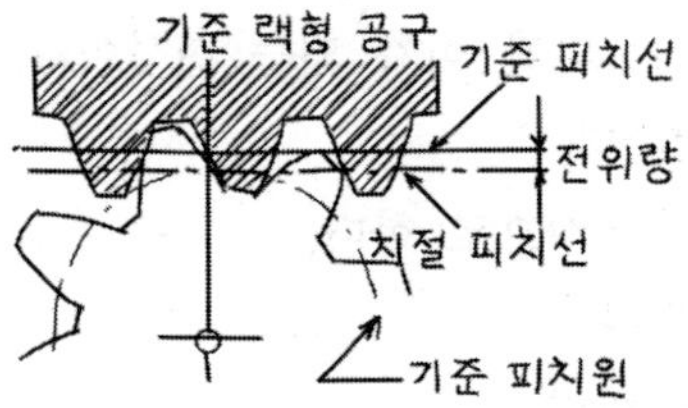

[전위기어]

(1) 특징

① 모듈에 비해 강한 이가 얻어진다.
② 최소 잇수를 극히 작게 할 수 있다.
③ 물림율을 증가시킨다.
④ 호환성이 없고 베어링 압력을 증대시킨다.

(2) 사용목적

① 언더컷을 피하고 싶을 때
② 이의 강도를 개선하고 싶을 때
③ 중심 거리를 자유로이 변형하고 싶을 때

6-4 압력 각

기초원의 공통접선(또는 작용선이라고도 한다)과 피치원의 공통접선이 이루는 각을 말한다. 압력각의 특징은 다음과 같다.

① 압력 각이 커질수록 기어 중심에 걸리는 분력이 커지므로 동력 손실이 증가한다.
② 압력 각이 커지면 기어 물림율이 적어지고 한 번에 물리는 잇 수가 적어져 진동이나 소음이 발생하기 쉽다.
③ 압력 각이 커지면 피치원상의 이두께는 같아도 기초원이 작아지므로 이뿌리가 굵어지며, 반대로 압력 각이 적으면 이뿌리는 가늘어진다.
④ 일반적으로 압력 각은 14.5°와 20°가 가장 많이 사용되고 있었으나 치형의 언더컷 현상 때문에 이뿌리 두께가 얇아지는 것을 방지하기 위해서 KS에서는 압력 각을 20°로 규정하고 있다.

7. 헬리컬 기어의 계산식

첨자 s는 축 직각을 나타낸다. 축 직각 압력각을 α_s, 치직각 압력 각을 α, 비틀림 각을 $\cos\beta$라 하면 다음과 같다.

① 비틀림 각$(\cos\beta) = \dfrac{\tan\alpha}{\tan\alpha_s}$

② 모듈$(m_s) = \dfrac{m}{\cos\beta}$

③ 압력 각$(\tan\alpha_s) = \dfrac{\tan\alpha}{\cos\beta}$

④ 피치원지름$(D_s) = Zm_s = Z\dfrac{m}{\cos\beta} = \dfrac{D}{\cos\beta}$

⑤ 바깥지름$(D_0) = D_s + 2m = Zm_s + 2m = Z\dfrac{m}{\cos\beta} + 2m = \left(\dfrac{Z}{\cos\beta} + 2\right)m$

⑥ 중심거리$(c) = \dfrac{D_{s1} + D_{s2}}{2} = \dfrac{Z_1 m_s + Z_2 m_s}{2} = \dfrac{(Z_1 + Z_2)m}{2\cos\beta}$

⑦ 상당평치차 잇수(Ze)

헬리컬 기어에서는 성형 치절법에 의하여 헬리컬 기어를 깎을 때 실제의 잇수 Z에 의하지 않고 상당평치차의 잇수 Ze에 의해 절삭한다. $\therefore\ Ze = \dfrac{Z}{\cos^3\beta}$

연습문제

문제01 다음 전동장치 중 간접전동장치가 아닌 것은?

가. 벨트 나. 기어 다. 체인 라. 로프

문제02 기어 전동장치의 특징 중 잘못 설명한 것은?

가. 축간거리가 크고 동력전달이 확실하다.
나. 큰 동력을 전달할 수 있다.
다. 전동효율이 높다.
라. 큰 감속을 얻을 수 있다.

문제03 기어 이의 줄이 축에 평행하고 평행한 두 축 사이에 회전운동을 전달하는 기어는?

가. 웜기어 나. 크라운 기어
다. 스퍼 기어 라. 베벨기어

문제04 기어 두 축이 서로 평행하지도 교차되지도 않는 기어는?

가. 하이포이드 기어 나. 헬리컬 기어
다. 스퍼 기어 라. 베벨기어

문제05 전동용 기계요소인 기어(gear)에서 두 축이 만나지도 평행하지도 않는 기어가 아닌 것은?

가. 베벨기어(bevel gear)
나. 스크류 기어(screw gear)
다. 하이포이드 기어(hypoid gear)
라. 웜과 웜기어(worm and worm gear)

문제06 다음 기어 중 맞물리는 기어의 두 축이 서로 만나지도 않고, 평행하지도 않는 기어로서 큰 감속비를 필요로 할 때 주로 사용하는 것은?

가. 스퍼 기어 나. 베벨 기어
다. 헬리컬 기어 라. 웜 기어

문제07 회전운동을 직선운동으로 변환시키는 기어는?

가. 스크류 기어 나. 래크와 피니언
다. 인터널 기어 라. 크라운 기어

문제08 한 쌍의 기어가 물릴 때 서로 접하는 부분의 궤적을 무엇이라 하는가?

가. 피치원 나. 모듈
다. 원주 피치 라. 지름 피치

문제09 기어의 각부 명칭 중 피치원의 둘레를 잇 수로 나눈 값을 무엇이라 하는가?

가. 원주피치 나. 모듈
다. 지름피치 라. 물림길이

문제10 기어의 각부 명칭에 대한 설명 중 틀린 것은?

가. 원주피치 : 피치원 둘레를 잇 수로 나눈 값
나. 모듈 : 피치원 지름을 잇 수로 나눈 값
다. 피치원 : 한 쌍의 기어가 물릴 때 서로 접하는 부분의 궤적
라. 지름피치 : 기어의 잇 수를 이뿌리원으로 나눈 값

문제11 표준 스퍼 기어에서 이의 크기를 결정하는 기준 항목이 <u>아닌</u> 것은?

가. 모듈　　나. 지름 피치
다. 원주 피치　　라. 피치원 지름

문제12 2개의 기어가 서로 맞물려 돌아가기 위한 조건이다. 다음 중 가장 옳은 것은?

가. 모듈이 서로 같아야 한다.
나. 치형이 서로 같아야 한다.
다. 모듈, 치형이 서로 같아야 한다.
라. 모듈, 치형, 및 압력 각이 서로 같아야 한다.

문제13 표준 스퍼 기어에서 모듈이 10 이고, 피치원 지름이 160mm일 때 잇수는 몇 개인가?

가. 32　　나. 16　　다. 10　　라. 5

[해설] $D = MZ$에서 $Z = \frac{D}{M}$ 여기서, D : 피치원의 지름, M : 모듈, Z : 잇수

문제14 기어의 잇 수가 36이고 피치원의 지름이 216mm일 때 원주피치로 가장 적합한 것은?

가. 18.85mm　　나. 28.83mm
다. 37.72mm　　라. 47.78mm

[해설] $\pi D = PZ$ 에서 $P = \frac{\pi D}{Z}$

문제15 모듈이 5, 압력 각은 15° 잇 수가 19개인 표준 평기어의 바깥지름은 약 mm인가?

가. 52.5　　나. 54.35　　다. 105　　라. 108.70

[해설] 평(표준)기어의 바깥지름$(D_0) = M(Z+2)$
여기서, M : 모듈, Z : 잇수

문제16 모듈이 4, 잇 수가 $Z_A = 38$ $Z_B = 79$개인 한 쌍의 외접 표준 스퍼 기어의 축간거리는 몇 mm인가?

가. 144　　나. 230　　다. 316　　라. 460

[해설] ① 외접기어일 때 축간거리 $(C) = \frac{M(Z_A + Z_B)}{2}$

② 내접기어일 때 축간거리 $\frac{M(Z_B - Z_A)}{2}$

③ 헬리컬 기어의 축간거리 $= \frac{M(Z_1 + Z_2)}{2\cos\beta}$

문제17 중심거리가 900mm이고, 외접하는 한 쌍의 표준 스퍼 기어의 회전비가 1:3일 때 피니언(작은 기어)의 피치원 지름은 약 몇 mm인가?

가. 450　　나. 750　　다. 1050　　라. 1350

[해설] $C = \frac{D_1 + D_2}{2}$에서 $2C = D_1 + D_2$이므로 미지수가 2개면 답을 구할 수 없으므로 $\frac{D_2}{D_1} = \frac{3}{1}$에서

$D_2 = 3D_1$을 $2C = D_1 + D_2$에 대입하면

$2C = D_1 + 3D_1 = 4D_1$　　$2C = 4D_1$

$\therefore\ 2 \times 900 = 4D_1$이므로 $D_1 = \frac{1800}{4} = 450$

문제18 모듈이 16이고, 한쪽 이의 잇 수가 55개, 중심거리가 656mm인 평 기어에서 다른 한쪽 기어의 잇수는?

가. 27개　　나. 41개　　다. 55개　　라. 71개

[해설] 중심거리(C)

$= \frac{D_1 + D_2}{2} = \frac{mZ_1 + mZ_2}{2} = \frac{m(Z_1 + Z_2)}{2}$에서

$656 = \frac{16(55 + Z_2)}{2}$　　$\therefore\ Z_2 = 27$개

문제19 압력 각이 20°, 모듈이 5, 잇 수가 60개인 표준기어에서 법선피치는 약 얼마인가? (단, cos 20° = 0.94이다.)

가. 4.7mm　　나. 14.8mm
다. 15.7mm　　라. 28.2mm

[해설] $\pi D = PZ$에서 $\pi Dg = PgZ$이므로

$\therefore\ Pg = \frac{\pi Dg \cos\alpha}{Z} = \frac{3.14 \times 5 \times 60 \times 0.94}{60} = 14.8\text{mm}$

문제20 비틀림 각이 30° 인 헬리컬 기어에서 잇 수가 50, 치직각 모듈이 4일 때 바깥지름은 약 몇 mm인가?

가. 204 나. 239 다. 208 라. 243

[해설] 헬리컬 기어의 바깥지름$=M\left(\frac{Z}{\cos\beta}+2\right)$

여기서, M : 모듈, Z : 잇수 $\cos\beta$: 비틀림 각(°)

문제21 그림과 같은 기어장치에서 각 기어의 잇 수를 $Z_1=20$, $Z_2=85$, $Z_3=25$, $Z_4=100$이면 회전 속도비 N_1 : N_4는?

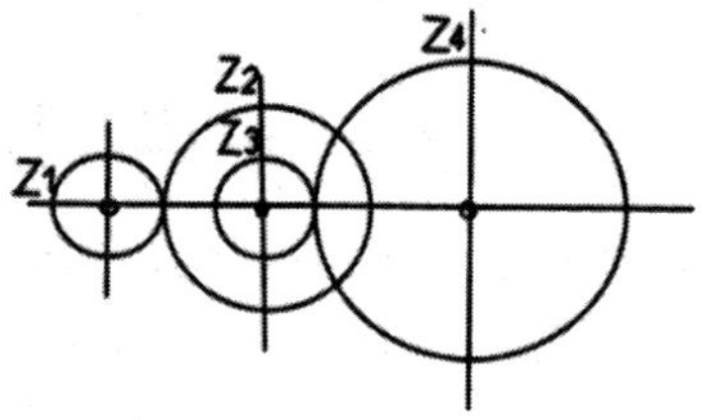

가. 17:1 나. 15:1 다. 13:1 라. 10:1

[해설] $N=\frac{Z_2}{Z_1}\times\frac{Z_4}{Z_3}$

문제22 그림과 같은 기어 열에서 각 기어의 잇 수가 $Z_1=40$, $Z_2=20$, $Z_3=40$일 때 O_1기어를 시계방향으로 1회전시켰다면 O_3기어는 어느 방향으로 몇 회전하는가?

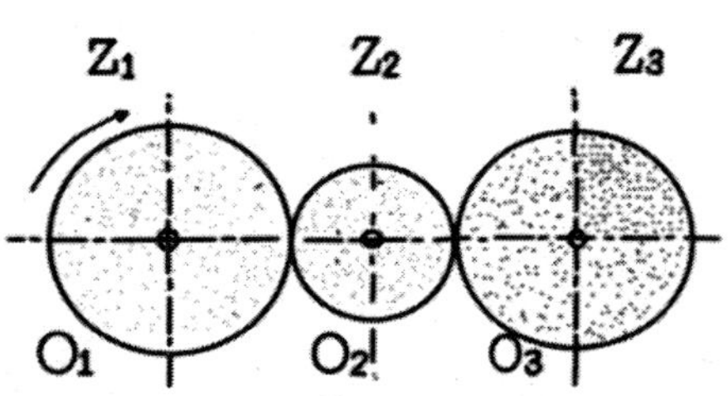

가. 시계방향으로 1회전

나. 시계방향으로 2회전

다. 시계 반대방향으로 1회전

라. 시계 반대방향으로 2회전

문제23 웜기어 장치에서 회전수 1500rpm인 3줄 웜이 잇 수 30개인 웜 휠(웜기어)에 물려 돌고 있다면 이때 웜휠의 회전수는 몇 rpm인가?

가. 50 나. 150 다. 180 라. 280

[해설] 웜과 웜기어의 속도 비

$$속도비(i)=\frac{웜휠의\ 회전수(Ng)}{웜의\ 회전수(Nw)}=\frac{웜의\ 줄수(n)}{웜휠의\ 잇수(Z)}$$
$$=\frac{Ng}{1500}=\frac{3}{30}$$

문제24 1800rpm의 모터 $Ze=\frac{Z}{\cos^3\beta}$에 3줄 나사 웜을 달고 잇수 72개의 웜 기어를 회전시키면 웜기어의 회전수는 얼마인가?

가. 5rpm 나. 25rpm 다. 75rpm 라. 100rpm

[해설] 웜기어의 속도 비

$$=\frac{줄수}{잇수}=\frac{N_2}{N_1}이므로\quad \frac{3}{72}=\frac{N_2}{1,800}\quad \therefore N_2=75\text{rpm}$$

문제25 한 쌍의 인벌루트 기어가 맞물려 회전할 때 한쪽 이 끝이 다른 쪽 이뿌리에 파고 들어가 걸리는 현상을 무엇이라 하는가?

가. 기어의 간섭이라 한다.

나. 기어의 오버랩이라 한다.

다. 어덴덤이라 한다.

라. 이의 과절삭이라 한다.

문제26 기어 물림에서 이의 간섭을 방지하는 방법으로 적당하지 <u>못한</u> 것은?

가. 이의 높이를 줄인다.

나. 압력 각을 20도 이상으로 크게 한다.

다. 치형의 이끝 면을 깎아낸다.

라. 피니언의 반지름 방향의 이뿌리 면을 높인다.

[해설] 이의 간섭 방지책

① 압력 각을 20° 이상으로 크게 한다.
② 이의 높이를 줄인다.
③ 치형의 이끝면을 깎아낸다.
④ 피니언의 반경방향의 이뿌리면을 파낸다.

문제27 다음 중 기어의 언더컷이 발생하는 원인으로 옳은 것은?

가. 잇수가 많을 때
나. 이 끝이 둥글 때
다. 잇수비가 아주 클 때
라. 이 끝 높이가 낮을 때

[해설] 언더컷 현상 : 이의 간섭에 의하여 이 뿌리가 파여진 현상으로 잇수가 적거나 잇수비가 매우 클 경우에 발생하기 쉽다. 방지책은 다음과 같다.
① 이의 높이를 낮춘다.
② 이를 한계 잇수 이상으로 한다.
③ 전위기어를 만든다.
④ 압력 각을 크게 한다.

문제28 언더컷을 방지하기 위하여 표준이의 래크 공구로 표준 절삭량보다 낮게 절삭하여 기준 피치원보다 다소 바깥쪽으로 절삭한 기어는?

가. 스퍼 기어　　나. 인터널 기어
다. 전위 기어　　라. 헬리컬 기어

문제29 다음 중 언더컷을 방지하기 위한 한계 잇수에 대한 설명으로 옳은 것은?

가. 압력 각을 크게 하거나 어덴덤을 표준보다 높게 한다.
나. 압력 각을 적게 하거나 어덴덤을 표준보다 낮게 한다.
다. 압력 각을 크게 하거나 어덴덤을 표준보다 낮게 한다.
라. 압력 각을 적게 하거나 어덴덤을 표준보다 높게 한다.

문제30 평 기어에서 압력 각을 크게 할 경우 나타나는 현상이 <u>아닌</u> 것은?

가. 이의 강도가 증가된다.
나. 잇면의 미끄럼률이 작아진다.
다. 물림률이 증대된다.
라. 언더컷을 방지할 수 있다.

문제31 다음 중 헬리컬 기어의 장점에 해당되지 <u>않는</u> 것은?

가. 축 방향 추력이 없게 되어 출력의 손실이 적다.
나. 되도록 많은 이가 동시에 물릴 수 있어 진동이 없다.
다. 스퍼기어보다 이의 수를 적게 할 수 있다.
라. 이의 경사각이나 너비를 크게 하면 접촉호가 짧아도 물림이 끊어지지 않게 된다.

문제32 헬리컬 기어에서 나선각을 β, 헬리컬 기어의 잇수를 Z, 상당 평기어의 잇수를 Ze라 할 때 이들 사이의 관계를 옳게 나타낸 것은?

가. $Ze = \dfrac{Z}{\cos^3\beta}$　　나. $Ze = \dfrac{Z}{\cos^2\beta}$
다. $Ze = \dfrac{Z}{\sin^3\beta}$　　라. $Ze = \dfrac{Z}{\sin^2\beta}$

문제33 헬리컬 기어의 축 직각 모듈 m_n과 치 직각 모듈 m과의 관계는 다음 중 어느 것인가? (단, β는 나선각이다.)

가. $m = m_n \cos^2\beta$　　나. $m_n = m\cos\beta$
다. $m = m_n \cos\beta$　　라. $m_n = m\cos^2\beta$

[해설] 첨자 s는 축 직각을 나타낸다. 모듈$(m_s) = \dfrac{m}{\cos\beta}$

문제34 비틀림 각이 30° 인 헬리컬 기어에서 잇수가 50, 이직각 모듈이 4일 때 바깥지름은 약 몇 mm인가?

가. 184　　나. 239　　다. 208　　라. 264

[해설] ① 평기어의 바깥지름$(D_0) = M(Z+2)$

② 헬리컬 기어의 바깥지름$= M\left(\dfrac{Z}{\cos\beta}+2\right)$

문제35 다음 식 중 베벨기어의 상당 스퍼기어 잇수를 구하는 식으로 맞는 것은?

가. $Ze = \dfrac{Z}{\cos\gamma}$　　나. $Ze = \dfrac{Z}{\cos^2\gamma}$

다. $Ze = \dfrac{Z}{\sin\gamma}$　　라. $Ze = \dfrac{Z}{\sin^2\gamma}$

01	나	02	가	03	다	04	가	05	가	06	라
07	나	08	가	09	가	10	라	11	라	12	라
13	나	14	가	15	다	16	나	17	가	18	가
19	나	20	나	21	가	22	가	23	나	24	다
25	가	26	라	27	다	28	다	29	다	30	다
31	가	32	가	33	다	34	다	35	가		

CHAPTER 8

감아걸기 전동

마찰차나 치차 전동장치를 사용하여 축간거리가 큰 두 축 사이에 동력을 전달한다는 것은 매우 불가능하다. 이 경우 양축에 풀리(Pulley)를 부착하여 벨트나 로프를 매개체로 하여 간접적으로 동력을 전달하는 방법을 사용한다. 이와 같은 전동장치를 간접전동장치라 한다. 간접전동장치에는 매개체로 벨트를 이용하는 벨트 전동장치, 로프(Rope) 전동장치, 체인을 이용하는 체인 전동장치 등이 있다.

1. 평 벨트(Belt) 전동장치

(1) 특징

① 축간거리가 멀어도 사용할 수 있다.
② 정확한 속도비가 필요하지 않을 때 사용할 수 있다.
③ 단차를 이용하여 속도비의 변화를 얻을 수 있다.
④ 과부하가 걸리면 미끄러져 다른 부품의 손상을 막을 수 있다.
⑤ 전동효율이 높다(96~98%).

(2) 평 벨트의 종류

① 가죽벨트 : 소가죽을 약품 처리하여 만든 벨트
② 섬유벨트 : 직물에 이음매 없이 만든 벨트로서 고속회전에 적합하다.
③ 고무벨트 : 섬유벨트에 고무를 입힌 벨트
④ 강철벨트 : 수명이 길고 인장강도가 매우 크다. 압연강판으로 만든 것으로 마찰계수가 적다.

(3) 벨트 형상에 의한 분류

① 타이밍 벨트 : 미끄럼을 없애기 위해 접촉면에 치(이)형을 만든 벨트로서 속도변화가 아주 적고, 고속 저속운전에 용이하다.

[참고] 자동차엔진 타이밍 벨트의 상식

벨트가 회전 중에는 긴장(팽팽)측과 이완(느슨)측이 발생하기 마련이다. 왜냐하면 밸브를 눌러야 하는 부담이 있는 캠축은 당연히 안 돌아가려고 버틸 것이고 크랭크축에 연결된 타이밍 벨트는 캠축을 돌려야 하기 때문이다. 그래서 이완 측에 텐셔너를 부착하는 것이다.

(가) 가속 시　　　　　　(나) 감속 시

[엔진 가속/감속 시 타이밍 벨트의 긴장측과 이완측]

엔진의 회전이 급속히 저하될 때 갬축은 회전관성에 의해 계속적으로 회전하려는 힘이 생기고 크랭크축은 급감속으로 인한 반력이 발생되어 긴장측과 이완측이 바뀌게 된다. 이때 캠축은 멈칫하는 충격을 받는데, 만약 타이밍 벨트에 유격이 생기면 멈칫 순간이 길어지게 된다. 이것이 타이밍 벨트 장력에 의한 엔진 부조다.

② 레이스 벨트(끈 벨트) : 전달 마력이 적은 소형 공작기계에 사용되는 벨트
③ 링크 벨트(체인벨트) : 축간 거리가 짧고 속도비가 클 때 사용되는 벨트로서 고속운전에는 부적합하다.
④ 보통벨트 : 일반적인 전동장치에 많이 사용되는 벨트

(4) 평 벨트 거는 방법

① 바로걸기(Open type : 바로걸기 : 평행걸기)

두 축의 회전방향이 동일하여 축간거리가 짧고 속도비가 클 때는 사용이 곤란하다. 아래쪽에 Tt(긴장측), 위쪽에 Ts(이완측)으로 한다. 그 이유는 접촉각이 크게 되어 전동능력을 증가시키기 위해서 또한 벨트의 수명이 길어지고, 동력손실이 감소된다.

② 엇걸기(Cross Type : 십자 걸기)

두 축의 회전방향이 반대이고, 접촉각(180° 이상)이 크므로 작은 풀리로 큰 동력을 전달하는 데 사용하는 방법이다.

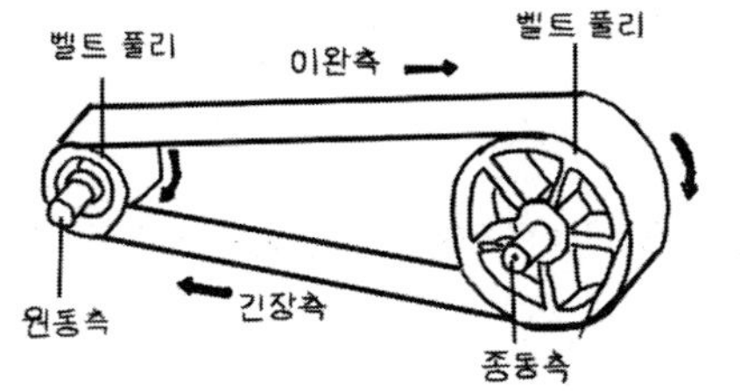

[바로걸기]

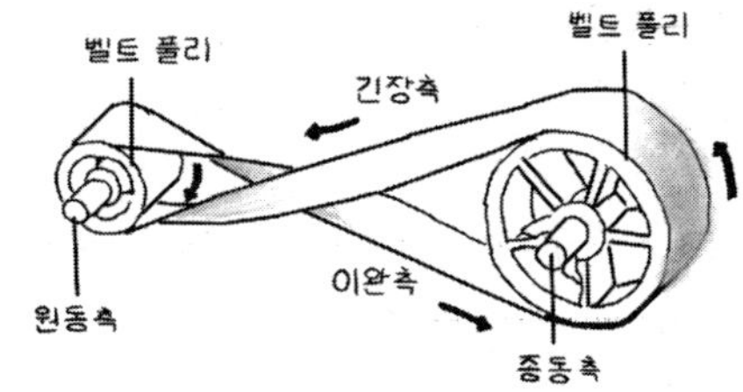

[엇걸기]

(5) 평 벨트의 설계

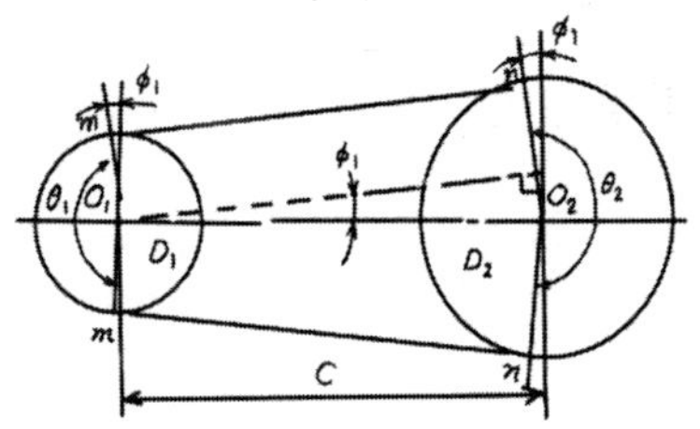

[바로걸기]

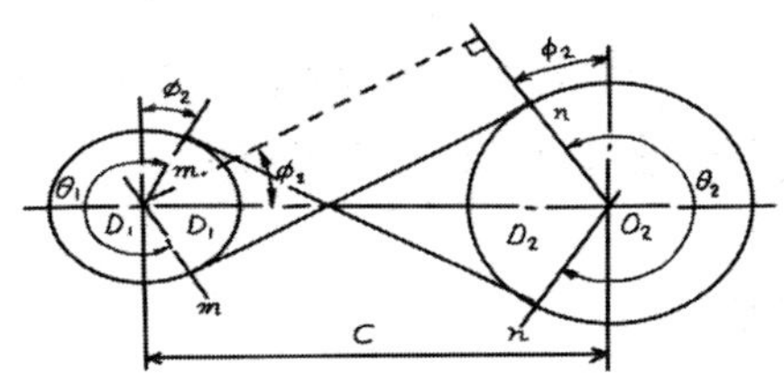

[엇걸기]

위 그림에서 D_1, D_2 : 양쪽 풀리의 직경, θ_1, θ_2 : 양쪽 풀리의 접촉각, C : 축간거리라 하면, 벨트의 접촉각 θ는 다음과 같다.

① 접촉각(미끄럼을 작게 하려면 접촉 중심각을 될수록 크게 한다)

가. 바로걸기의 경우

$$\theta_1 = 180° - 2\sin^{-1}(\frac{D_2 - D_1}{2C}) \quad \theta_2 = 180° + 2\sin^{-1}(\frac{D_2 - D_1}{2C})$$

나. 십자걸기의 경우

$$\theta_1 = \theta_2 = 180° + 2\sin^{-1}(\frac{D_1 + D_2}{2C})$$

② 벨트의 길이(L)

가. 바로걸기의 경우$(L) = 2C + \frac{\pi}{2}(D_1 + D_2) + \frac{(D_2 - D_1)^2}{4C}$

나. 십자걸기의 경우$(L) = 2C + \frac{\pi}{2}(D_1 + D_2) + \frac{(D_1 + D_2)^2}{4C}$

③ 원주 속도$(v) = \frac{\pi D_1 N_1}{60 \times 100} = \frac{\pi D_2 N_2}{60 \times 1000}$ $\quad (vD_1 = vD_2)$

④ 속도 비$(i) = \frac{N_2}{N_1} = \frac{D_1}{D_2}$

(6) 장력 비(아이텔 바이식) : $e^{\mu\theta}$

여기서, μ : 마찰계수, θ : 작은 접촉 중심각(rad)

θ가 150°이면 $\frac{\pi}{180} \times 150$(rad)으로 환산 적용

바로걸기일 때 θ값을 원동 풀리에 적용하고, 엇걸기일 때는 장력비가 원동 = 종동이 된다.

① 원심력을 받지 않을 경우의 장력 비($v \le 10m/\sec$일 때)

$$e^{\mu\theta} = \frac{Ts(\text{이완측 장력})}{Tt(\text{긴장측 장력})}$$

② 원심력을 받을 경우의 장력비($v > 10m/\sec$) : 원심력을 받아 벨트가 벗겨지려고 한다.

$$e^{\mu\theta} = \frac{Tt - \dfrac{wv^2}{g}}{Ts - \dfrac{wv^2}{g}}$$

여기서, Tc : 부가장력(원심장력), $Tc = \dfrac{wv^2}{g}$, g : 중력가속도(9.8m/sec^2)

w : 단위길이당 벨트의 무게, 만약 w가 주어지지 않을 경우에는 $w = \gamma A$를 이용한다.

γ : 비중량이고, A는 면적이다.

(7) 벨트의 장력

① 초기장력(To) : 동력 전달에 필요한 마찰력을 주기 위해 정지하고 있을 때 벨트에 주어진 장력이다.

$$To = \frac{Tt + Ts}{2}$$

② 유효장력(Pe) = $Tt - Ts$ 여기서, Tt : 긴장측 장력, Ts : 이완측 장력

(8) 벨트의 전달동력(H)

$$H = \frac{Pe \times v}{75}(ps),\ H = \frac{Pe \times v}{102}(kW)$$, 여기서, Pe : 유효장력, v : 벨트속도(m/s)

(9) 벨트의 인장응력(σ_t)

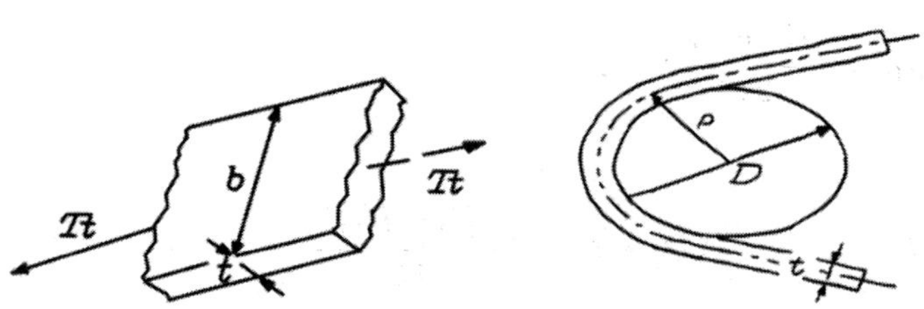

(가) (나)

$$\sigma_t = \frac{Tt}{A} = \frac{Tt}{bt\eta}$$ 여기서, b : 벨트의 폭, t : 벨트의 두께, η : 이음 효율

(10) 벨트의 굽힘응력(σ_b)

$$\sigma_b = E\epsilon = E\frac{t}{D}$$ 여기서, E : 벨트의 종탄성계수(kgf/mm^2)

(11) 벨트에 발생하는 최대 응력(σ)

$$\sigma = \sigma_t + \sigma_b = \frac{Tt}{bt\eta} + E\frac{t}{D}$$

(12) 벨트재료의 구비조건

① 장력에 의해 강할 것
② 탄성이 있을 것. 즉, 완충이 있을 것
③ 굽히기 쉬울 것
④ 마찰계수가 클 것
⑤ 열과 기름에 강할 것

2. V 벨트의 전동장치

V 벨트 전동장치는 단면이 사다리꼴인 고무벨트와 V형 홈을 가진 풀리를 사용하여 동력을 전달하는 전동장치이다. V 벨트가 V 풀리를 따라 굽을 때 벨트가 홈의 사면에 밀착되기 때문에 큰 마찰력을 얻을 수 있다. V 벨트는 사다리꼴 단면의 이음매가 없는 환형(環形) 벨트로 풀리를 따라 휘어질 때 바깥쪽은 늘어나고 안쪽은 줄어들기 때문에 이 부분을 고무층으로 하고, 변형이 없는 중간층은 강력인견(强力人絹) 로프나 합성섬유 로프 등을 넣어서 장력을 견딜 수 있는 구조로 되어 있다. V 벨트 전동은 평 벨트 전동보다 마찰력이 크므로 축간거리가 짧고 속도비가 큰 경우에도 사용이 가능하며, 다음과 같은 특징이 있다.

① 운전 중 소음 진동이 적고, 충격을 완화시킨다.
② 축간 거리가 짧아도 되며 설치 면적을 절약할 수 있다.
③ 미끄럼이 적어 큰 속도 비를 얻을 수 있다(1:7~1:10).
④ 장력이 적으므로 베어링의 부담하중이 적다.
⑤ 작은 장력으로 큰 회전력을 얻을 수 있다.
⑥ 고속 운전이 가능하다(25m/sec). 단, 수명을 길게 하기 위해서는 10~15m/sec이 적당하다.

[V 벨트의 구조]

(1) V 벨트의 형식 및 크기

V 벨트의 종류로는 KS M 6535에 M형, A형, B형, C형, D형, E형까지 6종류가 규정되어 있으며, 동력전달용으로는 M형을 제외한 5종류가 주로 사용된다.

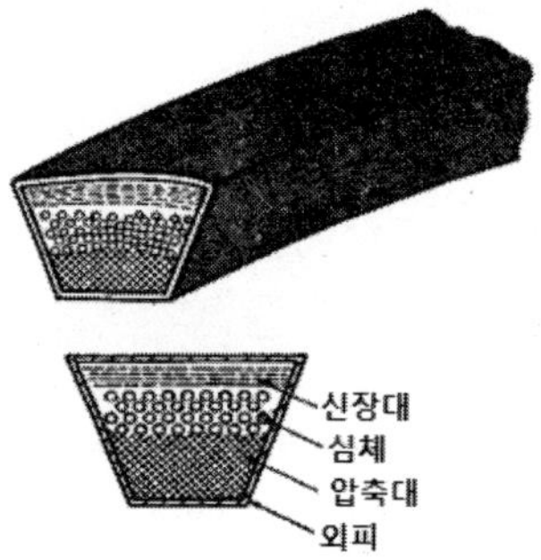

[V 벨트의 구조]

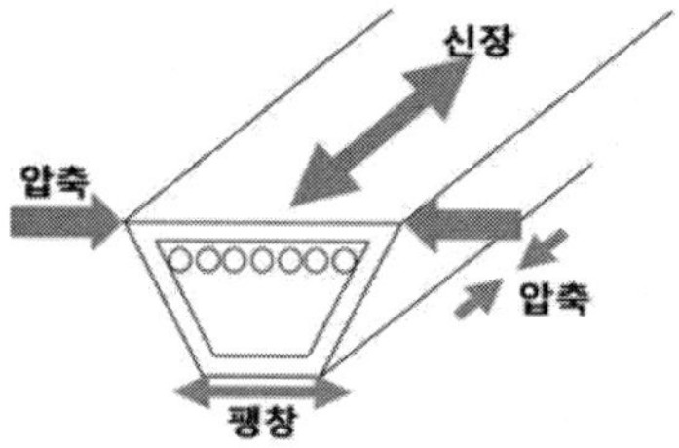

[V 벨트의 응력상태]

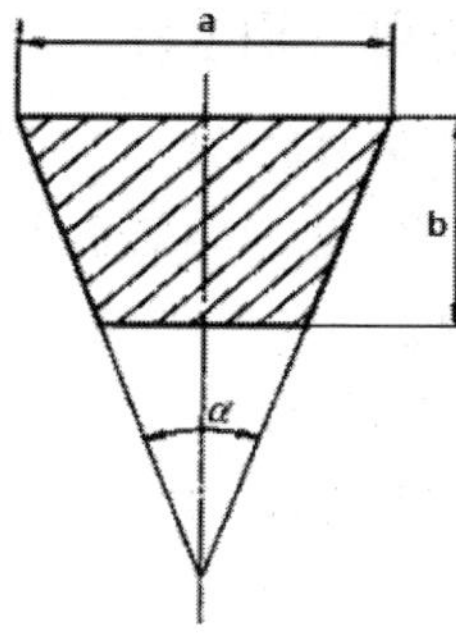

[V 벨트의 기호표시]

(2) V 벨트의 치수 및 허용장력

형별	a(mm)	b(mm)	단면적 A(mm^2)	α^o	인장강도 [kgf(N)]	허용응력 [kgf(N)]
M	10.0	5.5	44.0	40	80(785) 이상	8(78.5)
A	12.5	9.0	83.0	40	150(1471) 이상	15(147.1)
B	16.5	11.0	137.5	40	240(2354) 이상	24(235.4)
C	22.5	14.0	236.7	40	400(3923) 이상	40(392.3)
D	31.5	19.0	467.1	40	860(8434) 이상	86(843.4)
E	38.5	25.5	732.3	40	1200(11768) 이상	120(1176.8)

[V 벨트의 치수 및 허용장력]

(3) 호칭번호

V 벨트 길이는 단면의 중앙을 지나는 유효둘레를 호칭번호로 나타내며 유효둘레와 호칭번호의 관계식은 다음과 같다. 즉 호칭번호는 유효둘레를 인치(inch)로 나타낸 것이다. [예] A30이면 단면이 A형이고 유효둘레가 30인치이다.

$$\text{호칭번호} = \frac{\text{벨트의 유효둘레(mm)}}{25.4}$$

(3) V 벨트의 각도 : $\alpha = 40°$

(4) 풀리 홈의 각도 : 35°, 37°, 38°, 39°

(5) 상당(유효)마찰계수 : μ'(평 벨트에서는 μ)

$$\mu' = \frac{\mu}{\sin\frac{\alpha}{2} + \mu\cos\frac{\alpha}{2}}$$

(6) 벨트의 길이

$$(L) = 2C + \frac{\pi}{2}(D_1 + D_2) + \frac{(D_2 - D_1)^2}{4C}$$

(7) 접촉중심각

$$\theta_1 = 180° - 2\sin^{-1}(\frac{D_2 - D_1}{2C}) \quad \theta_2 = 180° + 2\sin^{-1}(\frac{D_2 - D_1}{2C})$$

3. 로프(Rope) 전동장치

로프 전동장치는 대마(Hemp), 목면(Cotton), 강성(Steel Wire) 등으로 만든 로프를 풀리에 걸어서 동력을 전달하는 전동장치이다. 이 풀리를 시브 풀리(Sheave Pulley)라 한다. 와이어 로프는 여러 가닥의 강선을 꼬아서 스트랜드(Strand)를 만들고, 이 스트랜드를 6개 혹은 8개를 모아 다시 꼬아서 와이어 로프를 만든다.

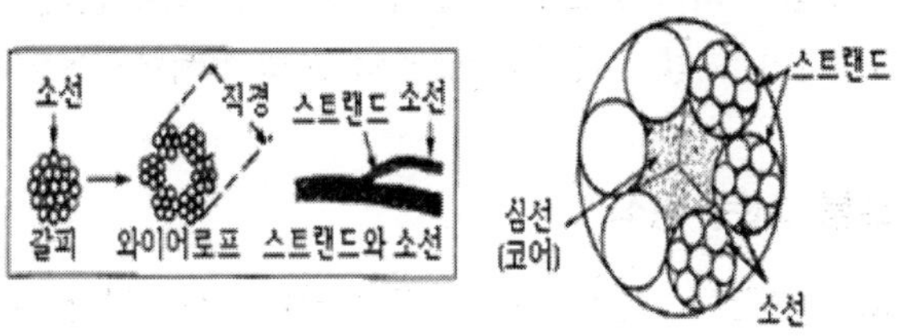

(가) 3가닥로프 (나) 4가닥로프 (다) 와이어 로프

(1) 특징

① 대동력을 전달할 수 있고, 미끄럼이 적다.
② 장거리 동력전달이 가능하다.
③ 초기장력이 필요치 않다.
④ 전동경로가 직선이 아니어도 사용 가능하다.
⑤ 전동효율이 높다(90% 이상).
⑥ 고속운전이 가능하다.
⑦ 설비가 복잡하고, 엉김이 생기기 쉽다.
⑧ 수리가 어렵고 진동, 소음이 크다.
⑨ 미끄럼이 적으나 전동이 불확실하고 조정(수리)도 어렵다.

(2) 로프 꼬임 방법에 따라 분류

① 오른 꼬임(Z꼬임) : 오른 나사와 같은 방향으로서 일반적으로 많이 사용하는 로프이다.
② 왼 꼬임(S꼬임) : 왼 나사와 같은 방향으로 꼬인 로프이다.

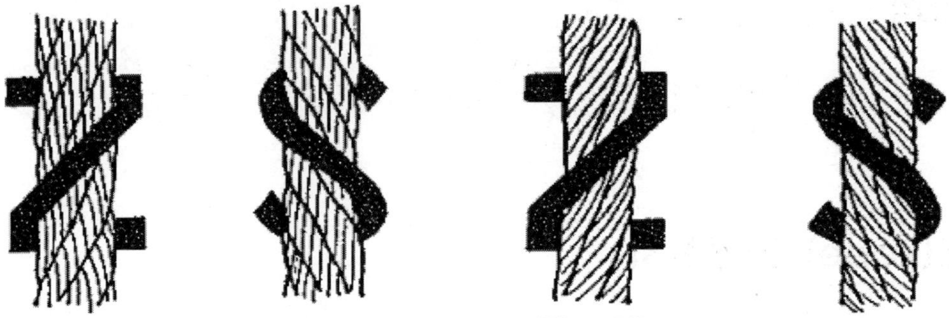

[보통 Z꼬임] [보통 S꼬임] [랭 Z꼬임] [랭 S꼬임]

(3) 가닥과 로프의 꼬인 방향에 따라 분류

① 보통꼬임 : 가닥과 로프의 꼬임 방향이 서로 반대 방향으로서 일반적으로 많이 사용하는 로프이다.

② 랭(Lang's) 꼬임 : 가닥과 로프의 꼬임 방향이 동일하고 마멸에 의한 손상이 적고 유연성이 좋다.

(4) 로프를 거는 방식

① 단동식(병렬식 : 영국식) : 로프가 하나 정도 절단되더라도 전동이 가능하고, 각 로프의 장력이 고르지 못하나 일반적으로 널리 사용된다.

② 연동식(연속방식 : 미국식) : 로프가 한 곳에라도 절단되면 전동이 불가능하고, 운전 중 진동이 적고 장력 조절이 쉽다.

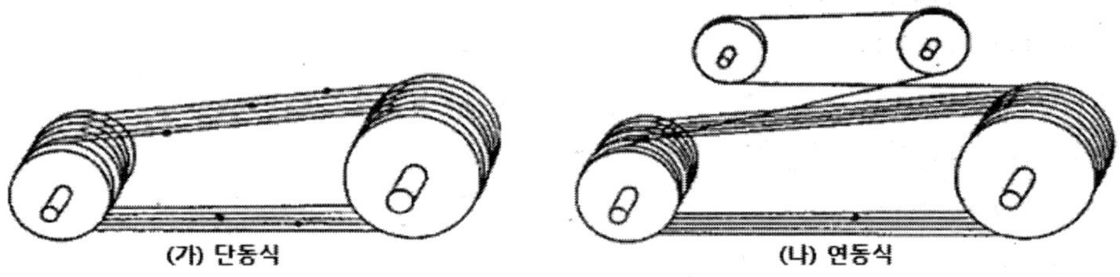

[로프 거는 방식]

(5) 와이어 로프의 크기 표시

로프의 크기는 로프 중앙의 가상원주와 유효둘레(mm)로 표시한다. 그리고 로프의 규격은 아래와 같다.

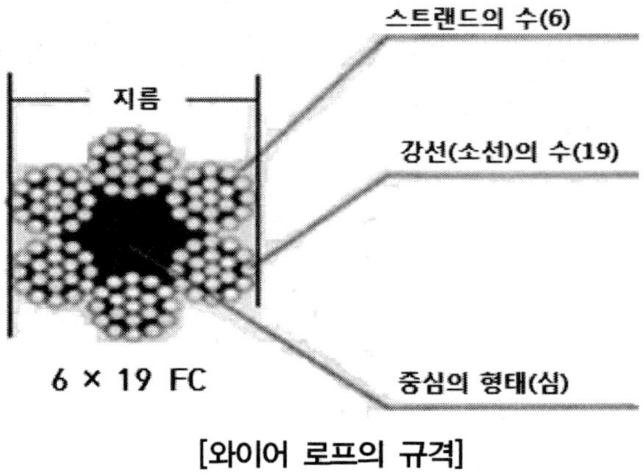

[와이어 로프의 규격]

4. 체인(Chain) 전동장치

체인 전동장치는 체인을 매개체로 하여 양쪽 스프로킷 휠(Sprocket Wheel) 사이에 동력을 전달시키는 전동장치이다. 전동용 체인에는 블록체인(Block Chain), 스프링체인(Spring Chain), 롤러체인(Roller Chain), 사일런트 체인(Silent Chain) 등이 있으나 주로 롤러체인과 사일런트 체인을 많이 사용한다.

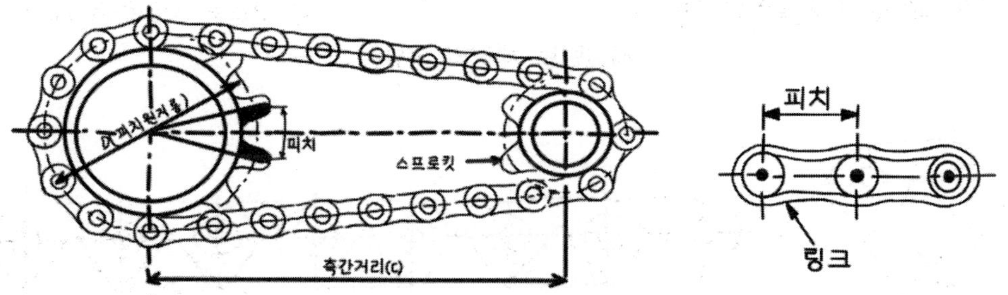

[체인과 스프로킷]

체인의 특징으로는

① 미끄럼이 없이 일정한 속도 비를 얻을 수 있다.
② 유지 및 수리가 쉽다.
③ 대동력을 전달할 수 있고, 효율이 높다(95% 이상).
④ 내열, 내유, 내습성이 크다.
⑤ 수명이 길다.
⑥ 어느 정도의 충격을 흡수할 수 있다.
⑦ 진동과 소음이 나기 쉬워 고속회전에는 부적합하다.
⑧ 초기장력이 필요치 않으며 베어링의 마멸이 적다.

(1) 체인의 종류

① 롤러체인(Roller chain)

롤러체인은 롤러링크를 핀 링크로 연결한 것이다. 누에고치형으로 된 롤러링크 플레이트, 부시, 롤러로 구성된 롤러링크와 핀 링크 플레이트, 핀으로 구성된 핀 링크를 번갈아 연결하면 긴 체인으로 만들 수 있다. 특징으로는 저속에 적합하고, 고속에는 소음이 발생한다.

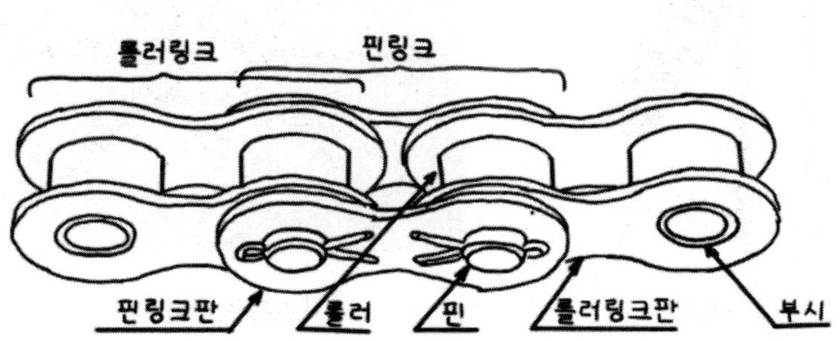

[롤러체인]

② 사일런트 체인(Silent chain)

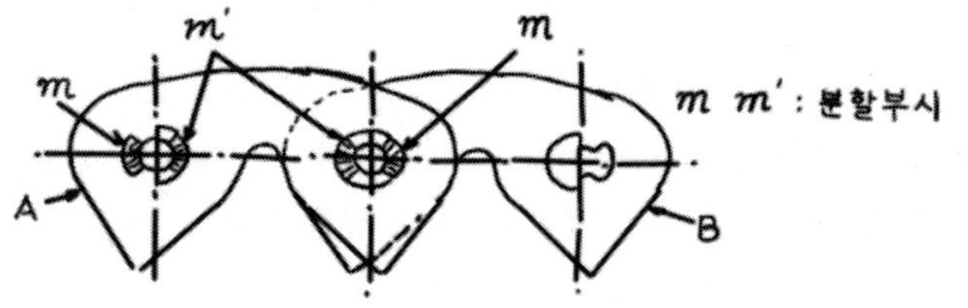

(가) 레이놀즈 사일런트 체인

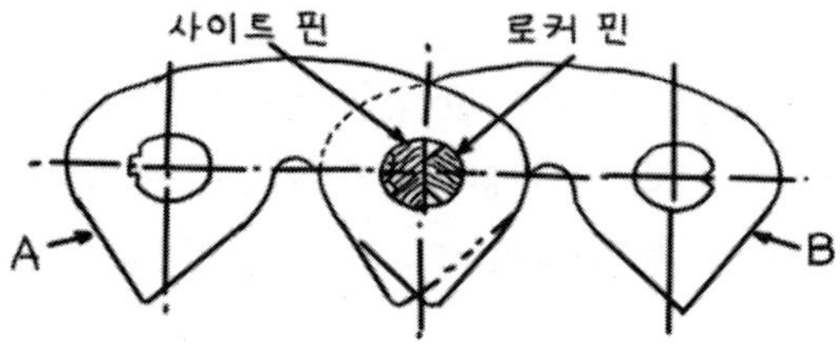

(나) 모스형 사일런트 체인

[사일런트 체인의 종류]

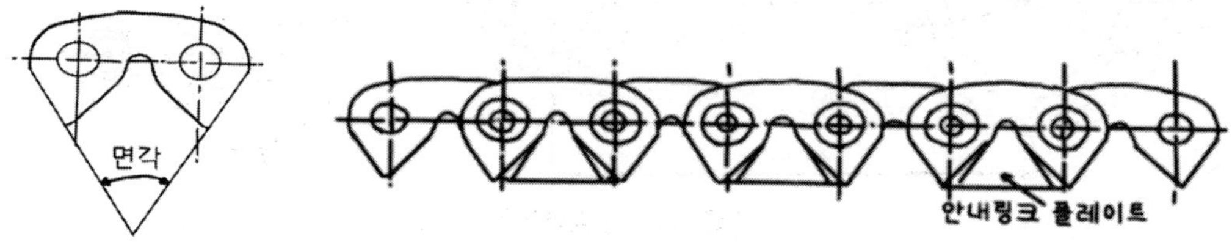

(다)

[사일런트 체인의 구조]

사일런트 체인은 그림 (가)와 같은 링크 플레이트를 여러 장 겹쳐서 그림 (나)와 같이 핀으로 연결한 체인이다. 사일런트 체인은 운전 중 옆으로 이동하여 벗겨질 우려가 있으므로 그림 (나)와 같은 안내판을 중앙이나 양쪽 바깥에 끼워서 체인의 이탈을 방지한다. 안내링크 판이 중앙에 있는 중앙 안내형 체인은 스프로킷의 치면에 밀착해서 전동하므로 소음이 거의 없으므로 고속회전에서도 정숙하고 원활한 운전이 가능하며, 전동효율은 98% 이상까지 도달한다. 그러나 높은 정밀도가 요구되며, 공작도 어렵고 값이 비싸다.

③ 블록 체인 : 저속, 경 하중에 적합하고 마찰부분이 많아 고속, 중하중용에는 부적합하다.
④ 스프링 체인 : 하중용으로 사용하는 체인이다.

[블록 체인]

[스프링 체인]

(2) 체인의 설계

① 링크 수(Ln) $= \frac{2C}{P} + \frac{Z_1 + Z_2}{2} + \frac{0.0257P(Z_1 + Z_2)}{C}$

② 체인의 길이$(L) = \text{Ln} \times P$

여기서, C : 축간거리, P : 피치, Z_1 : 원동차의 잇수, Z_2 : 종동차의 잇수

※ 링크 수는 반드시 짝수로 올림한다. 만약 홀수가 되게 하려면 Off-set 링크를 사용해야 한다.

③ 원주 속도$(v_1) = v_2 = \frac{PZ_1N_1}{60 \times 1000} = \frac{PZ_2N_2}{60 \times 1000}$ (체인에서는 피치(P)를 쓴다)

④ 속도 비$(i) = \frac{N_2}{N_1} = \frac{D_1}{D_2} = \frac{Z_1}{Z_2}$

⑤ 전달동력($(H) = \frac{F \cdot V}{75}(ps)$ $\quad H = \frac{F \cdot V}{102}(Kw)$ 단, F : 안전하중(kgf)

$\therefore F = \frac{Hb(\text{파단하중})}{S(\text{안전율})}$

⑥ 스프로킷 휠(체인 풀리)

가. 잇 수 : 보통 10~70개

나. 이상적인 잇 수 : 17개 이상(저속인 경우 6개까지 사용)

다. 피치원의 지름$(D) = \frac{P}{\sin\frac{180}{Z}}$

라. 외경$(Do) = P(0.6 + \cot\frac{180}{Z})$ 여기서, P : 피치, Z : 잇수

마. 체인의 최대 운전 가능 속도

스프로킷 휠의 잇수(Z)는 많을수록 체인에 충격을 적게 주고, 체인의 피치(P)도 작을수록 원활한 운전을 할 수 있으므로 최대운전가능속도$(V_{max}) = \frac{2Z}{\sqrt{P}}(m/\sec)$가 된다.

연습문제

문제01 다음 중 벨트 전동장치에 대한 설명으로 옳지 않은 것은?

가. 정확하고 일정한 속도비를 얻을 수 있다.
나. 비교적 정숙한 운전이 가능하다.
다. 작은 크기의 토크를 전달하는 데 쓰인다.
라. 벨트와 풀리 사이의 마찰력에 의해 동력을 전달한다.

문제02 전동용 평 벨트(belt) 재료의 구비조건이 아닌 것은?

가. 탄성이 작을 것
나. 마찰계수가 클 것
다. 인장강도가 클 것
라. 열이나 기름에 강할 것

문제03 다음 중 벨트 전동방식을 사용하는 경우로 가장 적합한 것은?

가. 정확한 회전수 전달이 필요한 장치
나. 축의 정렬이 평행하지 아니한 동력 전달장치
다. 소형 기계의 큰 동력 전달장치
라. 주변에 많은 윤활유를 필요로 하는 장치

문제04 평 벨트 풀리의 벨트 접촉면의 중앙부가 약간 높은 이유로 가장 적절한 것은?

가. 벨트의 중량을 감소시키기 위하여
나. 벨트의 접촉각을 크게 하기 위하여
다. 벨트가 마모되는 것을 방지하기 위하여
라. 벨트가 벗겨지는 것을 방지하기 위하여

문제05 벨트의 한쪽 면에 미끄럼 방지를 위한 치형이 붙어 있어 슬립이 거의 발생하지 않고 속도변화가 아주 적어 벨트 전동과 체인 전동의 중간적인 특성을 가지고 있는 벨트는?

가. V 벨트　　나. 가죽 벨트
다. 평 벨트　　라. 타이밍 벨트

문제06 동일한 동력을 전달하는 평 벨트 전동과 비교한 V 벨트 전동의 특징이 아닌 것은?

가. 미끄럼이 적고 속도비가 크다.
나. 벨트 이음부 없이 운전이 가능하여 정숙하다.
다. V 홈이 있어 벨트가 벗겨질 염려가 없다.
라. 장력이 크므로 베어링에 걸리는 부하가 크다.

문제07 평 벨트와 비교한 V 벨트 전동의 특징에 대한 설명으로 틀린 것은?

가. 미끄럼이 적다.
나. 운전이 정숙하다.
다. 끊어지면 접합이 불가능하다.
라. 십자걸기로도 사용이 가능하다.

문제08 감아걸기 전동장치인 V 벨트에 관한 내용으로 옳지 않은 것은?

가. 형식은 M, A, B, C, D, E의 6가지가 있다.
나. 크기는 단면의 크기와 전체 길이로 나타낸다.
다. 풀리의 호칭 지름은 피치원 지름으로 나타낸다.
라. 길이는 단면의 바깥을 지나는 둘레의 호칭번호다.

문제09 일반용 고무벨트의 종류가 A이고, 호칭번호가 30인 V벨트가 있다. 여기에서 A와 30의 설명으로 옳은 것은?

가. 단면이 A형이고, 유효둘레가 30inch이다.
나. 단면이 A형이고, 유효둘레가 30mm이다.
다. 직경이 30cm이고, 재료가 A호다.
라. 단면의 두께가 30mm이고, A는 제작번호다.

문제10 10m/sec로 전동하는 벨트의 긴장측 장력을 175kg, 이완측 장력을 100kg이라고 하면 전달동력은?

가. 4PS　　나. 6PS　　다. 8PS　　라. 10PS

[해설] ① 초기장력(To) : 동력 전달에 필요한 마찰력을 주기 위해 정지하고 있을 때 벨트에 주어진 장력을 초기 장력이라 한다. $\therefore\ To = \frac{Tt+Ts}{2}$

② 유효장력$(Pe) = Tt - Ts$ 여기서, Tt : 긴장측 장력, Ts : 이완 측 장력

③ 벨트의 전달동력(H)

$H = \frac{Pe \times v}{75}(ps)$, $H = \frac{Pe \times v}{102}(Kw)$, 여기서, Pe : 유효장력, v : 벨트속도(m/s)

문제11 축간 거리를 C, 풀리의 직경을 Da, Db라 하고, 오픈형(바로걸기)으로 벨트를 풀리에 감을 때 벨트의 길이 L은 어느 것인가?

가. $L = 2C + \frac{\pi}{2}(Da + Db) + \frac{(Da - Db)^2}{4C}$

나. $L = 2C + \frac{\pi}{2}(Da - Db) + \frac{(Da + Db)^2}{4C}$

다. $L = 2C + \frac{\pi}{2}(Da - Db) + \frac{(Da - Db)^2}{4C}$

라. $L = 2C + \frac{\pi}{2}(Da + Db) + \frac{(Da + Db)^2}{4C}$

[해설] 십자걸기의 경우

$(L) = 2C + \frac{\pi}{2}(D_1 + D_2) + \frac{(D_1 + D_2)^2}{4C}$

여기서, L : 벨트의 길이, C : 축간거리,
D_1 : 원동차의 지름, D_2 : 종동차의 지름

문제12 축간거리가 500mm, 원동 풀리와 종동 풀리의 유효지름이 각각 300mm인 평 벨트 전동장치에서 바로걸기로 벨트연결을 하였다면 필요한 벨트의 길이는 약 몇 mm인가?

가. 1328　　나. 1681　　다. 1813　　라. 1942

문제13 다음 전동장치 중 일반적으로 축간거리를 가장 크게 할 수 있는 것은?

가. 벨트 전동장치　　나. 체인 전동장치
다. 기어 전동장치　　라. 로프 전동장치

문제14 체인전동의 일반적인 특성으로 <u>잘못</u> 설명된 것은?

가. 미끄럼이 생기므로 일정한 속도비로 전동이 불가능하다.
나. 체인 길이를 신축(伸縮)할 수 있다.
다. 고속회전에는 부적당한 편이다.
라. 다축 전동이 용이하다.

문제15 호칭 번호 100번의 롤러 체인용 스프로킷 휘일에서 잇 수 40일 때 피치원 지름(mm)은? (단, 호칭번호 100번 체인의 피치는 31.75mm이다.)

가. 404.45　　나. 304.67
다. 454.54　　라. 354.54

[해설] 체인의 피치원 지름 $= \frac{P}{\sin\frac{180}{Z}}$

여기서, P : 피치, Z : 잇 수

01	가	02	가	03	나	04	라	05	라	06	라
07	라	08	라	09	가	10	라	11	가	12	라
13	라	14	가	15	가						

CHAPTER 9

운동제어용 기계요소

1. 브레이크(Brake)

마찰을 이용하여 기계운동부분의 에너지를 흡수하여 감속시키거나 정지시키는 데 사용하는 기계요소를 브레이크라 한다. 이와 같이 운동에너지를 마찰 열 에너지로 바꾸는 브레이크를 마찰 브레이크라 하며 가장 많이 사용되고 있다. 마찰 브레이크는 원주 브레이크와 축 방향 브레이크로 나누어지고, 큰 하중을 고속으로 이동시키는 윈치(Winch)나 크레인(Crane) 등과 같은 기계의 운전 시 제동토크의 변화가 크므로 속도조절이나 제동에 사용되는 자동하중 브레이크, 레칫 휠(Ratchet Wheel)과 포올(Pawl)을 조합하여 축의 역회전 방지기구로 널리 사용되는 레칫 브레이크 등으로 나누어진다.

1-1 마찰브레이크

1-1-1 원주브레이크

반경 방향으로 밀어 마찰력으로 제동하는 브레이크 [예] 블록 브레이크(단식, 복식), 밴드 브레이크, 내부 확장 브레이크 등이다.

(1) 단식 블록 브레이크

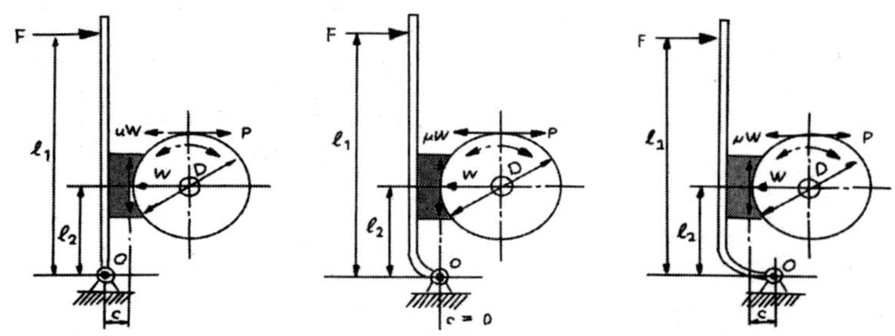

(가) (나) (다)

[단식 블록 브레이크]

여기서, T : 제동 토크(kgf · mm)

D : 브레이크 드럼의 직경(mm)

W : 브레이크 블록이 브레이크 드럼을 밀어붙이는 힘(kgf)

μ : 마찰계수

P : 브레이크 제동력(마찰력 $P=\mu W$)

F : 브레이크 조작력(kgf)

이라 하면 제동 토크는 $T=P\frac{D}{2}=\mu W\frac{D}{2}$이고, 제동력은 $P=\frac{2T}{D}$이다.

① 그림 (가)의 경우($c>0$) : 브레이크 드럼이 우회전할 때

$$F=\frac{W}{\ell_1}(\ell_2+\mu c)=\frac{P(\ell_2+\mu c)}{\mu\ell_1}$$

② 그림 (가)의 경우($c>0$) : 브레이크 드럼이 좌회전할 때

$$F=\frac{W}{\ell_1}(\ell_2-\mu c)=\frac{P(\ell_2-\mu c)}{\mu\ell_1}$$

③ 그림 (나)의 경우($c=0$) : 브레이크 드럼의 회전방향에 관계없이 제동 토크는 동일하다.

$$F=\frac{W\ell_2}{\ell_1}=\frac{P\ell_2}{\mu\ell_1}$$

④ 그림 (다)의 경우($c<0$) : 브레이크 드럼이 우회전할 때

$$F=\frac{W}{\ell_1}(\ell_2-\mu c)=\frac{P(\ell_2-\mu c)}{\mu\ell_1}$$

⑤ 그림 (다)의 경우($c<0$) : 브레이크 드럼이 좌회전할 때

$$F=\frac{W}{\ell_1}(\ell_2+\mu c)=\frac{P(\ell_2+\mu c)}{\mu\ell_1}$$

예제 단식 블록 브레이크에서 그림 (가)와 같은 브레이크를 사용하여 5000kgf · mm의 제동토크를 얻으려 한다. 우회전일 경우 필요한 브레이크 조작력을 구하여라. (단, 마찰계수는 0.2이고, $\ell_1=800$mm, $\ell_2=150$mm, c = 45mm, D = 400mm이다.)

[풀이] 제동력$(P)=\frac{2T}{D}=\frac{2\times 500}{400}=25(\text{kgf})$

우회전이므로 조작력$(F)=\frac{P(\ell_2+\mu c)}{\mu\ell_1}=\frac{25\times(150+0.2\times 45)}{0.2\times 800}=25.8(\text{kgf})$

(2) 복식 블록 브레이크

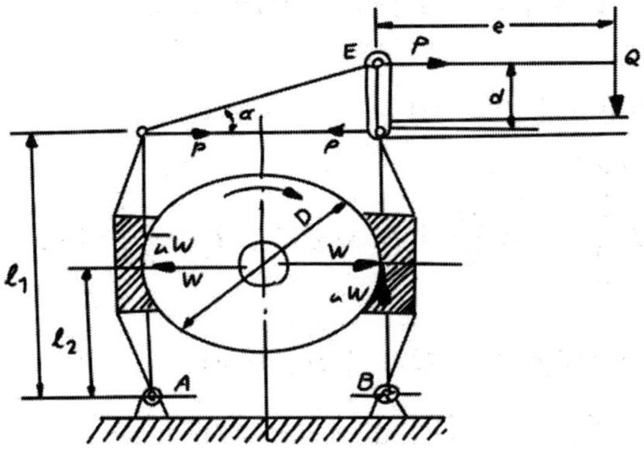

[복식 블록 브레이크]

복식 블록 브레이크의 제동력은 $F = 2\mu W$, 제동토크는 $T = F\frac{D}{2} = 2\mu W\frac{D}{2}$이다. 브레이크 조작력을 Q, 레버의 각부 치수를 ℓ_1, ℓ_2, d, e라 하면 모멘트 평형으로부터 $Q \cdot e = P \cdot d$이다. $\therefore\ Q = \frac{d}{e}P = \frac{\ell_2 d}{\ell_1 e}W$

(3) 밴드 브레이크

밴드 브레이크의 허용 인장력(σ_a)

$\sigma_a = \frac{Tt}{A} = \frac{Tt}{b\ell\eta}$ 여기서, Tt : 긴장측 장력, b : 밴드의 폭, t : 밴드의 두께

1-1-2 축 방향 브레이크(축압 브레이크)

축 방향으로 압력이 작용하는 브레이크

[예] 원판(Disc) 브레이크, 원추(원뿔) 브레이크, 외부수축 브레이크 등이다.

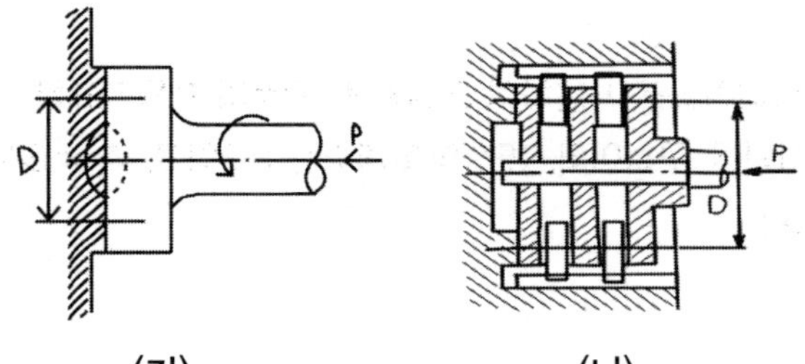

(가) (나)

[원판 브레이크]

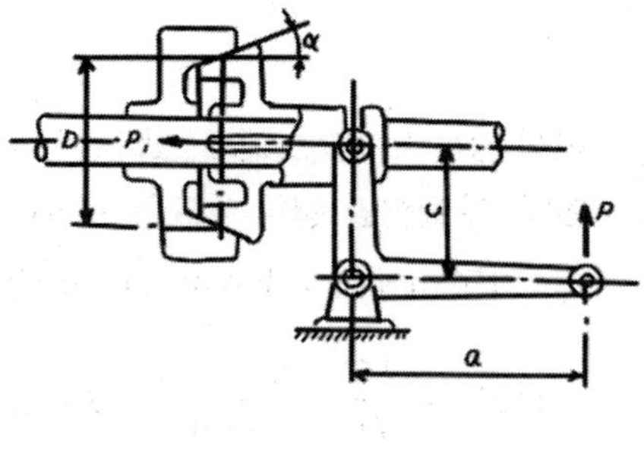

[원추 브레이크]

1-2 자동하중 브레이크

안전하도록 연구된 브레이크로서, 하중에 의하여 정회전의 경우에는 저항이 없고 역회전의 경우에는 자동적으로 브레이크가 걸리는 브레이크이다. [예] 웜 브레이크, 나사 브레이크, 캠 브레이크, 원심력 브레이크, 코일 브레이크, 로프 브레이크, 전자기 브레이크 등이다.

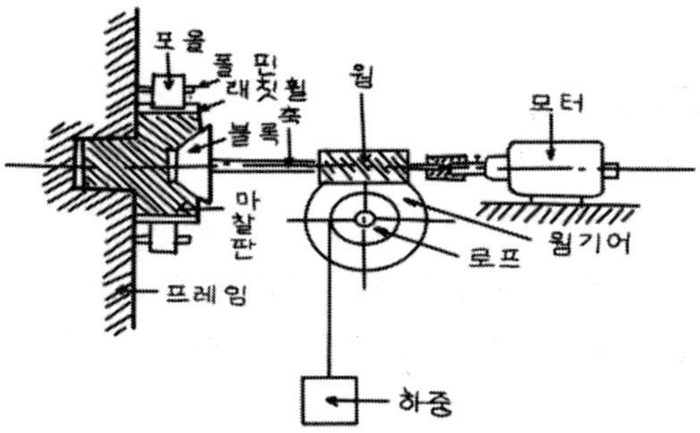

[웜 브레이크]

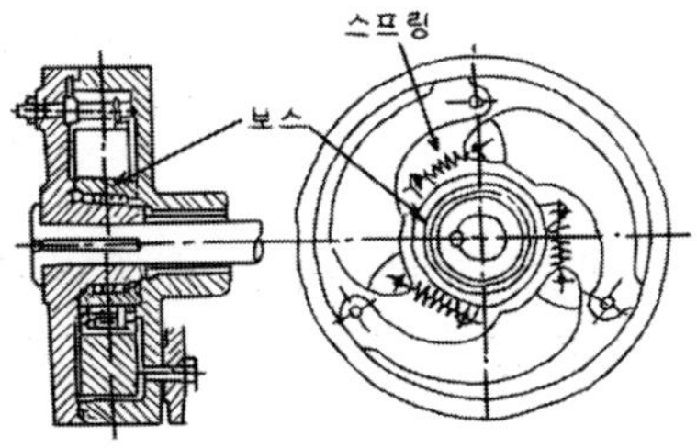

[원심력 브레이크]

2. 스프링(Spring)

스프링은 탄성을 이용하여 에너지를 흡수 축적하든지 혹은 진동이나 충격을 완화하는 데 사용하는 기계요소이다. 탄성체는 하중을 받으면 변형이 일어난다. 탄성한도 내에서는 하중은 변형에 비례하며, 이때 가해진 일은 탄성 변형 에너지로 탄성체 내부에 흡수, 축적되는 특성이 있다. 스프링은 탄성체가 가진 특성을 이용하여 주로 하중과 변형 사이의 비례관계, 즉 힘을 측정(스프링 저울), 운동을 제한(안전밸브), 에너지를 흡수 축적하여 동력원으로 사용(시계나 계기류의 태엽), 진동, 충격 흡수 완화에 사용된다.

2-1 스프링의 특성

스프링의 특성은 작용한 하중과 변형 사이의 관계로 표시된다. 보통 스프링의 특성은 작용한 하중과 변형량 사이의 관계가 직선적 관계, 즉 하중과 변형량이 비례한다. 이와 같은 스프링을 선형 스프링이라 하며, 스프링의 특성이 곡선으로 나타나는 스프링을 비선형 스프링이라 한다. 접시 스프링은 비선형 특성을 이용한 스프링이다.

(1) 스프링 상수(κ)

$\kappa = \dfrac{P}{\delta}(\text{kgf/mm}) = \dfrac{Gd^4}{8nD^3}$ 즉, 단위길이의 처짐(δ)이 일어나는 데 필요한 하중(P)의 크기이다. 아래 그림은 스프링 조합이다.

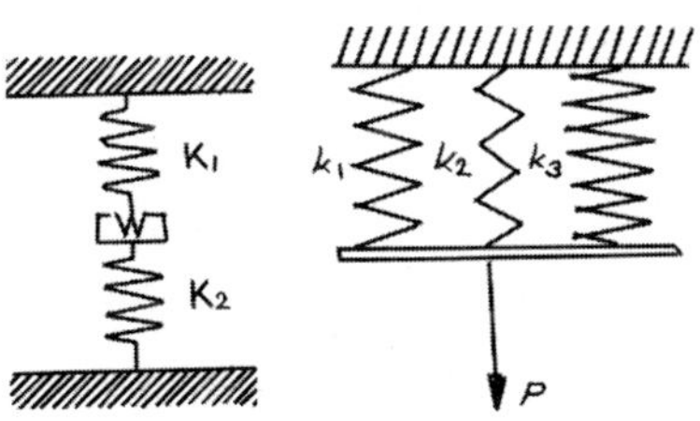

[병렬연결]

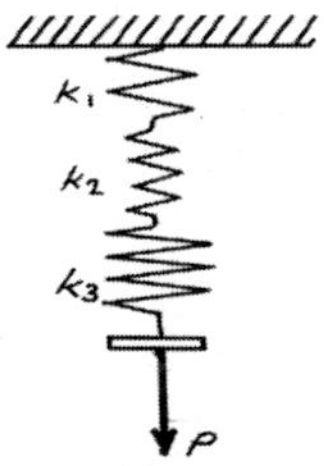

[직렬연결]

① 병렬인 경우의 스프링 상수(κ)$= \kappa_1 + \kappa_2 + \kappa_3 + \cdots\cdots + \kappa_n$ 단, κ: 전체의 스프링 상수다.

② 직렬인 경우 스프링 상수(κ) $= \dfrac{1}{\dfrac{1}{\kappa_1} + \dfrac{1}{\kappa_2} + \dfrac{1}{\kappa_3} + \cdots\cdots + \dfrac{1}{\kappa_n}}$

(2) 코일 스프링 진동수

$$(C) = \frac{1}{2\pi}\sqrt{\frac{\kappa \times g}{W}} = \frac{1}{2\pi}\sqrt{\frac{\kappa}{m}}$$

여기서, κ : 스프링 정수(kgf/mm), g : 중력 가속도(9.8m/sec^2), W : 외력(kgf), m : 질량(kg)이며, 고유진동의 주기와 강제 진동의 주기가 일치하면 공진이 발생하여 위험진동이 된다.

2-2 원통형 코일 스프링의 설계

코일 스프링은 인장코일 스프링, 압축코일 스프링, 비틀림 코일 스프링으로 구별되며, 작은 진동을 흡수하고 소형자동차 현가장치에 사용된다.

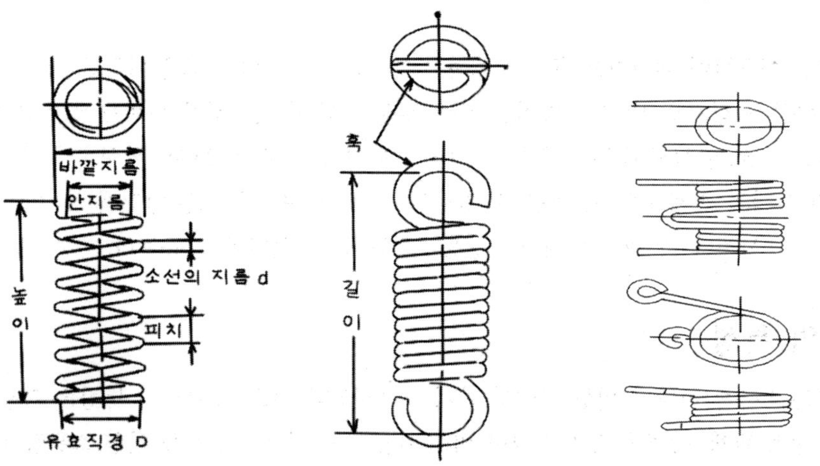

[압축 스프링] [인장 스프링] [비틀림 스프링]

여기서, P : 스프링의 하중
D : 코일의 평균지름
R : 코일의 평균 반경
d : 소선의 지름
n : 스프링의 유효 감김 수
κ : 왈의 응력수정계수
δ : 처짐량
이라 하면 다음의 값들을 구할 수 있다.

① 스프링의 지수$(C) = \dfrac{\text{코일의 평균지름}}{\text{소선의 지름}}$

② 스프링의 탄성에너지$(u) = \dfrac{P\delta}{2} = \dfrac{\kappa\delta^2}{2}(\text{kg}\cdot\text{cm})$ 단, $P = \kappa\delta$

③ 스프링의 전단(발생)응력$(\tau_{max}) = \dfrac{16PR\kappa}{\pi d^3} = \dfrac{8PD\kappa}{\pi d^3} \le \tau_a(\text{허용전단응력})$

단, κ : 왈(Kwale)의 응력수정 계수

$$\kappa = \frac{4C-1}{4C-4} + \frac{0.615}{C}$$ 단, C: 스프링 지수

④ 스프링의 처짐량(δ)

$$\delta = \frac{64nPR^3}{Gd^4} = \frac{8nPD^3}{Gd^4}$$ 단, n : 스프링의 유효감김수(유효권수)

⑤ 스프링의 종횡비(λ) $= \dfrac{\text{코일의 평균지름}}{\text{자유높이}} = \dfrac{D}{H}$

⑥ 스프링 길이(ℓ)와 체적(V)와의 관계

$$\ell = \pi Dn \qquad V = A\ell = \frac{\pi d^2}{4} \times \pi Dn$$

2-3 코일 스프링에서 흡수되는 에너지를 크게 하기 위한 방법

① 스프링 권수를 늘린다.
② 소선의 지름을 작게 한다.
③ 스프링 지수를 크게 한다.
④ 전단탄성계수가 작은 소재를 사용한다.

2-4 판스프링의 설계

에너지 흡수 능력이 크고 즉, 큰 진동을 흡수한다. 철도차량, 대형자동차의 현가장치에 사용된다.

여기서, P : 겹판스프링에 작용하는 하중
ℓ : 겹판스프링의 스팬(Span)
e : 밴드의 폭
b : 겹판스프링의 폭
n : 판의 수
E : 세로탄성계수
h : 판의 두께

이라고 놓으면 다음 값을 구할 수 있다.

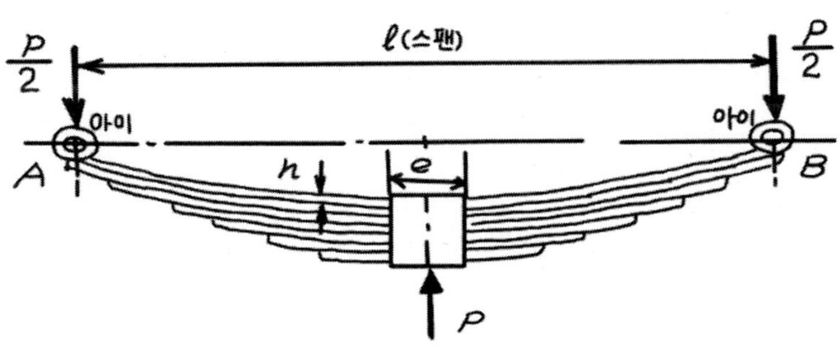

[판스프링의 구조]

① 3각 판스프링의 굽힘응력$(\sigma) = \dfrac{6P\ell}{nbh^2}$

② 3각 판스프링의 최대 처짐량$(\delta_{\max}) = \dfrac{6P\ell^3}{nbh^3E}$

③ 겹판스프링의 굽힘응력$(\sigma) = \dfrac{3P\ell}{2nbh^2}$

④ 겹판스프링의 최대 처짐량$(\delta_{\max}) = \dfrac{3P\ell^3}{8nbh^3E}$

⑤ 겹판스프링의 유효 스팬의 길이$(\ell_e) = \ell - 0.6e$

※ 스프링 서징(Surging)현상이란 스프링에 작용하는 진동수가 스프링의 고유진동수와 같거나 또는 공진하여 국부적으로 큰 응력이 생기는 현상으로, 2중 스프링 사용, 원뿔 스프링 사용, 부등피치 스프링을 사용하면 서징현상이 방지된다.

연습문제

문제01 다음 중 하물을 감아올릴 때는 제동을 하지 않고 클러치 작용을 하며, 내릴 때는 하물 자중에 의해 제동이 걸리는 브레이크에 속하는 것은?

가. 원심 브레이크
나. 나사 브레이크
다. 밴드 브레이크
라. 내부 확장식 브레이크

문제02 브레이크 드럼에 500N·m의 토크가 작용하고 있을 때, 축을 정지시키는 데 필요한 접선방향 제동력은 몇 N인가? (단, 브레이크 드럼의 지름은 500mm이다.)

가. 3000　　나. 2500　　다. 2000　　라. 1500

[해설] 드럼 반지름은 250mm는 0.25m이므로

$T = P\mu r$에서 $P = \frac{T}{\mu r} = \frac{500}{0.25} = 2000$

문제03 브레이크의 마찰계수를 μ, 드럼의 원주속도를 v, 접촉면압을 p라 할 때 브레이크 용량을 계산하는 식은?

가. $\frac{\mu}{pv}$　　나. $\frac{\pi\mu}{pv}$

다. μpv　　라. $\pi\mu pv$

[해설] ① 제동력$(f) = \mu W$

② 제동토크$(T) = f \times \frac{D}{2} = \mu W\frac{D}{2}$

만약, 동력이 주어진 제동토크(T : mm·kgf)이면

$T = 716200\frac{H(ps)}{N}$　　$T = 974000\frac{H(kw)}{N}$

③ 브레이크의 용량

$= \text{kgf/mm}^2 \cdot \text{m/sec} = pv = \frac{75H}{A}(ps) = \frac{102H}{A}(Kw)$

단, $A = b\ell$

문제04 그림과 같은 단식블록 브레이크에서 브레이크에 가해지는 힘 F를 나타내는 식으로 옳은 것은? (단, W는 브레이크 드럼과 브레이크 블록 사이에 작용하는 힘, μ는 마찰계수, f는 마찰력이다.)

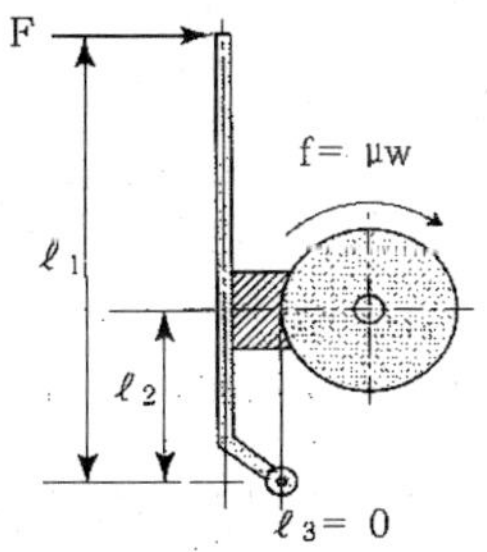

가. $F = \frac{\mu W\ell_2}{\ell_1}$　　나. $F = \frac{W\ell_1}{\ell_2}$

다. $F = \frac{W\ell_2}{\ell_1}$　　라. $F = \frac{\mu W\ell_1}{\ell_2}$

[해설] $F \times \ell_1 = W \times \ell_2$

문제05 코일 스프링에 관한 일반적인 특징 설명으로 <u>틀린</u> 것은?

가. 압축 스프링의 단면은 원형과 각형이 있다.
나. 제작이 쉽고, 가격이 싸며, 형태와 단면의 형상에 따라 여러 가지로 분류된다.
다. 인장스프링은 양단에 훅을 만들어 사용하며, 하중이 작용하지 않을 경우 코일이 밀착될 수 있다.
라. 여러 장의 판을 맞대어 사용하며, 하중은 상하 방향으로 작용하여 판의 마찰에 의해 변화하기 쉽다.

[해설] 여러 장 판을 맞대어 진동을 흡수하는 스프링은 판스프링이다.

문제06 스프링의 일반적인 용도로 잘못된 것은?

가. 하중 및 힘의 측정에 사용한다.
나. 진동 또는 충격에너지를 흡수한다.
다. 운동에너지를 열에너지로 소비한다.
라. 에너지를 저축해 놓고 동력원으로 사용한다.

문제07 압축 코일 스프링에서 흡수되는 에너지를 크게 하기 위한 방법으로 옳지 않은 것은?

가. 스프링 권수를 늘린다.
나. 소선의 지름을 크게 한다.
다. 스프링 지수를 크게 한다.
라. 전단탄성계수가 작은 소재를 사용한다.

[해설] 스프링의 지수$(C)=\dfrac{\text{코일의 평균지름}}{\text{소선의 지름}}$

문제08 코일 스프링의 단위 체적당 흡수되는 에너지를 크게 하려는 방법으로 가장 적합한 것은?

가. 전단 응력 τ을 작게 한다.
나. 왈의 응력 수정계수 κ를 작게 한다.
다. 스프링 지수 C를 작게 한다.
라. 소선의 횡 탄성계수 G를 크게 한다.

문제09 자동차 현가장치의 코일 스프링이 인장 또는 수축될 때 감겨있는 코일 자체에 작용하는 가장 주된 응력은?

가. 충격하중에 의한 전단응력
나. 전단하중에 의한 전단응력
다. 굽힘 모멘트에 의한 굽힘응력
라. 비틀림 모멘트에 의한 전단응력

문제10 스프링 상수(Spring Constant)를 정의하는 식으로 옳은 것은?

가. $\dfrac{\text{작용하중}}{\text{변위량}}$　　나. $\dfrac{\text{코일의 평균지름}}{\text{소선의 지름}}$

다. $\dfrac{\text{코일의 평균지름}}{\text{자유높이}}$　　라. $\dfrac{\text{소선의 지름}}{\text{자유높이}}$

문제11 스프링 상수가 5kgf/cm인 코일 스프링에 30kgf의 하중을 작용시키면 처짐은 몇 mm인가?

가. 10　나. 30　다. 60　라. 90

[해설] $\kappa=\dfrac{P}{\delta}(\text{kgf/mm})$

여기서, κ : 스프링 상수, δ : 처짐량, P : 하중

$\therefore\ \kappa=\dfrac{P}{\delta}(\text{kgf/mm})$에서 $\delta=\dfrac{P}{\kappa}=\dfrac{30}{5}=60\text{mm}$

문제12 코일 스프링의 감긴 수를 n, 축 방향 하중을 P, 횡탄성계수를 G, 소선의 지름을 d, 코일의 직경을 D라 할 때 코일 스프링의 처짐량 δ를 구하는 식은?

가. $\delta=\dfrac{64PD^3n}{Gd^4}$　　나. $\delta=\dfrac{8PD^3n}{Gd^4}$

다. $\delta=\dfrac{64PD^3n}{Gd^3}$　　라. $\delta=\dfrac{8PD^3n}{Gd^3}$

문제13 길이 2ℓ의 양단 지지형 단판 스프링의 중앙에 2W의 집중 하중이 작용할 때 최대 처짐량(δ)은? (단, 스프링의 세로 탄성계수 E, 단면은 폭 b, 높이 h이다.)

가. $\delta=\dfrac{2W\ell^2}{Ebh^3}$　　나. $\delta=\dfrac{4W\ell^3}{Ebh^3}$

다. $\delta=\dfrac{24W\ell^2}{Ebh^3}$　　라. $\delta=\dfrac{48W\ell^3}{Ebh^3}$

문제14 아래와 같은 코일 스프링장치에서 W는 작용하는 하중이고, 스프링 상수를 κ_1, κ_2라 할 경우 합성 스프링 상수 κ를 나타내는 식은?

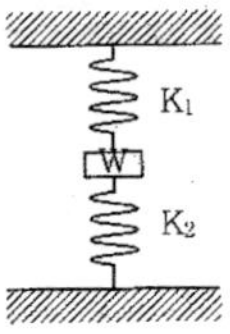

가. $\kappa = \dfrac{1}{\kappa_1 + \kappa_2}$　　나. $\kappa = \kappa_1 + \kappa_2$

다. $\kappa = \dfrac{1}{\dfrac{1}{\kappa_1} + \dfrac{1}{\kappa_2}}$　　라. $\kappa = \dfrac{\kappa_1 + \kappa_2}{\kappa_1 \kappa_2}$

문제15 그림과 같은 스프링장치에서 스프링 상수가 $\kappa_1 = 10\text{kgf/cm}$, $\kappa_2 = 20\text{kgf/cm}$일 때 무게 W에 의하여 스프링이 길이가 위쪽 스프링은 2cm 늘어나고 아래쪽의 스프링은 2cm 압축되었다면 추의 무게 W는 몇 kgf인가?

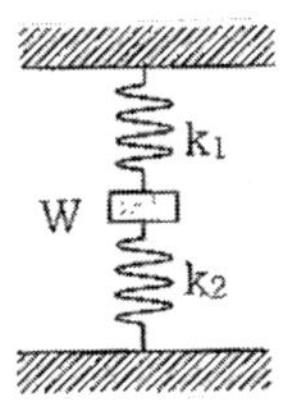

가. 13.3　　나. 33.3　　다. 40　　라. 60

[해설] 합성 스프링 상수 = 10+20 = 30, 2cm인장과 압축이 일어났으므로

$\kappa = \dfrac{P}{\delta}$에서 $P = \kappa \times \delta = 30 \times 2 = 60$

문제16 그림과 같은 스프링장치에서 인장하중 P = 100kgf일 때 이 스프링장치의 하중방향의 처짐은 얼마인가? (단, 각 스프링의 스프링 상수는 $\kappa_1 =$ 20kgf/cm이고, $\kappa_2 =$ 10kgf/cm이다.)

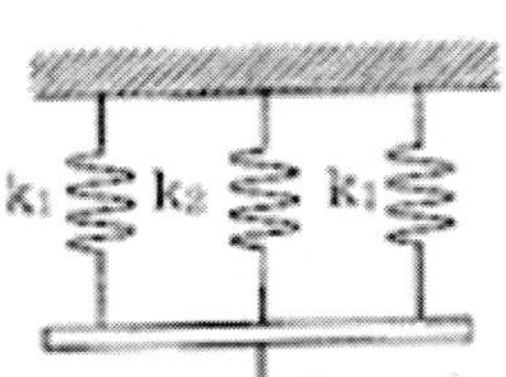

가. 1.67cm　　나. 2cm　　다. 2.5cm　　라. 20cm

[해설] 합성 스프링 상수 = 20+20+10=50, 하중은 100kgf이므로

$\kappa = \dfrac{P}{\delta}$에서 $\delta = \dfrac{P}{\kappa} = \dfrac{100}{50} = 2\text{cm}$

문제17 스프링 상수가 3N/mm인 스프링과 4.5N/mm인 스프링 직렬로 연결하여 스프링 저울을 만들었다. 이 스프링 저울로 어떤 물건을 무게를 측정하였더니 저울이 5cm가 늘어났다. 이 물건의 무게는 몇 N인가?

가. 30　　나. 45　　다. 75　　라. 90

[해설] $\kappa = \dfrac{\text{하중}}{\text{변형량}}$이므로 직렬인 경우 스프링 총 상수

$$(\kappa) = \frac{1}{\dfrac{1}{\kappa_1} + \dfrac{1}{\kappa_2}} = \frac{1}{\dfrac{1}{3} + \dfrac{1}{4.5}} = 1.8(\text{N/mm})$$

$\therefore$ 하중 $= \kappa \times$ 변형량 $= 1.8\text{N/mm} \times 50\text{mm} = 90\text{N}$

문제18 코일의 평균지름 및 응력수정계수가 동일한 코일 스프링에서 소선의 지름을 $\dfrac{1}{2}$배로 줄이면 같은 축 하중에 대해 소선 내에 생기는 최대 전단응력은 줄이기 전의 최대 전단응력의 몇 배가 되겠는가?

가. 2배　　나. $\dfrac{1}{8}$배　　다. $\dfrac{1}{2}$배　　라. 8배

[해설] 스프링 소선이 받는 전단응력$(\tau) = \dfrac{8WD}{\pi d^3}$

여기서, W : 하중, D : 코일의 평균지름, d : 소선의 지름

$\tau = \dfrac{8WD}{\pi d^3}$에서 소선의 지름을 $\dfrac{1}{2}$배 줄이면

$$\therefore \frac{1}{d^3} = \frac{1}{\left(\dfrac{1}{2}\right)^3} = 8$$

문제19 코일 스프링에서 유효지름이 60mm, 스프링 감긴 수를 200회를 하려고 하면 스프링 길이는 얼마로 하여야 하는가?

가. 37680mm　　나. 47680mm

다. 57680mm　　라. 67680mm

[해설] $\ell = \pi D n$

문제20 코일 스프링에서 스프링 평균지름을 소선의 지름으로 나눈 것을 무엇이라 하는가?

가. 스프링 지수

나. 왈의 응력수정 계수

다. 스프링의 종횡비

라. 횡탄성계수(G)

[해설] 스프링의 종횡비 $(\lambda) = \dfrac{\text{코일의 평균지름}}{\text{자유높이}} = \dfrac{D}{H}$

01	가	02	다	03	다	04	다	05	라	06	다
07	나	08	나	09	라	10	가	11	다	12	나
13	나	14	나	15	라	16	나	17	라	18	라
19	가	20	가								

PART 4

유압기계

1. 유압장치의 원리

윤활성이 있는 적당한 점도를 가지고 있는 작동유를 사용하여 유압펌프로 작동유에 압력에너지를 부여하여 관로 및 각종 제어밸브 등을 거쳐서 유압실린더나 유압모터로 유도되어 그 제어된 유압에너지를 기계적에너지(일)로 변환시키는 일련의 기기로서 파스칼 원리를 이용하여 작은 힘으로 큰 힘을 얻는 장치이다.

1-1 파스칼(Pascal : 프랑스)의 원리

밀폐된 용기 속에 넣은 액체 일부에 압력을 가하면 가한 압력과 같은 세기(크기)의 압력이 각 부에 전달된다. 이것이 파스칼의 원리이다.

Reference

☞ 압력= $\frac{힘}{단면적}$ 즉, 단위 면적에 수직으로 작용하는 힘

☞ 게이지 압력 : 대기 압력을 0으로 하여 측정한 압력 공학에서 사용

☞ 절대압력 : 완전 진공을 0으로 하여 측정한 압력 ∴ 절대압력 = 대기압+게이지 압력

☞ 압력의 단위

표준 대기압 = 760mmHg = 1.0332kgf/cm^2 = 1.01325bar = 101325Pa = 101.325kPa

1bar = 10^5 Pa, 1Pa = 1N/m^2, 1MPa = 10kgf/cm^2, 0.1MPa = 1kgf/cm^2, 1kgf/cm^2 = 14.22psi

1-1-1 정지유체의 성질

정지유체란 유체의 입자 사이에 상대운동이 없는 유체를 말한다.

① 정지유체의 압력은 유체와 접촉하는 벽면에 대하여 수직으로 작용한다.

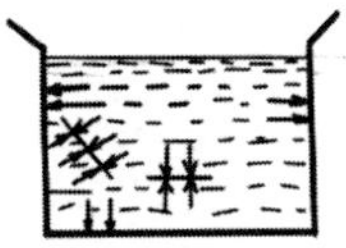

[압력은 용기의 벽에 수직으로 작용]

② 정지유체 속에 있는 1점에 작용하는 압력의 세기(크기)는 어느 방향에서나 같다.

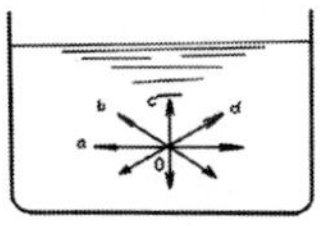

[압력의 세기는 모든 방향으로 동일]

③ 정지유체 내의 동일 수평상에 있는 두 점의 압력의 크기는 항상 같다.

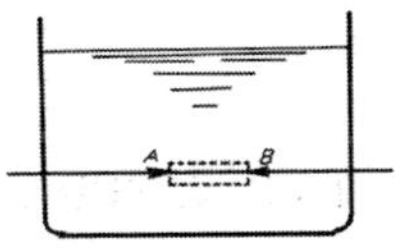

[동일 수평상의 압력은 같다.]

1-1-2 액체의 성질

① 액체는 압축할 수 없다. 즉, 비압축성이다.

② 액체는 운동을 전달할 수 있다.

③ 액체는 힘을 전달할 수 있다.

④ 액체는 힘을 증대/감소시킬 수 있다.

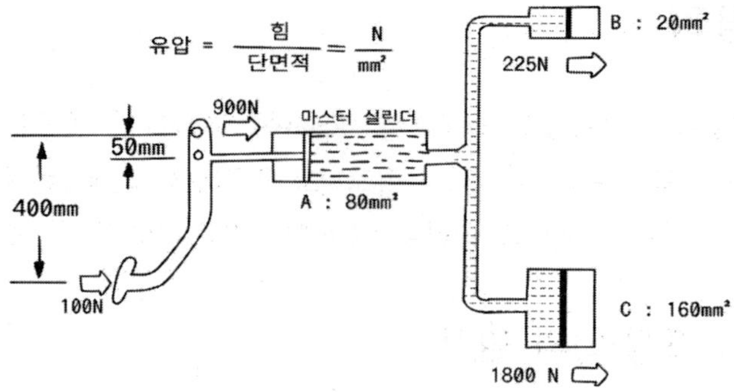

[액체의 성질]

1-2 연속 방정식(Continuity equation)

① 유체의 흐름이 시간적으로 변하지 않고 일정한 정상류에 있어서는 단위 시간에 단면 ①을 통과하는 중량 유량과 단면 ②를 통과하는 중량 유량은 같다.

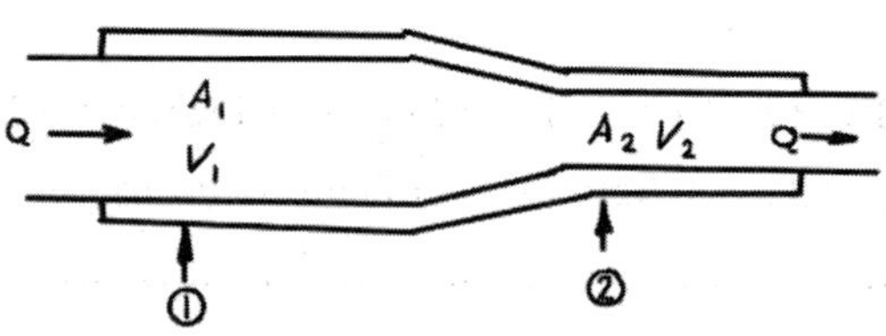

② 중량 유량 G(kgf/sec) : 단위시간당 통과하는 유체의 중량

$G = \gamma_1 A_1 V_1 = \gamma_2 A_2 V_2 (\gamma_1 = \gamma_2$: 비압축성 유체일 경우)

$A_1 V_1 = A_2 V_2 =$ 일정 $\quad \therefore \; G = AV = Q$

③ 질량 유량 M(kg/sec) : 단위시간당 통과하는 유체의 질량

$\rho_1 A_1 V_1 = \rho_2 A_2 V_2 (\rho_1 = \rho_2$: 비압축성 유체일 경우)

$A_1 V_1 = A_2 V_2 =$ 일정 $\quad \therefore \; M = AV = Q$

④ 체적 유량 $Q(m^3/\text{sec})$: 단위시간당 통과하는 유체의 체적

$\rho_1 A_1 V_1 = \rho_2 A_2 V_2 (\rho_1 = \rho_2$: 비압축성 유체일 경우)

$A_1 V_1 = A_2 V_2 =$ 일정

$\therefore \; Q = AV(m^3/\text{sec})$

예제 공작물을 단면적 100cm²인 유압실린더로 1분에 2m의 속도로 이송시키기 위해 필요한 유량은 몇 ℓ/min인가?

[sol] $1\ell = 1{,}000\text{cm}^3$, $Q = AV = 100\text{cm}^2 \times 200\text{cm/min} = 20{,}000\text{cm}^3/\text{min} = 20\ell/\text{min}$

1-3 베르누이 정리(Bernoulli's theorem : 스위스)

① 하나의 관속에서 에너지 손실이 없다고 가정하면 에너지 보존의 법칙으로부터 유도될 수 있다.

유량$(Q) =$ 일정하다면

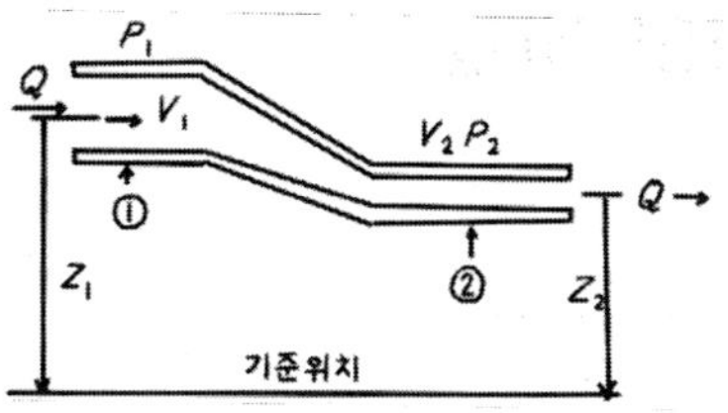

② 베르누이 방정식

$$\frac{P_1}{\gamma}+\frac{V_1^2}{2g}+Z_1=\frac{P_2}{\gamma}+\frac{V_2^2}{2g}+Z_2=\text{일정}=H$$

여기서 $\frac{P}{\gamma}$: 압력수두(m), γ : 물의 비중량(1,000kgf/m^3 = 9,800N/m^3)

$\frac{V^2}{2g}$: 속도수두(m), Z : 위치수두(m), H : 전수두(m)

H=압력수두+속도수두+위치수두 ※ 수두(水頭, head) : 단위 중량당의 에너지

만약 마찰이 고려되는 경우, 즉 실제 유체에 적용하면 손실수두(H_l)를 마지막에 더해주어야 한다.

$$\therefore\ \frac{P_1}{\gamma}+\frac{V_1^2}{2g}+Z_1=\frac{P_2}{\gamma}+\frac{V_2^2}{2g}+Z_2+H_l$$

위의 식을 수정 베르누이 방정식이라 한다.

예제 10m/s의 속도로 흐르는 물의 속도수두는 약 몇 m인가?(단, 중력 가속도는 9.8m/s^2이다.)

[sol] $\frac{V^2}{2g}=\frac{(10)^2}{2\times 9.8}\fallingdotseq 5.1[m]$

③ 벤츄리관[Venturi tube : 단면이 좁은 목(throat)]에서 압력과 유속의 관계 [유량$(Q)=$ 일정]

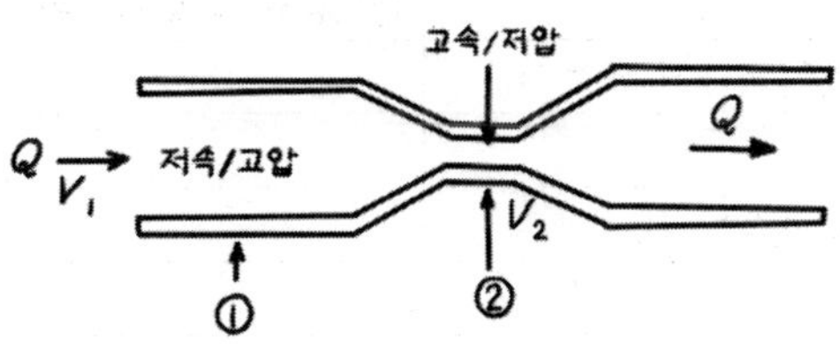

유량이 일정하므로 속도 V_2가 V_1보다 빠르다.

여기서 ① 단면과 ② 단면 사이에 베르누이 방정식을 적용하면

$\frac{P_1}{\gamma}+\frac{V_1^2}{2g}=\frac{P_2}{\gamma}+\frac{V_2^2}{2g}$ 여기서, γ(비중량)$=\rho g$이므로

즉, $\frac{\gamma}{2g}(V_2^2-V_1^2)=P_1-P_2$ 따라서 P_1이 P_2보다 크게 된다. 이것은 유체의 전체 에너지가 보존되기 위해서는 운동에너지가 증가됨에 따라 압력에너지가 감소되기 때문이다.

■ 베르누이 방정식의 가정

① 유체입자는 유선을 따라 움직인다.
② 유체는 마찰이 없다. 즉, 비점성 유체이다.
③ 정상류이다.
④ 비압축성이다.

2. 유압장치와 공압장치의 비교

2-1 유압장치의 장·단점

장점	단점
① 왕복운동의 충격이나 진동의 감쇠가 용이하다.	① 베이퍼록 현상이 일어나기 쉽다.
② 고압을 사용하여 장치를 소형화가 가능하다.	② 장치의 이음매에서 작동유가 누출되기 쉽다.
③ 수동 또는 자동으로 조작 가능하다.	③ 먼지가 유입되면 고장을 일으키기 쉽다.
④ 입력과 출력에 대한 응답이 빠르다.	④ 공기가 혼입되면 압축성이 커져서 장치의 성능저하
⑤ 무단변속이 가능하다(힘과 속도를 자유로이 변속).	⑤ 설비장치가 복잡하다.
⑥ 원격조작(remote control)이 가능하다.	⑥ 작동체의 속도에 제한이 있다(먼 거리는 불리).
⑦ 과부하에 대한 안전장치가 간단하고 확실하다.	⑦ 유온의 영향을 받으면 점도가 변하여 출력이 낮다.
⑧ 전기적 조작/조합이 간단하다.	⑧ 오일 누설 시 환경을 오염시킨다.
⑨ 적은 장치로 큰 출력을 얻을 수 있다.	
⑩ 에너지 축적이 가능하다.	
⑪ 전기적 프로그램제어가 가능하다.	
⑫ 직선/회전운동이 가능하다.	
⑬ 변속운동/단속운전이 가능하다.	

2-2 공압장치의 장·단점

장점	단점
① 동력원인 압축공기를 간단히 얻을 수 있다.	① 큰 힘을 얻을 수 없다.
② 힘 전달이 간단하고, 어떤 형태로도 전달 가능	② 공기 압축성으로 효율이 나쁘다.
③ 힘의 증폭이 용이하다.	③ 저속에서 균일한 속도를 얻을 수 없다.
④ 속도 변경이 가능하다.	④ 배기 소음이 크다.
⑤ 제어가 간단하다.	⑤ 응답 속도가 늦다.
⑥ 취급이 간단하고, 베이퍼록이 일어나지 않는다.	
⑦ 인화의 위험이 없다.	
⑧ 탄력이 있다(예 : 자동차의 공기스프링).	
⑨ 에너지 축적이 용이하다.	
⑩ 안전하다.	

3. 유압장치의 주요구성 요소

① 유압 발생부 : 유압펌프, 펌프 구동용 모터(전동기) 등 유압을 발생시키는 부분

② 유압 제어부 : 압력제어, 유량제어, 방향제어밸브 등 발생된 유압을 제어하는 부분

③ 유압 구동부 : 유압실린더(직선 왕복운동), 유압모터(회전운동) 등 유압을 기계적인 일로 전환하는 장치

④ 부속기기 : 어큐뮬레이터(accumulator : 축압기), 냉각기, 오일탱크, 스트레이너, 라인 필터, 온도계, 압력계, 배관 및 호스, 가스켓, 패킹 등

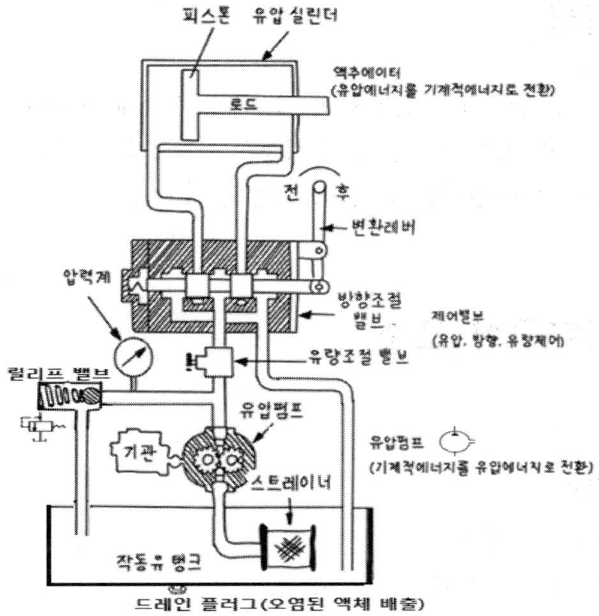

[유압장치의 구조]

4. 유압장치의 4대 요소

① 유압 탱크
② 유압 펌프
③ 유압 밸브
④ 유압 작동기(Actuator : 액추에이터)

5. 유압유의 구비조건

① 동력을 확실하게 전달하기 위하여 비압축성일 것
② 작동유 중의 공기, 물, 먼지 등의 불순물 분리가 잘 될 것
③ 장시간 사용해도 화학적 변화가 적을 것(물리적으로나 화학적으로 안정되어 장시간 사용에도 견딜 것)
④ 녹이나 부식 발생이 방지될 것
⑤ 체적탄성계수가 크고, 밀도가 작을 것
⑥ 내열성이 크고, 거품이 적을 것
⑦ 화학적으로 안정성 및 윤활성이 클 것
⑧ 점도지수가 높을 것(넓은 온도 범위에도 점도 변화가 적을 것)
⑨ 적당한 유동성과 점성을 가지고 있을 것
⑩ 유압장치에 사용되는 재료에 대해 불활성일 것
⑪ 실(Seal) 재료와의 적합성이 좋을 것

6. 작동유의 첨가제

소포제(거품 방지제), 유동점 강하제, 산화방지제, 점도지수 향상제, 극압제, 청정 분산제, 부식 방지제, 유성 향상제 등이 있으며, 특히 산화방지제는 산의 생성을 억제함과 동시에 금속표면에 부식억제 피막을 형성하여 산화물질이 금속에 직접 접촉하는 것을 방지한다.

7. 유압장치의 세부구성 요소

7-1 유압 탱크

7-1-1 유압 탱크의 기능

① 계통 내에 필요한 작동 유량 확보
② 격판(배플 플레이트)에 의해 기포 발생 방지 및 소멸
③ 작동유 탱크 외벽의 냉각에 의한 적정 온도 유지

7-1-2 유압 탱크의 구비 조건

① 배유구(드레인 플러그 : Drain plug : 물 등 오염된 액체 배출구)와 유면계를 설치하여야 한다.
② 흡입관과 복귀관 사이에 격판(배플 플레이트 : Baffle plate : 액체의 출렁임을 방지 : 사이드 쉐이크 진동)을 설치하여야 한다.
③ 흡입 작동유를 위한 스트레이너(Strainer : 이물질 제거용 필터)를 설치하여야 한다.
④ 유면은 적정 위치 'F'에 가깝게 유지하여야 한다.
⑤ 발생한 열을 방산할 수 있어야 한다.
⑥ 공기 및 수분 등의 이물질을 분리할 수 있어야 한다.
⑦ 탱크의 크기는 중력에 의하여 복귀되는 장치 내의 모든 오일을 받아들일 수 있는 크기로 하여야 한다(유압 펌프 토출량의 2~3배가 표준이다).

7-1-3 유압유 탱크의 구조

작동유 탱크의 구성부품은 스트레이너, 드레인 플러그, 배플, 주입구 캡, 유면계 등이며, 배플(격판)은 작동유 탱크로 귀환하는 작동유와 유압펌프로 공급되는 작동유를 분리시키는 기능을 한다.

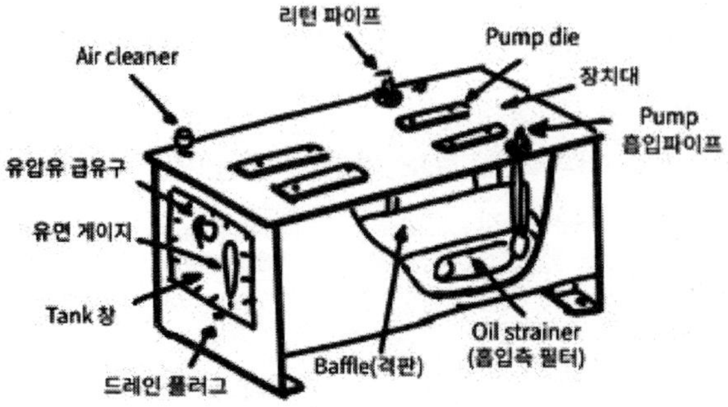

[유압유 탱크의 구조]

7-2 유압 펌프

7-2-1 펌프의 원리

원심펌프의 원리는 유체를 회전시킬 때 원심력에 의해 중심부분 압력은 낮아지고 외주는 압력이 높아진다. 원심펌프는 이와 같은 원리를 이용한 것이다. 플런저 펌프의 원리는 일정한 용적 속에 유체를 넣고 압력을 가하여 유체를 송출하는 경우이다. 마찰과 분사는 특수한 형태의 펌프에 적용되는 원리이다.

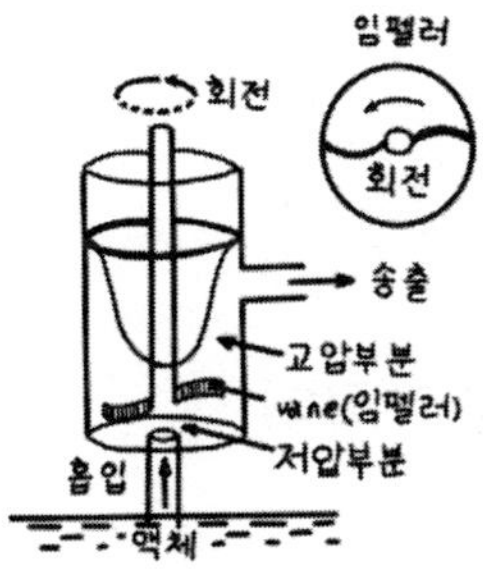

[원심력]

[압력]

[마찰]

[분사]

7-2-2 유압 펌프의 기능

원동기의 기계적 에너지를 유압 에너지로 변환한다.

7-2-3 유압 펌프의 종류

유압 펌프의 종류로는 왕복형 펌프인 피스톤 & 플런저 펌프, 버킷 펌프, 다이어프램 펌프 등이 있고, 회전형 펌프에는 기어펌프, 베인펌프, 로터리펌프(트로코이드 펌프), 롤러펌프, 슬리퍼펌프, 나사펌프 등이 있다.

(1) 용적형 왕복식 펌프

플런저 & 피스톤이 왕복운동을 하면 체적변화가 생긴다. 이 변화를 이용하여 펌핑작용을 한다. 플런저 펌프에는 피스톤이 축과 같은 방향인 액시얼 플런저 펌프와 피스톤이 축의 방사방향인 레이디얼 플런저 펌프가 있다.

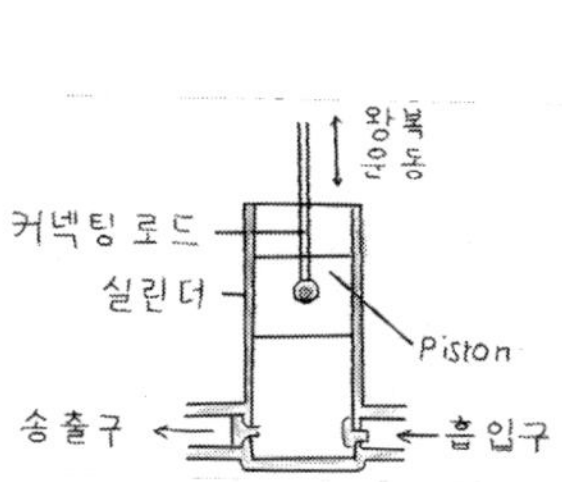

[피스톤 펌프]

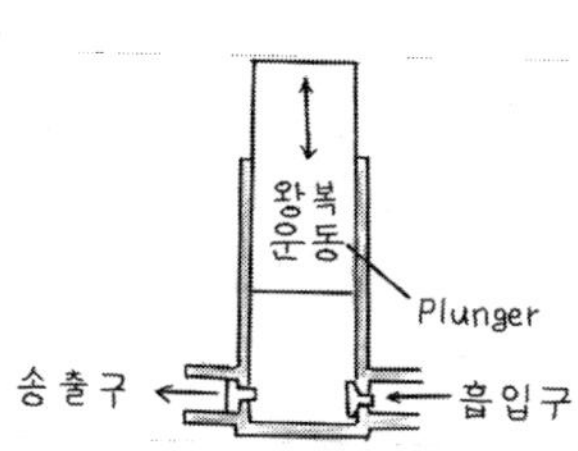

[플런저 펌프]

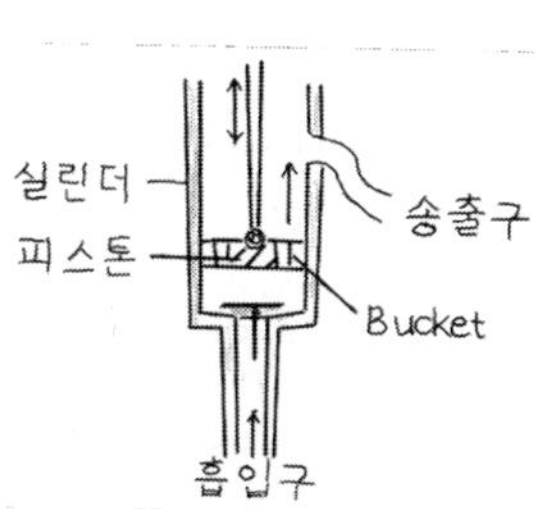

[버킷 펌프]

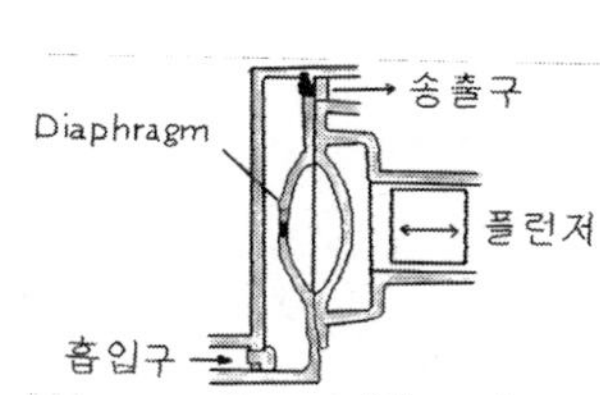

[다이어프램 펌프]

버킷 펌프는 피스톤과 실린더의 한 끝에 각각 역류 방지 밸브를 붙이고 피스톤을 왕복시켜서 빨아올린다. 가정용 우물 펌프로 많이 이용한다. 다이어프램 펌프는 누설이 있어서는 안 되는 유해성 물질이나 이물질이 혼입되지 않아야 하는 식품제조 공정, 가솔린 자동차의 기계식 연료펌프로도 많이 사용한다.

(2) 용적형 회전식 펌프의 종류

회전 펌프란 펌프의 본체 속에 설치된 회전체의 회전 운동에 의해 유체를 송출하는 펌프이다. 왕복식과 비교한 회전식 펌프의 특징은 송출량이 변화하는 맥동이 거의 없다. 또, 밸브가 없어 구조가 간단하고 취급이 용이하며, 점도가 높은 액체에 대해서도 매우 높은 성능을 발휘한다.

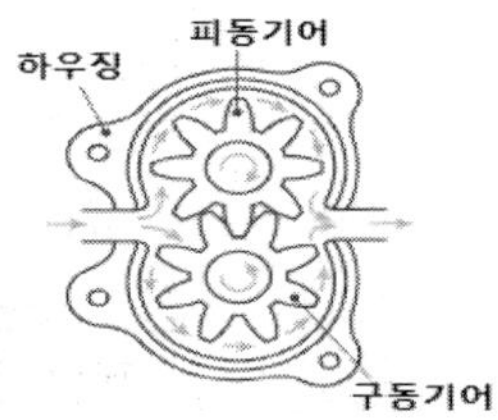

[외접기어 펌프]

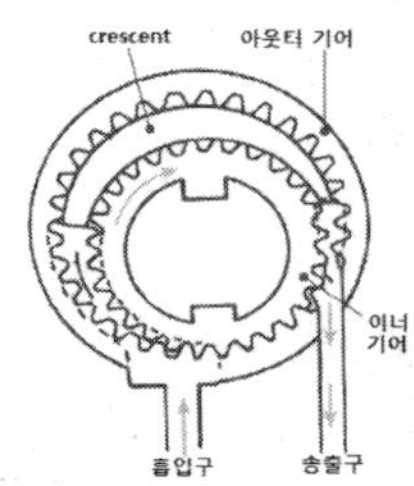

[내접기어 펌프]

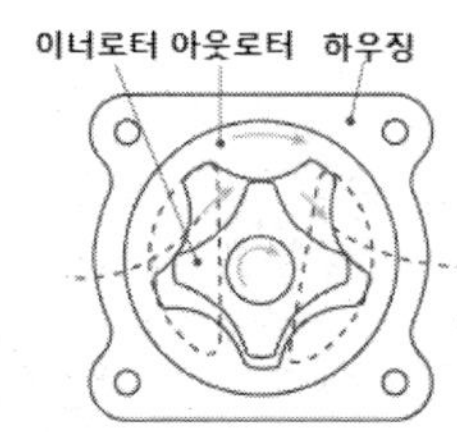

[로터리 펌프]

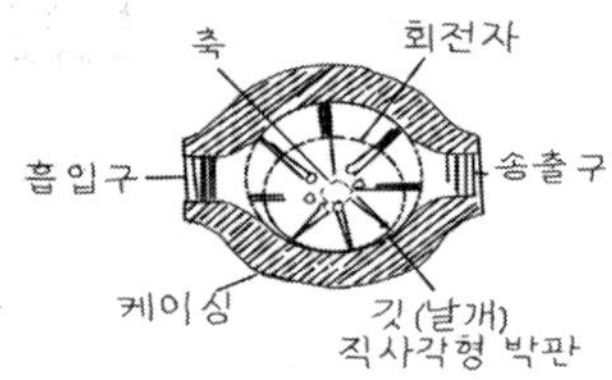

[베인 펌프]

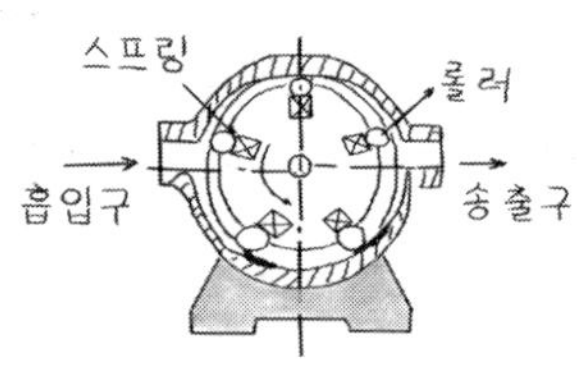

[롤러 펌프]

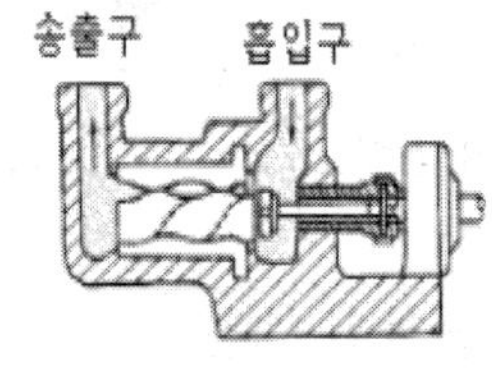

[나사펌프 : 믹스기에 사용]

1) 기어 펌프의 특징

① 외접기어 방식과 내접기어 방식이 있다.
② 작동유 속에 기포(캐비테이션) 발생이 적다.
③ 구조가 간단하고 가장 저렴하며, 흡입 성능이 우수하다.
④ 소음과 토출량의 맥동(진동)이 비교적 크다.
⑤ 플런저 펌프에 비하여 효율이 낮다.
⑥ 정용량 펌프이므로 구동되는 기어펌프의 회전속도가 변화하면 흐름 용량이 바뀐다.
⑦ 가장 저렴한 펌프이다.

2) 베인 펌프의 특징

① 날개(vane)로 펌프작용을 시키는 것이다.
② 수리와 관리가 용이하다.
③ 구조가 간단하다(소형, 경량이다).
④ 자체 보상기능이 있다.
⑤ 맥동과 소음이 적다.

3) 플런저 & 피스톤 펌프의 특징

① 유압펌프 중 가장 고압, 고효율이다.
② 가변용량에 적합하다(토출량의 변화 범위가 넓다).
③ 다른 펌프에 비해 수명이 길고, 용적 효율과 최고 압력이 높다.
④ 구조가 복잡하고, 주기적으로 양수하므로 맥동이 발생한다.

(3) 비용적형(터보형) 펌프

1) 원심 펌프

원심 펌프는 펌프 케이싱 내에 4~8매의 깃(vane)이 달린 회전차(impeller)가 펌프 축에 고정되어 있어서 펌프 축이 회전할 때 회전차에 발생하는 원심력에 의하여 물은 회전차 중심으로 흡입되어 반경방향으로 흐르면서 압력에너지와 속도에너지를 얻게 된다.

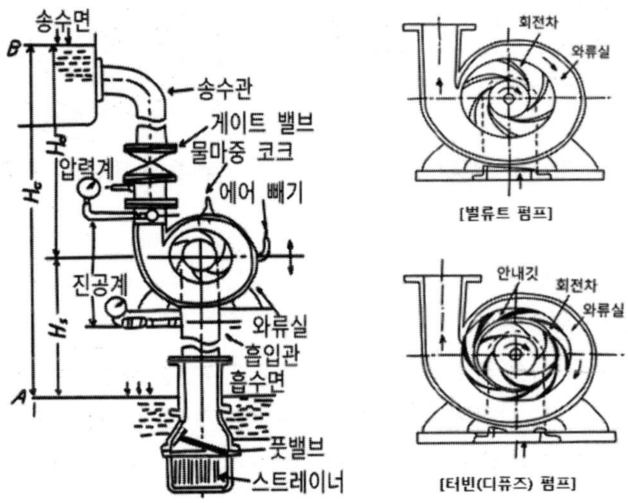

[원심 펌프의 구조]

와류실(Spiral casing : 손실을 적게 하기 위해 설치)은 회전차에서 나온 액체를 모아서 송출관 쪽으로 보내는 역할을 한다. 안내깃의 역할은 회전차에서 송출되는 액체를 와류실로 유도할 때 속도에너지를 압력에너지로 변환시켜 높은 양정을 얻게 한다. 안내깃의 수는 회전차의 깃 수보다 1개 적게 한다. 안내깃이 있는 펌프를 터빈펌프, 안내깃이 없는 펌프를 벌류트 펌프(Volute pump)라고 부른다.

2) 축류 펌프

축류 펌프는 원통 속에 프로펠러 모양의 회전차가 들어 있어서 이 회전차의 회전에 의하여 축 방향으로 들어온 유체가 축 방향으로 나간다. 유체를 송출할 때 양정은 크지 않지만 송출유량을 크게 요구하는 경우가 있다. 이러한 경우에 적합한 펌프이다.

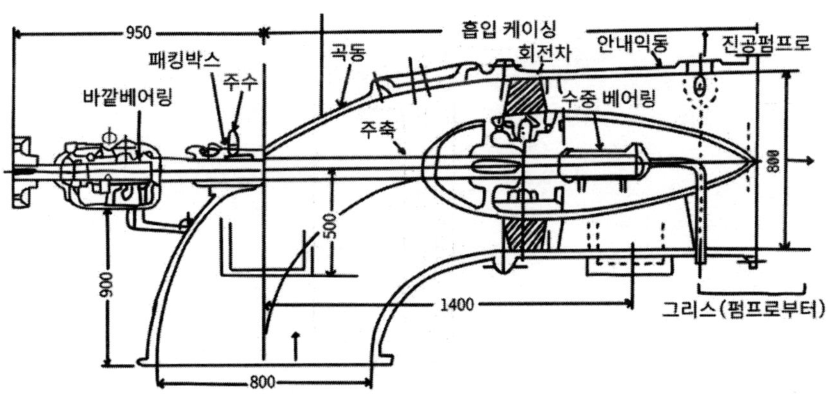

[축류 펌프의 구조]

3) 사류식 펌프(Mixed flow pump : 斜流)

원심 펌프의 일종으로, 임펠러의 축 방향으로 흘러 들어간 물이 축과 경사진 방향으로 임펠러로부터 이탈되도록 유출하는 형의 펌프이다. 축류 펌프와 원심 펌프의 양쪽의 장점을 살린 것으로, 4~20m의 광범위한 양정에 사용될 수 있다. 축류 펌프보다 양정이 높다. 즉, 압력이 높다. 혼류 펌프는 사류 펌프의 날개차 뒤에 안내 깃이 장착된 펌프를 가리킨다.

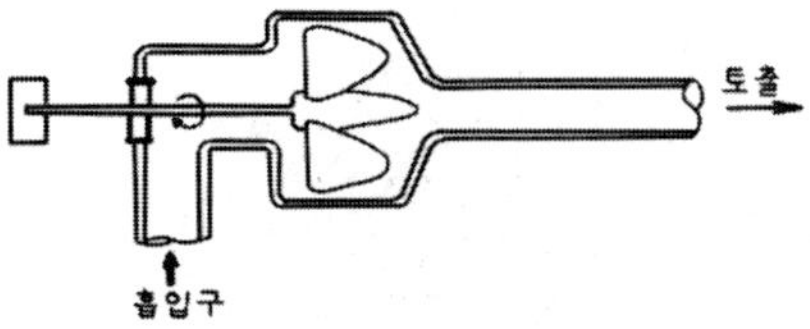

[사류식 펌프의 구조]

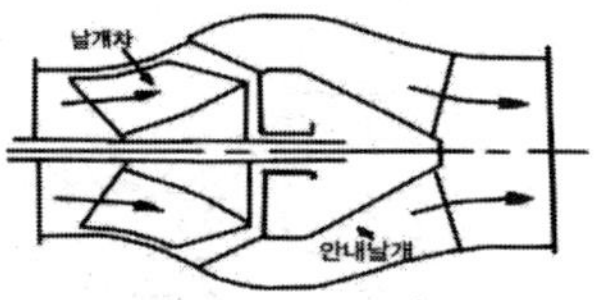

[혼류식 펌프의 구조]

(4) 특수형 펌프

1) 재생 펌프(Regenerative pump)

재생 펌프를 웨스코 펌프 또는 마찰 펌프라고도 한다. 주변에 수많은 짧은 홈을 설치한 원판을 날개바퀴로 하고, 그 주위를 둘러싼 케이싱과의 사이에 있는 액체에 운동을 주어 양수하는 펌프를 말한다. 원심 펌프에 비해 배출량은 적지만, 높은 양정을 얻을 수 있으므로 가정용 전동 우물 펌프로 많이 사용되고 있다.

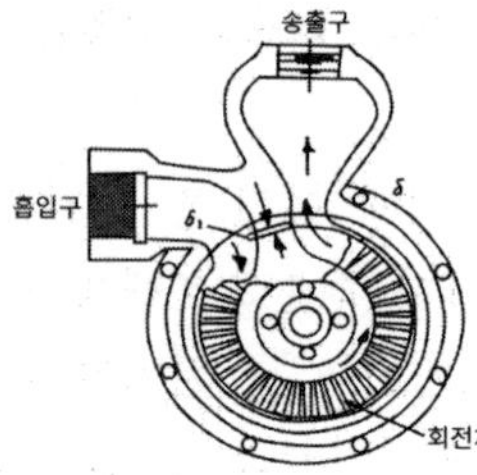

[재생 펌프의 구조]

2) 기포 펌프(Air lift pump)

수조에 물을 송출할 수 있는 관을 넣고 그 관속에 직경이 더 작은 관을 넣어 그곳으로 압축공기를 보내면 송출관 내에는 압축공기와 물이 혼합되어 수조의 물보다 비중량이 가볍게 되어 양수되는 펌프이다(예 : 모래 채취).

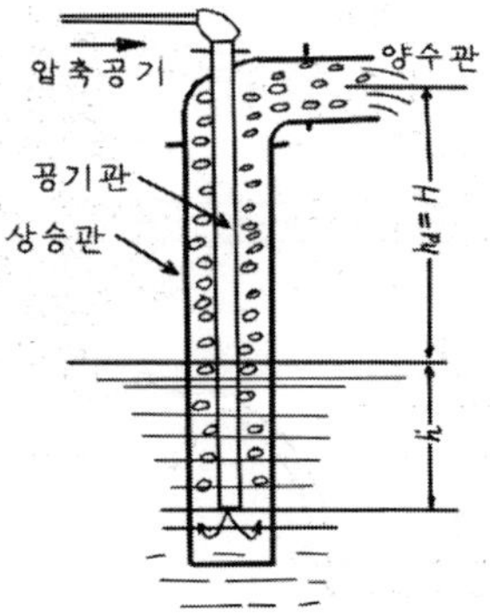

[기포 펌프의 구조]

3) 수격 펌프

낮은 곳의 물을 높은 탱크로 올리는 역할을 하는 장치로서 물의 수격작용(water hammer : 水擊作用)을 이용한 것이며 수격 펌프란 이름을 붙였다. 수격작용이란 액체가 가득 차서 흐르는 관로의 하류 부분에 있는 밸브를 급격히 닫으면, 관 속을 흐르던 액체의 흐름이 급히 감속되며 액체가 가지고 있는 운동에너지는 압력에너지로 변환되어 관 내부에 탄성파가 왕복하게 되는 현상을 말한다.

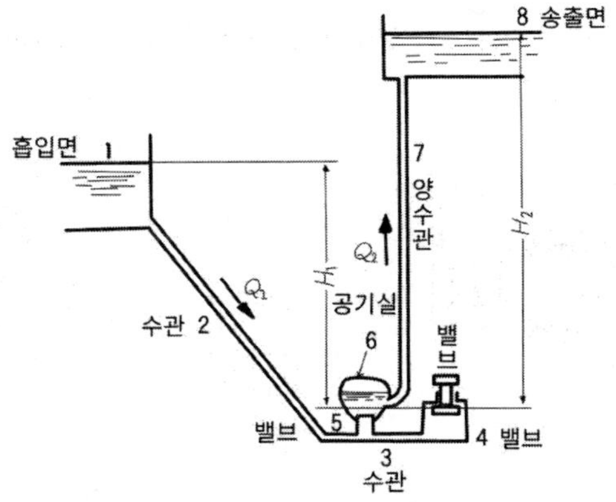

[수격 펌프의 구조]

그림에서 저수조(1)에서 흘러나온 물은 처음에는 힘이 강하지 않기 때문에 4밸브의 헤드가 무거워 밸브는 열려 있게 되어 물은 밸브를 통해 흘러나간다. 시간이 지나면 물에는 가속도가 붙어 힘이 강해지므로 4밸브 헤드를 들어올려 통로를 막게 되기 때문에 물은 흘러나가지 못하고 속도가 증대됨으로써 계속 밀려오는 물의 힘에 의하여 압력은 커진다. 이 압력에 의하여 압력파가 발생하고 이 압력파는 뒤로 전파되어 공기실 5의 밸브를 열고 탱크 8로 물이 올라간다. 그렇게 되면 4밸브가 작동하던 힘이 약해져서 4밸브가 열리고 물은 다시 4밸브를 통해 흘러나간다. 이러한 과정을 반복하여 탱크8로 물을 송출하는 펌프를 수격 펌프라고 한다.

4) 제트 펌프(Jet pump : 분사 펌프)

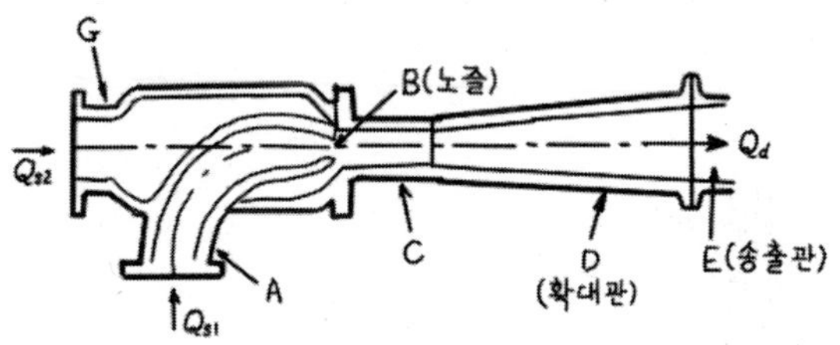

[제트 펌프의 구조]

그림과 같이 고압의 유체 Q_{s2}을 노즐에서에서 분출시키면 베르누이 정리에 의하여 노즐 직후의 압력은 저압이 되고 유속은 매우 빠르게 된다. 이때 압력이 높은 곳에서 낮은 곳으로 유체가 흐르게 되므로 분류 주위에 있는 Q_{s1}의 유체가 흡입되어 Q_{s2}유체+Q_{s1}유체가 혼합되어 목(throat : C)부분을 통과한다. 유체가 확대관으로 들어가면 여기에서 속도수두를 압력수두로 변환되어 회수되면서 송출구로 나가게 된다.

$$\text{노즐 출구에서의 유속}(V) = C\sqrt{2gh} \quad (\text{m/sec})$$

여기서, C : 측정계수, g : 중력가속도(9.8m/s^2), h : 물기둥 높이(양정)

7-3 제어 밸브(컨트롤 밸브)

압력 제어 밸브(Pressure control valve)는 일의 크기를 결정하고, 유량제어 밸브(Flow control valve)는 일의 속도 결정, 방향제어 밸브(Directional control valve)는 일의 방향을 결정한다.

7-3-1 압력 제어 밸브(Pressure control valve)

① 릴리프 밸브(Relief valve) : 릴리프 밸브는 유압펌프 토출 측에 설치되어 유압계통의 최대 압력 및 회로 전체의 압력을 제어하는 밸브이다.

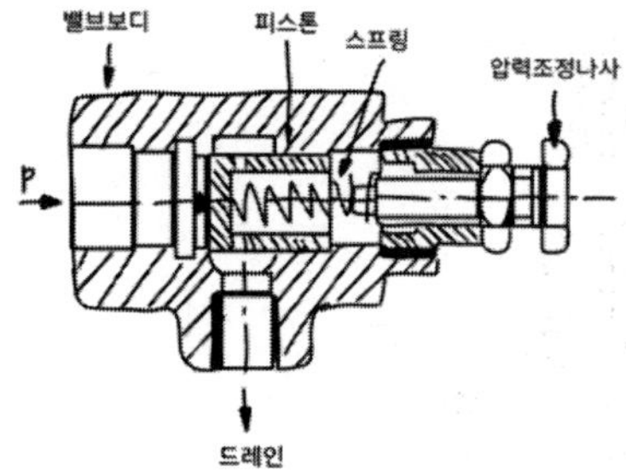

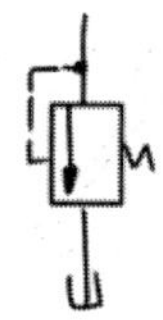

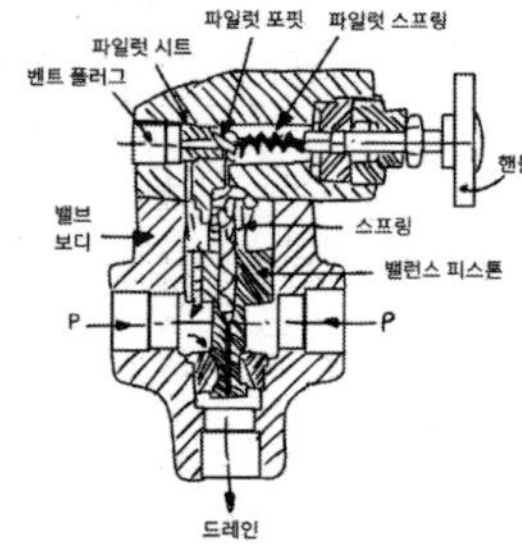

[직접작동 릴리프 밸브] [파일럿작동 릴리프 밸브]

Reference

☞ 릴리프 밸브의 설치위치는?

유압펌프와 방향제어 밸브 사이에 설치된다.

☞ 릴리프 밸브에서 채터링(Chattering) 현상이란?

릴리프 밸브 스프링의 장력이 약화될 때 발생되는 현상으로 볼(ball)이 밸브 시트(seat)를 때려 소음을 발생시키는 현상이다.

② 시퀀스(Sequence) 밸브 : 2개 이상의 분기회로가 있을 때 작동순서를 결정 또는 순차적인 작동을 위한 압력제어밸브이다.

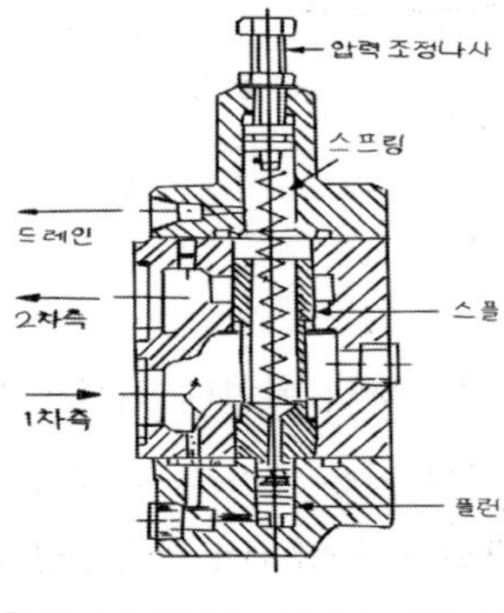

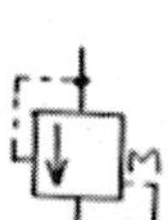

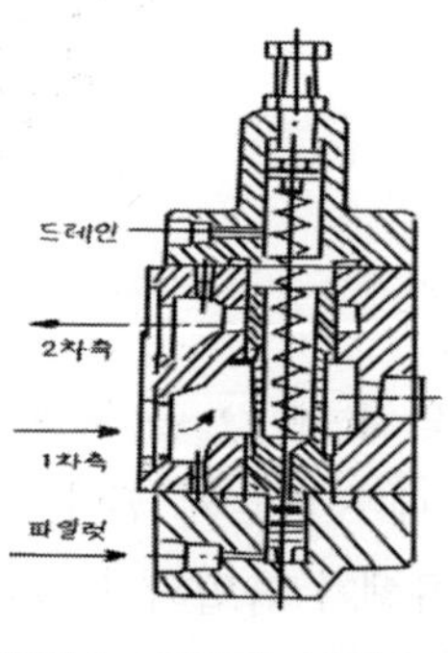

[내부 파일럿 시퀀스 밸브] [외부 파일럿 시퀀스 밸브]

③ 리듀싱(Reducing : 감압밸브) : 분기회로에서 1차 쪽의 압력이 변화하거나 2차 쪽의 유량 변동에 대하여 설정압력의 변동을 억제하는 밸브이다. 즉 유압 실린더 내의 유압은 동일하여도 각각 다른 압력으로 나눌 수 있는 밸브이다.

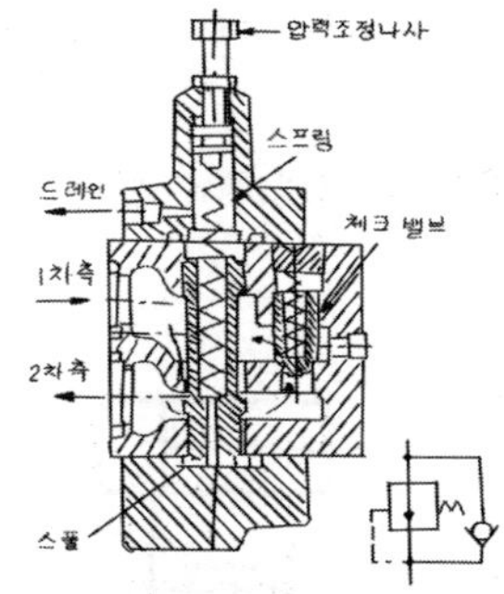

[직접작동 감압밸브]

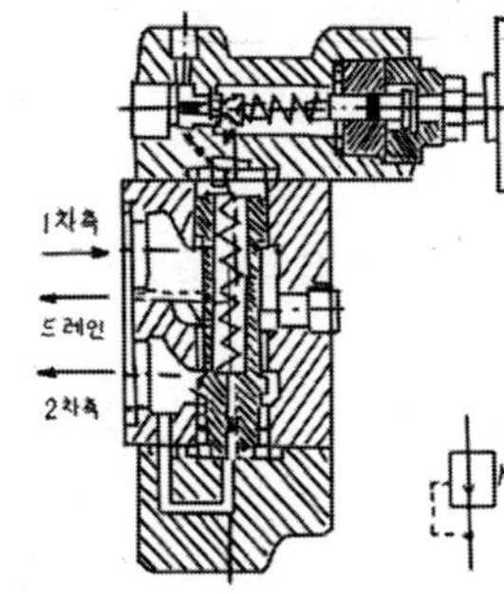

[파일럿작동 감압밸브]

④ 언로드(Unloader : 무부하) 밸브 : 유압회로의 압력이 설정압력 이상에 도달했을 때 유압펌프로부터 전체 유량을 작동유 탱크로 복귀시키는 밸브로서, 동력의 절감과 유온상승을 방지하는 밸브이다.

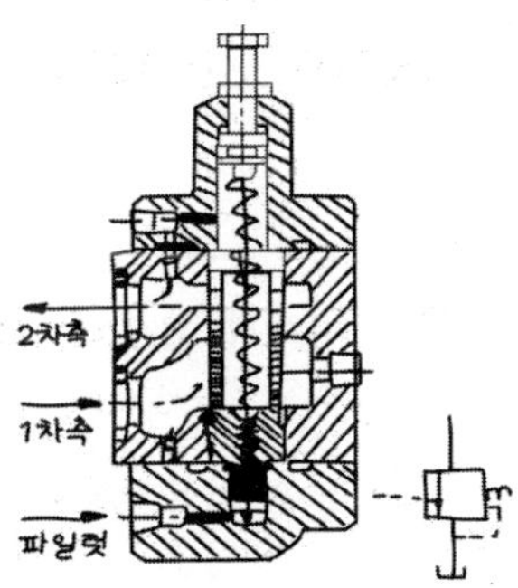

[언로드 밸브]

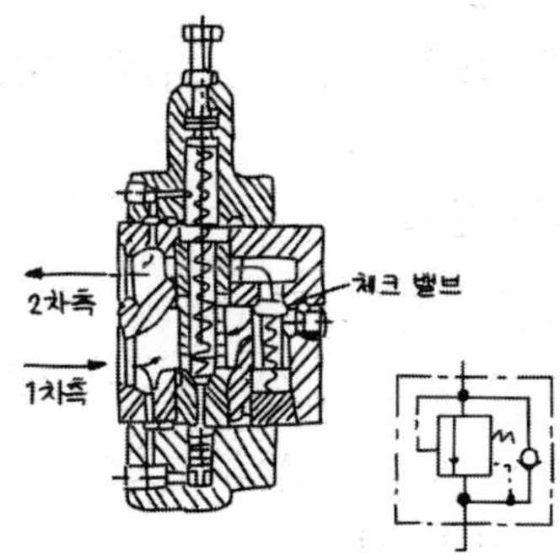

[카운터 밸런스 밸브]

⑤ 카운터 밸런스(Counter balance) 밸브 : 유압 실린더 등이 중력에 의한 자유낙하를 방지하기 위하여 유압실린더 복귀 측의 유압유에 배압을 주어서 낙하 속도를 제어하는 압력제어 밸브이다.

7-3-2 유량제어 밸브(Flow control valve)

유량제어 밸브는 액추에이터의 운동속도를 조정하기 위하여 사용되는 밸브이다.

① 교축밸브(Throttle valve) : 점도가 달라져도 유량이 그다지 변화하지 않도록 설치된 밸브다.

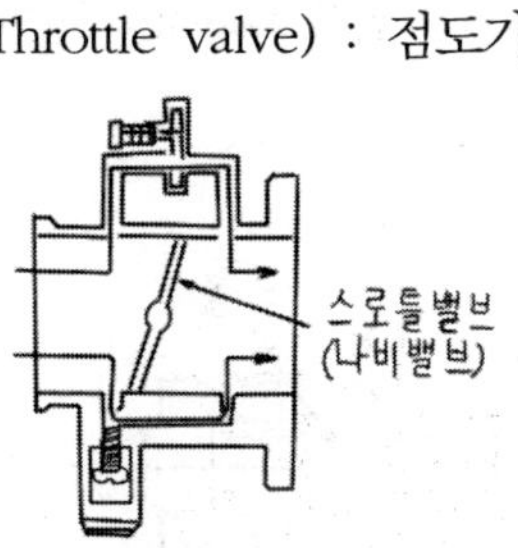

[교축밸브]

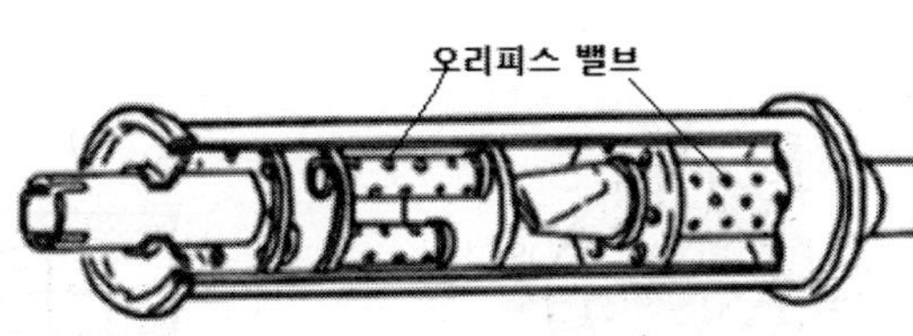

[오리피스 밸브]

② 오리피스 밸브(Orifice valve) : 단면적을 감소한 통로의 밸브이다.

③ 니들 밸브(Needle valve) : 내경이 작은 파이프에서 미세한 유량을 조정하는 밸브다.

④ 분류 밸브(Dividing valve) : 유압원으로부터 2개 이상의 유압 관로를 분류할 때 각각의 유압회로의 압력에 관계없이 일정한 비율로 유량을 분할하여 흐르도록 하는 밸브이다.

⑤ 미터-인 회로 : 액추에이터 입구 쪽 관로에 설치한 유량제어 밸브로 흐름을 제어하여 속도를 제어하는 회로를 말한다.

⑥ 미터-아웃 회로 : 액추에이터 출구 쪽 관로에 설치한 회로로서 실린더에서 유출되는 유량을 제어하여 속도를 제어하는 회로를 말한다.

⑦ 블리드 오프 회로 : 실린더 입구의 분기회로에 유량제어 밸브를 설치하여 실린더 입구 측의 불필요한 유압유를 배출시켜 작동 효율을 증진시킨 회로를 말한다.

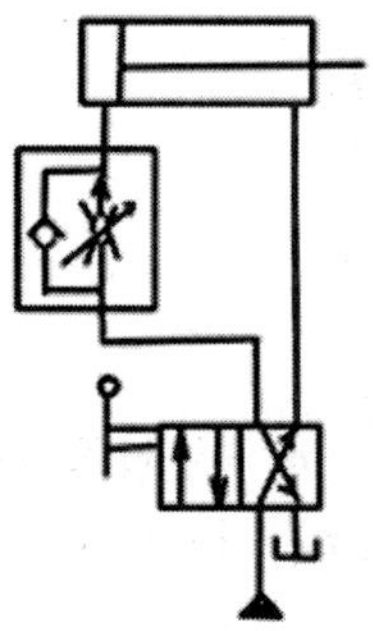
[미터 인 회로]

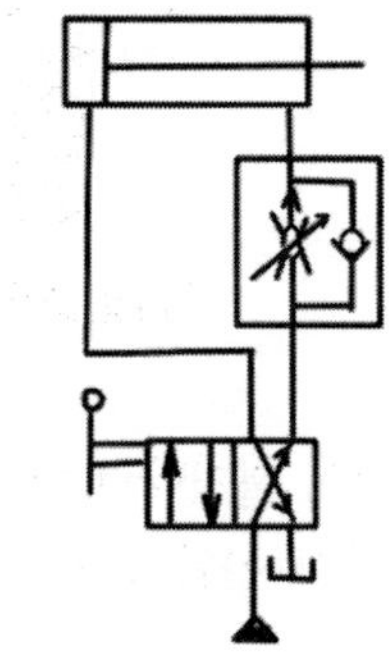
[미터 아웃 회로]

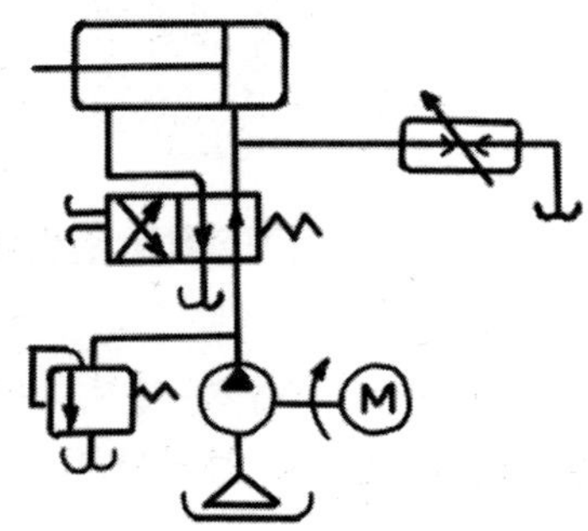

[블리드 오프 회로]

7-3-3 방향제어 밸브

유체 흐름 방향을 제어하는 밸브이다. 구조면에서는 볼이나 플런저를 시트에 붙였다 떼었다 하는 포핏(poppet)형, 로터리 스풀(spool)형, 슬라이드 스풀형 등이 있다.

① 체크밸브(Check valve) : 역류를 방지하는 밸브, 즉 한쪽 방향으로의 흐름은 자유로우나 역방향의 흐름을 허용하지 않는 밸브이다.

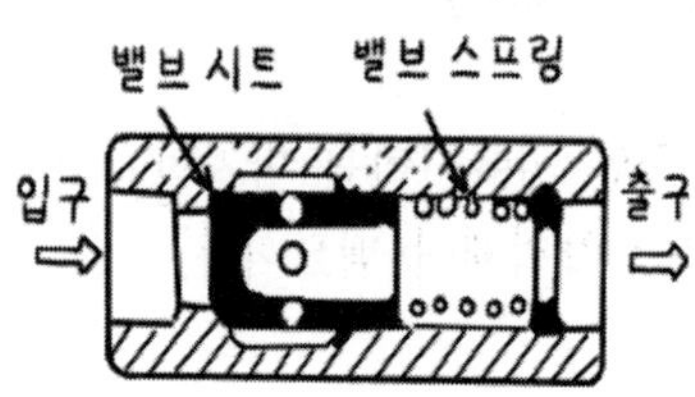

[인라인형 체크밸브]

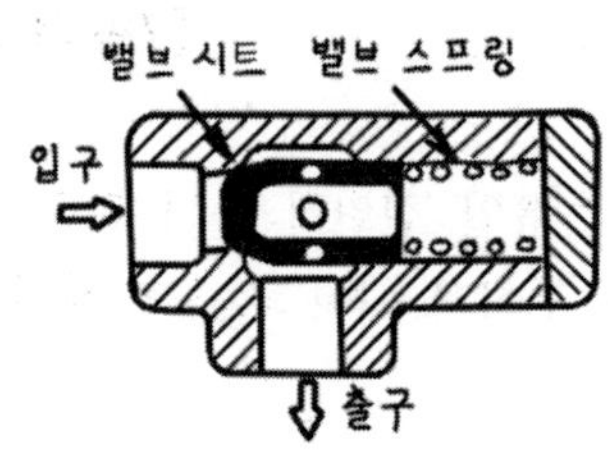

[앵글형 체크밸브]

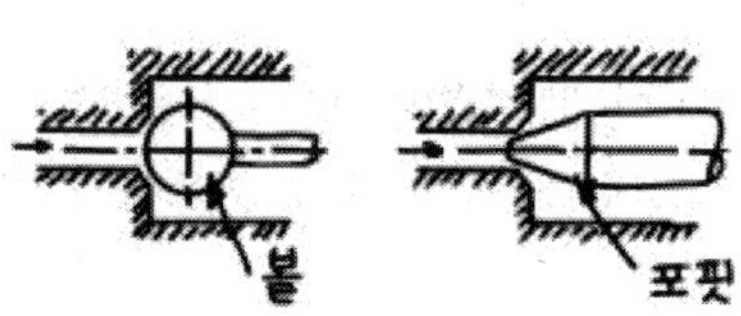

[체크밸브]

② 스풀밸브(Spool valve) : 밸브를 회전 운동시켜 작동유 흐름 방향을 바꾸기 위해 사용하는 밸브이다. 자동차의 동력조향장치에 이용된다.

[로터리 스풀형]

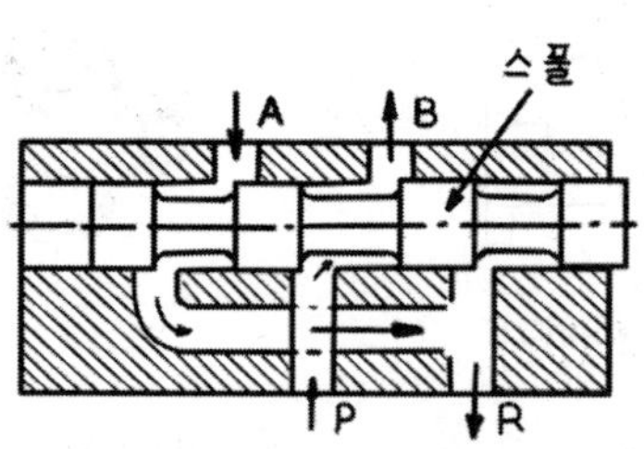

[슬라이딩 스풀형]

③ 디셀러레이션 밸브(Deceleration valve) : 유압 실린더를 최종 단에서 실린더의 속도를 감속하여 서서히 정지시키고자 할 때 사용하는 밸브이다.

④ 셔틀 밸브(Shuttle valve) : 2개의 입구 중에서 어느 쪽이든지 유압이 높은 부분이 토출구와 통하고 낮은 부분은 포핏 밸브에 의해 자동적으로 닫히는 밸브이다.

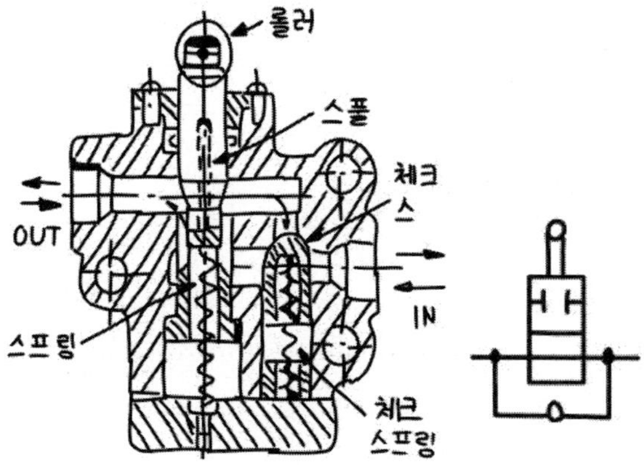

[디셀러레이션 밸브]

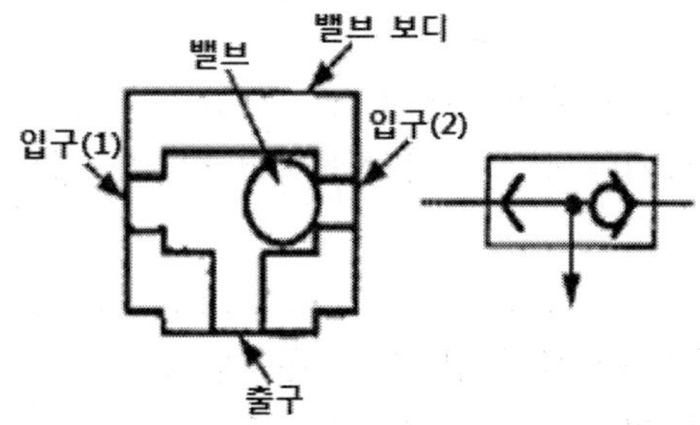

[셔틀 밸브]

7-4 유압 액추에이터(Actuator)

액추에이터는 유압 에너지(힘)를 기계적 에너지(일)로 바꾸는 장치이고, 종류에는 유압 실린더와 유압모터가 있다.

7-4-1 유압 실린더

유압 실린더는 직선 왕복 운동을 하는 액추에이터이고, 실린더, 피스톤, 로드, 실(Seal) 등으로 구성되어 있고, 종류로는 단동 실린더 피스톤형, 단동 실린더 램형, 복동 실린더 양 로드형 등이 있다.

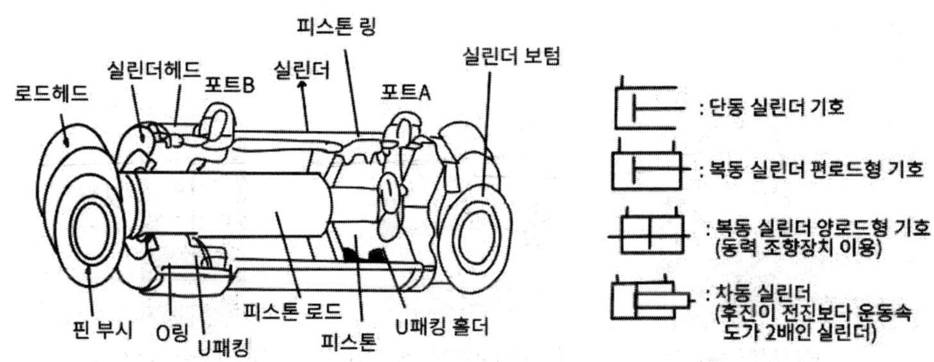

[유압 실린더의 구조와 기호]

7-4-2 유압모터

유압모터는 회전운동을 하는 액추에이터이며, 용량표시는 입구 압력(kgf/cm^2)당 토크로 표시한다. 장 · 단점은 다음과 같다.

(1) 유압모터의 장점

① 무단 변속이 용이하다.
② 소형, 경량으로서 큰 출력을 낼 수 있다.
③ 변속, 역전 제어도 용이하다.
④ 속도나 방향 제어가 용이하다.

(2) 유압모터의 단점

① 작동유의 점도변화에 의하여 유압모터의 사용에 제약이 있다.
② 작동유는 인화하기 쉽다.
③ 작동유에 먼지나 공기가 침입하지 않도록 특히 보수에 주의해야 한다.
④ 공기와 먼지 등이 침투하면 성능에 영향을 준다.

Reference

☞ 유압모터에서 진동과 소음발생 원인
① 작동유 속에 공기가 유입되었을 경우
② 체결볼트가 이완되었을 경우
③ 내부 부품이 파손되었을 경우
④ 유압유 점도가 높을 경우
등이고, 속도가 빠르고 늦음은 소음의 원인이 아니다.

7-5 부속장치

7-5-1 어큐뮬레이터(Accumulator : 축압기)

축압기는 유압 에너지를 저장, 충격완화 등에 이용되는 기구이고, 용도는 펌프 뒤에 설치되어 충격압력 흡수, 서지 압력발생 완화, 맥동을 줄이는 작용을 한다. 또한 기액(기체 액체)형 어큐뮬레이터에 사용되는 가스는 질소가스이다.

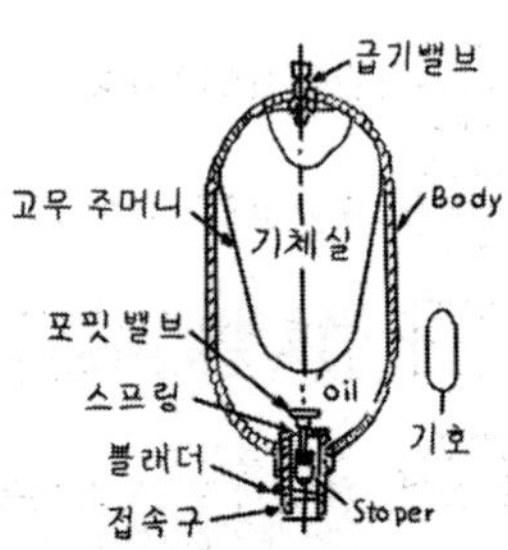

[블래더형 축압기]

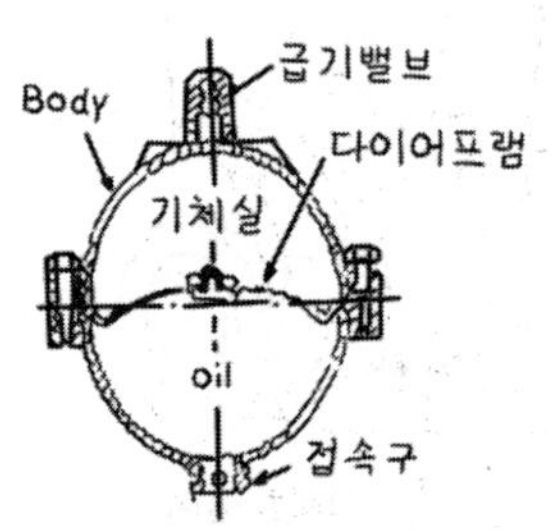

[다이어프램형 축압기]

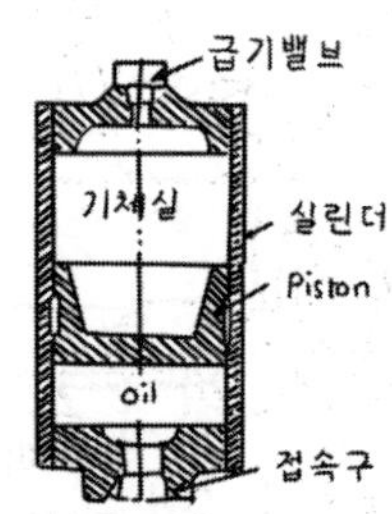

[피스톤형 축압기]

7-5-2 오일 필터(Oil filter)

① 관로용 필터의 종류에는 흡입 여과기, 라인 여과기, 리턴(복귀) 여과기 등이 있다.
② 흡입 측 여과기 : 펌프 흡입 측에 붙여 여과 작용을 하는 필터를 스트레이너(Strainer : 철망 여과기 : 큰 이물질 제거용)라 한다.
③ 라인 또는 리턴 여과기를 엘리먼트(Element : 종이나 포 : 미세한 이물질 제거용)라 한다.

Reference

☞ 여과기의 입도수(mesh) : 100mesh라면 가로, 세로 1inch당 체눈 수가 100개란 뜻이고, 입도수가 너무 조밀하면 펌프에서 공동현상(캐비테이션)이 발생한다.
☞ 유압장치의 수명연장을 위한 가장 중요한 요소는 오일필터의 점검 및 교환이다.

7-5-3 유압호스

유압호스는 금속관으로는 배관이 어려운 부분이나 유압 기기 상대위치가 변하는 경우 및 진동의 영향을 방지하고자 할 때 사용하는 합성고무로 만든 플렉시블 호스를 사용한다. 또한, 가장 큰 압력에 견딜 수 있는 것은 나선 와이어 블레이드 호스이다.

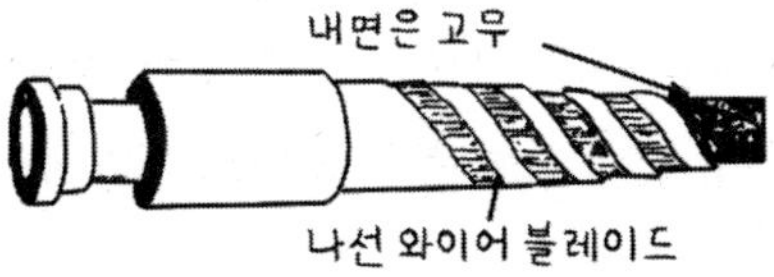

[고압호스의 구조]

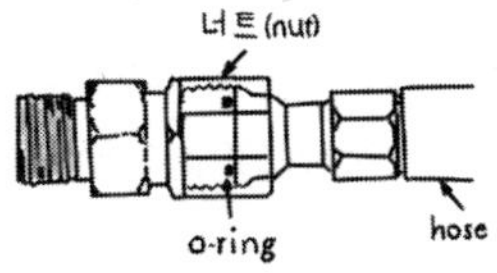

[유니언 피팅]

7-5-4 플러싱(Flushing)

유압 기기의 장치 내에 껌이나 슬러지 등이 생겼을 때 이것을 용해하여 장치 내를 깨끗이 청소하는 작업을 말한다. 그리고 플러싱 후 처리 방법은 다음과 같다.

① 작동유 탱크 내부를 다시 청소한다.
② 작동유 보충은 플러싱 완료 후 즉시 하는 것이 좋다.
③ 잔류 플러싱 오일을 반드시 제거하여야 한다.
④ 라인 필터 엘리먼트를 교환한다.

8. 유압장치의 기호

유압탱크	여과기	압력원	압력계	체크밸브
				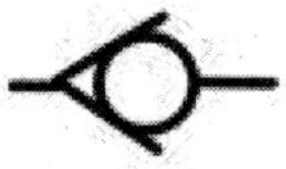
오일냉각기	유압펌프	유압모터	단동 실린더	복동 실린더
	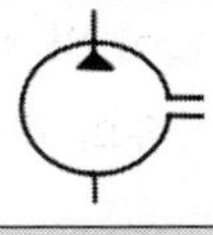	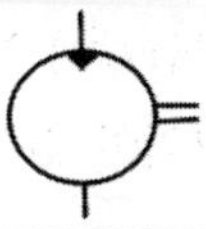	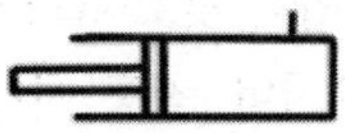	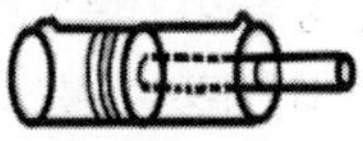
가변용량 유압모터	가변용량 유압펌프	압력스위치	요동 액추에이터	축압기 (어큐뮬레이터)
			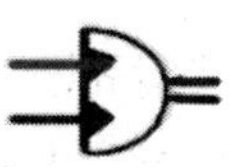	
전동기 구동 유압펌프	엔진구동 유압펌프	고정교축밸브	시퀀스 밸브	릴리프 밸브
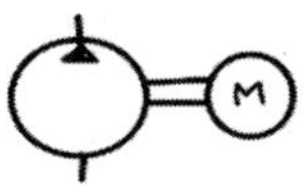	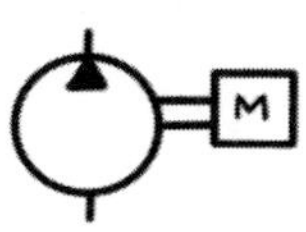	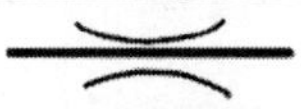 가변교축밸브 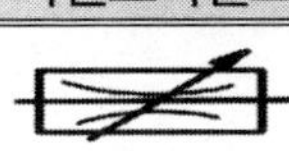	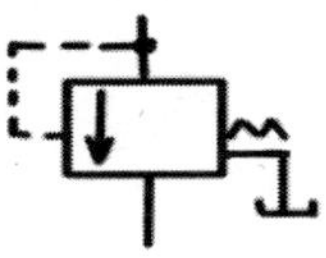	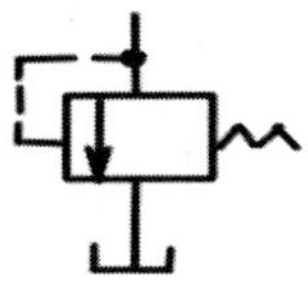

9. 유압장치의 이상 현상

9-1 공동현상(Cavitation 현상)

9-1-1 공동현상의 정의

유동하고 있는 액체의 압력이 국부적(일부분)으로 저하되어, 포화증기압 또는 공기 분리압력에 달하여 증기를 발생시키거나 용해 공기 등이 분리되어 기포를 일으키는 현상이다. 공동현상이 발생되면 펌프에서 소음과 진동이 발생되고, 양정과 효율이 급격하게 저하되며, 날개 등에 부식을 일으키는 등 수명을 단축시킨다.

9-1-2 공동현상 방지법

① 펌프 설치 높이를 낮춘다.
② 펌프 회전속도를 낮춘다.
③ 손실 수두를 작게 한다.
④ 편흡입을 양흡입 펌프로 고쳐서 사용한다.
⑤ 오일 여과기를 정기적으로 점검 및 교환한다.

9-2 서지 압력(Surge Pressure)

유압회로 내의 밸브를 갑자기 닫았을 때, 오일의 속도에너지가 압력 에너지로 변하면서 일시적(순간적)으로 큰 압력 증가가 생기는 현상이다.

9-3 수격현상(water hammer)

관(官)속을 충만하게 흐르고 있는 액체의 속도를 급격히 변화시키면 심한 압력의 변화가 생긴다. 이 현상을 수격작용이라고 한다.

9-4 실린더 숨돌리기 현상

실린더 숨돌리기 현상은 유압이 낮고 유압유의 공급량이 부족할 때 많이 발생한다. 숨돌리기 현상이 발생하면 피스톤의 작동이 불안정해지며, 작동 시간의 지연이 일어나고 유압유의 공급이 부족해지기 때문에 서지 압력이 발생한다.

9-5 유압유의 열화 현상

유압회로에 공기가 유입되면 유압유는 비압축성이나 공기는 압축성이므로 압축되면 열이 발생하여 유압유의 온도가 상승하게 된다. 또한 공기가 흡입되면 유압유가 산화작용을 촉진하여 중합이나 분해를 일으켜 고무 같은 물질이 생성되어 유압펌프, 제어밸브, 유압 실린더의 작동 불량을 초래한다.

연습문제

문제01 밀폐된 용기에 넣은 정지유체의 일부에 가해지는 압력은 유체의 모든 부분에 동일한 힘으로 전달된다는 유압장치의 기초가 되는 것은?

가. 뉴턴의 제1법칙
나. 보일 · 샤를의 법칙
다. 파스칼의 원리
라. 아르키메데스의 원리

문제02 다음 중 유압의 기초적인 원리라 할 수 있는 파스칼 원리에 대한 설명이 <u>아닌</u> 것은?

가. 유체의 압력은 면에 직각으로 작용한다.
나. 각 점에서의 압력은 모든 방향으로 같다.
다. 가한 압력은 유체 각부에 같은 세기로 전달된다.
라. 유체의 압력은 압력을 직접 받은 면이 가장 크다.

문제03 그림에서 피스톤 ①의 단면적 $A_1 = 5\text{cm}^2$, ②의 단면적 $A_2 = 50\text{cm}^2$ 일 때 F_1으로서 5kgf의 힘을 가할 때 F_2는 몇 kgf의 힘으로 균형이 되는가?

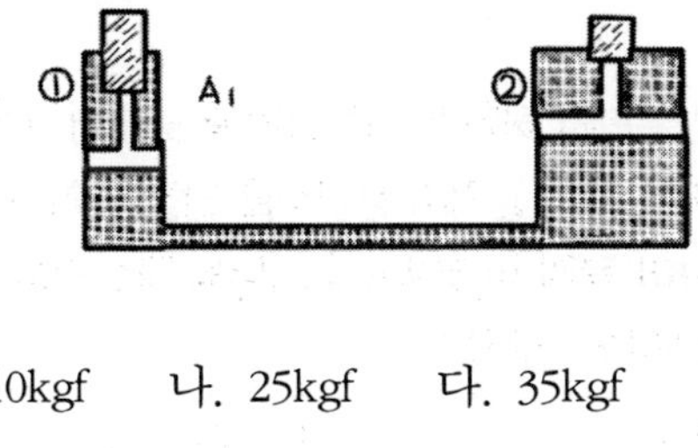

가. 10kgf　　나. 25kgf　　다. 35kgf　　라. 50kgf

문제04 직관 내의 유체 유동에서 마찰에 의한 손실수두와 다른 요인과의 관계를 바르게 설명한 것은?

가. 중력가속도에 비례한다.
나. 관의 지름에 반비례한다.
다. 관의 길이에 반비례한다.
라. 유속의 제곱에 반비례한다.

문제05 저장 탱크에서 유입되는 유입구의 형상 중 관로에 생기는 부차적인 손실 계수가 가장 작은 것은?

가. 탱크 벽면에서 90° 각을 이루고 만날 때
나. 탱크 벽면에서 45° 각도로 모따기하여 만날 때
다. 탱크 벽면에서 크게 라운딩한 형상으로 만날 때
라. 탱크 벽면에서 유입관이 앞으로 돌출하였을 때

문제06 완전 유체가 단위 시간에 파이프 내를 흘러나가는 유량과 가장 관계가 깊은 것은?

가. 시간과 속도　　나. 속도와 압력
다. 속도와 단면적　　라. 단면적과 압력

문제07 작동유가 갖추어야 할 성질 중 <u>틀린</u> 것은?

가. 유동성　　나. 윤활성　　다. 압축성　　라. 내유화성

문제08 유압작동유의 점도지수가 크면 어떻게 되는가?

가. 점도지수가 크면 산화안정성이 양호하다.
나. 점도지수가 크면 온도에 대한 점도변화가 적다.
다. 점도지수가 크면 유압유의 중화수가 적다.
라. 점도지수가 크면 온도에 대한 점도변화가 크다.

문제09 유압 작동유의 구비조건 설명으로 틀린 것은?

가. 비압축성이어야 한다.
나. 열을 방출시키지 않아야 한다.
다. 녹이나 부식 발생 등이 방지되어야 한다.
라. 장시간 사용하여도 화학적으로 안정하여야 한다.

문제10 유압기기의 유압 작동유가 구비해야 할 성질로 올바른 것은?

가. 열전달율이 낮을 것
나. 열팽창계수가 클 것
다. 압축률(압축성)이 높을 것
라. 증기압이 낮고, 비점이 높을 것

문제11 금속 간의 마찰을 방지하기 위한 방안으로 마찰계수를 저하시키기 위하여 사용되는 첨가제는?

가. 방청제 나. 유성 향상제
다. 점도지수 향상제 라. 유동점 강하제

문제12 오일탱크의 가장 낮은 쪽에 이물질이나 응축된 수분, 오염된 작동유를 제거하기 위해 설치하는 것은?

가. 드레인 나. 배플 플레이트
다. 스트레이너 라. 유면계

문제13 유압 부속 장치 중 주로 펌프 흡입측에 설치하며 오일의 불순물을 여과하기 위한 장치는?

가. 체크밸브 나. 파일럿 밸브
다. 캐스킷 라. 스트레이너

문제14 유압펌프의 종류 중 회전식이 아닌 것은?

가. 피스톤 펌프 나. 기어펌프
다. 베인펌프 라. 나사펌프

문제15 다음 중 왕복운동을 하는 펌프는?

가. 제트펌프 나. 수격펌프
다. 피스톤 펌프 라. 기어펌프

문제16 다음 중에서 터보형(Turbo type) 펌프에 속하지 않는 것은?

가. 왕복식 펌프 나. 원심식 펌프
다. 축류식 펌프 라. 사류식 펌프

문제17 터보형과 용적형 펌프 중에서 소형 경량으로 할 수 있고 양정의 변화가 심한 경우에도 유량의 변화가 적은 펌프는?

가. 사류펌프 나. 원심펌프
다. 왕복펌프 라. 축류펌프

문제18 구동 회전수에 의해 결정되는 토출량이 부하 압력에 관계없이 거의 일정한 용적형 펌프는?

가. 축류펌프 나. 터빈펌프
다. 기어펌프 라. 볼류트펌프

[해설] ① 비용적식 펌프 : 원심펌프, 축류펌프, 터빈펌프, 볼류트펌프, 사류식펌프, 혼류식펌프 등
② 용적식 펌프 : 기어펌프, 로터리펌프, 베인펌프, 나사(스크류)펌프, 피스톤/플런저펌프 등
③ 왕복식(피스톤/플런저) 펌프는 주기적으로 양수하므로 맥동이 발생된다.

문제19 양수관의 하단에 압축공기를 보내서 이때 물보다 가벼운 물과 공기의 혼합체를 만들어 이 혼합체의 비중량이 물의 비중량보다 가벼워지는 것을 이용하여 양수하는 펌프는?

가. 기포펌프 나. 제트펌프
다. 수격펌프 라. 점성펌프

문제20 축류 펌프의 구성 요소가 아닌 것은?

가. 회전차　　나. 안내깃
다. 축　　라. 피스톤

문제21 다음은 원심펌프의 안내 날개(안내 깃)에 관한 설명으로 틀린 것은?

가. 액체의 속도 에너지를 압력 에너지로 변환시키기 위함이다.
나. 안내 날개를 설치하면 높은 양정을 얻을 수 있다.
다. 안내 날개를 설치하는 주목적은 유량을 증대시키기 위함이다.
라. 안내 날개는 액체가 갖는 압력과 속도 에너지를 가급적 유효 에너지로 변환시키기 위함이다.

문제22 원심펌프 케이싱(casing)을 스파이럴(spiral : 나선)로 만든 이유는?

가. 손실을 적게 하기 위함이다.
나. 높은 양정을 얻기 위함이다.
다. 속도에너지를 압력에너지로 바꾸기 위함이다.
라. 공동현상을 방지하기 위함이다.

문제23 마찰 펌프, 와류펌프, 웨스코 펌프라고도 하며 송출량이 적고 양정이 높은 곳에 사용되는 것은?

가. 제트펌프　　나. 재생펌프
다. 기포펌프　　라. 왕복펌프

문제24 수면에서 5m 높이에 설치된 펌프가 펌프로부터 높이 30m인 곳에 매초 1m^{3}의 물을 보내려면 이론상 동력은 약 몇 kW가 필요한가?

가. 245　　나. 294　　다. 343　　라. 400

문제25 총 양정이 90m, 공급수량 1.56m^3/min인 펌프의 동력은 약 몇 PS가 필요한가? (단, 물의 비중은 1이고, 효율은 0.9이다.)

가. 18.72　　나. 31.20　　다. 34.67　　라. 62.40

문제26 물탱크의 크기가 높이 3m, 폭 2.5m일 때 물탱크의 한쪽 벽면에 작용하는 전압력(F)을 구하라.

가. 11250kgf　　나. 12250kgf
다. 13250kgf　　라. 14250kgf

문제27 유체기계에서 유압의 3대 제어와 관계없는 것은?

가. 압력제어　　나. 유량제어
다. 온도제어　　라. 방향제어

문제28 유압제어 밸브의 기능에 따른 분류 중 유량 제어 밸브는?

가. 스로틀 밸브　　나. 릴리프 밸브
다. 시퀀스 밸브　　라. 카운터밸런스 밸브

문제29 공기탱크와 압축기 사이에 설치한 클램프 상태에 있는 회로에서 압력저하에 따른 위험방지 목적으로 압축기 정지 시 역류 방지용 등에 사용되는 밸브는?

가. 스톱밸브　　나. 체크밸브
다. 셔틀밸브　　라. 스로틀 밸브

문제30 공기압 회로에서 다수의 에어 실린더나 액추에이터를 가용할 때, 각 작동순서를 미리 정해두고 그 순서에 따라 움직이고 싶은 경우 사용하는 밸브로 가장 적합한 것은?

가. 언로딩 밸브　　나. 공기 벤트
다. 공기 리베터　　라. 시퀀스 밸브

문제31 2개 이상의 유압기기 회로에서 각 회로의 액추에이터의 동작을 차례로 제어하려면 다음 중 어떤 밸브로 제어하여야 하는가?

가. 체크밸브 나. 방향제어 밸브
다. 시퀀스 밸브 라. 압력제어 밸브

문제32 액추에이터의 운동 속도를 조정하기 위하여 사용되는 밸브는?

가. 압력제어 밸브 나. 온도제어 밸브
다. 유량제어 밸브 라. 방향제어 밸브

문제33 유압 및 공기압 용어 중 감압밸브, 체크밸브, 릴리프 밸브 등에서 밸브 시트를 두드려 비교적 높은 음을 내는 일종의 자려 진동현상을 의미하는 용어는?

가. 피드백 나. 언더랩 다. 채터링 라. 오버랩

문제34 유압작동기의 입력측에 유량제어 밸브를 직렬로 연결하여 작동기로 유입되는 유량을 제어함으로써 작동기의 속도를 제어하는 회로는?

가. 미터인-회로 나. 미터-아웃회로
다. 블리드-온 회로 라. 블리드-오프회로

문제35 유압펌프를 통하여 송출된 에너지를 직선운동이나 회전운동을 통하여 기계적 일을 하는 기기를 무엇이라고 하는가?

가. 오일 쿨러 나. 제어밸브
다. 액추에이터 라. 어큐뮬레이터

문제36 다음은 유압기기의 구성요소 중 유압 액추에이터인 것은?

가. 유압펌프 나. 유압 실린더
다. 제어밸브 라. 유압조절 밸브

문제37 축압기(Accumulator)의 설치목적으로 틀린 것은?

가. 유압 에너지 축적용
나. 충격 압력의 완충용
다. 유압펌프의 맥동 흡수용
라. 유압 요동 액추에이터 대체용

문제38 유압회로에서 어큐뮬레이터(축압기)의 역할로 거리가 먼 것은?

가. 회로 내 충격압력의 흡수
나. 펌프 등에서 발생하는 맥동 제거
다. 유압을 일정하게 유지
라. 유압유의 여과 및 냉각

문제39 유압장치에서 내구성이 강하고 작동 및 움직임이 있는 곳에 사용하기 적합한 호스는 무엇인가?

가. 플렉시블 호스 나. 구리파이프 호스
다. 강파이프 호스 라. PVC 호스

문제40 개스킷(Gasket)의 용어 설명으로 알맞은 것은?

가. 고정 부분에 사용되는 실(Seal)
나. 운동 부분에 사용되는 실(Seal)
다. 대기로 개방되는 구멍
라. 흐름의 단면적을 감소시키는 곳에 사용한다.

문제41 베어링에 오일 실(Oil Seal)을 가장 중요한 이유는?

가. 접촉이 잘 되도록 하기 위하여
나. 열 발산을 잘하기 위하여
다. 유막이 끊어지지 않도록 하기 위하여
라. 기름이 새는 것과 먼지 등의 침입을 막기 위하여

문제42 유압용 개스킷이 갖추어야 할 필요조건과 가장 관계가 적은 것은?

가. 마찰계수가 적을 것
나. 충분한 강도를 가질 것
다. 유체에 의해 변질 되지 않을 것
라. 유연성을 유지할 것

문제43 유압이 진공에 가까워짐으로써 기포가 생기고 이로 인해 국부적인 고압이나 소음이 발생하는 현상은?

가. 캐비테이션 현상　　나. 시효경화 현상
다. 맥동 현상　　라. 오리피스 현상

문제44 캐비테이션(공동현상)의 방지책으로 잘못 설명한 것은?

가. 펌프 설치 위치를 낮춘다.
나. 펌프의 회전속도를 높게 한다.
다. 단 흡입을 양 흡입으로 바꾼다.
라. 손실 수두를 작게 한다.

문제45 펌프 운전 시 출구와 입구의 압력변동이 생기고 유량이 변하는 현상을 무엇이라고 하는가?

가. 수격현상　　나. 공동현상
다. 서징현상　　라. 유체 고착현상

문제46 관(管)속을 충만하게 흐르고 있는 액체의 속도를 급격히 변화시키면 심한 압력의 변화가 생긴다. 이 현상을 무엇이라 하는가?

가. 수격현상　　나. 공동현상
다. 서징현상　　라. 맥동형상

문제47 운전 중 작동유는 공기 중의 산소와 화합하여 열화 된다. 이 열화를 촉진시키는 직접적인 인자에 속하지 않는 것은?

가. 열의 영향　　나. 금속의 영향
다. 수분의 영향　　라. 유압이 낮을 때 영향

문제48 다음 유압 회로도에서 품번 1은 무엇을 나타내는가?

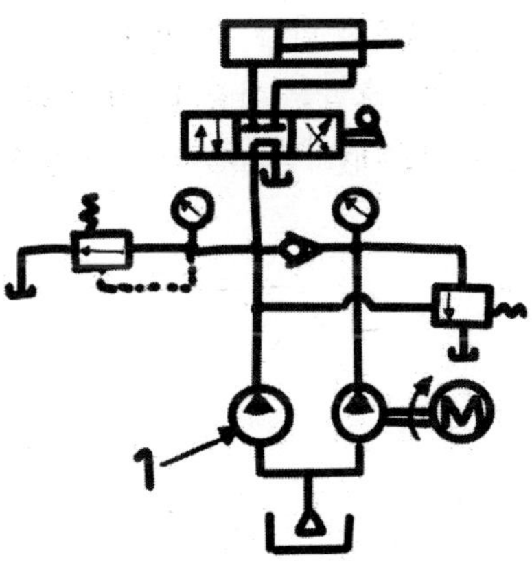

가. 유압모터　　나. 공압모터
다. 유압펌프　　라. 공압펌프

문제49 원심식 압축기와 비교한 왕복식 압축기의 특징에 대한 설명이 아닌 것은?

가. 압력비가 높다.
나. 회전속도가 낮다.
다. 대용량 풍량의 송기에 적합하다.
라. 기계적 접촉 부분이 많아 마찰이 많다.

문제50 공기압 발생장치인 압축기의 일반적인 설치 조건으로 가장 적합하지 않은 것은?

가. 습기 제거를 위해 직사광선이 있는 곳에 설치한다.
나. 저온, 저습 장소에 설치하여 소음, 진동을 예방한다.
다. 지반이 견고한 장소에 설치하여 소음, 진동을 예방한다.
라. 빗물, 바람 등에 보호될 수 있도록 지붕이나 보호벽을 설치한다.

문제51 공기압력 발생장치 중에서 사용압력이 게이지 압력으로 0~1kgf/cm^{2}의 압력원을 발생하는 기기의 명칭으로 적합한 것은?

가. 압축기　　나. 송풍기
다. 진공펌프　　라. 원심펌프

문제52 진공펌프에 대한 설명으로 다음 중 틀린 것은?

가. 왕복형은 회전형에 비해 진공도가 높다.
나. 절대 진공도까지 만들 수 있다.
다. 진공 펌프용 오일을 사용하여야 한다.
라. 진공도를 나타내는 것으로 10^{-1}기압 등으로 표시한다.

문제53 공기압 회로 중 압축공기 필터에 대한 설명으로 틀린 것은?

가. 필터는 공기 배출구에 설치한다.
나. 드레인 여과 방식으로 수동식과 자동식이 있다.
다. 수분 연지가 침입하는 것을 방지하기 위해 설치한다.
라. 오염의 정도에 따라 필터의 엘리먼트를 설정할 필요가 있다.

해설 및 정답/유압기계

1. 정답 : 다

2. 정답 : 라

3. ①의 유압$= \frac{5\text{kgf}}{5\text{cm}^2} = 1\text{kgf/cm}^2$

② F_2의 힘$= 1\text{kgf/cm}^2 \times 50\text{cm}^2 = 50\text{kgf}$

정답 : 라

4. 손실수두 = $f\frac{\ell}{d} \times \frac{v^2}{2g}$

여기서, ℓ : 관의 길이, d : 관의 지름

v : 유체의 속도, g : 중력가속도(m/s^2)

정답 : 나

5. 정답 : 다

6. $Q = AV$

여기서, Q : 유량, A : 단면적, V : 속도

정답 : 다

7. 정답 : 다

8. 정답 : 나

9. 정답 : 나

10. 정답 : 라

11. 정답 : 나

12. 정답 : 가

13. 정답 : 라

14. 정답 : 가

15. 정답 : 다

16. 정답 : 가

17. 정답 : 가

18. 정답 : 다

19. 정답 : 가

20. 정답 : 라

21. 정답 : 다

22. 정답 : 가

23. 정답 : 나

24. 동력$= \frac{\gamma HQ}{75 \times 60}(PS)$, 또는 $\frac{\gamma HQ}{102 \times 60}(kW)$

여기서, γ : 비중량(kgf/m^3), H : 전양정(물기둥 높이 즉, 물이 올라가는 높이 : m), Q : 유량(m^3/min)

※ 유량이 초니까 분으로 바꾸면 60이고, 물의 비중량은 1000kgf/m^3이므로

$$\therefore\ kW = \frac{\gamma HQ}{102 \times 60} = \frac{1000 \times 35 \times 60 \times 1}{6120} \fallingdotseq 343kW$$

정답 : 다

25. $L_w = \frac{\gamma \times Q \times H}{75 \times 60 \times \eta} = \frac{1000 \times 1.56 \times 90}{75 \times 60 \times 0.9}$
$= 34.67ps$

정답 : 다

26. $p = \gamma h$(탱크 바닥면의 압력)

$$F = \frac{1}{2}\gamma bh^2 = \frac{1000 \times 2.5 \times 3^2}{2} = 11250(\text{kgf})$$

정답 : 가

27. 정답 : 다

28. 정답 : 가

29. 정답 : 나

30. 정답 : 라

31. 정답 : 다

32. 정답 : 다

33. 정답 : 다

34. 정답 : 가

35. 정답 : 다

36. 정답 : 나

37. 정답 : 라

38. 정답 : 라

39. 정답 : 가

40. 운동부분에 사용하는 실은 패킹이다.

정답 : 가

41. 정답 : 라

42. 정답 : 가

43. 정답 : 가

44. 정답 : 나

45. 정답 : 다

46. 정답 : 가

47. 정답 : 나

48. 정답 : 다

49. 정답 : 다

50. 정답 : 가

51. ① 팬은 $0 \sim 0.1\text{kgf/cm}^2$ 압력원 발생
② 블로워는 $0.1 \sim 1.0\text{kgf/cm}^2$ 압력원을 발생한다.

정답 : 나

52. 진공펌프의 진공도를 표시하는 방법은
① 절대 진공을 100%로 한 %로서 표시하는 방법
② 절대 진공을 760mmHg로 한 수은주로 표시하는 방법이 있다.

정답 : 라

53. 정답 : 가

PART 5

재료역학기초

1. 하중과 응력

1-1 하중(load)

하중이란 기계부품이나 구조물에 대하여 외부에서 작용하는 힘을 말한다.

1-1-1 하중의 작용상태에 따른 분류

① 인장 하중(tensile load) : 물체를 축 방향으로 잡아 늘려지도록 작용하는 하중
② 압축 하중(compressive load) : 축 방향으로 가압적으로 눌러서 작용하는 하중
③ 전단 하중(shearing load) : 물체의 평행 2면에 크기가 같고 방향이 반대로 작용하는 하중.
④ 비틀림 하중(twisting load) : 물체를 비틀리게 작용하는 하중
⑤ 휨 하중(deflection load) : 재료를 구부려 꺾으려는 하중

1-1-2 하중의 분포상태에 따른 분류

① 집중 하중(concentrated load) : 재료의 한 점에 집중하여 작용하는 하중
② 분포 하중(distributed load) : 일정한 범위 내에 작용하는 하중

1-1-3 하중의 속도에 따른 분류

(1) 정하중(static load) : 시간에 따라 크기와 방향이 변하지 않는 하중
(2) 동하중(dynamic load) : 시간에 따라 크기와 방향이 변하는 하중
① 반복 하중(repeated load) : connecting-rod, 엔진 밸브의 스프링, 엘리베이터의 와이어로프 등
② 교번하중(alternate load) : 크기와 방향이 주기적으로 변하는 하중
③ 충격 하중(impact load) : 순간적으로 갑자기 격렬하게 작용하는 하중으로 안전율을 가장 크게 정해야 하는 하중이다. 충격하중에 의한 변형량은 정하중의 2배의 변형량을 발생시킨다.

1-2 응력(stress)

$\text{응력} = \dfrac{\text{전응력}}{\text{단면적}} = \dfrac{\text{하중}}{\text{단면적}}$ (kgf/mm^2), 즉 외부 하중에 대응하여 내부에 생기는 저항력을 응력이라 한다. 응력은 하중과 재료 내부에 생기는 저항력과는 크기가 같고 방향이 서로 반대이다. 충격응력은 단면적이나 길이를 증가시킴으로써 응력이 감소한다. 또한 응력은 체적에 반비례하고, 재료의 탄성계수에 비례하고, 운동에너지를 증가시킴으로써 응력이 증가한다.

$$\sigma(\text{수직응력}) = \frac{W}{A}(kgf/mm^2) \qquad \tau(\text{전단응력}) = \frac{W}{A}(kgf/mm^2)$$

1-3 응력 집중계수(stress concentration factor : K)

원형구멍과 필렛 연결부를 가진 평판에서의 최대응력은 구멍이나 홈의 가장자리에서 발생한다. 따라서 최대응력(σ_{max})은 판의 평균응력(σ_{ave})의 3배이다. 다시 말하면 $\sigma_{max} = 3\sigma_{ave}$로서 응력집중계수 $K=3$이다.

$$K = \frac{\sigma_{max}}{\sigma_{ave}}$$

1-4 변형률 $= \dfrac{\text{변형량}}{\text{원래의 길이}} = \dfrac{\text{직경의 변형량}}{\text{원래의 직경}}$

1-4-1 세로 변형률(종 변형률 : ϵ)

체적변형률은 세로(종) 변형률의 3배와 같다. 즉 $\epsilon_v = 3\epsilon$이다.

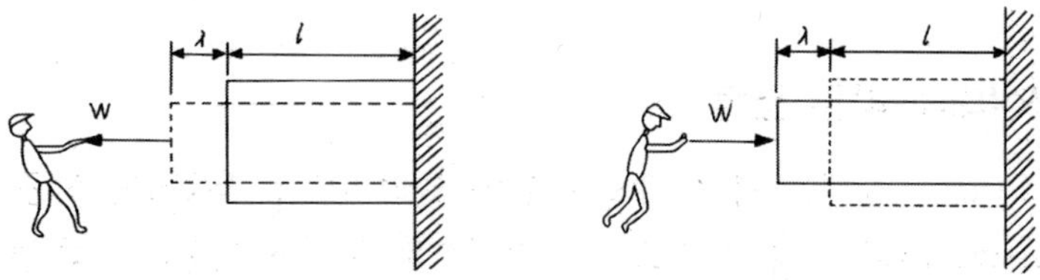

$\epsilon = \dfrac{\lambda}{l}$, $l = \dfrac{\lambda}{\epsilon}$, $\lambda = \epsilon \times l$, $\lambda = l - l'$ λ : 변형량, l : 원래의 길이, l' : 변형 후의 길이

1-4-2 가로 변형률(횡 변형률 : ϵ')

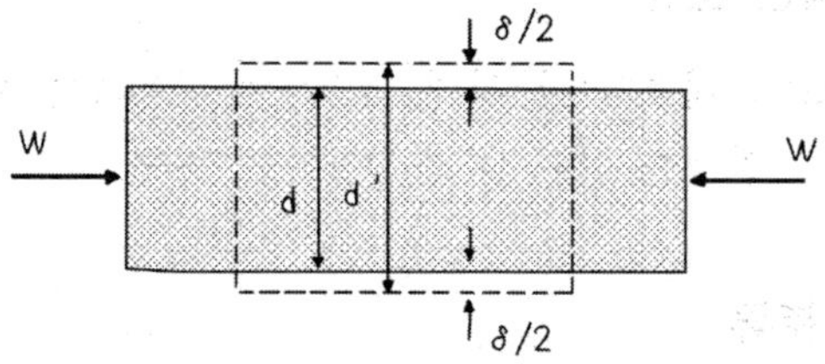

$\epsilon' = \dfrac{d - d'}{d} = \dfrac{\delta}{d}$ d : 원래의 직경, d' : 변형 후의 직경, δ : 직경의 변형량

1-4-3 전단 변형률(γ)

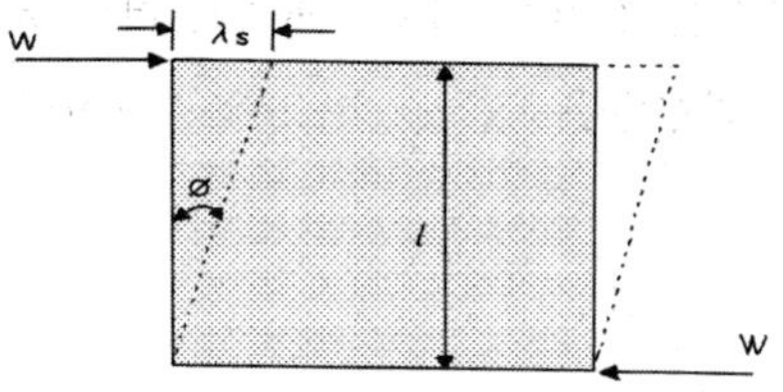

$$\gamma = \frac{\text{미끄럼 변형량}}{\text{원래의 높이}} = \frac{\lambda_s}{l} = \tan\phi$$

$$\therefore \phi = \tan^{-1}\frac{\lambda_s}{l}$$

1-5 후크의 법칙과 탄성계수(Hook's law and Elastic modulus)

1-5-1 후크의 법칙

① 비례한도 내에서는 응력과 변형율은 정비례한다($\sigma \propto \epsilon$).

② 비례한도 내에서는 물체의 변형량은 하중과 길이에 정비례하고, 단면적 및 탄성계수에 반비례한다.

$\lambda = \dfrac{W\ell}{AE}$(kgf/mm^2) 여기서, λ : 세로변형량, W : 하중, ℓ : 길이, A : 단면적, E : 탄성계수

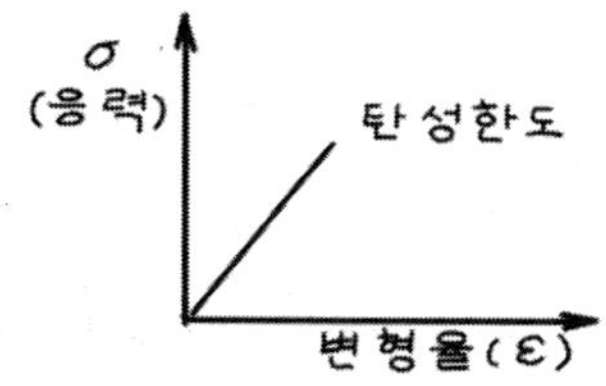

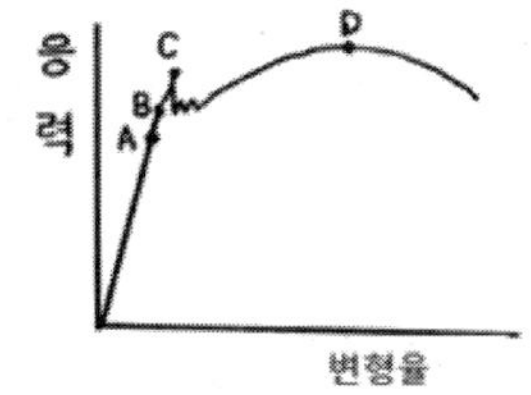

1-5-2 종 탄성계수(E : 세로탄성계수 또는 Young's modulus)

$E = \frac{W\ell}{A\lambda}$ (kgf/mm²) 여기서, W : 하중, ℓ : 길이, A : 단면적, λ: 늘어난 길이

1-5-3 가로탄성계수(G : 전단탄성계수, 강성계수)

$G = \frac{W}{A\gamma}$ 여기서, γ : 전단 변형률) $\therefore$ 가로변형량$(\delta) = \frac{d\sigma}{mE}$

[참고] 강의 가로탄성계수 G = 0.8×10^6 kgf/cm²이며, 세로탄성계수의 0.4배 정도이다.

1-5-4 체적 변형률$(\epsilon_v) = \frac{\Delta V}{V}$, $\sigma \propto \epsilon_v$, $\sigma = K \cdot \epsilon_v$ 단, K : 체적탄성계수 $\therefore \epsilon_v = \epsilon(1-\nu)$

1-6 포와송 비(Poisson's ratio : ν)

가로 변형률($\frac{\text{가로변형량}(\delta)}{\text{원지름}(d)}$)과 세로 변형률($\frac{\text{세로변형량}(\lambda)}{\text{원래의 길이}(\ell)}$)은 상호 비례하는 성질이 있고 가로 변형률과 세로 변형률과의 비는 탄성한도 내에서는 일정하다. 이것을 포와송의 비라고 한다.

$\nu = \frac{\text{가로 변형률}(\epsilon')}{\text{세로 변형률}(\epsilon)} = \frac{1}{m} \leq 0.5$ 여기서, m : 포와송의 수. 즉, 포와송 수는 포와송 비의 역수다.

1-7 포와송 비와 탄성계수 간의 관계

$$G = \frac{mE}{2(m+1)},\ E = 2G(1-\nu),\ K = \frac{mE}{3(m-2)}$$

2. 재료의 사용범위

2-1 사용응력(σ_w), 허용응력(σ_a), 탄성 한도(σ_u)의 관계

탄성한도 > 허용응력 ≥ 사용응력 즉, 사용응력은 허용응력보다 작은 값이어야 한다.

2-2 안전율(S)

$S = \frac{\text{영구변형을 갖는 모든응력}}{\text{탄성한도 이내의 모든응력}} = \frac{\text{극한강도}}{\text{허용응력}}$ $\therefore$ 허용응력 $= \frac{\text{극한강도}}{\text{안전율}}$

영구변형을 갖는 모든 응력은 항복점 강도, 극한강도, 파괴강도이고, 탄성한도 이내의 모든 응력은 비례한도, 사용응력, 허용응력이다.

3. 열응력

3-1 열응력

일반적으로 금속재료는 온도가 상승하면 팽창하고 온도가 내리면 수축한다. 따라서 가열하면 길어지고, 냉각하면 짧아진다. 열응력은 온도 변화에 따라서 자유 팽창 및 자유 수축에 대항하여 발생하는 응력이다.

∴ 열응력(σ) = $Ea(t_2 - t_1)$

여기서, E : 세로 탄성계수, a : 선팽창계수, $t_2 - t_1$: 온도 차이다.

3-2 선팽창계수(열팽창계수 : a) : cm/℃·cm

$$a = \frac{\text{늘어난 길이}}{\text{처음 길이}} \quad \text{변형량}(\lambda) = a\ell(t' - t)$$

4. 탄성 에너지(U)

4-1 수직응력에 의한 탄성 에너지(U)

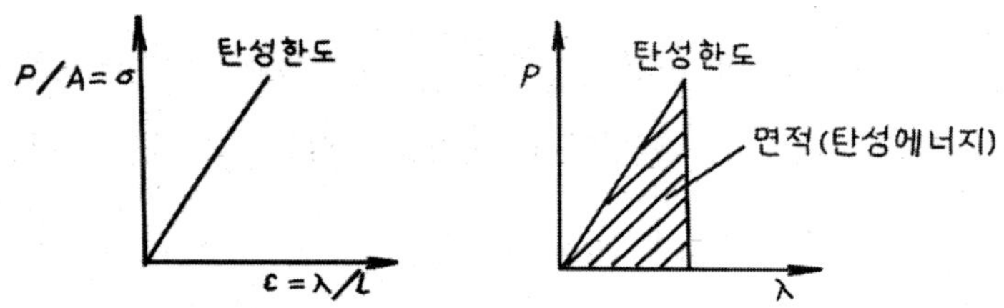

$$U = \frac{1}{2}P\lambda = \frac{\sigma^2 Al}{2E}$$

① 최대탄성 에너지(u : 단위체적당 탄성에너지) $= \frac{U}{V} = \frac{E \cdot \epsilon^2}{2}$

② 봉에서 발생하는 인장응력이 2배가 되면 단위체적당 저장되는 탄성에너지는 4배가 된다.

4-2 전단응력에 의한 탄성 에너지(U)

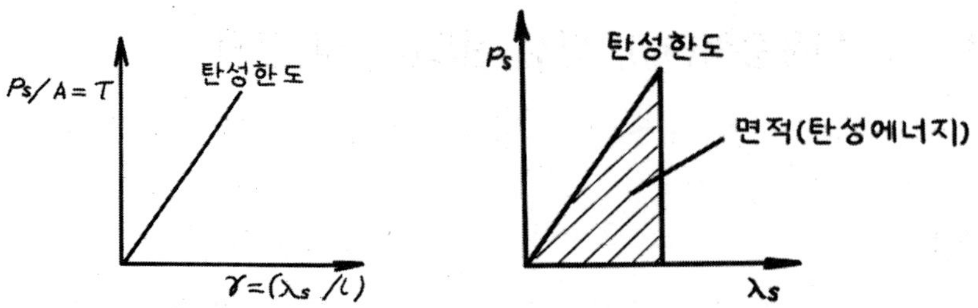

$$U = \frac{1}{2}Ps \cdot \lambda s = \frac{\tau^2 Al}{2G}$$

∴ 최대탄성 에너지(u)$= \frac{U}{V} = \frac{G \cdot \gamma^2}{2}$

5. 단면계수(Z)

굽힘만 받는 축 또는 보에 외력이 가해져 변형 또는 변형력이 일어날 때 쓰이는 계수이다.

5-1 직사각형의 단면계수$(Z)=\dfrac{bh^2}{6}$ 여기서, b : 폭, h : 높이

5-2 정사각형의 단면계수$(Z)=\dfrac{h^3}{6}$ 또는 $\dfrac{b^3}{6}$

5-3 중실축의 단면계수$(Z)=\dfrac{\pi d^3}{32}$ 여기서, d : 축의 지름

5-4 중공축의 단면계수$(Z)=\dfrac{\pi}{32}\left(\dfrac{D^4-d^4}{D}\right)=\dfrac{\pi d^2}{32}(1-x^4)$ 여기서, D : 외경, d : 내경, x : $\dfrac{d}{D}<1$

6. 극단면계수(Zp)

회전하는 축, 즉 비틀림을 받을 때 선난 변형 또는 변형력이 일어날 때 쓰이는 계수이다.

6-1 중실축일 때 극단면계수$(Zp)=\dfrac{\pi d^3}{16}$

6-2 중공축일 때 극단면계수$(Z_P)=\dfrac{\pi}{16}\left(\dfrac{D^4-d^4}{D}\right)=\dfrac{\pi d^3}{16}(1-x^4)$

7. 관성모멘트(I : 단면 2차 관성모멘트)

회전운동을 유지하려는 성질을 나타낼 때 쓰이는 계수이다.

7-1 직사각형의 관성모멘트$=\dfrac{bh^3}{12}$

7-2 정사각형의 관성모멘트$=\dfrac{h^4}{12}$ 또는 $\dfrac{b^4}{12}$

7-3 삼각형의 관성모멘트$=\dfrac{bh^3}{36}$

7-4 원의 관성모멘트$=\dfrac{\pi d^4}{64}$, 중공축일 때$=\dfrac{\pi}{64}(D^4-d^4)$

8. 극관성모멘트(Ip : 극단면 2차 관성모멘트)

돌림 힘이 작용하는 축에 비틀림이 작용할 때 이 비틀림에 저항하는 성질을 나타낸 값이다. 극관성모멘트 값이 클수록 비틀림은 작아진다.

8-1 원의 극관성모멘트$=\dfrac{\pi d^4}{32}$, 중공축일 때$=\dfrac{\pi}{32}(D^4-d^4)$

8-2 삼각형의 극관성모멘트$(Ip)=\dfrac{bh^2}{24}$

9. 축(Shaft)

9-1 축의 굽힘 모멘트만 작용하는 중실 축

$$M = Z \cdot \sigma_a = \frac{\pi d^3}{32} \cdot \sigma_a \quad \therefore\ d = \sqrt[3]{\frac{32M}{\pi \sigma_a}} \qquad 또한,\ \sigma_a = \frac{M}{Z}$$

여기서, M: 축의 굽힘 모멘트(kgf·mm)
σ_a : 축의 허용 굽힘응력(kgf/mm^2)
Z: 축의 단면계수

9-2 굽힘만 받는 중공축의 축 직경을 구하는 식

$$d = \sqrt[3]{\frac{32M}{\pi \sigma_a (1 - x^4)}} \qquad 여기서,\ x : 내외경비 (\frac{d_1}{d_2})$$

9-3 비틀림 모멘트만 작용하는 축

$T = \tau_a \times Z_P$를 이용하면　여기서, T: 비틀림 모멘트(mm·kgf)

$$\tau_a = \frac{T}{Zp} \qquad \tau_a : 전단응력,\ Z_P : 축의\ 극단면\ 계수$$

$$T = 716200 \frac{H(ps)}{N} = 974000 \frac{H'(kw)}{N}$$

9-3-1 중실축일 때 $Z_P = \frac{\pi d^3}{16}$

9-3-2 중공축일 때 $Z_P = \frac{\pi d^3}{16}(1 - x^4)$　　d: 외경

① 축의 전단응력은 축의 비틀림 모멘트에 정비례하고, 극관성 모멘트와 축의 지름의 3제곱에 반비례한다.

$$\tau_a(전단응력) = \frac{T}{Zp} = \frac{T}{\frac{\pi d^3}{16}} = \frac{16T}{\pi d^3} \qquad \sigma_a(굽힘응력) = \frac{M}{Z} = \frac{M}{\frac{\pi d^3}{32}} = \frac{32M}{\pi d^3}$$

② 동일 원통면 상에서는 어느 곳에서도 같은 비틀림 응력이 발생한다.

③ 강도가 같다고 하는 것은 극단면 계수가 같은 것이다.

④ 중공축의 내경을 외경의 1/2로 하고, 동일한 재료, 같은 크기의 비틀림 모멘트에 대한 강도를 가지는 중실축과 중공축에 대하여 무게는 중실 축의 경우 1.28배 무겁다.

(1) 비틀림만 받을 경우 중실축 직경을 구하는 식

$$중실축 :\ d = \sqrt[3]{\frac{16T}{\pi \tau_a}}$$

(2) 비틀림만 받을 경우 중공축 직경을 구하는 식

$$중공축 :\ d = \sqrt[3]{\frac{16T}{\pi \tau_a (1 - x^4)}}$$

(3) 비틀림과 굽힘을 동시에 받는 축(예 : 달리는 자동차)

· 허용굽힘응력≥최대굽힘응력$(\sigma_{max}) = \dfrac{32}{\pi d^3} \cdot \dfrac{1}{2}\left(M^2 + \sqrt{M^2 + T^2}\right)$

· 허용전단응력≥최대전단응력$(\tau_{max}) = \dfrac{16}{\pi d^3}\sqrt{M^2 + T^2}$

① 상당 비틀림 모멘트$(T_e) = \sqrt{M^2 + T^2} = M\sqrt{1 + \left(\dfrac{T}{M}\right)^2}$

② 상당 굽힘 모멘트$(M_e) = \dfrac{1}{2}(M + \sqrt{M^2 + T^2}) = \dfrac{M}{2}\left\{1 + \sqrt{1 + \left(\dfrac{T}{M}\right)^2}\right\}$

여기서, $\sqrt{M^2 + T^2} = Te$ 이므로 $\therefore\ Me = \dfrac{1}{2}(M + Te)$

③ 중실축일 때 상당 비틀림 모멘트를 받는 축의 축 지름 : $d = \sqrt[3]{\dfrac{16T_e}{\pi\tau_a}}$

④ 중실축일 때 상당 굽힘 모멘트를 받는 축의 축 지름 : $d = \sqrt[3]{\dfrac{32M_e}{\pi\tau_a}}$

⑤ 중공축일 때 상당 비틀림 모멘트를 받는 축의 축 지름 : $d = \sqrt[3]{\dfrac{16T_e}{\pi\tau(1 - x^4)}}$

⑥ 중공축일 때 상당 굽힘 모멘트를 받는 축의 축 지름 : $d = \sqrt[3]{\dfrac{32M_e}{\pi\tau(1 - x^4)}}$

(4) 비틀림 각

바하(Bach)의 축 설계기준에서 축의 재질은 연강이어야 하고, 축 길이 1m당 비틀림 각은 0.25° ($\dfrac{1}{4}$도) 이하로 제한하여 축 지름을 설계한다.

비틀림 각$(\theta) = \dfrac{T\ell}{GI_P}(rad) = \dfrac{180}{\pi} \times \dfrac{T\ell}{GI_P}(\deg)$

여기서, G : 가로(횡)탄성계수(80GPa = 80×10³ MPa = 80×10³ N/mm^2)

I_P : 극관성 모멘트[중실축일 때는 $\dfrac{\pi d^4}{32}$, 중공축일 때는 $\dfrac{\pi d_2^4(1 - x^4)}{32}$]

T : 비틀림 모멘트(kgf · mm)

$T = 716200\dfrac{H}{N}(ps) = 974000\dfrac{H'}{N}(kw)$

ℓ : 축 길이(1,000mm = 1m)

$\therefore$ 비틀림 각$(\theta) = \dfrac{32T\ell}{\pi d^4 G} \times 57.3° \fallingdotseq 584\dfrac{T\ell}{Gd^4}(°)$

※ 축의 비틀림 각은 비틀림 모멘트와 길이에 정비례하고, 축 지름의 4승과 비틀림 강성도(GIp)에 반비례한다.

10. 보(Beam)

10-1 보의 정역학적 평형조건

보가 평형상태를 유지하기 위해서는 그 보에 작용하는 힘의 합이 '0'이어야 하며, 모멘트(회전하려고 하는 힘)의 합도 '0'이어야 한다. 이것을 정역학적 평형조건이라고 한다. 보에서 굽힘으로 인하여 최대인장응력은 중립축으로부터 가장 먼 거리에서 나타난다.

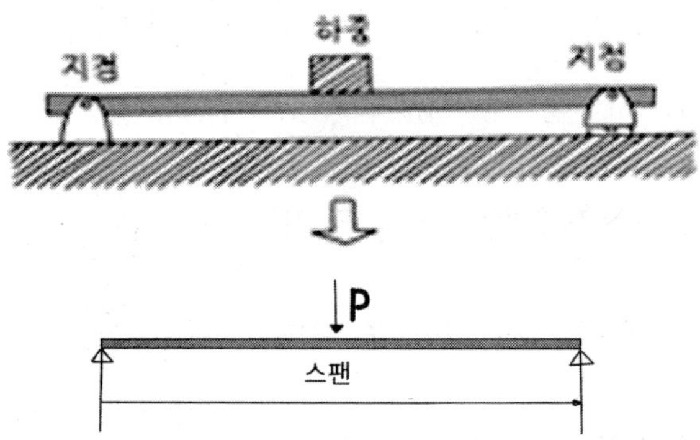

[보의 표시]

10-2 모멘트의 특성

① 모멘트는 반드시 +, -의 부호를 지닌다.
② 모멘트는 반드시 기준점을 가지고 회전한다.
③ 기준점의 위치가 바뀌면 부호도 바뀐다.
④ 기준점으로부터 '왼쪽 모멘트의 합 = 오른쪽 모멘트의 합'이 항상 성립한다.

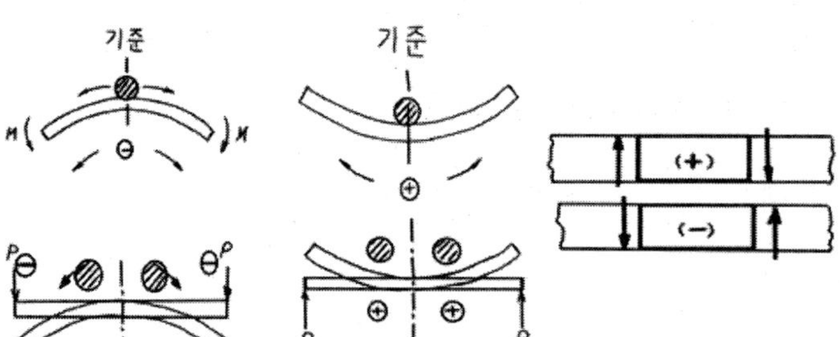

[모멘트의 부호]

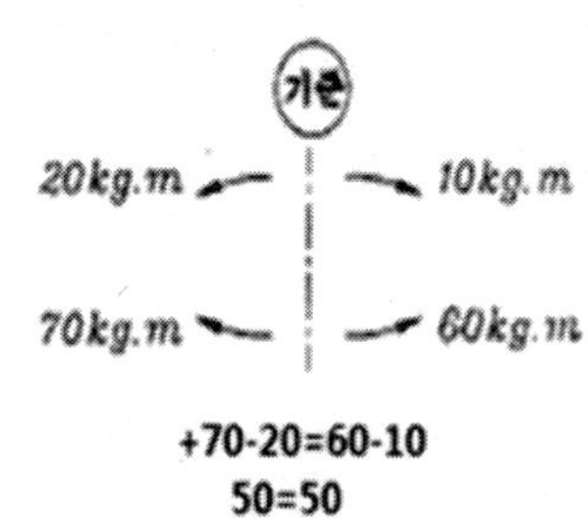

[모멘트의 평형]

10-3 보의 종류

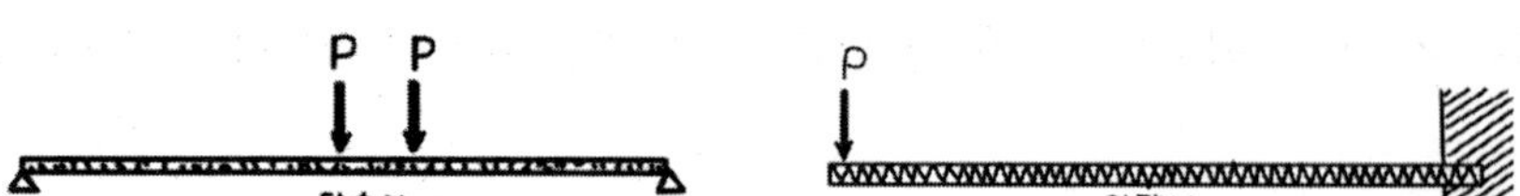

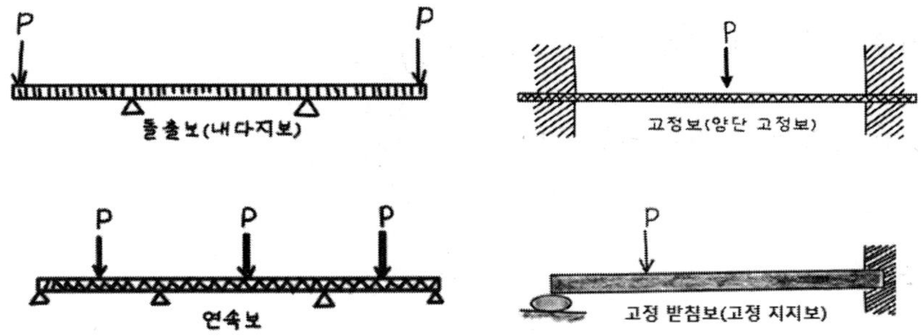

[보의 종류]

10-4 외팔보에서

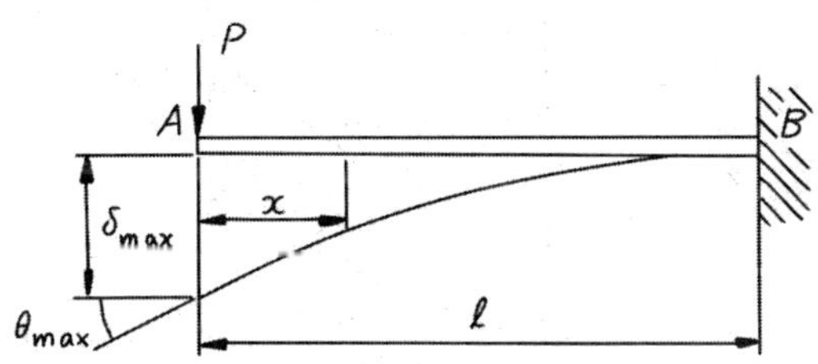

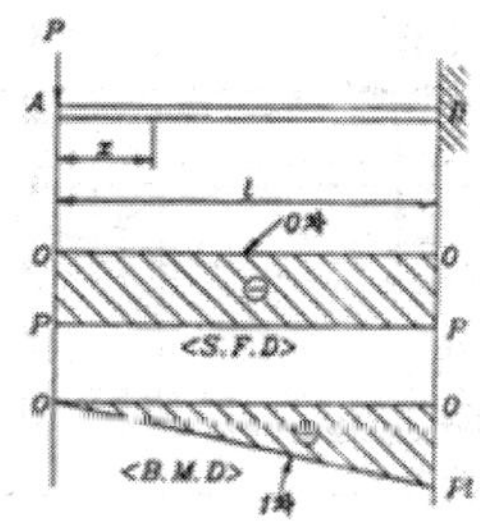

SFD : 전단력 선도
BMD : 굽힘 모멘트 선도

10-4-1 자유단(끝단)에서 집중하중을 받을 시 최대 굽힘 모멘트$(Mmax) = P\ell$

여기서 P : 하중, ℓ : 길이

10-4-2 외팔보 자유단에서 집중하중을 받을 시 최대 굽힘응력$(\sigma_{\max}) = \dfrac{Mmax}{Z}$

여기서, Z : 단면계수

10-4-3 외팔보 자유단에서 집중하중을 받을 시 최대 처짐량$(\delta_{\max}) = \dfrac{P\ell^3}{3EI}$

여기서, E: 종(세로) 탄성계수, I : 단면관성모멘트

E, I : 굽힘강성, 즉 처짐량은 굽힘강성에 반비례한다.

10-4-4 외팔보 자유단에서 집중하중을 받을 시 최대 처짐 각$(\theta_{\max}) = \dfrac{P\ell^2}{2EI}$

10-5 외팔보에서

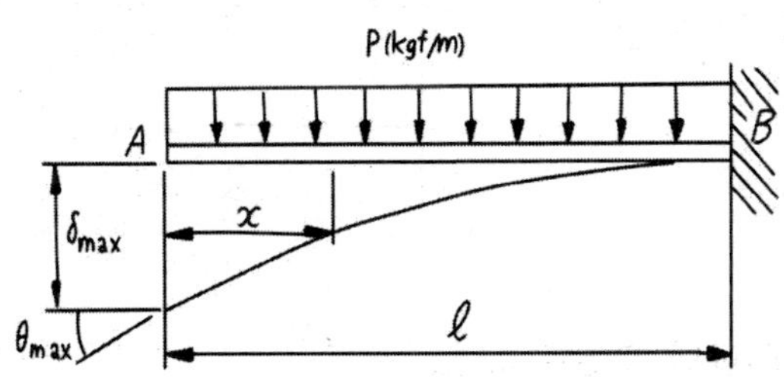

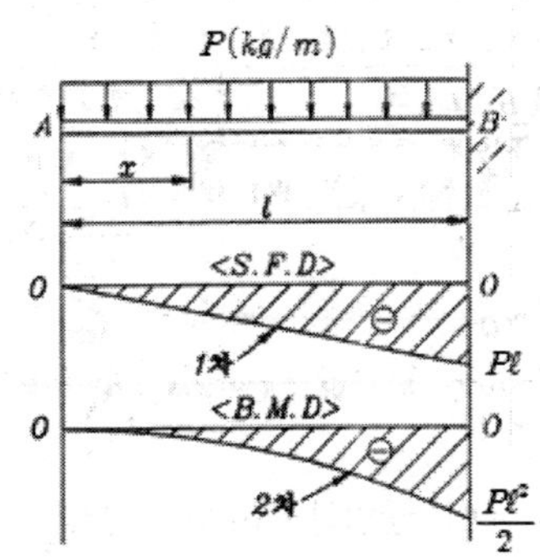

10-5-1 균일분포(등분포)하중을 받을 시 최대 굽힘 모멘트$(Mmax) = \dfrac{P\ell^2}{2}$

10-5-2 균일분포하중을 받을 시 최대 굽힘 응력$(\sigma_{\max}) = \dfrac{Mmax}{Z}$

10-5-3 균일분포하중을 받을 시 최대 처짐량$(\delta_{\max}) = \dfrac{P\ell^4}{8EI}$

10-5-4 균일분포하중을 받을 시 최대 처짐 각$(\theta_{\max}) = \dfrac{P\ell^3}{6EI}$

10-6 단순보에서

보(beam)의 처짐 곡선 미분방정식 : $\dfrac{d^2y}{dx^2} = \pm \dfrac{M}{EI}$ $(M$: 굽힘 응력)

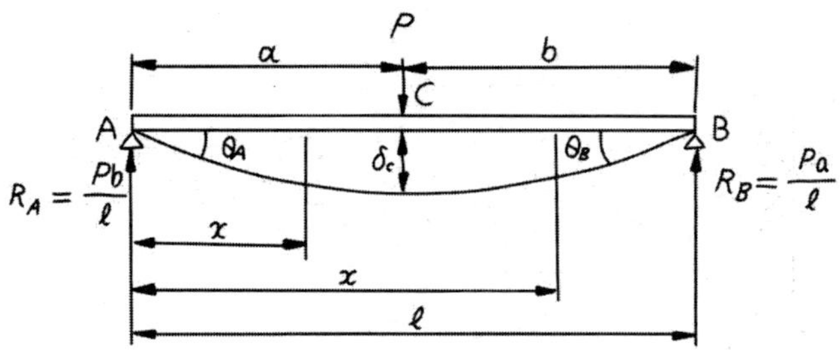

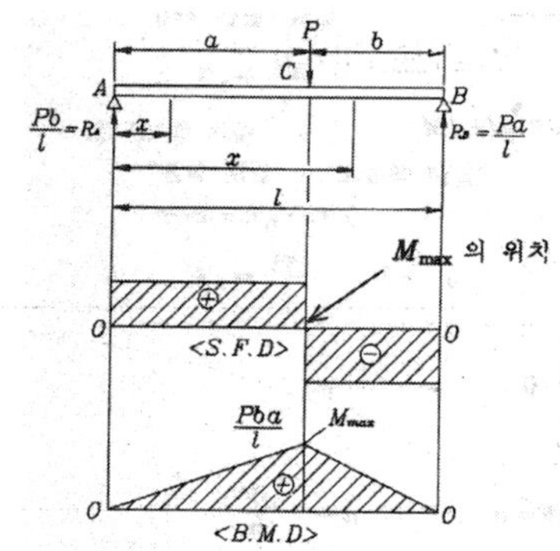

10-6-1 중앙에 집중하중을 받을시 최대 굽힘 모멘트$(Mmax) = \dfrac{P\ell}{4}$

10-6-2 중앙에 집중하중을 받을시 최대 굽힘 응력$(\sigma_{\max}) = \dfrac{Mmax}{Z}$

10-6-3 중앙에 집중하중을 받을시 최대 처짐량$(\delta_{\max}) = \dfrac{P\ell^3}{48EI}$

10-6-4 중앙에 집중하중을 받을시 최대 처짐 각$(\theta_{\max}) = \dfrac{P\ell^2}{16EI}$

10-7 단순보에서

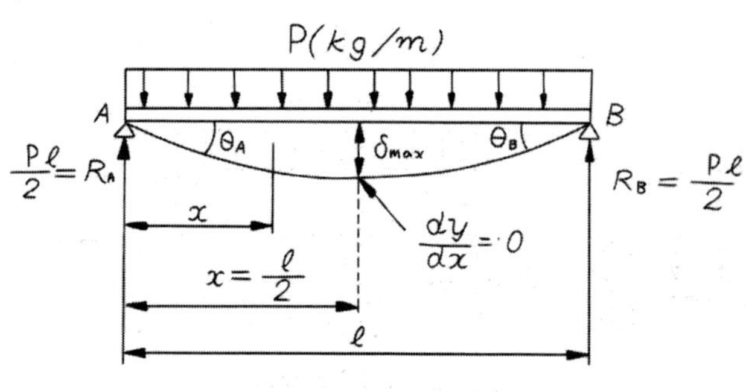

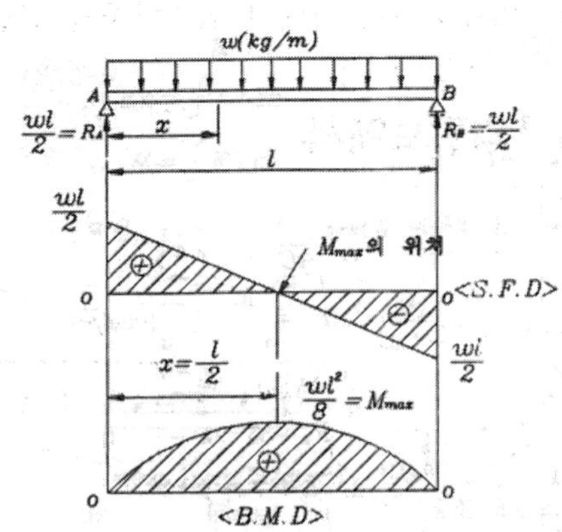

10-7-1 단순보에서 균일분포하중을 받을 시 최대 굽힘 모멘트$(M_{\max}) = \dfrac{P\ell^2}{8}$

10-7-1 균일분포하중을 받을 시 중앙부분에서 최대 처짐량$(\delta_{\max}) = \dfrac{5P\ell^4}{384EI}$

10-7-2 균일분포하중을 받을 시 최대 처짐 각$(\theta_{\max}) = \dfrac{P\ell^3}{24EI}$

10-8 양단지지 보에 집중하중이 작용하는 경우의 반력 R_A, R_B 의 계산

10-8-1 예문 1

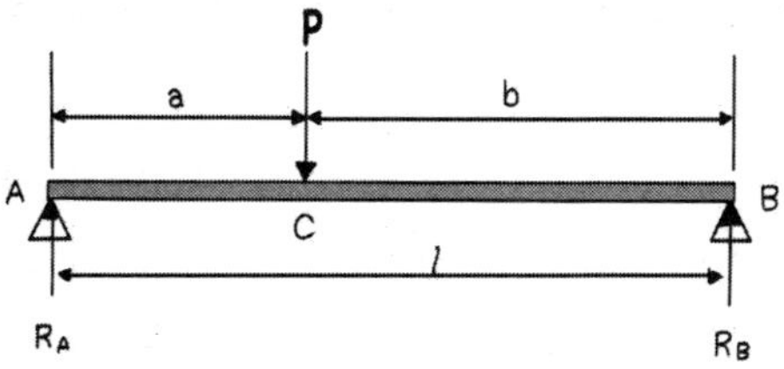

$$R_A = \frac{Pb}{l} \qquad R_B = \frac{Pa}{l}$$

10-8-2 예문 2

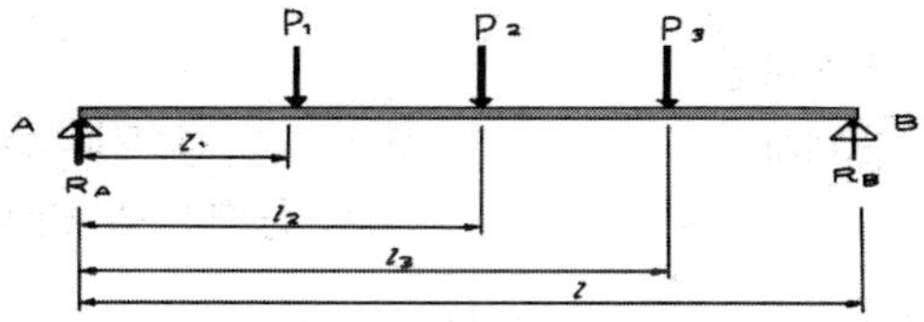

$$R_A = \frac{P_1(l-l_1)+P_2(l-l_2)+P_3(l-l_3)}{l} \qquad R_B = \frac{P_1 l_1 + P_2 l_2 + P_3 l_3}{l}$$

10-9 정정보(statically determinate beam)

하나 또는 둘 이상의 지점(支點)으로 지지된 보 중 힘의 평형 조건만으로 반력이나 응력을 구할 수 있는 보로서 단순보, 돌출보(내다지보), 외팔보는 정정보이다.

10-10 부정정보(statically indeterminate beam)

한쪽 끝 또는 양끝의 매입보 등과 같이 정역학적 평형 조건에 의해서는 부재력을 구할 수 없는 구조의 보로서 연속보, 고정보, 고정 지지보 등이다.

연습문제

문제01 물체의 외부로부터 가해지는 하중을 작용방향에 따른 분류와 작용시간에 따른 분류로 구분할 때, 다음 중 작용시간에 따른 분류에 속하는 하중은?

가. 압축하중 나. 인장하중
다. 충격하중 라. 굽힘하중

문제02 같은 물체에 같은 조건으로 하중을 작용시킬 때 발생되는 응력은 충격하중 때가 정 하중 때의 응력의 몇 배가 되는가?

가. 2배 나. 1/2배 다. 3배 라. 1/3배

문제03 같은 재료에서도 하중의 상태에 따라 안전율을 정해야 하는데 다음 중 안전율을 가장 크게 정해야 하는 하중은?

가. 충격하중 나. 반복하중
다. 교번하중 라. 정하중

문제04 탄소강의 응력-변형 곡선에서 항복점은?

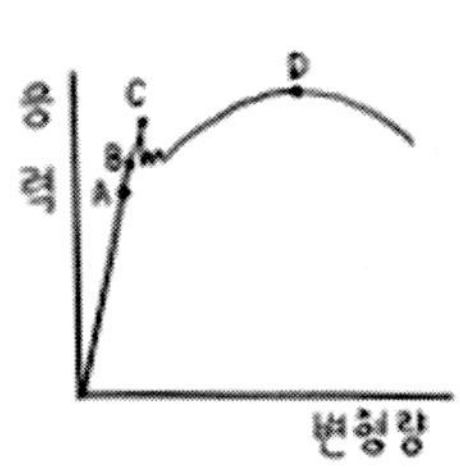

가. A 나. B 다. C 라. D

문제05 비례한도 내에서 응력과 변형률이 정비례한다는 것은 다음 중 어느 법칙인가?

가. 오일러의 법칙 나. 변형률의 법칙
다. 훅의 법칙 라. 모어의 법칙

문제06 연강재료를 인장시험 할 때, 비례한도 내에서 응력(P)과 변형율(ϵ)과의 관계는?

가. $P \propto \epsilon$ 나. $P \propto \epsilon^2$
다. $P \propto \frac{1}{\epsilon}$ 라. $P \propto \frac{1}{\epsilon^2}$

문제07 응력과 변형률에 관련된 설명 중 올바른 것은?

가. 탄성한계 내에서 변형률과 응력은 반비례한다.
나. 포와송 비는 세로변형률과 가로변형률의 곱으로 표시한다.
다. 응력은 단위 부피당 내력의 크기를 말한다.
라. 변형률은 응력이 작용하여 발생한 변형량과 변형 전 상태량과의 비를 말한다.

문제08 변형률에 대한 설명으로 맞는 것은?

가. 세로변형률과 가로변형률 사이에는 아무 관계가 없다.
나. 세로변형률과 전단변형률만이 관계가 있다.
다. 가로변형률과 전단변형률만이 관계가 있다.
라. 가로변형률과 세로변형률과의 비를 포와송의 비라고 한다.

문제09 길이 L = 1.5m인 봉에 인장하중을 작용시켜 길이가 1.5009m로 되었다면 인장 변형률은?

가. 0.0003 나. 0.0006 다. 0.003 라. 0.006

문제10 길이 50cm인 연강재의 환봉에 인장력이 작용하여 길이가 60cm로 늘어났을 때 이 재료의 연신율은 얼마인가?

가. 10%　　나. 20%　　다. 80%　　라. 40%

문제11 시편 지름이 D = 14mm, 평행부가 60mm, 표점거리는 50mm, 인장하중이 P = 9930N일 때 인장응력 σ(N/mm^2) 및 연신율 ϵ(%)은 약 얼마인가? (단, 절단후의 표점 거리 ℓ = 64.3mm이다.)

가. $\sigma = 64.5$,　$\epsilon = 28.6$
나. $\sigma = 64.5$,　$\epsilon = 38.6$
다. $\sigma = 54.5$,　$\epsilon = 38.6$
라. $\sigma = 54.5$,　$\epsilon = 28.6$

문제12 지름이 20mm인 시험편을 인장 시험한 결과 최대하중이 4082kgf이었다. 이 시험편의 인장응력는 약 몇 kgf/mm^{2}인가?

가. 10.42　　나. 104.20　　다. 12.99　　라. 129.93

문제13 그림과 같이 로프로 고정하여 A점에 1000kgf의 무게를 매달 때 AC 로프에 생기는 응력은 약 몇 kgf/cm^{2}인가? (단, 로프의 지름은 3cm이다.)

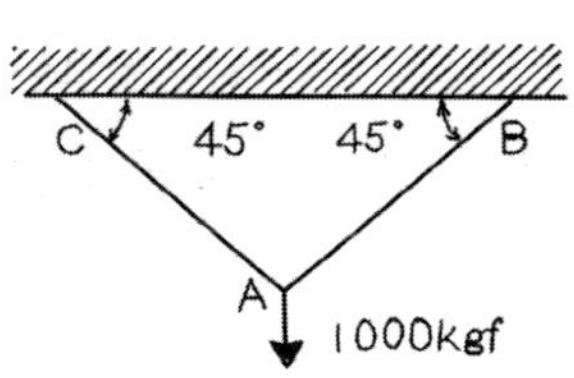

가. 100　　나. 210　　다. 431　　라. 640

문제14 비례한도 내에서 인장시험을 할 때 늘어난 길이 ΔL에 관한 공식으로 옳은 것은? (단, E는 재료의 세로탄성계수, P는 인장하중, L은 시험편의 초기 길이, A는 시험편의 초기 단면적이다.)

가. $\Delta L = \dfrac{PA}{LE}$　　나. $\Delta L = \dfrac{LE}{PA}$

다. $\Delta L = \dfrac{PL}{AE}$　　라. $\Delta L = \dfrac{AE}{PL}$

문제15 재료의 성질을 나타내는 세로탄성계수(영률 E)의 단위가 맞는 것은?

가. N　　나. N/cm^2　　다. N · m　　라. N/cm

문제16 길이 2m, 단면적이 15cm^{2}의 연강 봉이 5000kgf의 인장하중을 받아서 0.36mm만큼 늘어났다고 하면 이 재료의 세로탄성율은 얼마인가?

가. 1.56×106kgf/cm^2　　나. 1.67×106kgf/cm^2
다. 1.85×106kgf/cm^2　　라. 2.08×106kgf/cm^2

문제17 길이가 2m이고 직경이 1cm인 강선에 작용하는 인장하중 1600kgf/cm^{2}일 때 강선의 늘어난 길이는? (단, 탄성계수 E = 2.1×106kgf/cm^{2}이다.)

가. 0.1941cm　　나. 0.1814cm
다. 0.1579cm　　라. 0.1327cm

문제18 재료의 성질 중에서 포아송 비를 바르게 표시한 것은?

가. $\dfrac{\text{세로변형률}}{\text{가로변형률}}$　　나. $\dfrac{\text{가로변형률}}{\text{세로변형률}}$

다. $\dfrac{\text{세로변형률}}{\text{전단변형률}}$　　라. $\dfrac{\text{전단변형률}}{\text{세로변형률}}$

문제19 지름 2cm, 길이 4m인 봉이 축 인장력 400kgf를 받아 지름이 0.001mm 줄어들고 길이는 1.05mm 늘어났다. 이 재료의 포와송 수 m은 얼마인가?

가. 3.25　　나. 4.25　　다. 5.25　　라. 6.25

문제20 안전율을 나타내는 식으로 옳은 것은?

가. $\frac{\text{인장강도}}{\text{허용응력}}$　　나. $\frac{\text{사용응력}}{\text{허용응력}}$

다. $\frac{\text{허용응력}}{\text{인장강도}}$　　라. $\frac{\text{허용응력}}{\text{사용응력}}$

문제21 재료의 인장강도가 4500N/mm^{2}인 연강제의 허용응력이 375N/mm^{2}이라면 안전율은?

가. 10　나. 11　다. 12　라. 13

문제22 재료의 인장강도가 48kgf/cm^2 인 강재가 안전율이 8이면 허용인장응력은 몇 kgf/mm^{2}인가?

가. 560　나. 600　다. 640　라. 680

문제23 최대 인장력 2000N을 받을 수 있는 단면적 20mm^{2}인 특수강의 안전율이 4일 때, 허용인장응력은 몇 MPa인가?

가. 25　나. 40　다. 250　라. 400

문제24 단면적이 400mm^{2}인 봉의 최대 사용하중이 800N이다. 이 봉의 허용인장응력이 600N/cm^{2}이면 이 봉의 안전계수는?

가. 3　나. 6　다. 9　라. 12

문제25 재료를 사용하는 일반적인 경우 사용응력(σ_w), 허용응력(σ_a), 탄성 한도(σ_u)의 관계로 다음 중 가장 적합한 것은?

가. 허용응력≧사용응력〉탄성 한도
나. 허용응력≧탄성 한도〉사용응력
다. 탄성한도〉사용응력〉허용응력
라. 탄성한도〉허용응력≧사용응력

문제26 응력에 관한 설명 중 옳지 않은 것은?

가. 사용응력은 허용응력보다 작은 값이어야 한다.
나. 두 축 방향으로 작용하는 응력을 2축 응력이라 한다.
다. 충격에 의해 생기는 응력은 정하중으로 작용하는 경우의 3배가 된다.
라. 보에서 굽힘으로 인하여 발생하는 최대인장응력은 중립축으로부터 가장 먼 거리에서 나타난다.

문제27 열응력에 대한 설명으로 틀린 것은?

가. 온도차에 관계가 있다.
나. 세로 탄성계수와 관계가 있다.
다. 선팽창계수에 관계가 있다.
라. 재료의 크기에 관계가 있다.

문제28 내압을 받는 얇은 원통 드럼에서 축 방향의 응력은 원주방향응력의 몇 배인가?

가. 2배　나. 1/2배　다. 4배　라. 1/4배

문제29 양단에 베어링으로 지지되어 있으며 그 중앙에 회전체 1개를 가진 원형 단면 축에 대한 위험속도의 계산에 필요한 설계인자로서 가장 거리가 먼 것은?

가. 축의 길이　나. 전단탄성계수
다. 회전체의 무게　라. 축의 단면 2차 모멘트

문제30 외경이 내경(d_1)의 2배인 중공축과 같은 비틀림 모멘트를 전달하는 중실축의 직경은?

가. $1.55d_1$　나. $1.96d_1$
다. $2.47d_1$　라. $2.74d_1$

문제31 탄성한도 내에서 인장하중을 받는 봉에 발생하는 응력에 의한 단위 체적 당 저장되는 탄성에너지가 u_1일 때 봉에 발생하는 인장응력이 2배가 되면 단위 체적당 저장되는 탄성에너지는?

가. $\frac{1}{4}u_1$ 나. $\frac{1}{2}u_1$ 다. $2u_1$ 라. $4u_1$

문제32 비틀림을 받는 원형 단면 축의 극관성 모멘트는? (단, d는 원형단면의 지름이다.)

가. $\frac{\pi d^3}{16}$ 나. $\frac{\pi d^3}{32}$ 다. $\frac{\pi d^4}{16}$ 라. $\frac{\pi d^4}{32}$

문제33 다음 중 원형 단면의 관성 모멘트 I를 구하는 식은? (단, d는 원형단면의 지름이다.)

가. $\frac{\pi d^4}{64}$ 나. $\frac{\pi d^3}{32}$ 다. $\frac{\pi d^3}{64}$ 라. $\frac{\pi d^4}{32}$

문제34 비틀림 모멘트를 받는 원형단면 축에 발생되는 최대 전단응력은?

가. 축 지름이 증가하면 최대 전단응력은 감소한다.
나. 단면계수가 감소하면 최대 전단응력은 감소한다.
다. 축의 단면적이 증가하면 최대 전단응력은 증가한다.
라. 가해지는 토크가 증가하면 최대 전단응력은 감소한다.

문제35 원형 단면축이 비틀림 모멘트를 받을 때 생기는 최대전단응력에 관한 설명으로 옳지 <u>않은</u> 것은?

가. 극단면계수에 비례한다.
나. 비틀림 모멘트에 비례한다.
다. 극관성 모멘트에 반비례한다.
라. 축의 지름의 3제곱에 반비례한다.

문제36 그림과 같은 폭 b = 24cm, 높이 h = 28cm인 직사각형 단면의 Z축에 대한 단면계수 값은 얼마인가?

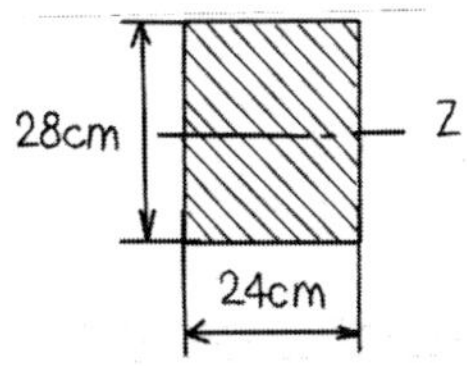

가. $2136cm^4$ 나. $3136cm^4$
다. $2136cm^3$ 라. $3136cm^3$

문제37 지름이 d인 원형단면의 허용 비틀림 응력을 τ라 할 때 이 봉이 받는 허용 비틀림 모멘트는 다음 중 어느 것인가?

가. $\frac{\pi d^3}{16}\tau$ 나. $\frac{\pi d^4}{16}\tau$
다. $\frac{\pi d^3}{32}\tau$ 라. $\frac{\pi d^4}{32}\tau$

문제38 지름이 d인 원형단면봉에 비틀림 토크가 작용할 때의 전단응력이 τ라고 하면, 지름이 3d인 동일 재질의 원형단면봉에 동일한 비틀림 토크가 작용할 때의 전단응력은?

가. $\frac{1}{9}\tau$ 나. 9τ 다. $\frac{1}{27}\tau$ 라. 27τ

문제39 축에 작용하는 비틀림 모멘트를 T, 전단탄성계수를 G, 극관성모멘트를 Ip, 길이를 l이라 할 때 전체 비틀림 각은?

가. $\frac{TIp}{Gl}$ 나. $\frac{Tl}{GIp}$ 다. $\frac{TG}{Ipl}$ 라. $\frac{Gl}{TIp}$

문제40 H(kW)의 동력을 전달하고 N(rpm)으로 회전하는 축의 최소 지름을 제안하는 바하(Bach)의 축지름(d, mm) 공식은 다음과 같은데, 이 식은 축 길이 1m에 대해 비틀림 각도가 몇 도 이내여야 함을 가정하는가?

$$d = 130\sqrt[4]{\frac{H}{N}}$$

가. $\frac{1}{5}°$　　나. $\frac{1}{4}°$　　다. $\frac{1}{2}°$　　라. $\frac{1}{3}°$

문제41 1000rpm으로 2000N · cm 의 비틀림 모멘트를 전달하는 축의 전달 동력은 약 몇 kW인가?

가. 2　　나. 4　　다. 20　　라. 40

문제42 속이 찬 원형 축에 지름이 40mm의 연강재는 200rpm으로 7.5kW의 동력을 전달할 때 생기는 전단응력은 약 몇 N/cm^{2}인가?

가. 900　　나. 1450　　다. 1800　　라. 2850

문제43 직경 10mm인 전동모터의 축으로 전달할 수 있는 토크(T)는 약 몇 N · mm인가? (단, 축의 허용 전단응력은 40N/mm^{2}이다.)

가. 7850　　나. 785　　다. 3925　　라. 392.5

문제44 지름이 10cm인 축에 6MPa의 최대 전단응력이 발생했을 때 비틀림 모멘트는 약 몇 N · m인가?

가. 589　　나. 1767　　다. 6280　　라. 1178

문제45 중앙에 회전체 질량을 갖는 축에서 회전체에 의한 처짐이 0.01mm일 때 이 축의 위험속도는 몇 rpm인가?

가. 4729　　나. 9459　　다. 990　　라. 1981

문제46 다음 그림과 같은 보의 이름은?

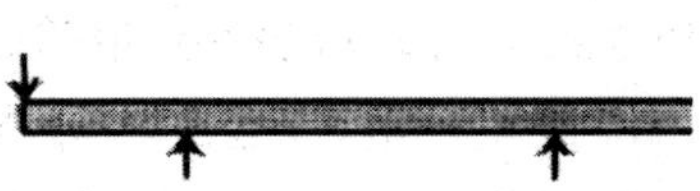

가. 단순 보　　나. 외팔 보
다. 내다지 보　　라. 고정 보

문제47 다음 중 양 끝을 받치고, 양단 지지보라고도 하는 보는?

가. 단순보　　나. 외팔보　　다. 고정보　　라. 연속보

문제48 단순보의 굽힘 응력을 σ, 굽힘 모멘트를 M, 단면계수를 Z라고 할 때 굽힘 모멘트 M을 구하는 식은?

가. $M = \frac{\sigma Z}{2}$　　나. $M = \frac{\sigma}{Z}$
다. $M = \frac{Z}{\sigma}$　　라. $M = \sigma \cdot Z$

문제49 단면계수가 10m^{3}인 원형 봉의 최대 굽힘 모멘트가 2000N · m일 때 최대 굽힘 응력은 몇 N/m^2 인가?

가. 20000　　나. 2000　　다. 200　　라. 20

문제50 보 속의 굽힘 응력에 대한 설명으로 옳은 것은?

가. 중립면으로부터의 거리에 비례한다.
나. 중립면에서 굽힘 응력이 최대로 된다.
다. 세로탄성계수에 반비례한다.
라. 굽힘 곡률반지름에 비례한다.

문제51 길이가 l인 단순보의 중앙에 집중하중 P가 작용할 때 최대 처짐은 중앙에서 발생한다. 이때 처짐량(δ_{max})을 산출하는 식으로 옳은 것은? (단, E는 세로탄성계수, I는 단면 2차 모멘트이다.)

가. $\delta_{max} = \frac{Pl^3}{3EI}$　　나. $\delta_{max} = \frac{Pl^3}{8EI}$
다. $\delta_{max} = \frac{Pl^3}{48EI}$　　라. $\delta_{max} = \frac{Pl^3}{384EI}$

문제52 길이가 L이고 단면이 b(폭)×h(높이)의 직사각형인 단순보 중앙에 집중하중 P가 작용할 때 최대 처짐량에 대해 옳게 설명한 것은?

가. 하중(P)에 반비례한다.
나. 폭(b)에 정비례한다.
다. 탄성계수(E)에 정비례한다.
라. 길이(L)에 정비례한다.

문제53 스팬이 2m인 단순보의 중앙에 1000kgf의 집중하중이 작용할 때, 최대 휨모멘트는 몇 kgf · m인가?

가. 250 나. 500 다. 25000 라. 50000

문제54 중앙에 집중하중 P를 받는 길이 ℓ의 단순보에 대한 설명이다. 틀린 것은? (단, 보의 자중은 무시하고 굽힘 강성은 EI로 한다.)

가. 보의 최대 처짐은 중앙에서 일어난다.
나. 보의 양 끝단에서의 굽힘 모멘트는 0(zero)이다.
다. 보의 최대 처짐을 나타내는 값은 $\frac{P\ell^3}{3EI}$이다.
라. 보의 한 지점에서의 반력은 $\frac{P}{2}$이다.

문제55 균일 분포 하중을 받는 다음 그림과 같은 양단 지지보에서 $x = \frac{\ell}{2}$에서의 처짐은 얼마인가?

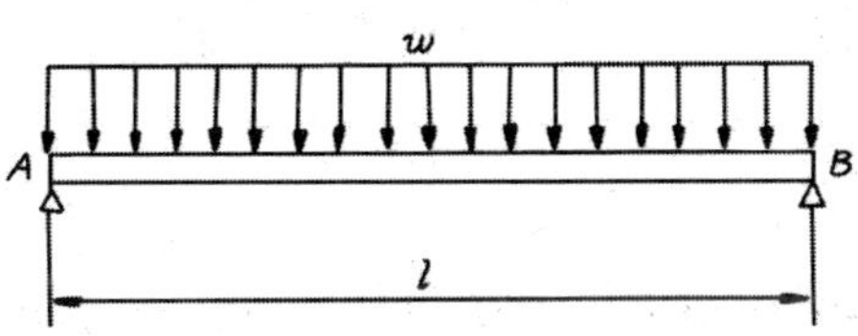

가. $Y_{x=\frac{\ell}{2}} = \frac{5w\ell^4}{384EI}$ 나. $Y_{x=\frac{\ell}{2}} = \frac{w\ell^4}{354EI}$

다. $Y_{x=\frac{\ell}{2}} = \frac{3w\ell^4}{384EI}$ 라. $Y_{x=\frac{\ell}{2}} = \frac{5w\ell^4}{354EI}$

문제56 폭×높이가 30cm×40cm의 단면을 가진 다음 단순보의 최대 굽힘 응력은 몇 kgf/cm^{2}인가? (단, 보의 자중은 무시한다.)

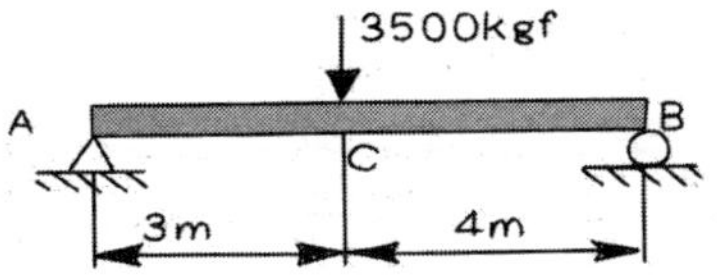

가. 50 나. 67 다. 77 라. 80

문제57 폭이 5cm, 높이가 10cm의 단면을 갖는 보에 굽힘 모멘트 10000kgf · cm가 작용할 때 보에 생기는 최대 굽힘응력 σ_{max}은 약 몇 kgf/cm^{2}인가?

가. 120 나. 240 다. 340 라. 480

문제58 그림과 같이 균일분포하중을 받는 단순보에서 최대 굽힘 응력은?

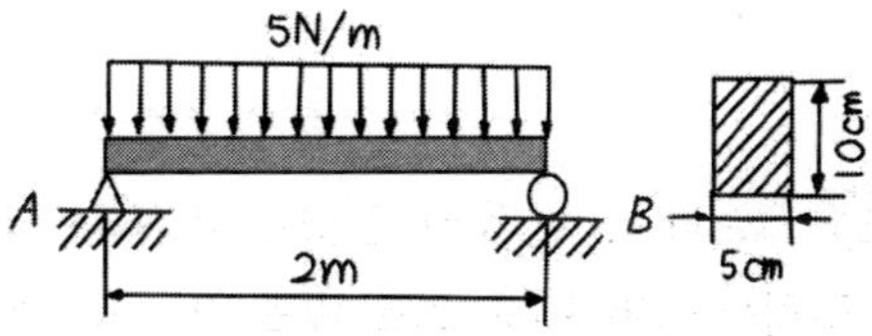

가. 30kPa 나. 40kPa 다. 60kPa 라. 80kPa

문제59 그림과 같이 길이 ℓ인 단순보의 중앙에 집중하중 W를 받을 때 최대 굽힘 모멘트(M_{max} 점)는 얼마인가?

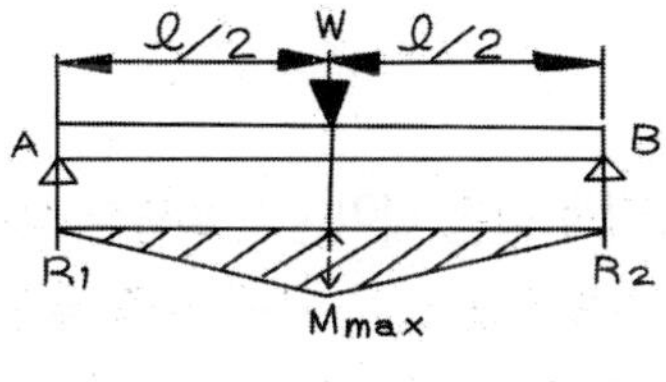

가. $\frac{W\ell}{4}$ 나. $\frac{W\ell}{2}$ 다. $\frac{W\ell^2}{4}$ 라. $\frac{W\ell^2}{2}$

문제60 그림과 같이 스팬 200cm의 단순보 A 점에서 120cm 지점에 집중하중 500N이 작용할 때 보에 발생하는 최대 휨 모멘트는 몇 N · m인가?

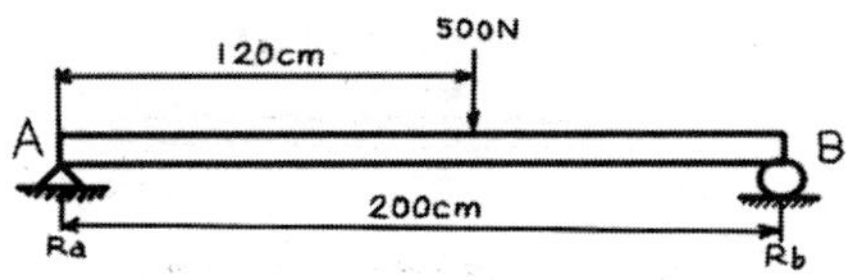

가. 215　　나. 240　　다. 21500　　라. 24000

문제61 양단 지지보(고정보)의 중앙에 집중 하중 P가 작용하고, 스팬의 길이를 ℓ이라고 할 때 최대 굽힘 모멘트는?

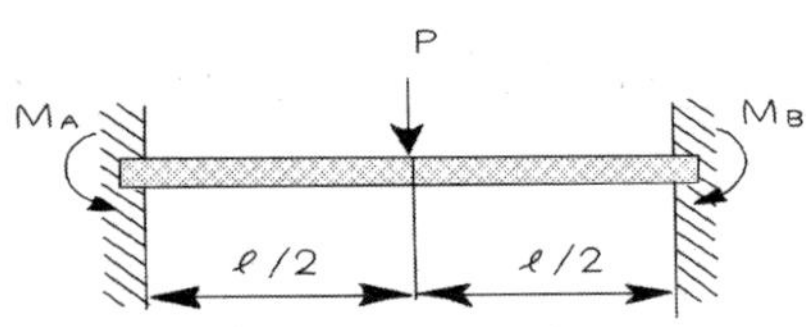

가. $\frac{P\ell^2}{4}$　　나. $\frac{P\ell}{4}$　　다. $\frac{P\ell^2}{8}$　　라. $\frac{P\ell}{8}$

문제62 그림과 같이 양단이 고정된 보 AB가 전 길이 ℓ에 걸쳐서 등분포하중 W를 받을 경우 모멘트 MA 값은?

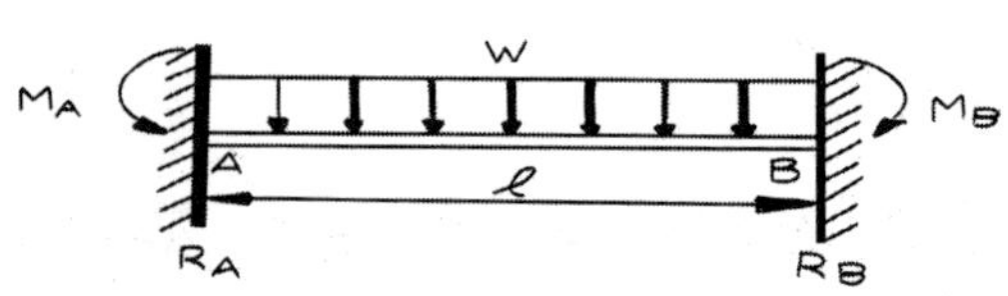

가. $\frac{W\ell^2}{12}$　　나. $\frac{W\ell^2}{24}$　　다. $\frac{W\ell^2}{16}$　　라. $\frac{W\ell^2}{18}$

문제63 그림과 같은 길이 ℓ인 외팔보 AB가 자유단 B에 집중하중 P를 받고 있다. 하중 끝단 B에서의 최대 처짐량 δ는? (단, E는 세로탄성계수이고, I는 관성모멘트이다.)

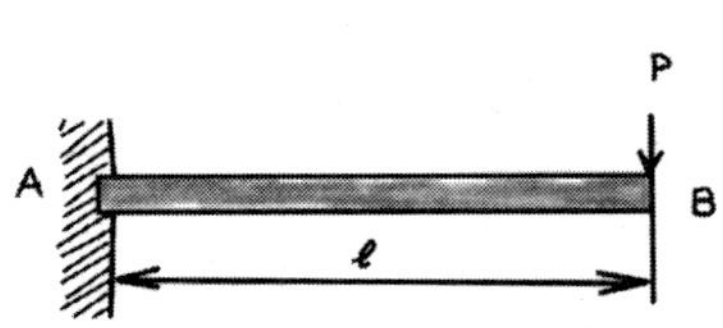

가. $\delta = \frac{P\ell^2}{6EI}$　　나. $\delta = \frac{P\ell^3}{6EI}$

다. $\delta = \frac{P\ell^2}{3EI}$　　라. $\delta = \frac{P\ell^3}{3EI}$

[해설] 외팔보의 중간 지점($\ell/2$)의 처짐값$= \frac{5}{48}\frac{P\ell^3}{EI}$

(EI : 굽힘강성)

문제64 그림과 같은 외팔보에서 단면의 폭×높이 = b×h일 때, 최대 굽힘응력(σ_{max})을 구하는 식은?

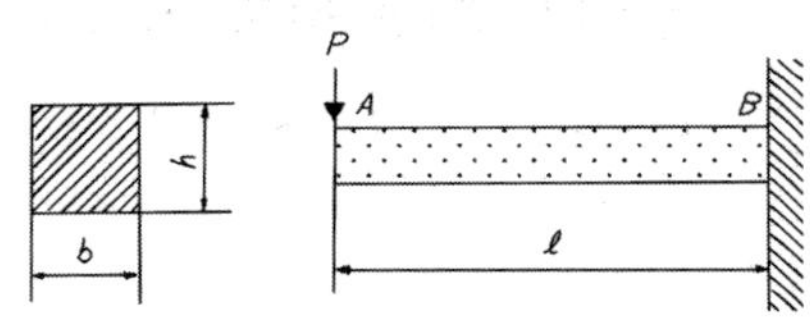

가. $\frac{6P\ell}{bh^2}$　　나. $\frac{12P\ell}{bh^2}$　　다. $\frac{6P\ell}{b^2h}$　　라. $\frac{12P\ell}{b^2h}$

문제65 그림과 같은 균일분포하중 W(kgf/m)가 받는 외팔보의 자유단에 반력 P(kgf)를 작용시켜 처짐이 '0' 이 되도록 하려면 이때의 하중은?

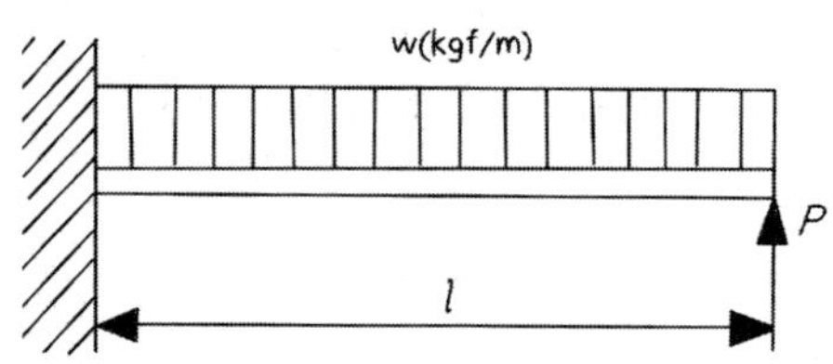

가. $P = \frac{8wl}{3}$　　나. $P = \frac{3wl}{8}$

다. $P = \frac{3wl}{48}$　　라. $P = \frac{48wl}{3}$

문제66 보에서 파괴가 가장 먼저 일어날 수 있는 위험단면에 대한 설명으로 적합한 것은?

가. 전단력선도와 모멘트선도의 변곡점
나. 전단력선도와 모멘트선도의 부호가 (+)인 지점
다. 처짐이 최소인 지점
라. 지지되는 양끝점

문제67 그림과 같이 주어진 단순보에서 최대 처짐에 대한 서술 중 <u>틀린</u> 것은?

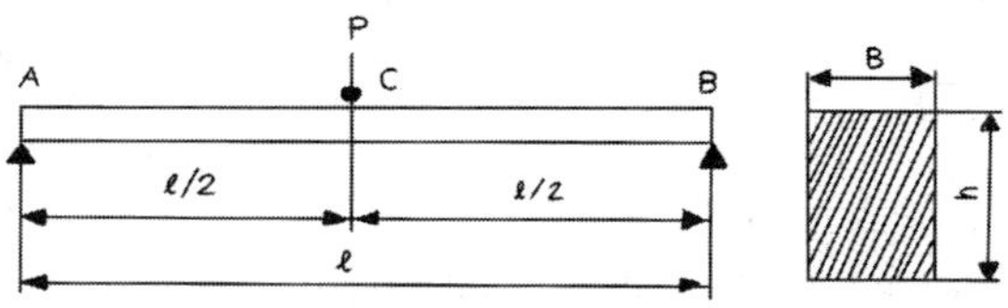

가. 탄성계수(E)에 반비례한다.
나. 하중(P)에 비례한다.
다. 길이(ℓ)의 3제곱에 비례한다.
라. 보의 단면 높이(h)의 제곱에 비례한다.

문제68 그림과 같이 10 KN의 집중하중을 받는 단순보에서 Rb 에서의 반력이 8 KN일 때 X 값은?

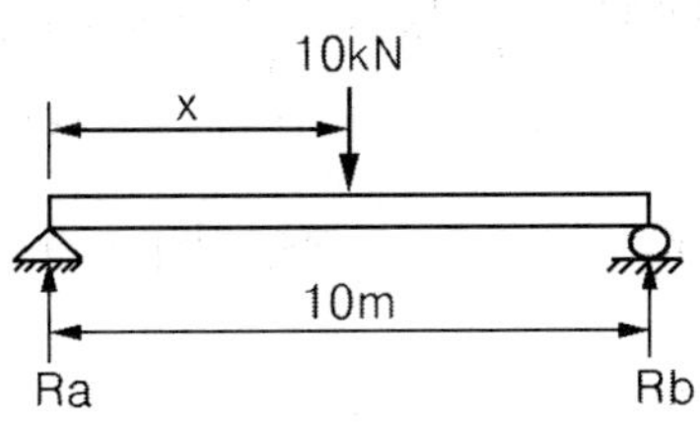

가. 2m　　나. 4m　　다. 6m　　라. 8m

문제69 다음 중 가로 탄성계수를 바르게 나타낸 것은?

가. $\dfrac{\text{수직응력}}{\text{전단변형률}}$　　나. $\dfrac{\text{굽힘응력}}{\text{전단변형률}}$

다. $\dfrac{\text{전단응력}}{\text{수직응력}}$　　라. $\dfrac{\text{전단응력}}{\text{전단변형률}}$

문제70 부정정보는 어느 것인가?

가. 연속보　　나. 단순보　　다. 돌출보　　라. 외팔보

문제71 동일 재료로 단면의 크기(치수)가 일정한 보에 대한 설명으로 <u>틀린</u> 것은?

가. 단면의 크기가 일정하여도 탄성계수는 변화한다.
나. 단면의 치수가 일정하면 단면 2차 모멘트는 변화하지 않는다.
다. 굽힘 모멘트가 클수록 곡률 반지름은 작아진다.
라. 보의 굽힘응력은 보에 작용하는 굽힘 모멘트에 비례한다.

해설 및 정답/재료역학기초

1. 정답 : 다　　2. 정답 : 가

3. 정답 : 가

4. A : 비례한도, B : 탄성한도, D : 극한강도
정답 : 다

5. 정답 : 다　　6. 정답 : 가

7. 정답 : 라　　8. 정답 : 라

9. 인장변형율(ϵ)=$\dfrac{\ell' - \ell}{\ell} = \dfrac{1.5009 - 1.5}{1.5}$ = 0.0006
정답 : 나

10. 연신율=$\dfrac{\ell' - \ell}{\ell} \times 100 = \dfrac{60-50}{50} \times 100 = 20\%$
정답 : 나

11. ① 응력=$\dfrac{\text{하중}}{\text{단면적}} = \dfrac{9930}{\frac{\pi}{4} \times 14^2} = 64.5N/cm^2$

②연신율
$= \dfrac{\text{시험후의 길이} - \text{처음길이}}{\text{처음길이}} \times 100(\%)$
$= \dfrac{64.3-50}{50} \times 100(\%)$=28.6%
정답 : 가

12. 인장강도(응력)= $\dfrac{W(\text{하중})}{A(\text{단면적})}(\text{kgf/mm}^2)$
정답 : 다

13. AC에 걸리는 하중은 500kgf이므로
$\sigma = \dfrac{W}{A} \times \cos\alpha = \dfrac{500}{\frac{\pi}{4} \times 3^3} \times \cos 45° = 100\text{kgf/cm}^2$
정답 : 가

14. 정답 : 다　　15. 정답 : 나

16. $\epsilon = \dfrac{W\ell}{AE}$ 에서,
$E = \dfrac{W\ell}{A\epsilon} = \dfrac{5000 \times 2000}{1500 \times 0.36} = 1.85 \times 10^6$　정답 : 다

17. 정답 : 가
$\epsilon(\text{신장량}) = \dfrac{W\ell}{AE} = \dfrac{1600 \times 200}{0.785 \times 1^2 \times 2.1 \times 10^6} = \dfrac{320{,}000}{1{,}648{,}500}$
$= 0.1941\text{cm}$

18. 정답 : 나

19. ① 포와송 비
$= \dfrac{\text{가로(횡)변형률}}{\text{세로(종)변형률}} = \dfrac{\delta\ell}{\delta\lambda} = \dfrac{4000 \times 0.001}{20 \times 1.05} = \dfrac{4}{21}$
② 포와송 수= $\dfrac{1}{m} = \dfrac{4}{21}$ $\therefore m = \dfrac{21}{4} = 5.25$
정답 : 다

20. 정답 : 가　　21. 정답 : 다

22. 단위에 주의하자. 안전율 = $\dfrac{\text{인장강도}}{\text{허용응력}}$
$\therefore$ 허용응력 = $\dfrac{\text{인장강도}}{\text{안전율}} = \dfrac{4800}{8} = 600\text{kgf/mm}^2$
정답 : 나

23. 최대인장응력= $\dfrac{\text{하중}}{\text{단면적}} = \dfrac{2000N}{20\text{mm}^2} = 100N/\text{mm}^2$
정답 : 가

24. 정답 : 가　　25. 정답 : 라

26. 정답 : 다

27. 열응력(σ)=Ea(t2-t1) 여기서, E : 세로 탄성계수, a : 선팽창계수, t2-t1 : 온도차이다.
정답 : 라

28. 축방향의 응력$(\sigma_t') = \dfrac{PD}{4t}$ 이고
원주방향의 응력$(\sigma_t) = \dfrac{PD}{2t}$
$\sigma_t = 2\sigma_t'$　$\therefore\ \sigma_t' = \dfrac{1}{2}\sigma_t$　정답 : 나

29. 정답 : 나

30. $\dfrac{\pi d^3}{16} = \dfrac{\pi}{16}\left(\dfrac{D^4 - d^4}{D}\right)$에서
$d^3 = \dfrac{2^4 - 1^4}{2} = \dfrac{15}{2}$　$\therefore d = \sqrt[3]{\dfrac{15}{2}} = 1.957$
정답 : 나

31. 탄성에너지(u)
$= \dfrac{U(\text{전탄성에너지})}{V(\text{체적})} = \dfrac{U}{A\ell} = \dfrac{\sigma^2}{2E}(\text{kgf} \cdot \text{mm/mm}^3)$
탄성에너지란 탄성 변형시켰을 때 그 재료에 축적되는 에너지이다.
정답 : 라

32. 정답 : 라　　　　33. 정답 : 가

34. τ_a(전단응력) $= \frac{T}{Zp} = \frac{T}{\frac{\pi d^3}{16}} = \frac{16T}{\pi d^3}$

정답 : 가

35. 정답 : 가

36. $Z = \frac{bh^2}{6} = \frac{24 \times 28^2}{6} = 3136\text{cm}^4$　　정답 : 나

37. 극관성모멘트(Ip : 극단면 2차 모멘트)
돌림 힘이 작용하는 축에 비틀림이 작용할 때 이 비틀림에 저항하는 성질을 나타낸 값이다. 극관성모멘트 값이 클수록 비틀림은 작아진다.

∴ 원의 극관성모멘트$= \frac{\pi d^4}{32}$　　정답 : 라

38. 중실축일 때 극단면계수(Zp) $= \frac{\pi d^3}{16}$,

전단응력(τ) $= \frac{T}{Zp}$, ∴ $\tau = \frac{T}{\frac{\pi d^3}{16}} = \frac{16T}{\pi d^3}$

정답 : 다

39. 정답 : 나　　　　40. 정답 : 나

41. 1kgf=9.8N

$T(kgf \cdot cm) = 97400\frac{H}{N}(kw)$에서 $H = \frac{T \times N}{97400}$

$= \frac{\frac{2000}{9.8} \times 1000}{97400} = 2.09\text{kW}$　　정답 : 가

42. 1kgf=9.8N

$T = \tau \times Zp$에서, $\tau = \frac{T}{Zp} = \frac{97400 \times \frac{H}{N}}{\frac{\pi d^3}{16}}$

$= \frac{97400 \times \frac{7.5}{200}}{\frac{3.14 \times 4^3}{16}} = 290.78$

∴ 290.78×9.8 = 2849.6　　정답 : 라

43. $T = \sigma \times Zp$ 여기서, 극 단면계수(Zp) $= \frac{\pi d^3}{16}$이다.

정답 : 가

44. $T = \tau_a \times Zp$에서 $Zp = \frac{\pi d^3}{16}$이므로

∴ $T = \tau_a \times \frac{\pi d^3}{16}$

정답 : 라

45. 축의 위험속도(임계속도=한계속도)
축의 회전속도가 어느 속도에 달하면 갑자기 진동을 일으킬 때의 회전수. 즉, 축의 강제진동수가 축의 고유진동수와 일치하였을 때의 속도이다.

∴ 임계회전수(N_c) $= \frac{30}{\pi}\sqrt{\frac{g}{\delta}}\,(rpm)$　　정답 : 나

46. 정답 : 다　　　　47. 정답 : 가

48. 정답 : 라

49. $M = \sigma \cdot Z$에서 $\sigma = \frac{M}{Z} = \frac{2000}{10} = 200\text{N/m}^2$

정답 : 다

50. 정답 : 가　　　　51. 정답 : 다

52. 정답 : 라

53. 최대굽힘모멘트

$(Mmax) = \frac{P\ell}{4} = \frac{1000 \times 2}{4} = 500$

정답 : 나

54. 중앙에 집중하중을 받을 시 단순보의 최대처짐량 $(\delta_{\max}) = \frac{P\ell^3}{48EI}$이다.

정답 : 다

55. 정답 : 가

56. $\sigma = \frac{M}{Z}$에서

① $M = \frac{W\ell}{4} = \frac{3500 \times 700}{4} = 612{,}500\text{kgf} \cdot \text{cm}$

② $Z = \frac{bh^2}{6} = \frac{30 \times 40^2}{6} = 8{,}000\text{cm}^3$

∴ 굽힘응력(σ)$= \frac{612{,}500}{8{,}000} = 76.56\text{kgf/cm}^2$

정답 : 다

57. $\sigma = \frac{M}{Z}$, 직사각형의 단면계수(Z)$= \frac{bh^2}{6}$

정답 : 가

58. 단순보에서 등분포하중을 받을 시

최대 굽힘모멘트$(M_{max}) = \frac{W\ell^2}{8}$

$\therefore\ \sigma = \frac{M_{max}}{Z} = \frac{\frac{W\ell^2}{8}}{\frac{bh^2}{6}}$

정답 : 가

59. 정답 : 가

60. 단순보의 특정 지점에서 하중을 받을시 최대 굽힘 모멘트$(Mmax) = \frac{Pab}{\ell} = \frac{500 \times 1.2 \times 0.8}{2} = 120$

정답 : 나

61. 정답 : 다

62. 양단지지보(고정보)에서 균일 분포하중을 받을 시 최대처짐량$(\delta_{max}) = \frac{5W\ell^4}{384EI}$ 정답 : 가

63. 자유단(끝단)에서 집중하중을 받을시 최대 굽힘 모멘트$(Mmax) = P\ell$ 정답 : 라

64. $\sigma_{max} = \frac{M_{max}}{Z} = \frac{P\ell}{\frac{bh^2}{6}} = \frac{6P\ell}{bh^2}$ 정답 : 가

65. 정답 : 가

66. 정답 : 가

67. 중앙 집중하중을 받았을 때 단순보의 최대처짐량 $(Y_x) = \frac{P\ell^3}{48EI}$ 정답 : 라

68. 반력$(Rb) = \frac{WX}{\ell}$에서

$X = \frac{Rb \times \ell}{W} = \frac{8 \times 10}{10} = 8\text{m}$ 정답 : 라

69. 전단응력(Shearing stress: τ)$= \frac{P}{A}(\text{kg/cm}^2)$ $\tau = G\gamma$

여기서,

G : 가로탄성계수(전단탄성계수 = 강성계수)

γ : 가로변형률(전단변형률)이라 한다.

$\therefore\ G = \frac{\tau}{\gamma}$ 정답 : 라

70. ① 정정보(statically determinate beam)

하나 또는 둘 이상의 지점(支點)으로 지지된 보 중 힘의 평형 조건만으로 반력이나 응력을 구할 수 있는 보로서 단순보, 돌출보(내다지보), 외팔보는 정정보이다.

② 부정정보(statically indeterminate beam)

한쪽 끝 또는 양끝의 매입보 등과 같이 정역학적 평형 조건에 의해서는 부재력을 구할 수 없는 구조의 보로서 연속보, 고정보, 고정 지지보 등이다.

정답 : 가

71. 단면의 크기가 일정하면 탄성계수는 변화하지 않는다.

정답 : 가

PART 6

종합평가문제

종합평가 제1회

문제01 그림과 같은 단식블록 브레이크에서 브레이크에 가해지는 힘 F를 나타내는 식으로 옳은 것은? (단, W는 브레이크 드럼과 브레이크 블록 사이에 작용하는 힘, μ는 마찰계수, f는 마찰력이다.)

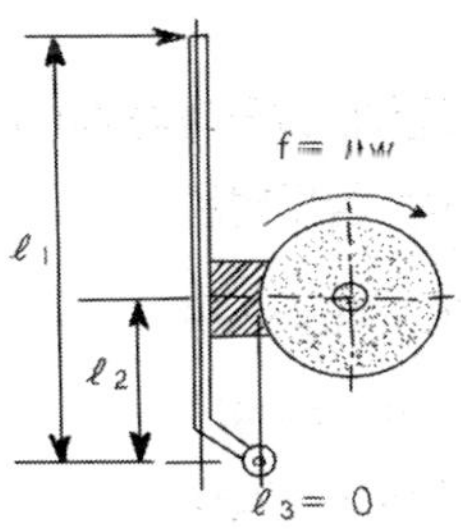

가. $F=\dfrac{\mu W\ell_2}{\ell_1}$　　나. $F=\dfrac{W\ell_1}{\ell_2}$

다. $F=\dfrac{W\ell_2}{\ell_1}$　　라. $F=\dfrac{\mu W\ell_1}{\ell_2}$

[해설] $F\times\ell_1 = W\times\ell_2$

문제02 소성가공의 하나인 압출가공에 대한 설명이다. 거리가 먼 것은?

가. 속이 빈 용기를 만드는 데는 충격압출이 적합하다.
나. 압출에 의한 표면 결함은 소재온도와 가공속도를 늦춤으로써 방지할 수 있다.
다. 단면의 형태가 다양한 직선, 곡선제품의 생산이 가능하다.
라. 납 파이프나 건전지 케이스를 생산하는 데 적합하다.

문제03 그림과 같은 외팔보에 2kN의 집중하중이 작용할 때, 지지점 A에서의 굽힘응력은 약 몇 MPa인가? (단, 길이 50cm, 폭×높이 8.5cm×8.5cm)

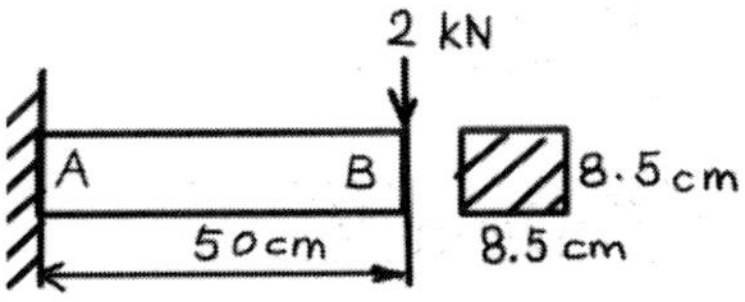

가. 2.44　　나. 4.88　　다. 9.77　　라. 19.54

[해설] ① 자유단(끝단)에서 집중하중을 받을 시 최대굽힘모멘트($Mmax$) = $P\ell$

여기서 P : 하중, ℓ : 길이

② 외팔보 자유단에서 집중하중을 받을 시 최대굽힘응력

$$(\sigma_{\max}) = \frac{Mmax}{Z}$$

여기서, Z : 단면계수[정사각형의 단면계수(Z) = $\dfrac{b^3}{6}$]

문제04 압력제어 밸브가 아닌 것은?

가. 교축 밸브　　나. 감압 밸브

다. 릴리프 밸브　　라. 무부하 밸브

[해설] 스로틀(교축) 밸브는 유량(속도)제어 밸브이다.

문제05 저널과 베어링이 직접 미끄럼에 의해 접촉을 하는 베어링은?

가. 슬라이딩 베어링　　나. 롤러 베어링

다. 니들 베어링　　라. 볼 베어링

문제06 다음의 특징을 갖는 금속은?

-. 비중이 4.5 정도이다. -. 단조 및 열간 가공이 가능하다. -. 스테인리스강과 비슷한 내식성이 있다.

가. 니켈(Ni)　　나. 구리(Cu)

다. 아연(Zn)　　라. 티탄(Ti)

문제07 동력을 전달하는 축의 강도설계에서 굽힘과 비틀림을 동시에 받는 중실축의 최대 전단응력(τ_{max})은? (단, 굽힘 모멘트는 M이고, 비틀림 모멘트는 T이며, 중실축의 지름은 d이다.)

가. $\tau_{max} = \frac{16}{\pi d^3}\sqrt{M^2+T^2}$

나. $\tau_{max} = \frac{16}{\pi d^3}(M+\sqrt{M^2+T^2})$

다. $\tau_{max} = \frac{32}{\pi d^4}\sqrt{M^2+T^2}$

라. $\tau_{max} = \frac{32}{\pi d^4}(M+\sqrt{M^2+T^2})$

문제08 유압의 특성에 대한 설명으로 틀린 것은?

가. 과부하에 대한 안전장치가 필요하다.
나. 작은 힘으로 큰 출력을 얻을 수 있다.
다. 열 발생에 대한 냉각장치가 필요 없다.
라. 힘과 속도를 자유롭게 변속시킬 수 있다.

문제09 속이 빈 모형의 목형(木型)을 주형 내부에서 지지할 수 있도록 목형에 덧붙여 만든 돌출부를 무엇이라고 하는가?

가. 라운딩(rounding)
나. 덧붙임(stop off)
다. 코어 프린트(core print)
라. 목형 기울기(draft taper)

문제10 다음 중 기어의 언더컷이 발생하는 원인으로 옳은 것은?

가. 잇수가 많을 때
나. 이 끝이 둥글 때
다. 잇수비가 아주 클 때
라. 이 끝 높이가 낮을 때

[해설] 언더컷 현상 : 이의 간섭으로 이 뿌리가 파인 현상으로 잇 수가 적거나 잇수비가 매우 클 경우에 발생하기 쉽다.

문제11 회주철의 일반적인 탄소 함량은?

가. 2~4% 나. 1~1.5%
다. 1.5~2% 라. 3.0~3.6%

[해설] ① 순철 : 0.02% 이하 ② 탄소강 : 0.02~2.11% 이하 ③ 주철 : 2.11~6.68% 이하

문제12 비례한도 내에서 응력과 변형률이 정비례한다는 것은 다음 중 어느 법칙인가?

가. 오일러의 법칙 나. 변형률의 법칙
다. 훅의 법칙 라. 모어의 법칙

문제13 강의 표면에 알루미늄(Al)을 침투시켜 내식성을 증가시키는 침투법은?

가. 크로마이징(Chromizing)
나. 칼로라이징(Calorizing)
다. 보론나이징(Boronizing)
라. 실리콘나이징(Siliconizing)

문제14 2개의 너트를 사용하여 충분히 죈 후 안쪽의 너트를 풀어 너트의 풀림을 방지하는 방법은?

가. 2줄 나사에 의한 방법
나. 로크너트에 의한 방법
다. 멈춤 나사에 의한 방법
라. 자동 죔 너트에 의한 방법

문제15 충격응력에 대한 설명으로 옳은 것은?

가. 체적에 비례한다.
나. 재료의 탄성계수에 반비례한다.
다. 운동에너지를 증가시킴으로써 응력이 감소한다.
라. 단면적이나 길이를 증가시킴으로써 응력이 감소한다.

문제16 용접봉 피복제의 역할이 아닌 것은?

가. 아크를 안정시킨다.
나. 용착금속의 급냉을 방지한다.
다. 용착금속의 탄산 · 정련작용을 한다.
라. 용융점이 높은 슬래그를 많이 만든다.

[해설] 피복제란 심선외부에 규사, 산화티타늄, 산화철 등을 입힌 것을 사용한다.

문제17 수면에서 5m 높이에 설치된 펌프가 펌프로부터 높이 30m인 곳에 매초 $1m^3$의 물을 보내려면 이론상 동력은 약 몇 kW가 필요한가?

가. 245 나. 294 다. 343 라. 400

24. 동력 $= \frac{\gamma HQ}{75\times60}(PS)$, 또는 $\frac{\gamma HQ}{102\times60}(kW)$

$\therefore kW = \frac{\gamma HQ}{102\times60} = \frac{1000\times35\times60\times1}{6120} \fallingdotseq 343kW$

문제18 비교측정의 표준이 되는 게이지는?

가. 한계 게이지 나. 센터 게이지
다. 게이지 블록 라. 마이크로미터

문제19 공작물의 지름이 50mm인 환봉을 선반에서 절삭할 때 주축의 회전수를 200rpm이라 하였을 때 절삭속도는?

가. 31.4m/min 나. 15.7m/min
다. 27.2m/min 라. 48.2m/min

[해설] 절삭속도$(v) = \frac{\pi dn}{1000}(m/\min)$

문제20 하중 30kN을 지지하는 훅 볼트의 미터나사 크기로 적절한 것은? (단, 나사재질의 허용응력은 60MPa이고, 나사의 골지름(d_1)은 'd_1 =0.8×바깥지름'이다.)

가. M20 나. M24 다. M28 라. M32

[해설]

$$d = \sqrt{\frac{2W}{\sigma_a}} = \sqrt{\frac{2\times(30\times1000)}{60}} = \sqrt{1000} = 31.6\text{mm}$$

종합평가 제1회 정답

01 다	02 다	03 다	04 가	05 가	06 라	07 가	08 다	09 다	10 다
11 라	12 다	13 나	14 나	15 라	16 라	17 다	18 다	19 가	20 라

종합평가 제2회

문제01 다음 전동장치 중 일반적으로 축간거리를 가장 크게 할 수 있는 것은?

가. 벨트 전동장치　　나. 체인 전동장치
다. 기어 전동장치　　라. 로프 전동장치

문제02 안지름이 110cm인 두께가 얇은 원통용기에 1.5MPa인 가스를 넣으려면 용기의 두께는 몇 mm 이상이어야 하는가? (단, 원통재료의 허용인장응력은 75MPa이다.)

가. 1.1　나. 1.6　다. 11　라. 16

[해설] 원주방향의 응력$(\sigma_t) = \dfrac{PD}{2t}$에서

$t = \dfrac{PD}{2\sigma_t} = \dfrac{1.5 \times 110}{2 \times 75} = 1.1\text{cm} = 11\text{mm}$

문제03 목형의 제작 시 주형에서 목형을 쉽게 빼내기 위한 기울기를 주는 것을 무엇이라 하는가?

가. 수축 여유　　나. 기공 여유
다. 목형 구배　　라. 코어 프린트

문제04 볼트 체결에 있어서 마찰각을 ρ, 리드각을 λ라 하면 나사의 효율 η를 구하는 식은?

가. $\eta = \dfrac{\text{나사가 이룬 일량}}{\text{나사에 준 일량}} = \dfrac{\tan\lambda}{\tan(\lambda+\rho)}$

나. $\eta = \dfrac{\text{나사에 준 일량}}{\text{나사가 이룬 일량}} = \dfrac{\tan(\lambda+\rho)}{\tan\lambda}$

다. $\eta = \dfrac{\text{리드각}}{\text{나사각}} = \dfrac{\tan(\lambda+\rho)}{\tan(\lambda-\rho)}$

라. $\eta = \dfrac{\text{마찰이 있는 경우의 회전력}}{\text{마찰이 없는 경우의 회전력}} = \dfrac{\tan(\lambda-\rho)}{\tan(\lambda+\rho)}$

문제05 압축 코일 스프링에서 흡수되는 에너지를 크게 하기 위한 방법으로 옳지 <u>않은</u> 것은?

가. 스프링 권수를 늘린다.
나. 소선의 지름을 크게 한다.
다. 스프링 지수를 크게 한다.
라. 전단탄성계수가 작은 소재를 사용한다.

[해설] 스프링의 지수$(C) = \dfrac{\text{코일의 평균지름}}{\text{소선의 지름}}$

문제06 단면이 2cm × 3cm, 길이 2m의 연강봉에 49000N의 인장하중이 작용하면 약 몇 mm 늘어나는가? (단, 세로탄성계수는 2.058×10^7N/cm^{2}이다.)

가. 8　나. 4.8　다. 2　라. 0.8

[해설] $\Delta L = \dfrac{P\ell}{AE} = \dfrac{49000 \times 200}{6 \times 2.058 \times 10^7} \fallingdotseq 0.079\text{cm} \fallingdotseq 0.8\text{mm}$

문제07 공작기계 등의 스핀들 흔들림 검사에 가장 적합한 측정기는?

가. 게이지 블록　　나. 마이크로미터
다. 다이얼 게이지　　라. 버니어 캘리퍼스

문제08 알루미늄 분말과 산화철을 사용하여 3000℃의 고온으로 용접하는 방법은?

가. TIG 용접　　나. MIG 용접
다. 테르밋 용접　　라. 서브머지드 아크 용접

문제09 재료의 성질 중에서 포아송 비를 바르게 표시한 것은?

가. $\frac{세로변형률}{가로변형률}$　　나. $\frac{가로변형률}{세로변형률}$

다. $\frac{세로변형률}{전단변형률}$　　라. $\frac{전단변형률}{세로변형률}$

문제10 경화된 강 중의 잔류오스테나이트를 마텐자이트로 변태시켜 시효변형을 방지하기 위한 목적으로 하는 열처리로서 치수의 정확성을 요하는 게이지나 베어링 등을 만들 때 주로 행하는 것은?

가. 심랭처리　　나. 오스템퍼링

다. 마텐퍼링　　라. 노멀라이징

문제11 두께가 6mm인 연강판에 지름 20mm의 구멍을 펀칭할 때, 전단에 소요되는 힘은 약 몇 kN인가? (단, 연강판의 전단저항은 250MPa이다.)

가. 31　　나. 47　　다. 62　　라. 94

[해설] 펀치가 둥글 때 전단응력$(\tau) = \frac{P}{A} = \frac{P}{\pi dt}$

여기서, P : 펀칭력(kgf), d : 강판의 지름, t : 강판의 두께

$P = \tau \times \pi dt = 250 \times 3.14 \times 20 \times 6 = 94200N = 94.2kN$

문제12 다음 중 유체에 작용하는 압력을 차원으로 옳게 나타낸 것은? (단, M : 질량, L : 길이, T : 시간, F : 힘을 나타낸다.)

가. MLT^{-1}　　나. $ML^{-1}T^{-2}$

다. FLT^{-1}　　라. $FL^{-1}T^{-2}$

[해설] ① MLT 차원계 : 질량[M], 길이[L], 시간[T]으로 나타낸 단위계이다.

② FLT 차원계 : 힘[F], 길이[L], 시간[T]으로 나타낸 단위계이다.

차원을 알려면 단위를 알아야 한다. F = ma에서 1kgf = kg · m/s^{2}이므로 $[F]=[MLT^{-2}]$

∴ 압력의 단위는

$$\frac{kgf}{cm^2} = \frac{MLT^{-2}}{L^2} = ML^{-1}T^{-2}$$

문제13 키 및 키 홈의 공작이 쉽고, 보스와 홈과의 접촉이 자동적으로 조정되지만, 홈이 깊어서 축의 강도가 약해지는 단점이 있는 키로서 자동차 테이퍼 축 등에 주로 사용되는 키는?

가. 평 키(flat key)

나. 원추 키(cone key)

다. 안장 키(saddle key)

라. 반달 키(woodruff key)

문제14 유압 부속 장치 중 주로 펌프 흡입 측에 설치하며 오일의 불순물을 여과하기 위한 장치는?

가. 체크 밸브　　나. 파일럿 밸브

다. 개스킷　　라. 스트레이너

문제15 길이가 L이고 단면이 b(폭)×h(높이)의 직사각형인 단순보 중앙에 집중하중 P가 작용할 때 최대 처짐량에 대해 옳게 설명한 것은?

가. 하중(P)에 반비례한다.

나. 폭(b)에 정비례한다.

다. 탄성계수(E)에 정비례한다.

라. 길이(L)의 3승에 정비례한다.

[해설] ① 단순보에서 직사각형의 단면계수$(Z) = \frac{bh^2}{6}$

여기서, b : 폭, h : 높이

② 관성모멘트(I : 단면 2차 모멘트) : 직사각형의 관성모멘트$= \frac{bh^3}{12}$

∴ 단순보 중앙에 집중하중을 받을 시 최대 처짐량

$(\delta_{max}) = \frac{P\ell^3}{48EI}$

문제16 볼 베어링의 호칭번호가 6008일 경우 안지름은 몇 mm인가?

가. 8mm　　나. 16mm

다. 20mm　　라. 40mm

[해설] 08×5 = 40mm

문제17 베어링 저널의 최대 하중을 P, 저널 길이를 ℓ, 지름을 d라 할 때 베어링 압력 p를 구하는 식은?

가. $p=\dfrac{Pd}{\ell}$　　나. $p=\dfrac{d\ell}{P}$

다. $p=Pd\ell$　　라. $p=\dfrac{P}{d\ell}$

[해설] 미끄럼 베어링의 설계

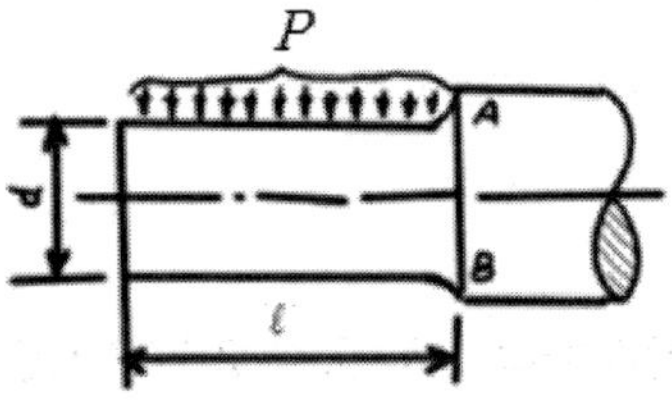

여기서, P: 베어링의 하중, d: 저널의 직경, ℓ: 저널의 길이

문제18 다음 중 용적형 유압펌프에 속하지 않는 것은?

가. 기어 펌프　　나. 베인 펌프

다. 터빈 펌프　　라. 스크류 펌프

[해설] ① 비용적식 펌프 : 원심펌프, 축류펌프, 터빈펌프, 볼류트펌프, 사류식펌프, 혼류식펌프 등

② 용적식 펌프 : 기어펌프, 로터리펌프, 베인펌프, 나사(스크류)펌프, 피스톤/플런저펌프 등

③ 왕복식(피스톤/플런저) 펌프는 주기적으로 양수하므로 맥동이 발생된다.

문제19 불변강(不變鋼)에 속하며 열팽창계수가 매우 작아 표준자 등을 제작하는 데 사용하는 것은?

가. 인바　　나. 두랄루민

다. 콘스탄탄　　라. 로우엑스

문제20 아크용접에서 용접 중에 슬래그 및 금속입자가 비산되어 용접부 주위에 부착된 것을 무엇이라 하는가?

가. 피트　　나. 스패터　　나. 언더컷　　라. 오버랩

종합평가 제2회 정답

01	라	02	다	03	다	04	가	05	나	06	라	07	다	08	다	09	나	10	가
11	라	12	나	13	라	14	라	15	라	16	라	17	라	18	다	19	가	20	나

종합평가 제3회

문제01 축 이음에서 두 축 중심이 약간 어긋나 있거나 축 중심선을 맞추기 곤란할 때 이를 보완하기 위하여 사용하는 축이음은?

가. 머프 커플링　　나. 셀러 커플링
다. 플렉시블 커플링　　라. 마찰 원통 커플링

문제02 측정기 내의 기포를 이용하여 측정면의 미소한 경사를 측정하는 것은?

가. 수준기　　나. 사인바
다. 컴비네이션 세트　　라. 오토 콜리메이터

문제03 Ni-Cu계 합금 중 내식성 및 내열성이 우수하므로 화학기계, 광산기계, 증기 터빈의 날개 등에 주로 이용되는 합금은?

가. 켈밋　　나. 포금
다. 모넬 메탈　　라. 델타 메탈

문제04 2500rpm으로 회전하면서 25kW를 전달하는 전동축의 비틀림 모멘트는 약 몇 N · m인가?

가. 7.5　　나. 9.6　　다. 70.2　　라. 95.5

[해설] 1kgf = 9.8N이다.

$\therefore \ kW = \dfrac{TN}{974}$ 에서

$$T = \frac{25 \times 974}{2500} = 9.74 \times 9.8 = 95.45N$$

문제05 다이캐스팅을 이용한 제품 생산의 설명으로 틀린 것은?

가. 단면이 얇은 주물의 주조가 가능하다.
나. 균일한 제품의 연속 주조가 불가능하다.
다. 마그네슘, 알루미늄 합금의 대량 생산용으로 적합하다.
라. 정밀도가 좋아서 제품의 표면이 양호하고 후가공이 적다.

문제06 브레이크 드럼에 500N · m의 토크가 작용하고 있을 때, 축을 정지시키는데 필요한 접선방향 제동력은 몇 N인가? (단, 브레이크 드럼의 지름은 500mm이다.)

가. 3000　　나. 25000　　다. 2000　　라. 1500

[해설] 드럼 반지름은 250mm는 0.25m이므로

$T = P\mu r$ 에서 $P = \dfrac{T}{\mu r} = \dfrac{500}{0.25} = 2000$

문제07 스폿(spot)용접에 대한 설명으로 옳은 것은?

가. 가압력이 필요 없다.
나. 가스용접의 일종이다.
다. 알루미늄 용접이 불가능하다.
라. 로봇을 이용한 자동화가 용이하다.

문제08 외팔보의 자유단에 집중하중 W가 작용할 때, 작용하는 하중의 전단력선도는?

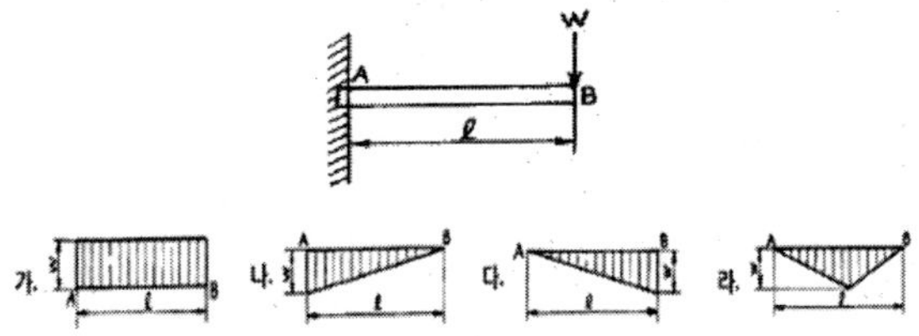

문제09 배관 및 밸브에서 급격한 서지압력을 방지하기 위해 설치하는 것은?

가. 디퓨저　　나. 엑셀레이터
다. 액추에이터　　라. 어큐물레이터

문제10 펌프의 송출압력이 90N/cm², 송출량이 60L/min인 유압펌프의 펌프동력은 약 몇 W인가?

가. 700　나. 800　다. 900　라. 1000

[해설] $Lp = \frac{PQ}{450} ps$, $Lp = \frac{PQ}{612} (kW)$

여기서 P : 송출압력(kgf/cm²), Q : 송출량(L/min)

문제11 재료의 성질을 나타내는 세로탄성계수(영률 E)의 단위가 맞는 것은?

가. N　나. N/cm²　다. N·m　라. N/cm

문제12 소성가공에서 판금가공의 종류가 아닌 것은?

가. 굽힘가공　　나. 타출가공
다. 압출가공　　라. 전단가공

문제13 표준 기어에서 이의 크기를 결정하는 기준 항목이 아닌 것은?

가. 모듈　　나. 지름 피치
다. 원주 피치　　라. 피치원 지름

문제14 선반의 크기를 정하는 데 관계없는 것은?

가. 베드 위의 스윙
나. 왕복대 위의 스윙
다. 베드의 높이
라. 양 센터 사이의 최대거리

문제15 50kN의 물체를 4개의 아이볼트로 들어 올릴 때 볼트의 최소 골지름은 약 몇 mm인가? (단, 볼트 재료의 허용인장응력은 62MPa이다.)

가. 10.02　나. 12.02　다. 14.02　라. 16.02

[해설]

$$d_1 = \sqrt{\frac{1.27W}{\sigma_a}} = \sqrt{\frac{1.27 \times [(50 \times 1000) \div 4]}{62}} \fallingdotseq \sqrt{256} = 16\text{mm}$$

문제16 금형가공법 중 재료를 펀칭하고 남는 것이 제품이 되는 가공은?

가. 전단　나. 셰이빙　다. 트리밍　라. 블랭킹

문제17 일반적으로 나사면에 증기, 기름 등의 이물질이 들어가는 것을 방지하는 너트는?

가. 캡 너트　　나. 육각 너트
다. 와셔붙이 너트　　라. 스프링판 너트

문제18 유압펌프의 용적효율이 70%, 압력효율이 80%, 기계효율이 90%일 때 전체 효율은 약 몇 %인가?

가. 50%　나. 60%　다. 80%　라. 90%

[해설] $\eta_t = 0.7 \times 0.8 \times 0.9 = 0.504 \times 100\% = 50.4\%$

문제19 강을 담금질 과정에서 급냉시켰을 때 나타나는 침상조직으로 담금질 조직 중 가장 경도가 큰 조직은?

가. 펄라이트　　나. 소르바이트
다. 트루스타이트　　라. 마텐자이트

문제20 40℃에서 연강봉 양쪽 끝을 고정한 후, 연강봉의 온도가 0℃가 되었을 때 연강봉에 발생하는 열응력은 약 몇 N/cm²인가? (단, 연강봉의 선팽창계수는 $a = 11.3 \times 10^{-6}$/℃, 탄성계수는 $E = 2.1 \times 10^6$ N/cm²이다.)

가. 215　나. 252　다. 804　라. 949

[해설] 열응력(σ) = Ea(t2-t1) 여기서, E : 세로 탄성계수, a : 선팽창계수, t2-t1 : 온도차이다.

종합평가 제3회 정답

01	다	02	가	03	다	04	라	05	나	06	다	07	라	08	가	09	라	10	다
11	나	12	다	13	라	14	다	15	라	16	라	17	가	18	가	19	라	20	라

종합평가 제4회

문제01 기어의 잇수가 36이고 피치원의 지름이 216mm일 때 원주피치로 가장 적합한 것은?

가. 18.85mm　　나. 28.83mm
다. 37.72mm　　라. 47.78mm

[해설] $\pi D = PZ$ 에서 $P = \frac{\pi D}{Z}$

문제02 구성인선(Built-up edge)의 발생을 방지하는 대책으로 가장 적합한 것은?

가. 절삭속도를 느리게 하고, 깊이 및 이송속도를 크게 한다.
나. 절삭속도를 빠르게 하며, 윤활성이 좋은 절삭유를 사용한다.
다. 바이트의 윗면 경사각을 작게 하고, 이송속도를 작게 한다.
라. 절삭 깊이를 깊게 하고 이송속도를 크게 한다.

[해설] 구성인선이란 금속재료를 절삭할 때 바이트 날 끝에 고온, 고압 때문에 칩이 조금씩 융착되어 가공경화되어 절삭날 끝에 부착되고 결국 바이트 역할을 하게 되는 현상이다.

문제03 나사에서 산과 산, 또는 골과 골 사이의 거리를 무엇이라 하는가?

가. 피치　나. 리드　다. 나선각　라. 골지름

문제04 그림에서 피스톤 ①의 단면적 $A_1 = 5\text{cm}^2$, ②의 단면적 $A_2 = 50\text{cm}^2$ 일 때 F_1으로서 5kgf의 힘을 가할 때 F_2는 몇 kgf의 힘으로 균형이 되는가?

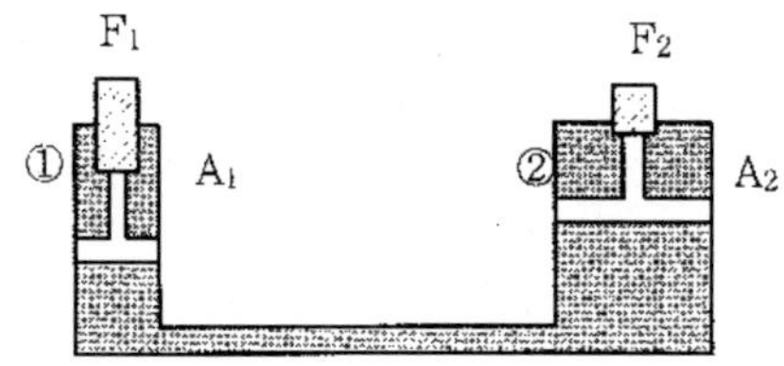

가. 10kgf　나. 25kgf　다. 35kgf　라. 50kgf

[해설] ①의 유압$= \frac{5\text{kgf}}{5\text{cm}^2} = 1\text{kgf/cm}^2$

② F_2의 힘$= 1\text{kgf/cm}^2 \times 50\text{cm}^2 = 50\text{kgf}$

문제05 기계재료로 사용되는 합성수지에 대한 일반적인 설명으로 틀린 것은?

가. 내화성 및 내열성이 좋지 않다.
나. 가공성이 좋고 성형이 간단하다.
다. 투명한 것이 있으며 착색이 자유롭다.
라. 비중 대비 강도 및 강성이 낮은 편이다.

문제06 리벳이음에서 리벳의 지름이 d, 피치가 p일 때 판 효율을 구하는 식으로 옳은 것은?

가. $1 - \frac{d}{p}$　　나. $1 - \frac{p}{d}$
다. $\frac{d}{p} - 1$　　라. $\frac{p}{d} - 1$

문제07 오일탱크의 가장 낮은 쪽에 이물질이나 응축된 수분, 오염된 작동유를 제거하기 위해 설치하는 것은?

가. 드레인　　나. 배플 플레이트
다. 스트레이너　　라. 유면계

문제08 길이 1.2m인 단순보의 중앙에 60kg의 집중하중이 작용하고 있다. 보의 지름이 4cm인 원형 단면일 때 최대 굽힘 응력은 몇 kg/cm²인가?

가. 286.6 나. 275.5 다. 298.8 라. 263.3

[해설]

① $M_{max} = \frac{W\ell}{4} = \frac{60 \times 120}{4} = 1800$,

$Z = \frac{\pi d^3}{32}$(지름이 d인 원형단면 계수)

② $Z = \frac{\pi \times 4^3}{32} = 6.28$

$\therefore \sigma_{max} = \frac{M_{max}}{Z} = \frac{1800}{6.28} = 286.6\text{kg/cm}^2$

문제9 주조품 세조 시 사용되는 모형 중 제품의 수량이 적고, 형상이 대형인 경우 그 형상의 골격을 목재로 만들어 그 사이를 점토로 메워 제작하는 모형은?

가. 현형 나. 부분모형
다. 골조모형 라. 회전모형

문제10 원형 단면의 단면 2차 모멘트 I 로 맞는 것은?

가. $I = \frac{\pi d^4}{32}$ 나. $I = \frac{\pi d^3}{32}$
다. $I = \frac{\pi d^4}{64}$ 라. $I = \frac{\pi d^3}{64}$

[해설] ① 정사각형의 단면관성모멘트$(I) = \frac{h^4}{12}$

② 정사각형의 단면계수$(Z) = \frac{h^3}{6}$

③ 직사각형의 단면관성모멘트$= \frac{bh^3}{12}$

④ 직사각형의 단면계수$= \frac{bh^2}{6}$

⑤ 원형단면관성모멘트$= \frac{\pi d^4}{64}$

⑥ 원형단면계수$= \frac{\pi d^3}{32}$

문제11 펌프의 토출압이 60kgf/cm², 토출량이 30ℓ/min인 유압펌프의 펌프 동력은 몇 마력(ps)인가?

가. 3 나. 4 다. 5 라. 6

[해설] $Lp = \frac{PQ}{450}(ps)$, $Lp = \frac{PQ}{612}(kW)$

여기서 P : 송출압력(kgf/cm²), Q : 송출량(L/min)

문제12 외접 원통마찰차의 속도비가 2이고, 축간거리가 600mm라면 두 마찰차의 직경은 각각 몇 mm인가?

가. 100, 200 나. 300, 600
다. 400, 800 라. 600, 1200

[해설] $C = \frac{D_1 + D_2}{2}$에서 $2C = D_1 + D_2$이므로

$\frac{D_2}{D_1} = 2$에서 $D_2 = 2D_1$

$2C = D_1 + 2D_1 = 3D_1$, $2C = 3D_1$, $2 \times 600 = 3D_1$

$\therefore D_1 : 400, D_2 : 800$

문제13 압연가공에서 압연전의 두께를 H_0, 압연후의 두께를 H_1이라고 할 때 압하율(K)를 구하는 식은?

가. $K = \frac{H_1 - H_0}{H_0} \times 100$

나. $K = \frac{H_1 - H_0}{H_1} \times 100$

다. $K = \frac{H_0 - H_1}{H_1} \times 100$

라. $K = \frac{H_0 - H_1}{H_0} \times 100$

[해설] 압하율을 크게 하려면
① 지름이 큰 롤러를 사용한다.
② 롤러 회전수를 늦춘다.
③ 압연재를 뒤에서 밀어준다.
④ 압연재의 온도를 높여준다.
⑤ 롤러 축에 평행인 홈을 롤러 표면에 만든다.

문제14 축 방향의 인장하중 W와 비틀림을 동시에 받을 때 볼트의 지름 d를 구하는 식은?

가. $d=\sqrt{\frac{8\sigma_a}{3W}}$ 나. $d=\sqrt{\frac{2\sigma_a}{W}}$

다. $d=\sqrt{\frac{8W}{3\sigma_a}}$ 라. $d=\sqrt{\frac{W}{2\sigma_a}}$

문제15 Bach가 제안한 축 지름을 구하는 공식에서 축의 1m 당 최대 비틀림 각은 몇 도(°)로 가정하였는가?

가. 1/2° 나. 1/4° 다. 1/6° 라. 1/8°

[해설] 바하(Bach)의 축 설계기준에서 축의 재질은 연강이어야 하고, 축 길이 1m당 비틀림 각은 0.25° 이하로 제한하여 축 지름을 설계한다.

문제16 오스테나이트계 스테인리스강의 일반적인 특징을 설명한 것으로 틀린 것은?

가. 염산, 황산 등에 약하다.
나. 내식성이 우수하다.
다. 내충격성이 우수하다.
라. 자성체이다.

[해설] 18-8 스테인리스강에서 Cr(18%)+Ni(8%)가 함유되어 있는 특수강이다.

문제17 회전운동을 직선운동으로 바꾸는 기어는?

가. 스크루 기어(screw gear)
나. 내접기어(internal gear)
다. 랙과 피니언(rack and pinion)
라. 하이포이드 기어(hypoid gear)

문제18 탄소강은 아공석강 영역($C<0.77\%$)에서 탄소 함유량이 증가함에 따라 변화되는 기계적 성질로 올바른 것은?

가. 경도와 충격치는 감소한다.
나. 경도는 증가하고, 충격치는 감소한다.
다. 경도는 감소하고, 충격치는 증가한다.
라. 경도와 충격치는 증가한다.

문제19 용융금속을 금속 주형에 넣어 대기압 이상의 압력을 가해 표면이 매끈하고 정밀한 주물을 주조할 수 있는 주조법은?

가. 원심주조법 나. 셀몰드법
다. 다이캐스팅법 라. 인베스트먼트주조법

문제20 볼 베어링에서 처음 수명이 Ln인 경우 동일 조건에서 베어링 하중만을 2배로 하면 수명은?

가. $\frac{1}{2}Ln$ 나. $\frac{1}{4}Ln$ 다. $\frac{1}{8}Ln$ 라. $\frac{1}{16}Ln$

[해설] $Lh=500\times\frac{33.3}{N}\times\left(\frac{C}{P}\right)^3=\frac{16650}{N}\times\left(\frac{C}{P}\right)^3\ hr$에서 베어링에 걸리는 하중만 고려했으므로

$\therefore\ \mathrm{Ln}=\left(\frac{1}{P}\right)^r=\left(\frac{1}{2}\right)^3=\frac{1}{8}$

종합평가 제4회 정답

01 가	02 나	03 가	04 라	05 라	06 가	07 가	08 가	09 다	10 다
11 나	12 다	13 라	14 다	15 나	16 라	17 다	18 나	19 다	20 다

종합평가 제5회

문제01 탄소강에 관한 설명으로 옳지 않은 것은?

가. 탄소량이 증가하면 비중도 증가한다.
나. 탄소강의 탄성율은 온도가 증가함에 따라 감소한다.
다. 탄소강은 200~300℃에서 청열 취성(메짐)이 발생한다.
라. 아공석강 영역에서 탄소량이 증가하면 경도는 증가하나, 연신율은 감소한다.

문제02 성크 키의 길이가 200mm, 키의 측면에 발생하는 전단력이 80kN이고, 키 폭은 높이의 1.5배라고 하면 키의 허용전단응력이 20MPa일 경우 키 높이는 약 몇 mm 이상으로 하면 되는가?

가. 13.33 나. 18.05 다. 25.42 라. 30.06

[해설] $\tau_k = \dfrac{P}{bl}$에서, $20 = \dfrac{80000}{1.5h \times 200}$

$\therefore h = \dfrac{80000}{20 \times 1.5 \times 200} = 13.33$

문제03 양단에 베어링으로 지지되어 있으며 그 중앙에 회전체 1개를 가진 원형 단면 축에 대한 위험속도의 계산에 필요한 설계인자로서 가장 거리가 먼 것은?

가. 축의 길이
나. 전단탄성계수
다. 회전체의 무게
라. 축의 단면 2차 모멘트

문제04 두랄루민은 알루미늄에 무엇을 첨가한 합금인가?

가. 구리/마그네슘/주석
나. 구리/마그네슘/망간
다. 주석/마그네슘/철
라. 주석/마그네슘/아연

문제05 축에 작용하는 비틀림 모멘트를 T, 전단탄성계수를 G, 극관성모멘트를 Ip, 길이를 l이라 할 때 전체 비틀림 각은?

가. $\dfrac{TIp}{Gl}$ 나. $\dfrac{Tl}{GIp}$ 다. $\dfrac{TG}{Ipl}$ 라. $\dfrac{Gl}{TIp}$

문제06 공작물을 회전시키고, 공구는 직선운동으로 공작물을 가공하는 공작기계는?

가. 드릴 나. 밀링 다. 연삭 라. 선반

문제07 2개의 축이 같은 평면 내에 있으면서 그 중심선이 30° 이내의 각도로 교차하는 경우의 축 이음으로 가장 적합한 것은?

가. 고정 커플링(fixed coupling)
나. 올덤 커플링(Oldham′s coupling)
다. 플렉시블 커플링(flexible coupling)
라. 유니버셜 커플링(universal coupling)

문제08 지름 d, 길이 인 전동축에서 비틀림 각이 1°인 것을 0.25°로 하기 위하여 축 지름만을 설계변경한다면 얼마로 하면 되겠는가?

가. $2d$ 나. $\sqrt{2}\,d$ 다. $\sqrt[3]{2}\,d$ 라. $\sqrt[3]{4}\,d$

[해설] $0.25° = \frac{1}{4}$도 이므로

$\theta = \frac{32T\ell}{\pi d^4 G} \times \frac{180}{\pi} = \frac{584T\ell}{Gd^4}$ 에서 축 지름만 설계 변경하였

으므로, $\frac{1}{d^4} = \frac{1}{4}$ $d = \sqrt[4]{4} = \sqrt{2}$

문제09 아공석강에서는 A3점에서 40~60℃ 높은 범위에서 가열하여 노속에서 서냉시키는 방법으로 주로 가공 경화된 재료를 연화시키거나 내부응력 제거 및 불순물의 방출 등을 할 수 있는 열처리 방법은?

가. 불림 나. 뜨임 다. 담금질 라. 풀림

문제10 다음 중 언더컷에 대한 설명으로 옳은 것은?

가. 과잉의 용융금속이 용착부 밖으로 덮인 비드의 상태를 말한다.

나. 용접 중에 용착 금속 내에 녹아 들어간 슬래그가 용착 금속 내에 혼입이 되어 있는 결함을 말한다.

다. 용착 금속 내에 포함되어 있는 가스나 응고할 때 생긴 일산화탄소 또는 슬래그 등의 가스가 밖으로 방출되지 못하여 생긴 작은 공간을 말한다.

라. 용접전류가 과다할 경우 용융이 지나치게 되어 비드 가장자리에 홈 또는 오목한 형상이 생기는 것을 말한다.

[해설] 용접부 언더컷의 원인 ① 용접전류가 너무 높을 때 ② 아크 길이가 길 때 ③ 용접속도가 빠를 때 ④ 용융온도가 높을 때 ⑤ 용접봉이 가늘 때

문제11 유압펌프의 종류 중 회전식이 아닌 것은?

가. 피스톤 펌프 나. 기어 펌프
다. 베인 펌프 라. 나사 펌프

문제12 안전율을 나타내는 식으로 옳은 것은?

가. $\frac{\text{인장강도}}{\text{허용응력}}$ 나. $\frac{\text{사용응력}}{\text{허용응력}}$

다. $\frac{\text{허용응력}}{\text{인장강도}}$ 라. $\frac{\text{허용응력}}{\text{사용응력}}$

문제13 드럼의 지름이 400mm인 브레이크 드럼에 브레이크 블록을 누르는 힘 280N이 작용하고 있을 때 브레이크 제동력은 몇 N인가? (단, 마찰계수는 0.15이다.)

가. 42 나. 60 다. 8400 라. 16800

[해설] 제동 토크는 $T = P\frac{D}{2} = \mu W\frac{D}{2}$ 이고, 제동력은

$P = \frac{2T}{D}$ 이다.

문제14 측정은 방법에 따라 직접측정, 비교측정, 간접측정, 절대측정으로 구분할 수 있는데, 다음 중 비교측정법으로 측정하는 것은?

가. 마이크로미터 나. 다이얼 게이지
다. 사인바 라. 테보 게이지

문제15 다이 또는 롤러를 사용하여 재료를 회전시키면서 압력을 가하여 제품을 만드는 가공방법으로 나사의 가공에 적합한 것은?

가. 압출 가공법 나. 압연가공법
다. 전조가공법 라. 단조 가공법

문제16 길이가 l인 단순보의 중앙에 집중하중 P가 작용할 때 최대 처짐은 중앙에서 발생한다. 이때 처짐량(δ_{max})을 산출하는 식으로 옳은 것은? (단, E는 세로탄성계수, I는 단면 2차 모멘트이다.)

가. $\delta_{max} = \frac{Pl^3}{3EI}$ 나. $\delta_{max} = \frac{Pl^3}{8EI}$

다. $\delta_{max} = \frac{Pl^3}{48EI}$ 라. $\delta_{max} = \frac{Pl^3}{384EI}$

[해설] 균일분포하중을 받을 시 처짐량 $(\delta_{max}) = \frac{5P\ell^4}{384EI}$

문제17 마찰 펌프, 와류펌프, 웨스코 펌프라고도 하며 송출량이 적고 양정이 높은 곳에 사용되는 것은?

가. 제트펌프 나. 기포펌프
다. 재생펌프 라. 왕복펌프

문제18 유압기는 작은 힘으로 큰 힘을 얻는 장치인데, 이것은 무슨 이론을 이용한 것인가?

가. 보일의 법칙
나. 베르누이 정리
다. 파스칼의 원리
라. 아르키메데스의 원리

[해설] 파스칼의 원리 : 밀폐된 용기 속에 넣은 액체 일부에 압력을 가하면 가한 압력과 같은 세기(크기)의 압력이 각 부에 전달된다. 이것이 파스칼의 원리이다(예 : 유압잭).

문제19 매분 200회전하는 지름 300mm의 평 마찰차를 400N으로 밀어붙이면 약 몇 kW의 동력을 전달시킬 수 있는가? (단, 접속부 마찰계수는 0.3이다.)

가. 0.268 나. 0.377 다. 268 라. 377

[해설] 동력(kW)=102kgf·m/s, 1kgf=9.8N, 200rpm/min을 m/s로 전환하라.

$$동력 = \frac{일량}{시간} = \frac{힘 \times 거리}{시간} = 힘 \times 속도에서,\quad 동력(kW)$$

$$= \frac{\mu \times 힘 \times 속도}{102} = \frac{0.3 \times (400 \div 9.8) \times (200 \div 60)}{102}$$

$$≒ 0.4$$

문제20 다음 중 축과 보스의 양쪽에 키 홈을 파며, 가장 널리 사용되는 일반적인 키는 무엇인가?

가. 안장 키 나. 납작 키
다. 둥근 키 라. 묻힘 키

종합평가 제5회 정답

01 가	02 가	03 나	04 나	05 나	06 라	07 라	08 나	09 라	10 라
11 가	12 가	13 가	14 나	15 다	16 다	17 다	18 다	19 나	20 라

종합평가 제6회

문제01 비틀림을 받는 원형 단면 축의 극관성모멘트는? (단, d는 원형 단면의 지름이다.)

가. $\frac{\pi d^3}{16}$ 나. $\frac{\pi d^3}{32}$ 다. $\frac{\pi d^4}{16}$ 라. $\frac{\pi d^4}{32}$

문제02 3줄 나사에서 피치가 0.5mm이면, 이 나사의 리드는 몇 mm인가?

가. 05 나. 0.75 다. 1.5 라. 3.0

[해설] 리드(ℓ)란 나사를 1회전시켰을 때 축 방향으로 나아간 거리를 말한다. $\ell = nP$ (n : 줄수, P : 피치)

문제03 기계요소에서 KS규격 볼트 M20의 설명으로 올바른 것은?

가. 미터나사이며, 유효지름이 20mm이다.
나. 나사산의 각도가 60°이며, 볼트의 외경이 20mm이다.
다. 나사산의 각도가 60°이며, 볼트의 유효지름이 20mm이다.
라. 사다리꼴나사이며, 나사산의 각도가 20°이다.

[해설] 볼트의 호칭지름은 바깥지름으로 표시한다.

문제04 용접을 융접과 압접으로 분류할 때 압접으로 분류되는 것은?

가. 점 용접 나. 가스 용접
다. 아크 용접 라. MIG 용접

문제05 유니버설 조인트에 대한 설명으로 가장 적합한 것은?

가. 두 축이 평행할 때 사용되는 감속장치이다.
나. 두 축이 일직선상일 때 사용되는 클러치이다.
다. 두 축이 30도 이하 각도로 만나고 있을 때 사용되는 클러치의 일종이다.
라. 두 축이 30도 이하 각도로 만나고 있을 때 사용되는 커플링의 일종이다.

[해설] 자동차의 추진축의 구조

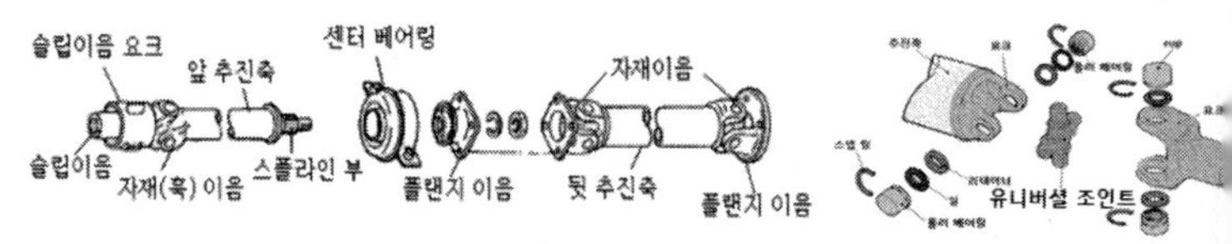

문제06 선삭작업에서 연강을 고속절삭할 때 생기는 칩의 일반적인 형태로 가장 적합한 것은?

가. 유동형 나. 전단형
다. 경작형 라. 균열형

[해설] 경작형(열단형) : 칩이 절삭공구의 전진에 따라 압축되어 가공재료 일부에 터짐 현상이 발생하는 칩

문제07 축압기(어큐뮬레이터)의 설치 목적으로 틀린 것은?

가. 유압 에너지의 축적용
나. 충격 압력의 완충용
다. 유압 펌프의 맥동 흡수용
라. 유압 요동 액추에이터 대체용

문제08 나사 측정에서 삼침법이란 나사의 무엇을 측정하는 방법인가?

가. 피치 나. 골지름
다. 외경 라. 유효지름

문제09 리벳이음에서 리벳의 피치가 28mm, 리벳지름이 10mm, 강판의 두께가 2mm이다. 강판의 효율을 구하시오? (단, 강판의 항장력은 4500kg이다.)

가. 44%　　나. 54%　　다. 64%　　라. 74%

[해설] 강판의 효율$(\eta) = \frac{p-d}{p} = 1 - \frac{d}{p} \times 100(\%)$, 여기서, p : 피치, d : 리벳의 지름

강판의 효율은 피치에 비례하고, 리벳 지름에 반비례한다. 즉, 피치가 크면 강판의 효율은 높고, 리벳 지름이 크면 강판의 효율은 저하한다.

문제10 필렛 용접에서 인장 하중이 250kgf, 용접 길이가 30mm이고, 용접 두께가 3mm일 때 인장응력(kgf/mm^2)은?

가. 약 $2kgf/mm^2$　　나. 약 $4kgf/mm^2$
다. 약 $5kgf/mm^2$　　라. 약 $3kgf/mm^2$

[해설] 맞대기용접의 인장응력$(\sigma) = \frac{P}{h\ell}$, 필렛용접의 인장응력$(\sigma) = \frac{0.707 \times P}{h\ell}$

문제11 소재를 고온으로 가열하여 앤빌 위에 놓고 해머로 타격을 가하거나 2개의 다이 사이에 소재를 넣고 압력을 가하여 필요한 형상의 제품을 만드는 소성가공 방법은?

가. 단조　　나. 압연　　다. 주조　　라. 인발

문제12 축 방향으로 압축과 인장응력이 동시에 작용하는 두 축을 연결하는 것으로써 분해할 필요가 있는 곳에 사용하는 기계요소는?

가. 코터　나. 소켓　다. 새들키　라. 우드러프키

문제13 다음 중 물건을 달아 올리거나 운반하는 경우에 주로 사용되는 볼트는?

가. 관통 볼트　　나. 탭 볼트
다. 슴이 볼트　　라. 아이 볼트

문제14 지름 2cm, 길이 4m인 봉이 축 인장력 400kgf를 받아 지름이 0.001mm 줄어들고 길이는 1.05mm 늘어났다. 이 재료의 포와송 수 m은 얼마인가?

가. 3.25　　나. 4.25　　다. 5.25　　라. 6.25

[풀이] ① 포와송 비

$$= \frac{\text{가로(횡)변형률}}{\text{세로(종)변형률}} = \frac{\frac{\text{가로변형량}}{\text{원지름}}}{\frac{\text{세로변형량}}{\text{원래의 길이}}}$$

$$= \frac{\text{원래의 길이} \times \text{가로변형량}}{\text{원지름} \times \text{세로변형량}} = \frac{4000 \times 0.001}{20 \times 1.05} = \frac{4}{21}$$

② 포와송 수$= \frac{1}{m} = \frac{4}{21}$　$\therefore m = \frac{21}{4} = 5.25$

문제15 베어링 하중 165kgf, 회전수가 300rpm인 단열 레이디얼 볼 베어링의 수명은 약 몇 시간인가? (단, 사용 베어링의 기본 부하용량은 C = 1690 kgf 이다.)

가. 29641시간　　나. 49700시간
다. 129640시간　　라. 59694시간

[해설] 베어링의 수명시간$(\text{Ln}) = 500 \times \left(\frac{C}{P}\right)^3 \times \frac{33.3}{N}$

여기서, C : 기본부하용량(kgf), P : 하중(kgf), N : rpm

문제16 탄소강 표면에 질소를 침투시켜 경화하는 방법으로 이 방법을 사용하면 담금질 조작을 하지 않아도 되는 특성이 있는 것은?

가. 질화법　　나. 화염경화법
다. 침탄법　　라. 방정경화법

[해설] 화학적 표면경화법
① 침탄법 : 고체/액체/가스 침탄법
② 질화법

문제17 합성수지에 대한 일반적인 성질 설명 중 틀린 것은?

가. 전기 절연성이 좋다.
나. 가공성이 낮고 성형이 어렵다.
다. 일반적으로 플라스틱이라 한다.
라. 열경화성 수지와 열가소성 수지로 분류한다.

문제18 길이 50cm인 연강재의 환봉에 인장력이 작용하여 길이가 60cm로 늘어났을 때 이 재료의 연신율은 얼마인가?

가. 10% 나. 20% 다. 23% 라. 40%

[해설] 연신율$=\dfrac{\ell'-\ell}{\ell}\times 100(\%)$

문제19 주석, 안티몬, 구리를 주성분으로 하며 고속 고하중용 베어링 합금으로 합금으로 사용되는 것은?

가. 켈밋메탈 나. 배빗메탈
다. 다우메탈 라. 델타 메탈

[해설] ① 켈밋메탈 : 구리+납으로 베어링 합금
② 배빗(화이트)메탈 : 주석+안티몬+구리으로 베어링 합금
③ 다우메탈 : 마그네슘+알루미늄(마그네슘 합금)으로 내연기관 피스톤 재료이다.
④ 델타메탈 : 구리+아연+Fe(1～2%) 함유

문제20 똑같은 크기와 구배가 같은 2개의 키를 한 쌍으로 조합하여 축의 접선방향에 때려 박은 것으로 묻힘 키보다 동일한 축에서 큰 회전력을 전달할 수 있는 것은?

가. 접선 키 나. 반달 키
다. 새들 키 라. 페더 키

종합평가 제6회 정답

01	라	02	다	03	나	04	가	05	라	06	가	07	라	08	라	09	다	10	가
11	가	12	가	13	라	14	다	15	라	16	가	17	나	18	나	19	나	20	가

종합평가 제7회

문제01 주철에 관한 설명으로 옳지 않은 것은?

가. 주철은 인장강도보다 압축강도가 크다.
나. 표면을 백선화한 주철을 칠드주철이라고 한다.
다. 합금주철을 열처리하여 단조한 주철을 가단주철이라 한다.
라. 구상흑연주철을 노듈러주철 또는 덕타일주철이라고 한다.

문제02 주조품을 제조하기 위한 모형(Pattern) 중 코어 모형을 사용해야 하는 주물로 적합한 것은?

가. 크기가 큰 주물
나. 크기가 작은 주물
다. 외형이 복잡한 주물
라. 내부에 구멍(hollow)이 있는 주물

문제03 연강재료에서 일반적으로 극한강도, 사용응력, 항복점, 탄성한도, 허용응력에 관한 크기 관계를 가장 적절히 표현한 것은?

가. 극한강도 > 사용응력 > 항복점
나. 항복점 > 허용응력 > 사용응력
다. 사용응력 > 항복점 > 탄성한도
라. 극한강도 > 사용응력 > 허용응력

문제04 일반적으로 선반으로 가공할 수 없는 것은?

가. 나사 절삭　　나. 축 외경 절삭
다. 기어 이 절삭　　라. 축 테이퍼 절삭

[해설] 밀링에서 가공할 수 없는 것은 나사가공이다.

문제05 외접하는 마찰차의 지름이 각각 D_1, D_2일 때 중심거리의 계산공식은?

가. $\frac{1}{4}(D_1+D_2)$　　나. $\frac{1}{2}(D_1+D_2)$
다. $\frac{1}{4}(D_1-D_2)$　　라. $\frac{1}{2}[(D_1-D_2)]$

문제06 원통커플링에서 원통을 조이는 힘이 50N, 축의 지름이 30mm일 때 전달할 수 있는 토크는 약 얼마인가? (단, 마찰계수는 0.2이다.)

가. 150N · mm　　나. 471N · mm
다. 300N · mm　　라. 942N · mm

[해설] 원통커플링은 원통 안에서 두 축을 양쪽에서 끼워 맞춘 후 키를 고정한 것으로 일반적으로 지름이 작은 축, 동력이 작은 축에 사용된다. $\therefore T=\frac{\mu\pi Wd}{2}$

문제07 그림에서 마이크로미터 딤블의 눈금선과 눈금선의 간격이 0.01mm일 때 'x' 부분이 일치하였다면 측정값은 몇 mm인가?

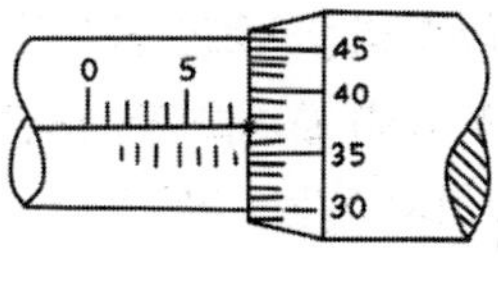

가. 7.37　　나. 7.87　　다. 17.37　　라. 17.87

문제08 그림과 같은 외팔보에서 단면의 폭×높이 = b×h일 때, 최대 굽힘응력(σ_{max})을 구하는 식은?

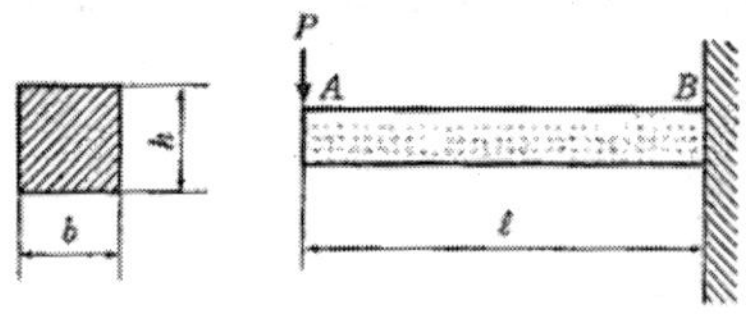

가. $\frac{6P\ell}{bh^2}$ 나. $\frac{12P\ell}{bh^2}$

다. $\frac{6P\ell}{b^2h}$ 라. $\frac{12P\ell}{b^2h}$

[해설] $\sigma_{max} = \frac{M_{max}}{Z} = \frac{P\ell}{\frac{bh^2}{6}} = \frac{6P\ell}{bh^2}$

문제09 보스에 홈을 판 후 키를 박아 마찰력을 이용하여 동력을 전달하는 키로서 큰 힘을 전달하는 데 부적당한 것은?

가. 평 키 나. 반달 키
다. 안장 키 라. 둥근 키

문제10 해수에 대해서는 백금과 같이 내식성이 우수하고, 특히 염산, 황산, 초산에 대한 저항이 크며, 비중은 약 4.51로 가벼우나 비강도는 금속 중에 가장 큰 금속은?

가. Al 나. Ni 다. Zn 라. Ti

문제11 어느 한쪽 방향으로만 공기의 흐름이 이루어지며 반대쪽의 압력 흐름을 저지시키는 역할을 하는 밸브에 속하지 <u>않는</u> 것은?

가. 감압밸브(regulator) 나. 체크밸브
다. 셔틀밸브(shuttle valve) 라. 속도조절밸브

문제12 넓은 유로에서 단면이 좁은 곳으로 유입되는 유체가 압력의 저하로 인해 공기, 수증기 등의 가스가 물에서 분리되어 기포가 되면서 진동과 소음의 원인이 되는 현상은?

가. 분리현상 나. 재생현상
다. 수격현상 라. 공동현상

문제13 지름이 10cm인 축에 6MPa의 최대 전단응력이 발생했을 때 비틀림 모멘트는 약 몇 N·m인가?

가. 589 나. 1767 다. 6280 라. 1178

[해설] $T = \tau_a \times Zp$에서 $Zp = \frac{\pi d^3}{16}$이므로

$\therefore T = \tau_a \times \frac{\pi d^3}{16}$

문제14 다음 재료 중 소성가공(塑性加工)이 가장 어려운 것은?

가. 주철 나. 저탄소강 다. 구리 라. 알루미늄

문제15 스프링 백(Spring Back)의 양을 결정하는 사항으로 옳지 <u>않은</u> 것은?

가. 경도와 탄성이 높은 재료일수록 크다.
나. 구부림 반지름이 같을 때 두께가 두꺼울수록 크다.
다. 같은 두께의 판재에서는 구부림 각도가 작을수록 크다.
라. 같은 두께의 판재에서는 반지름이 클수록 크다.

[해설] 굽힘 가공에서 스프링 백(Spring Back)이란 굽힘 가공을 할 때 굽힘 힘을 제거하면 재료의 탄성 때문에 변형 부분이 원상태로 되돌아가는 현상을 말한다.

∴ 스프링 백량을 많게 하려면
① 탄성한계, 강도, 경도가 높아야 된다.
② 구부림 각도가 작아야 된다.
③ 굽힘 반지름이 커야 된다.
● 최소 굽힘 반지름이란 균열이 생기지 않고 굽힐 수 있는 안쪽의 최소 반지름이다.
④ 두께가 얇아야 한다.

문제16 직류 아크 용접기에서 용접봉에 음(−)극을 연결하고 모재에 양(+)극을 연결한 경우의 극성으로 올바른 명칭은?

가. 정극성(DCSP) 나. 역극성(DCRP)
다. 음극성(FCSP) 라. 양극성(MCSP)

문제17 기계설계와 관련된 안전율에 대한 설명으로 옳지 않은 것은?

가. 안전율은 항상 1보다 커야 한다.
나. 안전율이 너무 작으면 구조물의 재료가 낭비된다.
다. 기준강도(극한응력)를 허용응력으로 나눈 값이다.
라. 안전율을 결정할 때는 공학적으로 합리적인 판단을 요한다.

문제18 다음 중 축의 위험속도와 가장 관련이 깊은 것은?

가. 축의 고유진동수
나. 축에 작용하는 굽힘모멘트
다. 축에 작용하는 비틀림모멘트
라. 축에 동시에 작용하는 비틀림과 압축하중

문제19 그림과 같은 단순보에서 R_A와 R_B의 값으로 적절한 것은?

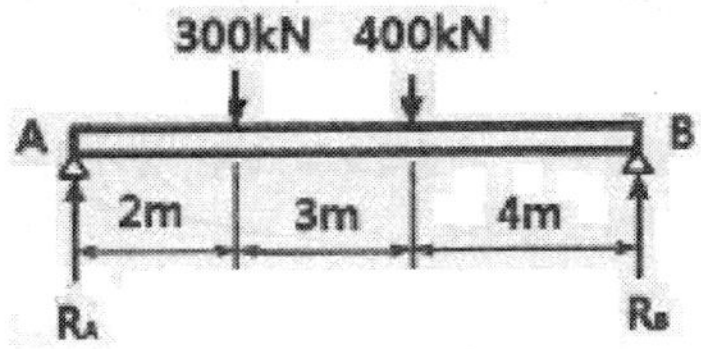

가. $R_A = 396.8kN,\ R_B = 303.2kN$
나. $R_A = 411.1kN,\ R_B = 288.9kN$
다. $R_A = 432.3kN,\ R_B = 267.7kN$
라. $R_A = 467.4kN,\ R_B = 232.6kN$

[해설] $R_A = \dfrac{(400 \times 4) + (300 \times 7)}{9} = ?$

$R_B = \dfrac{(300 \times 2) + (400 \times 5)}{9} = ?$

문제20 강의 열처리에서 가공으로 생긴 섬유조직과 내부응력을 제거하며 연화시키기 위하여 오스테나이트 범위로 가열한 후 서냉하는 풀림의 방법은 무엇인가?

가. 저온풀림 나. 고온풀림
다. 완전풀림 라. 구상화풀림

종합평가 제7회 정답

01 다	02 라	03 나	04 다	05 나	06 나	07 나	08 가	09 다	10 라
11 가	12 라	13 라	14 가	15 나	16 가	17 나	18 가	19 나	20 다

종합평가 제8회

문제01 쇼트 피닝(Shot Peening)에 관한 설명으로 틀린 것은?

가. 쇼트라는 작은 덩어리를 가공 틀에 분사한다.
나. 피닝 효과는 열응력을 향상시킨다.
다. 자동차용 코일 또는 판스프링 가공에 쓰인다.
라. 두께가 큰 재료는 효과가 적고, 균열의 원인이 될 수 있다.

문제02 드릴 날의 파손원인으로 거리가 먼 것은?

가. 드릴이 짧게 고정된 상태에서 가공할 때
나. 절삭날이 규정된 각도와 형상으로 연삭되지 않아 한쪽으로 과대한 절삭력이 작용할 때
다. 드릴 가공 중에 드릴이 외력에 의해 구부러진 상태로 계속 가공할 때
라. 이송이 너무 커서 절삭저항이 증가할 때

문제03 단면적이 400mm^{2}인 봉에 6kN의 추를 달았더니, 허용인장응력에 도달하였다. 이 봉의 인장강도가 30MPa이라면 안전율은 얼마인가?

가. 2　　나. 3　　다. 4　　라. 5

[해설] 안전율$=\dfrac{\text{인장강도}}{\text{허용응력}}$

문제04 저항 점용접은 사용이 간편하고 용접 자동화가 용이하므로 자동차 산업현장에서 널리 이용되고 있다. 이러한 점용접의 품질을 평가하는 방법으로 거리가 먼 것은?

가. 피로시험　　나. 마멸시험
다. 초음파 탐상시험　　라. 인장시험

문제05 보 속에 발생하는 굽힘응력의 크기에 대한 설명 중 옳은 것은?

가. 굽힘모멘트의 크기에 반비례한다.
나. 굽힘응력은 중립면에서 최대값을 갖는다.
다. 중립면으로부터 거리에 정비례한다.
라. 단면의 중립축에 대한 단면 2차모멘트에 정비례한다.

[해설] $\sigma=\dfrac{M}{Z}$ 보에서 굽힘으로 인하여 최대인장응력은 중립축으로부터 가장 먼 거리에서 나타난다.

문제06 지름이 d인 원형단면봉에 비틀림 토크가 작용할 때의 전단응력이 τ 라고 하면, 지름이 $3d$ 인 동일 재질의 원형단면봉에 동일한 비틀림 토크가 작용할 때의 전단응력은?

가. $\dfrac{1}{9}\tau$　　나. 9τ　　다. $\dfrac{1}{27}\tau$　　라. 27τ

[해설] 중실축일 때 극단면계수$(Zp)=\dfrac{\pi d^3}{16}$,

전단응력$(\tau)=\dfrac{T}{Zp}$, $\tau=\dfrac{T}{\dfrac{\pi d^3}{16}}=\dfrac{16T}{\pi d^3}$　$\therefore\ \tau=\dfrac{1}{d^3}=\dfrac{1}{27}$

문제07 정확도와 정밀도에 대한 설명으로 틀린 것은?

가. 정확도는 참값에 대한 한쪽으로 치우침이 작은 정도를 뜻한다.
나. 정밀도는 측정치의 흩어짐이 작은 정도를 뜻한다.
다. 정밀도는 모표준편차로 나타낼 수 있다.
라. 정확도는 계통적 오차보다는 우연오차에 의한 원인이 크다.

[해설] ① 시차(개인오차) : 측정자의 버릇, 부주의, 숙련도 등
② 우연오차 : 소음, 진동, 자연현상 등으로 우연오차를 줄이려면 여러 번 반복하여 측정한다.

문제08 아래와 같은 코일스프링장치에서 W는 작용하는 하중이고, 스프링 상수를 κ_1, κ_2라 할 경우 합성 스프링 상수 κ를 나타내는 식은?

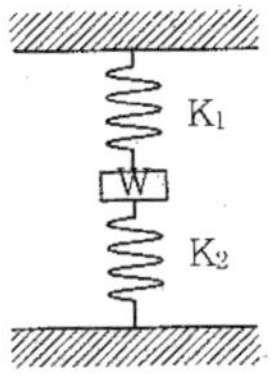

가. $\kappa = \frac{1}{\kappa_1 + \kappa_2}$

나. $\kappa = \kappa_1 + \kappa_2$

다. $\kappa = \frac{1}{\frac{1}{\kappa_1} + \frac{1}{\kappa_2}}$

라. $\kappa = \frac{\kappa_1 + \kappa_2}{\kappa_1 \kappa_2}$

문제9 냉간가공과 열간가공을 구분하는 것은?

가. 가공 경화　　나. 변형 경화
다. 나선 전위　　라. 재결정 온도

문제10 나사의 풀림방지를 위한 방법으로 거리가 먼 것은?

가. 분할 핀을 사용하여 조립
나. 캡 너트를 사용
다. 로크너트를 사용
라. 스프링 와셔를 적용

문제11 판 두께 10mm, 인장강도 3500N/cm^2, 안전계수 4인 연강판으로 5N/cm^{2}의 내압을 받는 원통을 만들고자 한다. 이때 원통의 안지름은 몇 cm인가?

가. 87.5　　나. 175　　다. 350　　라. 700

[해설] 원주방향응력$(\sigma_a) = \frac{Pd}{2t}$

σ_a : 허용응력(kgf/cm^2) $= \frac{\text{극한강도}}{\text{안전률}}$

P : 내압(kgf/cm^2)
d : 보일러(원통) 안지름(cm)
t : 판두께(cm)

문제12 다음 중 베어링용 합금이 아닌 것은?

가. 켈밋합금　　나. 건 메탈
다. 화이트 메탈　　라. 배빗메탈

문제13 주조품을 제작하기 위한 모형의 종류 중 주물형상이 크고 소량의 주조품을 요구할 때 그 형상의 골격을 제작한 후 그 간격의 공간을 점토 등의 물질로 메꾸어 제작하는 모형은?

가. 코어모형　　나. 부분모형
다. 매치 플레이트모형　　라. 골조모형

문제14 축에 끼운 링이 빠지는 것을 방지하기 위하여 사용하며 끝 부분을 두 갈래로 벌려 굽혀 빠지지 않도록 하는 기계요소는?

가. 테이퍼 핀　　나. 코터
다. 분할 핀　　라. 코킹

문제15 다음은 각 원소가 탄소강의 성질에 미치는 영향으로 틀린 것은?

가. 망간 : 연신율의 감소를 억제시키고, 인장강도와 고온강도를 증가시킨다.
나. 규소 : 강의 경도, 탄성한계, 인장강도를 높여주지만 연신율과 충격치는 감소시킨다.
다. 인 : 상온에서 충격값을 저하시켜 상온취성의 원인이 된다.
라. 황 : 0.02% 정도의 황은 강의 인장강도, 연신율, 충격치를 증가시킨다.

문제16 내연기관 실린더, 실린더 헤드 등에 사용되는 재료로서 주철 중 탄소 일부가 유리되어 흑연화되어 있는 것을 무엇이라 하는가?

가. 회주철　　나. 백주철
다. 반주철　　라. 가단주철

[해설] 가단주철 : 백주철을 풀림 열처리한 주철

문제17 물체의 외부로부터 가해지는 하중을 작용방향에 따른 분류와 작용시간에 따른 분류로 구분할 때, 다음 중 작용시간에 따른 분류에 속하는 하중은?

가. 충격하중　　나. 인장하중
다. 압축하중　　라. 굽힘하중

[해설] 충격 하중(impact load) : 순간적으로 갑자기 격렬하게 작용하는 하중으로 안전율을 가장 크게 정해야 하는 하중이다. 충격하중에 의한 변형량은 정하중의 2배의 변형량을 발생시킨다.

문제18 다음 중 큐폴라의 규격에 해당하는 것은?

가. 매시간 용해되는 철의 무게
나. 24시간 용해되는 철의 무게
다. 1회에 용해할 수 있는 철의 무게
라. 1회 용해하는 데 사용된 코크스의 무게

[해설] ① ton/1회 : 반사로(비철금속 용해), 평로(바닥이 넓은 축열실), 전기로(가장 양질의 로)
② 도가니로 : 1회에 용해할 수 있는 구리(Cu)의 중량을 번호로 표시

문제19 유압펌프의 입구와 출구에서 진공계 또는 압력계의 지침이 크게 흔들리고 송출량이 급변하는 현상은?

가. 수격현상　　나. 언로더 현상
다. 서징현상　　라. 캐비테이션

문제20 다음 중 유압 작동유의 구비조건으로 거리가 먼 것은?

가. 비압축성이어야 한다.
나. 점도지수가 작아야 한다.
다. 화학적으로 안정적이어야 한다.
라. 열을 잘 방출할 수 있어야 한다.

종합평가 제8회 정답

01 나	02 가	03 가	04 나	05 다	06 다	07 라	08 나	09 라	10 나
11 다	12 나	13 라	14 다	15 라	16 라	17 가	18 가	19 다	20 나

종합평가 제9회

문제01 고탄소강을 공구강으로 사용하는 이유로 가장 적합한 것은?

가. 경도를 필요로 하기 때문에
나. 전성을 필요로 하기 때문에
다. 인성을 필요로 하기 때문에
라. 충격에 견뎌야 하기 때문에

문제02 볼 베어링의 구조에서 전동체의 원둘레를 고르게 배치하여 전동체가 몰리지 않고 일정한 간격을 유지할 수 있게 하며, 서로 접촉을 피하고 마모와 소음을 방지하는 역할을 하는 것은?

가. 리테이너(retainer)
나. 스트레이너(strainer)
다. 패킹(packing)
라. 실(seal)

문제03 스프링 장치에 인장하중 P=100N일 때 스프링 장치의 하중방향의 처짐량은? (단, 스프링 상수 $K_1 = 20N/cm$이고, $K_2 = 10N/cm$이다.)

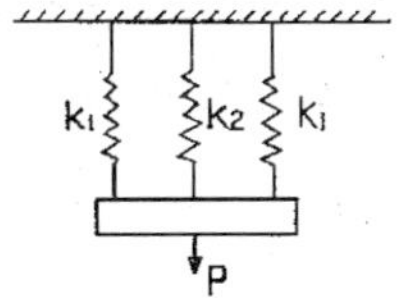

가. 1.67cm　나. 2cm　다. 2.5cm　라. 20cm

[해설] $\text{처짐량}(\delta) = \dfrac{\text{하중}}{\text{스프링 상수}}$

병렬연결 스프링 상수 = K1+K2+K1=20+10+20 = 50N/cm

$\therefore \text{처짐량} = \dfrac{100N}{50N/cm} = 2cm$

문제04 동력용 나사산의 전체효율을 구할 때 필요한 항목이 아닌 것은?

가. 리드
나. 수직응력
다. 나사산에 작용하는 하중
라. 나사를 돌리는 데 필요한 토크

문제05 구동 회전수에 의해 결정되는 토출량이 부하 압력에 관계없이 거의 일정한 용적형 펌프는?

가. 기어 펌프　나. 터빈 펌프
다. 축류 펌프　라. 볼류트 펌프

문제06 최대인장력이 2000N을 받을 수 있는 단면적 $20mm^2$인 특수강의 안전율이 4일 때 허용 인장응력은 몇 MPa인가?

가. 25　나. 40　다. 250　라. 400

[해설] $\text{안전율} = \dfrac{\text{극한강도}}{\text{허용응력}}$

$\text{허용응력} = \dfrac{\text{극한강도}}{\text{안전율}} = \dfrac{2000/20}{4} = 25$

문제07 담금질성(hardenability)을 개선시키고 페라이트 조직을 강화할 목적으로 첨가하는 합금 원소는?

가. Cr　나. Mn　다. Mo　라. Ni

문제08 테이프 구멍을 가진 다이에 재료를 잡아 당겨 통과시켜 가공제품이 다이 구멍을 최소단면 형상과 치수를 갖게 하는 가공법은?

가. 전조가공　나. 절단가공
다. 인발가공　라. 프레스 가공

문제09 공작기계의 명칭과 가공법이 바르게 연결된 것은?

가. 선반 - 기어 가공, 키 홈 가공
나. 밀링 - 수나사 가공, 기어 가공
다. 연삭기 - 평면 가공, 외경 가공
라. 드릴링 머신 - 카운터 보링가공, 기어 가공

문제10 500℃ 이상의 고온에서 장시간 사용하는 연강재료의 안전계수를 구할 때의 기초강도는?

가. 항복점　　나. 극한강도
다. 허용응력　　라. 크리프 한도

문제11 언더컷을 방지하기 위하여 표준기어의 래크 공구로 표준 절삭량보다 낮게 절삭하여 기준 피치선의 피치원보다 다소 바깥쪽으로 절삭한 기어는?

가. 스퍼 기어　　나. 인터널 기어
다. 전위 기어　　라. 헬리컬 기어

문제12 두 줄 나사를 두 바퀴 돌렸더니 축 방향으로 12mm 이동하였다면 이 나사의 피치(p)와 리드(ℓ)는 각각 얼마인가?

가. p=3mm, ℓ=3mm
나. p=6mm, ℓ=3mm
다. p=3mm, ℓ=6mm
라. p=6mm, ℓ=6mm

[해설] $\iota = np$ 여기서, ι : 리드, n : 줄수, p : 피치

문제13 유체기계에서 유압의 3대 제어와 관계없는 것은?

가. 압력제어　　나. 유량제어
다. 온도제어　　라. 방향제어

[해설] ① 유량제어밸브 : 스로틀(교축)밸브
② 방향제어밸브 : 체크밸브
③ 압력제어밸브 : 릴리프밸브

문제14 비틀림 모멘트가 작용하는 원형 축에 관한 설명으로 옳지 않은 것은?

가. 비틀림 응력은 반지름에 비례한다.
나. 비틀림 각은 원형 축 길이에 비례한다.
다. 비틀림 응력은 극관성 모멘트에 반비례한다.
라. 축의 중심에서 최대 비틀림 응력이 발생한다.

[해설] $T = \tau_a \times Z_P$

비틀림 각$(\theta) = \dfrac{T\ell}{GI_P}(rad) = \dfrac{32T\ell}{\pi d^4 G} \times \dfrac{180}{\pi} = 583.6\dfrac{T\ell}{Gd^4}(°)$

① 축의 전단응력은 축의 비틀림 모멘트에 비례하고, 극관성 모멘트에 반비례하고, 축 지름의 3제곱에 반비례한다.

$\tau_a(\text{전단응력}) = \dfrac{T}{Zp} = \dfrac{T}{\dfrac{\pi d^3}{16}} = \dfrac{16T}{\pi d^3}$

$\sigma_a(\text{굽힘응력}) = \dfrac{M}{Z} = \dfrac{M}{\dfrac{\pi d^3}{32}} = \dfrac{32M}{\pi d^3}$

② 동일 원통면 상에서는 어느 곳에서도 같은 비틀림 응력이 발생한다.
③ 강도가 같다고 하는 것은 극단면 계수가 같은 것이다.
④ 중공축의 내경을 외경의 1/2로 하고, 동일한 재료, 같은 크기의 비틀림 모멘트에 대한 강도를 가지는 중실축과 중공축에 대하여 무게는 중실 축의 경우 1.28배 무겁다.

문제15 아크 용접에서 입열이란 무엇을 말하는가?

가. 용접봉에서 모재로 용융금속이 옮겨가는 상태
나. 단위 시간당 소비되는 용접종의 중량
다. 용접봉이 녹기 시작하는 온도
라. 용접부에 외부에서 주어지는 열량

문제16 스팬이 2m인 단순보의 중앙에 1000kgf의 집중하중이 작용할 때, 최대 휨모멘트는 몇 kgf · m인가?

가. 250　　나. 500　　다. 25000　　라. 50000

[해설] 최대굽힘모멘트$(Mmax) = \dfrac{P\ell}{4}$

문제17 각도 측정기인 사인바는 일정 각도 이상을 측정하면 오차가 커지는데, 일반적으로 몇 도 이하에서 사용하는가?

가. 30도　　나. 45도　　다. 60도　　라. 75도

문제18 주조형 목형(원형)을 실물치수보다 크게 만드는 가장 중요한 이유는?

가. 주형의 치수가 크기 때문에
나. 코어를 넣어야 하기 때문에
다. 잔형을 덧붙임 하여야 하기 때문에
라. 수축 여유와 가공 여유를 고려하기 때문에

문제19 Y 합금의 주요 구성성분이 아닌 것은?

가. 주석 나. 구리 다. 니켈 라. 알루미늄

문제20 세로방향으로 쪼개져 있어 구멍의 크기가 핀보다 작아도 망치로 때려 박을 수 있는 핀으로 충격이나 진동을 받는 곳에 사용하며 지지력이 매우 큰 장점이 있는 핀은?

가. 스냅 핀(snap pin)
나. 스프링 핀(spring pin)
다. 평행 핀(parallel pin)
라. 테이퍼 핀(taper pin)

[해설] 정밀한 곳에 사용하는 핀 : 테이퍼 핀

종합평가 제9회 정답

01 가	02 가	03 나	04 나	05 가	06 가	07 가	08 다	09 다	10 라
11 다	12 다	13 다	14 라	15 라	16 나	17 나	18 라	19 가	20 나

종합평가 제10회

문제01 γ-Fe에 탄소가 최대 2.11% 고용된 γ고용체로 면심입방격자 결정구조를 가지고 있으며, A1 변태점 이상에서 주로 존재하는 철강의 기본조직은?

가. 시멘타이트　　나. 페라이트
다. 펄라이트　　라. 오스테나이트

[해설] 시멘타이트 : 탄소함유량이 6.68% 함유된 조직이다.

문제02 열처리의 담금질액 중 냉각속도가 가장 빠른 것은?

가. 물　나. 기름　다. 비눗물　라. 소금물

문제03 드릴링 머신에서 할 수 없는 것은?

가. 코킹　　나. 카운터 보링
다. 리밍　　라. 카운터 싱킹

[해설] 코킹과 플러링은 리벳작업 후 기밀/수밀/유밀을 유지하는 작업이다.

문제04 키가 사용되지 않는 곳은?

가. 기어　나. 커플링　다. 체인　라. 벨트풀리

문제05 전동용 기계요소인 기어에서 두 축이 만나지도 평행하지도 않는 기어가 아닌 것은?

가. 베벨기어　　나. 스크류기어
다. 하이포이드기어　　라. 웜과 웜기어

문제06 다음 중 무단 변속을 만들 수 없는 마찰차는?

가. 구면마찰차　　나. 원추마찰차
다. 원판마찰차　　라. 원통마찰차

문제07 판재를 굽힘가공 시 탄성의 영향으로 굽힘각의 정밀도가 나지 않는 경우가 있는데, 가장 큰 이유는?

가. 가공경화　　나. 이송굽힘
다. 시효경화　　라. 스프링 백

[해설] 스프링 백은 프레스 가공에서 굽힘 시 발생되는 현상이다.

문제08 바닥이 넓은 축열실 반사로를 사용하여 선철을 용해, 정련하는 제강법은?

가. 평로　나. 전기로　다. 전로　라. 용광로

문제09 버니어캘리퍼스의 어미자의 1눈금이 1mm이고, 아들자의 눈금은 어미자의 19mm를 20등분하였을 때 읽을 수 있는 최소 눈금은?

가. 0.02mm　　나. 0.20mm
다. 0.50mm　　라. 0.05mm

[해설] 버니어캘리퍼스의 눈금 : $1\text{mm}-\frac{19}{20}=0.05\text{mm}$

문제10 다음 용접부의 검사 중 비파괴검사법에 해당하는 것은?

가. 인장시험　　나. 피로시험
다. 크리프 시험　　라. 침투탐상법

[해설] 비파괴검사법 : 육안검사/침투탐상법/X선 검사법/자기분말 검사법/고주파탐상법 등

문제11 강의 열처리 중 담금질의 주 목적은?

가. 균열 방지　　나. 재질의 경화
다. 인성 증가　　라. 잔류응력 제거

[해설] 뜨임 : 인성을 증가, 불림 : 재질의 표준화(균질화), 풀림 : 재질의 연화(부드럽게)

문제12 벨트 풀리(belt pulley)와 같은 원형모양의 주형 제작에 편리한 주형법은?

가. 혼성 주형법　　나. 회전 주형법
다. 조립 주형법　　라. 고르게 주형법

문제13 미끄럼 베어링 재료가 구비하여야 할 성질이 <u>아닌</u> 것은?

가. 열에 녹아 붙음이 잘 일어나지 않을 것
나. 마멸이 적고, 면압 강도가 클 것
다. 피로 한도가 작을 것
라. 내식성이 높을 것

[해설] 베어링 재료의 구비조건에서 마찰계수가 적고/내피로성이 있을 것 등

문제14 다음 중 기어펌프에 속하지 <u>않는</u> 것은?

가. 로브 펌프　　나. 트로코이드 펌프
다. 스크루 펌프　　라. 베인 펌프

[해설] 회전식펌프 : 기어펌프/로터리펌프/베인 펌프 등
왕복식펌프 : 피스톤펌프/플런저펌프 등

문제15 양수관의 하단에 압축공기를 보내서 이때 물보다 가벼운 물과 공기의 혼합체를 만들어 이 혼합체의 비중량이 물의 비중량보다 가벼워지는 것을 이용하여 양수하는 펌프는?

가. 기포펌프　　나. 제트펌프
다. 수격펌프　　라. 점성펌프

문제16 일반용 고무벨트의 종류가 A이고, 호칭번호가 30인 V벨트가 있다. 여기에서 A와 30의 설명으로 옳은 것은?

가. 단면이 A형이고, 유효둘레가 30inch이다.
나. 단면이 A형이고, 유효둘레가 30mm이다.
다. 직경이 30cm이고, 재료가 A호다.
라. 단면의 두께가 30mm이고, A는 제작번호다.

문제17 평벨트와 비교한 V벨트 전동의 특징에 대한 설명으로 <u>틀린</u> 것은?

가. 미끄럼이 적다.
나. 운전이 정숙하다.
다. 끊어지면 접합이 불가능하다.
라. 십자걸기로도 사용이 가능하다.

문제18 인발에 영향을 미치는 조건과 거리가 <u>먼</u> 것은?

가. 단면감소율　　나. 다이(die)의 각도
다. 윤활방법　　라. 펀치의 각도

문제19 기어의 각부 명칭에 대한 설명 중 <u>틀린</u> 것은?

가. 원주피치 : 피치원 둘레를 잇수로 나눈 값
나. 모듈 : 피치원 지름을 잇수로 나눈 값
다. 피치원 : 한 쌍의 기어가 물릴 때 서로 접하는 부분의 궤적
라. 지름피치 : 기어의 잇수를 이뿌리원으로 나눈 값

[해설] 지름피치$(Pd) = \frac{1}{M}(\text{inch})$

∴ 지름피치는 모듈의 역수이다.

문제20 모듈이 8인 외접한 한 쌍의 표준 스퍼기어의 잇수가 21, 73일 때 중심거리는 약 몇 mm인가?

가. 188　　나. 376　　다. 752　　라. 1504

[해설] 중심거리$(C) = \frac{M(Z_1 + Z_2)}{2} = \frac{8(21+73)}{2} = ?$

종합평가 제10회 정답

01	라	02	라	03	가	04	다	05	가	06	라	07	라	08	가	09	라	10	라
11	나	12	나	13	다	14	라	15	가	16	가	17	라	18	라	19	라	20	나

저|자|소|개

이찬수 (공학석사) / 現 부산자동차정비학원 원장
정중호 (공학박사) / 現 한국폴리텍대학 부산캠퍼스 자동차과 교수
황성일 (공학박사) / 現 기아자동차(주)부산서비스센터

일반기계공학

3판 1쇄 2021년 12월 15일

저 자	이찬수 / 정중호 / 황성일
발행인	송광헌
발행처	복두출판사
주 소	서울특별시 영등포구 경인로82길 3-4 센터플러스 807호 (우) 07371
전 화	02-2164-2580
FAX	02-2164-2584
등 록	1993. 11. 22. 제 10-902 호

정가 : 24,000원

ISBN : 979-11-6675-088-5 93550

한국과학기술출판협회 회원사

* 본 도서의 자료 업데이트가 있을 경우 본사 홈페이지 자료실에 업로드 됩니다. 정기적으로 들러서 유익한 자료를 받아가시기 바랍니다.